高等学校“十三五”规划教材

本书荣获中国石油和化学工业优秀出版物奖（教材奖）一等奖

概率论与数理统计

施庆生　陈晓龙　邓晓卫　等编

第三版

化学工业出版社

·北京·

本书内容包括事件与概率、随机变量及其分布、多维随机变量及其分布、随机变量的数字特征、大数定律与中心极限定理、数理统计的基本概念、参数估计、假设检验、方差分析与回归分析九章。并附有统计分析常用软件 SAS 及若干概率论与数理统计的实验。教材选例典型，与日常的生产与生活密切相关，有助于提高读者学习兴趣并寓学习理论于实践运用当中。书中习题难易结合，有助于读者开拓思路加深理解。

本书可作为高等学校工科类、经济管理类及非数学类的理科专业的教材或参考用书，也可供工程技术人员或科技人员学习参考。

图书在版编目（CIP）数据

概率论与数理统计/施庆生等编．—3 版．—北京：化学工业出版社，2017.1（2024.1重印）
高等学校“十三五”规划教材
ISBN 978-7-122-28735-9

Ⅰ.①概…　Ⅱ.①施…　Ⅲ.①概率论-高等学校-教材②数理统计-高等学校-教材　Ⅳ.①O21

中国版本图书馆 CIP 数据核字（2016）第 312383 号

责任编辑：唐旭华
责任校对：王　静　　装帧设计：张　辉

出版发行：化学工业出版社（北京市东城区青年湖南街 13 号　邮政编码 100011）
印　　装：大厂聚鑫印刷有限责任公司
710mm×1000mm　1/16　印张 17¾　字数 397 千字　2024 年 1 月北京第 3 版第12次印刷

购书咨询：010-64518888　　售后服务：010-64518899
网　　址：http://www.cip.com.cn
凡购买本书，如有缺损质量问题，本社销售中心负责调换。

定　　价：35.00 元

前　言

概率论与数理统计是研究随机现象规律性的一门学科。由于自然界随机现象存在的广泛性，使得概率论与数理统计的方法正日甚一日地渗入到几乎一切自然科学、技术科学以及经济管理各领域中去。

从学科分类看，概率论、数理统计都是近代数学的分支，概率论是对随机现象统计规律演绎的研究，而数理统计是对随机现象统计规律归纳的研究。虽然两者在方法上有着明显的不同，但它们却是相互渗透、相互联系的。因此，本书在编排上，也大致分成两部分：第一部分为概率论，包括第一章至第五章，其中也掺杂一些数理统计的例子；第二部分为数理统计，包括第六章至第九章，所选例子大部分来自生产或生活实际，其中也有一小部分是有关概率论的内容。概率论与数理统计是一门应用广泛且实验性很强的随机数学学科，因此，附录一提供了统计分析上常用软件 SAS 的简介及其简单应用，附录二介绍了若干概率论与数理统计实验，读者如能亲临实际做几个实验，并进行数据分析，将有助于加深对本课程研究对象和独特思维方式的理解。

本书在编写过程中，努力做到通俗易懂，简详得当，在选材和叙述上尽量做到联系实际，突出基本内容的掌握和基本方法的训练，注重数理统计的应用，所选用的例子不仅能加深对基本概念和基本方法的了解，同时，也能提高读者学习的兴趣。为了帮助读者巩固所学知识，本书在习题的选择上也做了些努力，既有基本训练题，也有较为复杂的综合应用题，这些题目都是饶有趣味的，有的就能直接应用于实际，读者可酌量做一部分以开拓思路，加深理解。

本书自 2008 年出版以来，各方反映良好，并于 2012 年初推出第二版。这次修订是在第二版的基础上，根据我们多年的教学改革实践，按照新形势下教材改革的精神，进行全面修订而成的。本次修订，我们保留了第二版的系统和风格，以及结构严谨、逻辑清晰、概念准确、语言通俗易懂、叙述详细、例题较多、便于自学等优点，并根据当前教学要求补充了少量新内容，对其中的例题和习题也作了适量的补充和调整，使其更适合当前的教学和自学要求，在选材和叙述上尽量做到理论联系实际，同时注意吸收当前教材改革中一些成功的举措，使得本书成为一本适应时代要求、符合改革精神又继承传统优点的教材。

本次修订仍保留了带“*”的内容，主要供对概率论与数理统计课程有较高要求的专业选用。

参加本书第一版编写的有施庆生（绪论、第一、二章及附录二）、陈晓龙（第三、四、五、八、九章）、邓晓卫（第六、七章）、陈建丽（附录一），最后由施庆生负责全书的统稿和定稿，金炳陶教授仔细审阅了本书，提出了许多宝贵的意见。本书第一版在编写过程中，得到了南京工业大学教务处、理学院的大力支持，特别是应用数学系教师的积极参与，在此一并致谢！

这两次修订，我系广大教师提出了许多宝贵意见和建议，在此表示诚挚的谢意！

本次修订工作，由陈晓龙、施庆生、邓晓卫、陈建丽完成。

限于编者的水平，书中难免存在不妥之处，敬请读者批评指正。

编　者

2017 年 1 月

目　　录

绪　论

对于想学习一门新知识的读者来说，总希望能对该门学科有一个大概的了解．为此，在讲述概率论与数理统计之前，首先对它的研究对象及其在自然科学、国民经济各领域中的应用，作一简要的介绍．

一、随机现象与随机试验

在自然界和人类生活中人们经常遇到两类不同的现象．一类是**确定性现象**，即在一定条件下，必然会发生某种结果或必然不会发生某种结果的现象．例如，自由落体在高处总是垂直落向地面；在一个标准大气压下，100℃的水会沸腾；一台被系统病毒感染破坏的电脑是无法完成预定的程序等．所有这些现象均属确定性现象．它们表达了条件与结果之间的必然联系．确定性现象存在非常广泛，高等数学、线性代数等学科就是研究和描述这类现象规律的数学学科．

还有一类是**随机现象**，即在给定条件下其结果是否发生是不可预言的．例如，向桌面上掷一枚硬币，落下后是正面向上（有币值的一面），还是反面向上，事先是无法预言的；在某个股票交易日，开盘时股票综合指数是多少点，事先是无法预知的；某天某城市出生的男婴和女婴数各是多少，事先也是无法知道的等．所有这些现象均属随机现象．它们表达了条件和结果之间的非确定性联系．

为探索和研究随机现象的规律性，就需要进行一系列试验，包括各种各样的科学试验和对随机现象的种种观测．例如

E_1：掷一枚硬币，观察正面 H 和反面 T 出现的情况；

E_2：在某厂生产的一款手机中任意抽取一台，测试其寿命；

E_3：抛两颗骰子，观察出现的点数之和；

E_4：单位时间内某博客的点击数．

它们具有如下的共同特点：

（1）试验在相同的条件下可重复进行；

（2）每次试验的可能结果不止一个，但每次试验的所有可能结果是已知的；

（3）试验完成之前不能确知哪个结果会发生．

通常把具备上述特点的试验称为**随机试验**．本书所提到的试验均指随机试验．人们往往通过对随机试验的观测来研究随机现象．

二、随机现象的统计规律性

人们通过长期的反复观测和实践发现，随机现象在一次或几次试验中，表现出一种不确定性，但在相同条件下进行大量重复试验或观测时，随机现象却呈现某种规律性．例如，掷一枚均匀的硬币一次，是正面向上还是反面向上是不能确定的，但若抛掷多次，正面和反面出现的次数比例总是接近于 1∶1，而且抛掷次数愈多，这种“接近”愈明显．这种在大量重复的试验或观测中呈现出的固有规律性通常称为随机现象的**统计规律性**．概率论与数理统计就是研究和发现随机现象统计规律性的一门数学学科．是近代数学的重要组成部分．

三、概率论与数理统计的应用

当科学技术处在相对粗略阶段时，人们常常忽略随机现象．而随着科学技术的发展，在精确度要求越来越高的今天，人们已经无法忽视随机现象．由于自然界随机现象存在的广泛性，使得概率论与数理统计的方法正日甚一日地渗入到几乎一切自然科学、技术科学以及经济管理各领域中．常见的有

（1）在工农业生产和科学试验中，广泛存在着对产品质量的估计、检验、控制等问题，这些问题对企业管理者来说是非常重要的，它们都属于概率论与数理统计的应用范围．

（2）水文学中有许多随机现象，如一条河的年流量、最大洪峰，一个水库的实际年最大储水量等．这些问题的研究对大坝及水电站的建设都具有极其重要的意义．

（3）生物学、医学中有大量的随机现象．如疾病的传播和诊断，现代遗传学和基因工程等问题都要用概率论与数理统计的方法，并形成了“生物统计”和“医学统计”两个边缘学科．

（4）随着现代农业的发展及防灾减灾的需要，以往确定性的气象预报已不能适应目前经济的发展，这是因为气象问题也是随机的．代之而起的是“概率预报”和“统计预报”．统计预报在解决长期天气预报方面获得很大成功，并在地震预报中也找到了用武之地．

（5）结构设计中要考虑两个基本变量，即结构的荷载效应 S（作用在结构上的荷载产生的结构内力），抗力 R（结构承受荷载和变形的能力）．以往都把 S 和 R 描述成确定性的变量，而用“定值设计理论”进行结构设计，这样的设计可靠性较差．这是由于活荷载以及风压等都是随机的，故在现实中 S 和 R 不可能是确定性的，而是随机的．随着建筑业的发展，在结构设计中引入了概率论与数理统计的理论和方法，产生了概率设计理论，它使建筑结构设计更加精确和安全可靠．

（6）在现代销售领域，要考虑广告投入、市场需求与销售收益、库存与销售策略等关系，由于市场中各因素的随机性，这些关系无法用确定性数学加以解决，概率论与数理统计中的回归分析理论则为解决这类问题提供了有效方法．

此外，在自动控制、通讯、航海、航空、金融、保险等方面概率论与数理统计都有着极其广泛的应用．

第一章　事件与概率

第一节　随机事件与样本空间

一、样本空间与随机事件

为了探索随机现象的规律性必须进行大量的重复试验，我们把试验 E 的所有可能结果组成的集合称为 E 的**样本空间**，记为 Ω. 样本空间的元素，即 E 的每个结果，称为样本点．由于在给定条件下，试验的所有结果是已知的，因而样本点及相应的样本空间也是明确的．

对于绪论中提及的试验 E_i，其样本空间 $\Omega_i(i=1,2,3,4)$ 为

$\Omega_1=\{H,T\}$；$\Omega_2=\{t\,|\,t\geqslant 0\}$；

$\Omega_3=\{2,3,\cdots,12\}$；$\Omega_4=\{0,1,2,3,\cdots\}$.

对于试验 E_4：单位时间内某博客的点击数，由于在具体试验中很难给出一个点击次数的上限，故可认为博客点击的可能次数是无限的．同样对 E_2 的样本空间也作了类似处理．

在实际工作中，人们常常对随机试验中满足一定条件的样本点所构成的集合更关心．一般，称试验 E 的样本空间 Ω 的子集即样本点的集合为 E 的**随机事件**，简称**事件**，通常用大写字母 $A,B,C,\cdots$ 表示．在每次试验中，当且仅当这一子集中的一个样本点出现时，称这一事件发生．仅由一个样本点构成的单点集称为**基本事件**.

【例 1】　一个口袋中装有形状完全相同的红球 3 个（编号为①,②,③）和白球 2 个（编号为④,⑤）．现考察任取三球（即一次取出三球）中所含红、白球的情况．

则试验 E（即考察任取三球中所含红、白球的情况）的所有可能结果有 10 个

$A_1=\{①,②,③\}$，$A_2=\{①,②,④\}$，$A_3=\{①,②,⑤\}$，

$A_4=\{①,③,④\}$，$A_5=\{①,③,⑤\}$，$A_6=\{①,④,⑤\}$，

$A_7=\{②,③,④\}$，$A_8=\{②,③,⑤\}$，$A_9=\{②,④,⑤\}$，

$A_{10}=\{③,④,⑤\}$.

A_1 到 A_{10} 这 10 个事件都是试验的样本点，是基本事件．$\Omega=\{A_1,A_2,\cdots,A_{10}\}$ 为试验 E 的样本空间．

而 $B=\{$恰有两个红球$\}$，$C=\{$至少有两个红球$\}$，$D=\{$编号$\leqslant 4\}$，$T=\{$至少有一个红球$\}$，$Q=\{$恰有三个白球$\}$ 也是试验 E 的事件，因为它们都可以用样本点构成的集合来表示．

如事件 D 是由 A_1,A_2,A_4,A_7 等基本事件组合成的，可记作 $D=\{A_1,A_2,A_4,A_7\}$，事件 D 的发生等价于基本事件 A_1,A_2,A_4,A_7 中有且只有一个发生．同样，$B=\{A_2,A_3,A_4,A_5,A_7,A_8\}$，$C=\{A_1,A_2,A_3,A_4,A_5,A_7,A_8\}$，$T=\{A_1,A_2,\cdots,A_{10}\}$.

另外，我们注意到事件 Q 不包含任何试验结果，即在所给条件下，事件 Q 是不可能发生的．这样的事件称为**不可能事件**，记作 Φ，即 $Q=\Phi$. 而事件 T 则由所有基本事件组合而成，在给定条件下，每进行一次试验它都必然发生．这样的事件称为**必然事件**，记作 Ω，即 $T=\Omega$.

必然事件与不可能事件显然都是确定性的，它们已不再是随机事件．但为了便于讨论，把它们作为随机事件的极端情形予以统一处理．

【例 2】 将一枚均匀硬币掷三次，观察正面出现的次数．则

$B_i=\{$正面出现 i 次$\}(i=0,1,2,3)$等都是基本事件．样本空间 $\Omega=\{B_0,B_1,B_2,B_3\}$.

而 $C=\{$正面出现偶数次$\}=\{B_0,B_2\}$，$D=\{$正面出现奇数次$\}=\{B_1,B_3\}$ 等是事件．而 $E=\{$正面出现次数$\leqslant 3\}$，$F=\{$正面出现次数$>3\}$ 则分别为必然事件和不可能事件，即 $E=\Omega$，$F=\Phi$.

【例 3】 将一枚均匀硬币掷三次，观察正面和反面出现的情况．则基本事件有

$A_1=\{$正,正,正$\}$，$A_2=\{$正,正,反$\}$，$A_3=\{$正,反,正$\}$，

$A_4=\{$反,正,正$\}$，$A_5=\{$正,反,反$\}$，$A_6=\{$反,正,反$\}$，

$A_7=\{$反,反,正$\}$，$A_8=\{$反,反,反$\}$.

样本空间 $\Omega=\{A_1,A_2,\cdots,A_8\}$.

尽管例 2 和例 3 的试验条件是相同的，都是将一枚硬币掷三次，但由于试验的目的不同，其样本空间也不同．因此样本空间的元素（样本点）是由试验的目的唯一确定的．

由于任何一个事件都可以用 Ω 的子集来表示，因此我们可以将事件间的关系及运算归结为集合间的关系及运算，这样我们就可以运用集合论的有关理论和方法来研究事件了．

二、事件的关系及运算

在某个问题的研究中，我们讨论的往往不只是一个事件，而是有许多事件，它们各有特点，彼此之间又有一定的联系．为了用较简单的事件表示较复杂的事件，下面讨论事件之间的几种主要关系以及作用于事件上的运算．

1. 包含关系

如果事件 A 发生一定导致事件 B 发生，则称 B 包含 A 或称 A 含于 B，也称 A 是 B 的子事件，记为 $B\supset A$ 或 $A\subset B$. B 包含 A 意即属于 A 的基本事件一定也属于 B. 如图 1-1 所示．

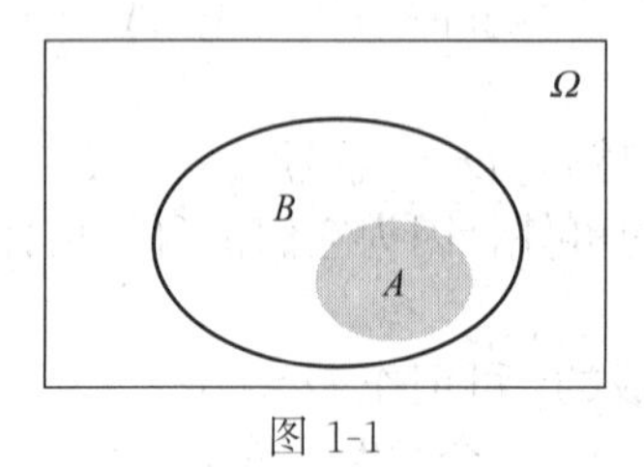

图 1-1

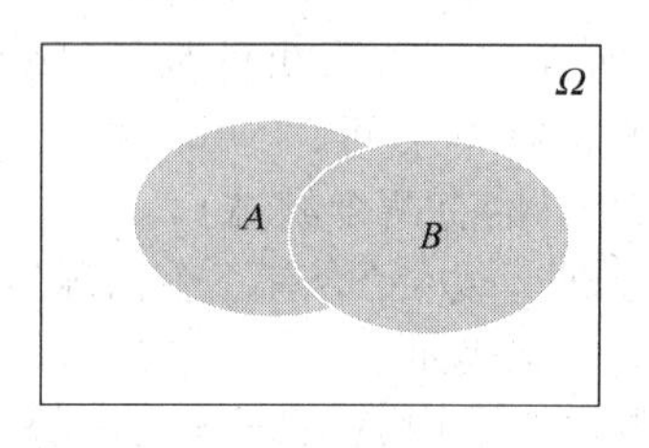

图 1-2

显然，对任一事件 A，有 $\Phi\subset A\subset\Omega$.

2. 相等关系

如果 $A\subset B$ 与 $B\subset A$ 同时成立，则称事件 A 与 B 相等，记为 $A=B$. 在概率论中，彼此相等的事件可以互相替换．事实上，它们所含基本事件完全相同．

3. 事件的和（事件的并）

“事件 A 与 B 至少有一个发生（A 或 B）”是一个事件，称为 A 与 B 的和事件，记为 $A\cup B$(或 $A+B$)．和事件 $A\cup B$ 是由 A 与 B 中的所有基本事件构成的．如图 1-2 所示．

对任一事件 A，有 $A\cup A=A$，$A\cup\Omega=\Omega$，$A\cup\Phi=A$.

例如，在试验 E_3（抛两颗骰子，观察出现的点数之和）中，若 A 表示“点数之和为偶数”，即 $A=\{2,4,6,8,10,12\}$，B 表示“点数之和小于 6”，即 $B=\{2,3,4,5\}$，则 $A\cup B=\{2,3,4,5,6,8,10,12\}$.

事件和的概念可推广到任意有限个或可列无限多个事件和的情形，如可列无限多个事件 $A_1,A_2,\cdots,A_n,\cdots$中至少有一个发生所构成的事件，称为事件 $A_1,A_2,\cdots,A_n,\cdots$的和，记为$\bigcup\limits_{i=1}^{\infty}A_i$.

4. 事件的积（事件的交）

“事件 A 与 B 同时发生（A 且 B)”是一个事件，称为 A 与 B 的积事件，记为 AB（或 $A\cap B$)．事件的积 AB 是由 A，B 中公共的基本事件所构成．如图 1-3 所示．

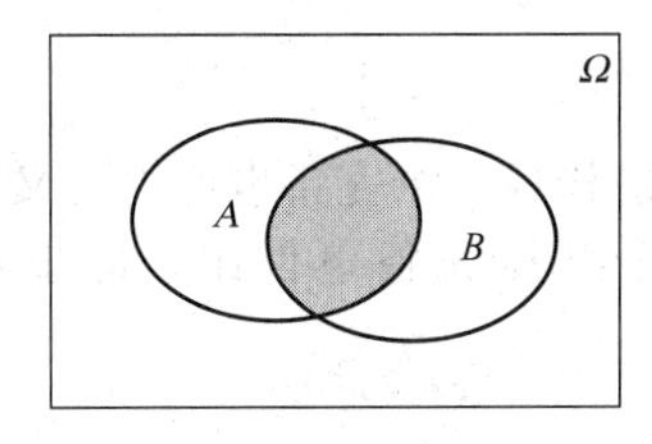

图 1-3

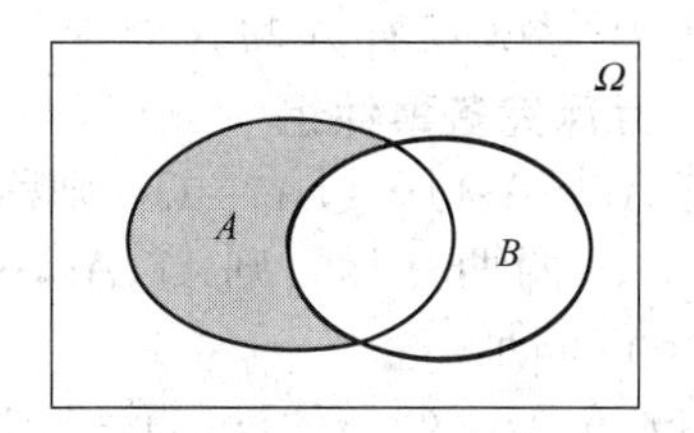

图 1-4

对任一事件 A，有 $AA=A$，$A\Omega=A$，$A\Phi=\Phi$.

例如，在试验 E_3中，若设 $A=\{3,5,7,8\}$,$B=\{6,8,9,11\}$，则 $AB=\{8\}$．

事件积的概念同样可推广到任意有限个或可列无限多个事件的情形．如 $A_1,A_2,\cdots,A_n,\cdots$同时发生的事件称为 $A_1,A_2,\cdots,A_n,\cdots$的积，记为$\bigcap\limits_{i=1}^{\infty}A_i$.

5. 事件的差

“事件 A 发生而 B 不发生”是一个事件，称为 A 与 B 的差，记为 $A-B$. 差事件 $A-B$ 由属于 A 但不属于 B 的基本事件所构成．如图 1-4 所示．

例如，在试验 E_3中，若设 $A=\{3,5,7,8\}$，$B=\{6,8,9,11\}$，则

$$A-B=\{3,5,7\}.$$

6. 互斥事件

如果事件 A,B 不能同时发生，即 $AB=\Phi$，则称 A,B 是互斥事件或称 A,B 是互不相容事件，两事件不互斥称为相容．互斥事件没有公共的基本事件，如图1-5所示．

例如，在试验 E_3中，若设 $A=\{3,5,7\}$，$B=\{6,8,9,11\}$，则 $AB=\Phi$，故 A 与

B 互斥．

若 n 个事件 $A_1, A_2, \cdots, A_n$ 中任意两个事件都互斥，则称这 n 个事件 $A_1, A_2, \cdots, A_n$ 是两两互斥的．可用下式表示

$$A_iA_j=\Phi \quad (i\neq j;\ i,j=1,2,\cdots,n).$$

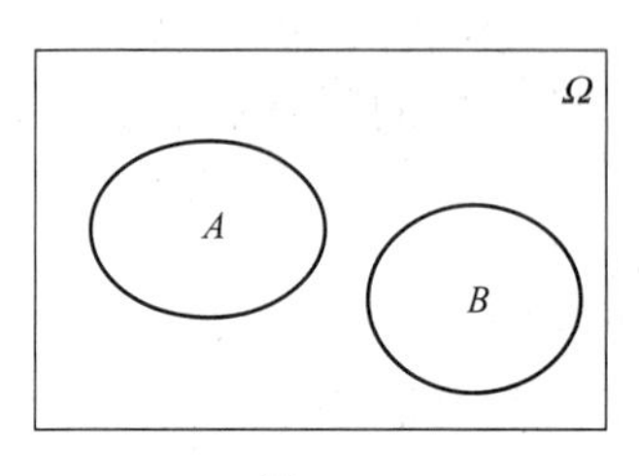

图 1-5

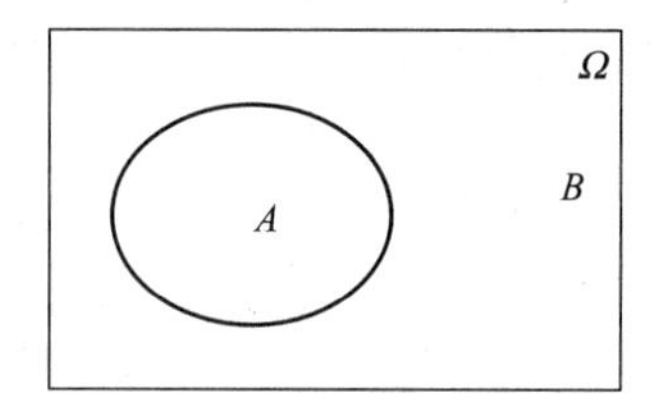

图 1-6

7. 对立事件

若事件 A 与 B 互斥，又 A 与 B 必发生其一，即 $AB=\Phi$，$A\cup B=\Omega$，则称 B 是 A 的对立事件（逆事件），或称 A 是 B 的对立事件．通常 A 的对立事件（逆事件）记为 $\overline{A}$，即 $B=\overline{A}$. 从而 $A\overline{A}=\Phi$，$A\cup\overline{A}=\Omega$，当然也有 $\overline{A}=\Omega-A$. 互为对立的两事件没有公共的基本事件，且它们所含的基本事件充满样本空间．如图1-6所示．

例如，在试验 E_3 中，若设 $A=\{3,5,7,8\}$，$B=\{2,4,6,9,10,11,12\}$，则 $AB=\Phi$，$A\cup B=\Omega$，所有 A 与 B 对立，即 $B=\overline{A}$.

8. 互斥完备事件组

若 $A_1\cup A_2\cup\cdots\cup A_n=\Omega$，则称 $A_1, A_2, \cdots, A_n$ 构成一个完备事件组．又若 $A_1, A_2, \cdots, A_n$ 两两互斥，则 $A_1, A_2, \cdots, A_n$ 构成一个互斥完备事件组，即事件 $A_1, A_2, \cdots, A_n$ 满足

（1）$A_iA_j=\Phi$（$i\neq j$；$i,j=1,2,\cdots,n$）；

（2）$A_1\cup A_2\cup\cdots\cup A_n=\Omega$.

此时亦称 $A_1, A_2, \cdots, A_n$ 构成样本空间 Ω 的一个划分．如图 1-7 所示．

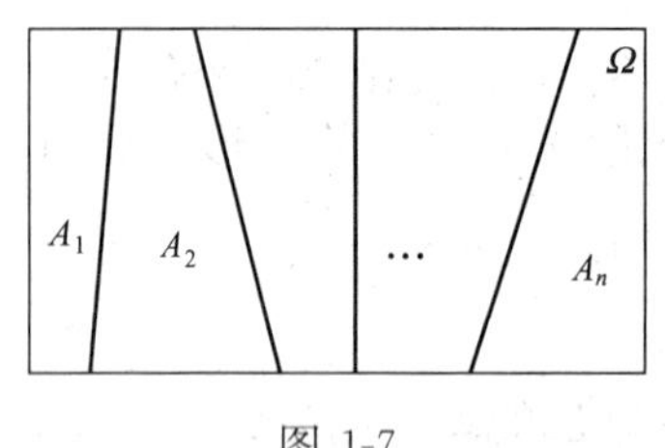

图 1-7

进一步，若 A_i（$i=1,2,\cdots$）是一组可列无限多个事件，且满足

（1）$A_iA_j=\Phi$（$i\neq j; i,j=1,2,\cdots$）；

（2）$\bigcup\limits_{i=1}^{\infty}A_i=\Omega$.

则称 $A_1, A_2, \cdots$ 是样本空间 Ω 的一个可列无限划分．

容易证明，事件的运算满足如下的运算律

$$A\cup B=B\cup A;\quad AB=BA;\quad A-B=A-AB=A\overline{B}; \tag{1-1}$$

$$A\cup(B\cup C)=(A\cup B)\cup C;\quad A(BC)=(AB)C; \tag{1-2}$$

$$A(B\cup C)=AB\cup AC; \tag{1-3}$$

$$A\cup BC=(A\cup B)(A\cup C); \tag{1-4}$$

$$\overline{A\cup B}=\overline{A}\,\overline{B},\quad \overline{AB}=\overline{A}\cup\overline{B};\tag{1-5}$$

此外还有

$$AB\subset A\subset A\cup B,\ AB\subset B\subset A\cup B.\tag{1-6}$$

$$\text{若 } A\supset B\text{，则 } AB=B,\ A\cup B=A.\tag{1-7}$$

式(1-5) 称为德·摩根（De Morgan）律（对偶律），它可以推广到任意有限个或可列个事件情形，例如

$$\overline{\bigcup_{i=1}^{n}A_i}=\bigcap_{i=1}^{n}\overline{A_i},\quad \overline{\bigcap_{i=1}^{n}A_i}=\bigcup_{i=1}^{n}\overline{A_i}.$$

【例 4】 证明：(1) $A=AB\cup A\overline{B}$；(2) $A\cup B=A\overline{B}\cup\overline{A}B\cup AB$.

证 (1)$A=A\Omega=A(B\cup\overline{B})=AB\cup A\overline{B}$；

(2) $A\cup B=A\Omega\cup B\Omega=A(B\cup\overline{B})\cup B(A\cup\overline{A})=A\overline{B}\cup\overline{A}B\cup AB$.

显然 (1) 式右端是两个互斥事件的和，这表明任一事件均可"分解"为两个互斥事件的和．(2)式则把事件 $A\cup B$ "分解"为两两互斥的三个事件的和．如图 1-8 所示．这种把一个事件"分解"成若干两两互斥事件和的过程，称为事件的**互斥分解**．

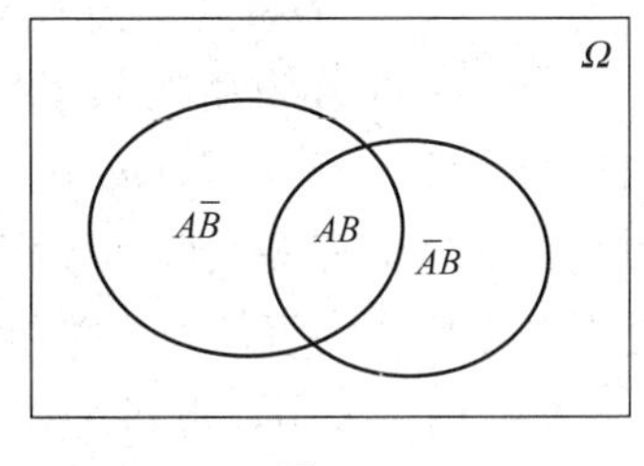

图 1-8

类似地，可证 $A\cup B=A\cup\overline{A}B$ 或 $A\cup B=A\overline{B}\cup B$. 由此可见，同一事件的互斥分解式是不唯一的．

【例 5】 从一批产品中每次取出一个产品进行检验（每次取的产品不放回），事件 A_i 表示第 i 次取到合格品（$i=1,2,3$）．试用 A_1,A_2,A_3 来表示以下各事件

(1) 第一只产品为合格品；　(2) 只有一只产品为合格品；

(3) 至少有一只产品为合格品；(4) 三只产品都不是合格品；

(5) 三只产品都是合格品；　(6) 至多两只产品为合格品．

解 (1) A_1；　(2) $A_1\overline{A_2}\,\overline{A_3}\cup\overline{A_1}A_2\overline{A_3}\cup\overline{A_1}\,\overline{A_2}A_3$；

(3) $A_1\cup A_2\cup A_3$；　(4) $\overline{A_1}\,\overline{A_2}\,\overline{A_3}$；

(5) $A_1A_2A_3$；　(6) $\overline{A_1A_2A_3}$ 或 $\overline{A}_1\cup\overline{A}_2\cup\overline{A}_3$.

第二节　事件的概率

对于一个事件来说，它在一次试验中可能发生，也可能不发生，具有偶然性．但在大量重复试验中，发生可能性的大小是客观存在的，有些事件发生的可能性大些，有些则小些．在实践中，人们希望知道某些事件发生的可能性究竟有多大．例如，在三峡建大坝，就要知道三峡地区长江年最高水位超历史记录这一事件发生的可能性有多大，以便合理地设计坝高；又如知道某网站 24h 内各个时段接到点击次数的情况，人们就可以据此与客户谈判挂网广告的价格等．我们将刻画事件 A 发生可能性大小的数量指标称作事件 A 发生的**概率**，并用 $P(A)$ 表示．

对于给定的事件 A，客观上都存在概率 $P(A)$，怎样才能获得 $P(A)$ 的数值

呢？在现实生活中，人们常常利用事件发生的频率获知事件发生的可能性大小．为此，我们首先引入频率的概念，进而给出表征事件概率的各种定义．

一、概率的统计定义

定义 1 在相同的条件下，重复进行的 n 次试验中，事件 A 发生的次数 n_A 称为事件 A 发生的**频数**，比值 $\frac{n_A}{n}$ 称为事件 A 发生的**频率**，并记为 $f(A)$．

由定义，易见频率具有下述性质

(1) $0 \leqslant f(A) \leqslant 1$；

(2) $f(\Phi)=0$，$f(\Omega)=1$；

(3) 若 $A_1, A_2, \cdots, A_n$ 两两互斥，则

$$f(A_1 \cup A_2 \cup \cdots \cup A_n)=f(A_1)+f(A_2)+\cdots+f(A_n).$$

由于事件 A 发生的频率是它发生的次数与试验次数之比，其大小反映 A 发生的频繁程度．若 A 发生的可能性较大，那么相应的频率也较大，反之，则较小．因此，从这个意义上说，频率在一定程度上刻画了事件发生的可能性大小，那么，能否把频率作为事件发生可能性大小的数量刻画呢？先看下例．

【例 1】 采用计算机编程模拟掷硬币的试验，考察正面和反面出现的情况．模拟掷币 10 次，100 次，1000 次，10000 次，各做 6 遍得表 1-1. n 表示试验次数，n_A 表示正面朝上的次数，$f(A)$ 表示正面朝上的频率．

表 1-1

序号 \ 次数	$n=10$		$n=100$		$n=1000$		$n=10000$	
	n_A	$f(A)$	n_A	$f(A)$	n_A	$f(A)$	n_A	$f(A)$
1	3	0.3	57	0.57	484	0.484	5022	0.5022
2	2	0.2	52	0.52	514	0.514	5040	0.5040
3	6	0.6	47	0.47	514	0.514	4971	0.4971
4	8	0.8	46	0.46	500	0.500	5081	0.5081
5	6	0.6	51	0.51	522	0.522	4977	0.4977
6	3	0.3	55	0.55	485	0.485	5057	0.5057

试验表明 (1) 频率具有随机波动性，对于同样的试验次数 n，所得的 $f(A)$ 不尽相同；(2) 试验次数较少时，频率 $f(A)$ 随机波动的幅度较大，但随着试验次数的增加，频率 $f(A)$ 的波动性逐渐趋弱而呈现出稳定性，大致在 0.5 附近作微小摆动并逐渐稳定于 0.5.

本例表明，频率 $f(A)$ 随试验次数 n 的改变而改变，即使同样的试验次数 n，频率 $f(A)$ 也不尽相同．因此用频率来表示事件发生的可能性大小显然是不合适的．但当 n 逐渐增大时，频率 $f(A)$ 逐渐稳定于某个常数，这种"频率的稳定性"是不以人的意志为转移的，它揭示了隐藏在随机现象中的统计规律性，因此用频率的稳定值来表示事件发生的可能性大小是合适的．

定义 2 在相同条件下重复作 n 次试验，当 n 充分大时，事件 A 的频率 $f(A)=\frac{n_A}{n}$ 稳定地在某一数值 p 的附近摆动，且一般说来，随着试验次数 n 的增

大，这种摆动的幅度越来越小，则称事件 A 有概率，常数 p 就称为事件 A 发生的**概率**. 即

$$P(A)=p. \tag{1-8}$$

这样给出的概率称为**统计概率**.

在例 1 中，设 $A=\{$正面朝上$\}$，则 $P(A)=0.5$.

既然统计概率是频率的稳定值，则不难推出概率也有如下三个基本性质

(1) $0\leqslant P(A)\leqslant 1$；

(2) $P(\Phi)=0$, $P(\Omega)=1$；

(3) 若 $A_1, A_2, \cdots, A_n$ 两两互斥，则

$$P(A_1\cup A_2\cup\cdots\cup A_n)=P(A_1)+P(A_2)+\cdots+P(A_n).$$

需要指出的是，概率的统计定义是在大量重复试验的基础上，汇总统计资料而给出的，它反映了概率的统计性质，其重要性不仅在于它提供了一种定义概率的方法，更重要的是提供了一种估计概率的方法. 由于频率具有稳定性，在实际工作中，往往把大量试验中得到的频率，作为概率的近似值，如人口的抽样调查，产品的质量检验等工作中就是这样做的. 另外，它同时也为检验理论是否正确提供了一种判别的方法. 这类问题属于数理统计学的一个重要分支——假设检验，其将在本书第八章讨论.

【例 2】 圆周率 $\pi=3.1415926\cdots\cdots$ 是一个无限不循环小数，我国数学家祖冲之第一次把它计算到小数点后七位，这个纪录保持了 1000 多年！以后有人不断把它算得更精确. 1873 年，英国学者沈克士公布了一个 π 值，该数值在小数点后一共有 707 位之多！但几十年后，曼彻斯特的费林对它产生了怀疑. 他随机统计了 π 的 608 位小数，得到如下结果：

数字	0	1	2	3	4	5	6	7	8	9
出现次数	60	62	67	68	64	56	62	44	58	67

你能说出他产生怀疑的理由吗?

因为 π 是一个无限不循环小数，所以，理论上每个数字出现的次数应近似相等，或者它们出现的频率应都接近 0.1，但 7 出现的频率过小. 这就是费林产生怀疑的理由.

在实际应用中，利用概率的统计定义很难得到事件的准确概率，也不便于计算. 为此，下面介绍概率的另一个定义——概率的古典定义，根据它可以方便地计算出一大类问题的概率.

二、概率的古典定义

确定概率的古典方法是概率论历史上最先开始研究的情形，它简单、直观，不需要做大量的重复试验，而是在经验事实的基础上，对被考察事件的可能性进行逻辑分析得出该事件的概率. 在介绍概率古典定义之前，先回顾一下在古典概率大量使用的排列与组合公式.

排列和组合都是计算“从 n 个元素中任取 k 个元素”的取法总数公式，其主要区别在于：如果不讲究取出元素间的次序，则用组合公式，否则用排列公式。而所谓讲究取出元素间的次序，可以从实际问题中得以辨别，例如两个人相互握手是不

讲次序的，而两个人排队是讲次序的，因为“甲右乙左”与“乙右甲左”是不一样的．

排列与组合公式的推导都基于如下两条计数原理：

（1）乘法原理．如果做某件事需经 k 个步骤才能完成，做第一步有 m_1 种方法，做第二步有 m_2 种方法，……，做第 k 步有 m_k 种方法，那么完成这件事共有 $m_1\times m_2\times\cdots\times m_k$ 种方法．

譬如，甲城到乙城有 3 条旅游线路，由乙城到丙城有 2 条旅游线路，那么从甲城经乙城去丙城共有 $3\times2=6$ 条旅游线路．

（2）加法原理．如果做某件事可由 k 类不同途径之一去完成，在第一类途径中有 m_1 种完成方法，在第二类途径中有 m_2 种完成方法，……，在第 k 类途径中有 m_k 种完成方法，那么完成这件事共有 $m_1+m_2+\cdots+m_k$ 种方法．

譬如，由甲城到乙城去旅游有三类交通工具：汽车、火车和飞机，而汽车有 5 个班次，火车有 3 个班次，飞机有 2 个班次，那么从甲城到乙城共有 $5+3+2=10$ 班次供旅游者选择．

排列与组合的定义及计算公式如下：

（1）排列．从 n 个不同元素中任取 k（$k\leqslant n$）个元素排成一列（考虑元素先后出现次序），称之为一个排列，此种排列的总数记为 A_n^k. 按乘法原理，取出的第一个元素有 n 种取法，取出的第二个元素有 $n-1$ 种取法，……，取出的第 k 个元素有 $n-k+1$ 种取法．所以共有取法

$$A_n^k=n\times(n-1)\times\cdots\times(n-k+1)=\frac{n!}{(n-k)!}$$

特别地，当 $k=n$ 时，称为全排列，记为 A_n. 显然，全排列 $A_n=n!$．

（2）重复排列．从 n 个不同元素中每次取出一个，放回后再取下一个，如果连续取 k 次所得的排列称为重复排列，此种排列共有 n^k 个，注意这里的 k 允许大于 n.

（3）组合．从 n 个不同元素中任取 k（$k\leqslant n$）个元素并成一组（不考虑元素间的先后次序），称此一个组合，此种组合的总数记为 C_n^k. 按乘法原理此种组合的计算公式为

$$C_n^k=\frac{A_n^k}{k!}=\frac{n(n-1)\cdots(n-k+1)}{k!}=\frac{n!}{k!\,(n-k)!}$$

这里规定 $0!=1$，$C_n^0=1$.

（4）重复组合．从 n 个不同元素中每次取出一个，放回后再取下一个，如果连续取 k 次所得的组合称为重复组合，此种重复组合总数共有 C_{n+k-1}^k 个，注意这里的 k 也允许大于 n.

上述四种排列组合及其总数计算公式，在确定古典概率中经常使用，但在使用中要注意识别有序与无序、重复与不重复．

在某些试验中，试验的所有基本事件总数是有限的，并且每个基本事件发生的可能性是相同的．如在例 1 的掷硬币试验中，我们关心的是“正面朝上”或“反面朝上”的两个基本事件．由于硬币的匀称性，我们没理由认为“正面朝上”的可能性比“反面朝上”的可能性更大或更小，故可以认为它们出现的可能性是相同的，

就是说它们具有等可能性.

这样的情况在实际问题中有很多. 为此, 我们引进概率的古典定义.

定义 3 若试验满足

(1) 试验的所有可能结果只有有限个;

(2) 每个基本事件在试验中发生的可能性相等 (称为等可能性).

则称该试验模型为**古典概型**, 而满足 (1), (2) 的事件组称为等概事件组.

若等概事件组中基本事件的总数 (即样本空间包含的基本事件数) 为 n, 事件 A 包含其中的 m 个, 则事件 A 的概率为

$$P(A)=\frac{m}{n}. \tag{1-9}$$

这就是说, 在古典概型下, 任一事件 A 的概率为

$$P(A)=\frac{A\text{包含的基本事件个数(有利于}A\text{的基本事件个数)}}{\text{样本空间包含的基本事件总数}}.$$

由式(1-9) 给出的概率称为**古典概率**.

按照这个定义, 在本章第一节的例 1 中, 有

$$P(D)=\frac{4}{10}=0.4, \quad P(B)=\frac{6}{10}=0.6.$$

但我们不能直接套用式(1-9) 计算本章第一节的例 2 中的事件 C,D 的概率. 因其样本空间中的各基本事件不是等可能的.

【例 3】 (摸球问题) 袋中 10 个球, 其中 4 个红的, 6 个白的. 从中抽取三球, 每次任取一球, 试就下列情况下分别求所得三球都是白球的概率.

(1) 每取一球看后放回袋中, 再抽取下一个 (**有放回抽样**);

(2) 每取一球看后不放回袋中, 再抽取下一个 (**无放回抽样**).

解 设 $A=\{$所取三球均为白球$\}$.

(1) 有放回抽样 由于每次抽取出的球看过颜色后都放回袋中, 因此, 每次都是从 10 个球中抽取. 由乘法法则知, 样本空间 Ω 中的基本事件数 $n=10^3=1000$, 而 A 发生, 即 3 次取的球都是白球, 则有利于 A 的基本事件数 $m=6^3=216$. 因此

$$P(A)=\frac{m}{n}=\frac{216}{1000}=0.216.$$

(2) 无放回抽样 第一次从 10 个球中抽取 1 个, 由于不再放回, 因此, 第二次是从剩下的 9 个球中抽取 1 个, 第三次是从剩下的 8 个球中抽取 1 个, 因而样本空间 Ω 中的基本事件数 $n=A_{10}^3=10\times9\times8$. 类似讨论可知, 有利于 A 的基本事件数 $m=A_6^3=6\times5\times4$. 因此

$$P(A)=\frac{m}{n}=\frac{6\times5\times4}{10\times9\times8}=\frac{1}{6}\approx0.167.$$

无放回抽样也可这样理解: 无放回抽取 3 次, 每次任取一球, 相当于从 10 个球中一次取出 3 个球 (即相当于 "从袋中任取 3 球"). 其概率计算与组合数有关, 即

$$P(A)=\frac{C_6^3}{C_{10}^3}=\frac{\dfrac{6\times5\times4}{3\times2\times1}}{\dfrac{10\times9\times8}{3\times2\times1}}=\frac{1}{6}\approx0.167.$$

可见“无放回地抽取 k 次，每次抽取一个”与“从中任取 k 个（一次取出 k 个）”，虽然模式不同，前者讲究顺序，后者不计较顺序，但它们最终计算的结果是一样的．

【例 4】 等级分相同的甲、乙两支足球队进行五局三胜的大奖赛，胜者独得 50 万元奖金．现已赛三场，甲两胜一负．现乙因故退出后面的比赛并提出按已胜场次分奖金，即甲得 2/3，乙得 1/3. 问这样分配 50 万元合理吗?

解 这种分法看似合理，但仔细分析可以发现是不合理的．设想把余下的两场赛完，则结果有如下四种情况：甲甲、甲乙、乙甲、乙乙．其中“甲乙”意指第一场甲胜第二场乙胜，其余类推．注意到两队等级分相同，可认为每场胜率相同，从而上述四个结果是等可能的．考虑到前三场的情况，甲甲、甲乙、乙甲的结果均为甲方胜，则甲、乙最终获胜的可能性大小之比为 3∶1，即 $P\{\text{甲得 50 万元}\}=\frac{3}{4}$，$P\{\text{乙得 50 万元}\}=\frac{1}{4}$. 故甲应分得 37.5 万元，乙应分得 12.5 万元，才算公平．

此例告诉我们，表面上看来简单合理的东西，经过深入分析可能发现其不合理之处，这是我们在处理实际问题时必须注意的．

【例 5】（超几何概型）已知一批产品共 N 件，其中有次品 M 件．从中任取 n 件，试求其中恰有 m 件次品的概率．

解 设 $A=\{\text{任取的 } n \text{ 件产品中恰有 } m \text{ 件次品}\}$．

本题为“一次取”模式．基本事件总数为 C_N^n，有利于 A 的基本事件个数为 $C_M^m C_{N-M}^{n-m}$. 于是，由概率古典定义得

$$P(A)=\frac{C_M^m C_{N-M}^{n-m}}{C_N^n},\quad m=0,1,2,\cdots,\min\{M,n\}. \tag{1-10}$$

这是无放回抽样下概率计算的重要公式．对于 m 取不同的数值形成的一组概率，就是下一章中要讨论的超几何分布．把在某个固定的 m 下计算概率的式(1-10)称为超几何公式．

【例 6】（彩票问题）一种福利彩票称为幸福 35 选 7，即从 01，02，…，35 中不重复地开出 7 个基本号码和一个特殊号码．中各等奖的规则如下，试求各等奖的中奖概率．

中奖级别	中奖规则
一等奖	7 个基本号码全中
二等奖	中 6 个基本号码及特殊号码
三等奖	中 6 个基本号码
四等奖	中 5 个基本号码及特殊号码
五等奖	中 5 个基本号码
六等奖	中 4 个基本号码及特殊号码
七等奖	中 4 个基本号码，或中 3 个基本号码及特殊号码

解 设 $A_i=\{\text{中 } i \text{ 等奖}\}$，$i=1,2,\cdots,7$。因为不重复地选号是一种不放回抽样，所以样本空间 Ω 含有 C_{35}^7 个基本事件。仿例 5 的方法，可得各等奖的中奖概率如下

$$P(A_1)=\frac{C_7^7}{C_{35}^7}=\frac{1}{6724520}=0.149\times10^{-6};$$

$$P(A_2)=\frac{C_7^6C_1^1}{C_{35}^7}=\frac{7}{6724520}=1.04\times10^{-6};$$

$$P(A_3)=\frac{C_7^6C_{27}^1}{C_{35}^7}=\frac{189}{6724520}=2.811\times10^{-5};$$

$$P(A_4)=84.318\times10^{-6};\ P(A_5)=1.096\times10^{-3};$$

$$P(A_6)=1.827\times10^{-3};\ P(A_7)=3.045\times10^{-2}.$$

若记 A 表示事件“中奖”，则显然有，$P(A)=\sum_{i=1}^{7}P(A_i)=0.03349$. 这说明：100 个人中约有 3 个人中奖；而中头奖的概率只有 0.149×10^{-6}，即 2000 万人约有 3 人中头奖！因此购买彩票要有平常心，期望不宜过高．

三、几何概率

古典概率只限于样本空间含有限个等可能基本事件的情形，当样本空间包含无穷多个等可能基本事件时，它不再适用．再者，人们在解决实际问题中发现，仅考虑有限情形是不够的．为克服这种局限性，有必要将古典概率加以推广．

【例 7】 某店为促销搞有奖销售，在店堂设置了一个均匀地刻有刻度 [0,100] 的转盘．试求转针停在区间 [60,85] 内的概率．

解 此题中转针停在转盘上 [0,100] 内的任一点都可以看作是一个基本事件，又转盘刻度是均匀的，故转针指在区间 [0,100] 内的每一点都是等可能的．但不能用古典概率来计算，因为对应于区间 [0,100] 的样本空间包含无限多个等可能基本事件．

设 $A=\{$转针停在区间 [60,85] 内$\}$．整个区间的长度为 100，而区间 [60,85] 的长度为 25，由等可能的意义，有

$$P(A)=\frac{85-60}{100}=\frac{1}{4}=0.25.$$

一般地，有下面的定义．

定义 4 设 Ω 是一个有度量的几何区域，$g\subset\Omega$ 是一个有度量的小几何区域．记它们的度量（长度、面积、体积等）分别为 $\mu(\Omega)$，$\mu(g)$．若随机点落在 Ω 内任一位置是等可能的，则事件 $A=\{$向 Ω 内投掷的随机点落入区域 $g\}$ 的概率为

$$P(A)=\frac{\mu(g)}{\mu(\Omega)}. \tag{1-11}$$

由上述定义给出的随机试验模型称为**几何概型**，由式(1-11) 计算的概率称为**几何概率**．

下面继续讨论前述转盘问题．设

$$A_1=\{\text{转针停在区间}[60,85)\text{内}\},$$
$$A_2=\{\text{转针恰停在刻度 50 处}\},$$
$$A_3=\{\text{转针停在区间}(0,100)\text{内}\}.$$

区间 [60,85) 的长度为 25，刻度 50 所对应的区间长度为 0，区间 (0,100) 的长度为 100. 由上述几何概率的计算公式(1-11)，有

$$P(A_1)=\frac{25}{100}=0.25,\quad P(A_2)=\frac{0}{100}=0,\quad P(A_3)=\frac{100}{100}=1.$$

从例 7 及上述事件概率的计算，不难看出

（1）尽管事件 B 是 A 的子事件且不相等，但可能有 $P(A)=P(B)$．如这里的事件 $A_1\subset A$ 且 $A_1\neq A$，但 $P(A_1)=P(A)=0.25$.

（2）不可能事件的概率为 0，但反之不真．即概率为 0 的事件不一定是不可能事件．如 $P(A_2)=0$，但 $A_2\neq\Phi$.

（3）必然事件的概率为 1，但反之不真．即概率为 1 的事件不一定是必然事件．如 $P(A_3)=1$，但 $A_3\neq\Omega$.

这些情况在古典概型中都不会出现，它们与样本空间是无限有关．

【例 8】 某两人相约第二天 9 点到 10 点在指定地点会面，先到者要等候另一人 20min，过时即可离去．试求他们能会面的概率．

解 设 $A=\{$两人能会面$\}$．

用 x,y 分别表示两人到达预定地点的时刻，于是数对 (x,y) 所对应的点是该问题中的随机点，这是一个二维问题．由于 $0\leqslant x\leqslant 60$，$0\leqslant y\leqslant 60$（单位：min)，所以样本空间 Ω 是边长为 60 的正方形，其面积 $\mu(\Omega)=60^2$．因两人能会面的充要条件是 $|x-y|\leqslant 20$，所以，有利于 A 的区域 g 是随机点 (x,y) 落在满足 $|x-y|\leqslant 20$ 所构成的平面区域．如图 1-9 的 $y=x+20$ 与 $y=x-20$ 两条直线之间的带状区域，即图中的阴影部分．其面积为

$$\mu(g)=60^2-(60-20)^2,$$

于是

$$P(A)=\frac{\mu(g)}{\mu(\Omega)}=\frac{60^2-40^2}{60^2}=\frac{5}{9}=0.556.$$

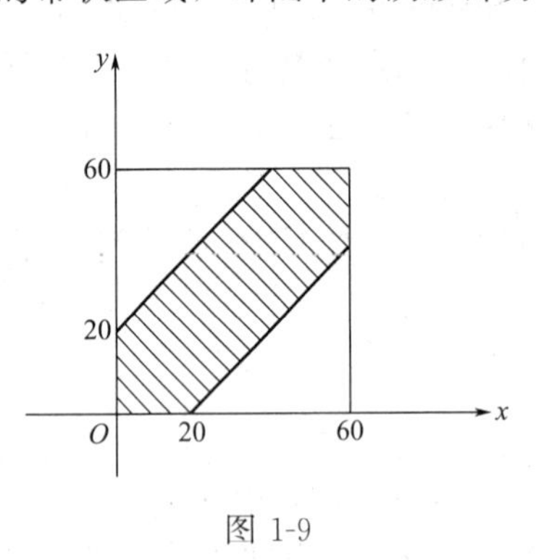

图 1-9

本题是著名的**会面问题**，在通讯、运输等方面有重要的应用．

四、概率的公理化定义

前面我们讨论了概率的统计定义、概率的古典定义、概率的几何定义，这些定义各适合一类随机现象，那么如何给出适合一切随机现象的概率的最一般定义呢？显然这一点非常重要．

从概率论有关问题的研究算起，经过近三个世纪的漫长探索历程，人们才真正完整地解决了概率的严格数学定义．1933 年，前苏联著名的数学家柯尔莫哥洛夫(Kolmogorov)，在他的《概率论的基本概念》一书中给出了现在已被广泛接受的概率公理化体系，第一次将概率论建立在严密的逻辑基础上．

定义 5（概率的公理化定义） 设样本空间 Ω 的某些子集组成的集合 F 是事件的全体，A 是属于 F 的任一事件，$P(A)$是定义在 F 上的一个集合函数，则称满足下述公理的实数$P(A)$为事件 A 的**概率**．

公理 1（非负性） 对任意事件 $A\in F$，有 $P(A)\geqslant 0$；

公理 2（规范性） 对于必然事件 Ω，有 $P(\Omega)=1$；

公理 3（可列可加性） 对任意的 $A_i\in F(i=1,2,\cdots)$，$A_1,A_2,\cdots,A_n,\cdots$两两互斥，即

$$A_iA_j=\Phi(i\neq j)\text{，有 }P(\bigcup_{i=1}^{\infty}A_i)=\sum_{i=1}^{\infty}P(A_i)\,.$$

定义并没有对概率 $P(A)$ 的对应规则给出任何限制，只要求满足这三条公理．统计概率、古典概率和几何概率显然都满足定义 5. 概率的公理化体系的诞生，使概率概念摆脱了前述各种定义的局限性和含混之处，不管什么随机现象，只要满足定义中的三条公理，就是概率，这一公理体系迅速获得举世公认，是概率论发展史上的一个里程碑．从而使概率论成为一门严谨的学科，近几十年来概率论的飞速发展，与公理化体系的诞生密切相关．

第三节　概率的运算法则

由概率的公理化定义，可以推出概率的一些重要性质，同时也为我们计算复杂事件的概率带来很大的方便．

一、概率的加法公式

引理　$P(\Phi)=0$.

证　令 $A_i=\Phi\ (i=1,2,\cdots)$，则 $\bigcup\limits_{i=1}^{\infty}A_i=\Phi$，且 $A_iA_j=\Phi\ (i\neq j;\ i,j=1,2,\cdots)$. 由公理 3 得

$$P(\Phi)=P(\bigcup_{i=1}^{\infty}A_i)=\sum_{i=1}^{\infty}P(A_i)=\sum_{i=1}^{\infty}P(\Phi)$$

由概率的非负性知 $P(\Phi)\geqslant 0$，故由上式知 $P(\Phi)=0$.

定理 1（有限可加性）　设事件 $A_1,A_2,\cdots,A_n$ 两两互斥，则

$$P(\bigcup_{i=1}^{n}A_i)=\sum_{i=1}^{n}P(A_i)\,. \tag{1-12}$$

证　取 $A_{n+1}=A_{n+2}=\cdots=\Phi$，则 $A_1,A_2,\cdots,A_n,A_{n+1},\cdots$ 为可列无限个两两互斥事件，则

$$A_1\cup A_2\cup\cdots\cup A_n=A_1\cup A_2\cup\cdots\cup A_n\cup A_{n+1}\cup\cdots.$$

由 $P(\Phi)=0$ 及公理 3，有

$$P(\bigcup_{i=1}^{n}A_i)=P(\bigcup_{i=1}^{\infty}A_i)=\sum_{i=1}^{\infty}P(A_i)=\sum_{i=1}^{n}P(A_i)+\sum_{i=n+1}^{\infty}P(A_i)$$

$$=\sum_{i=1}^{n}P(A_i)+0=\sum_{i=1}^{n}P(A_i)\,.$$

推论 1　对任一事件 A，有

$$P(\overline{A})=1-P(A). \tag{1-13}$$

证　由于 A 与 $\overline{A}$ 互斥，$A\cup\overline{A}=\Omega$，所以

$$1=P(\Omega)=P(A\cup\overline{A})=P(A)+P(\overline{A}).$$

故

$$P(\overline{A})=1-P(A).$$

推论 2　若 A,B 为任意两事件，则

$$P(A-B)=P(A)-P(AB). \tag{1-14}$$

证　由本章第一节的例 4，有 $A=AB\cup A\overline{B}$，因 AB 与 $A\overline{B}$ 是互斥的，故由式(1-12)有

$$P(A)=P(AB)+P(A\overline{B})\text{，而 } A\overline{B}=A-B.$$

故
$$P(A-B)=P(A)-P(AB).$$

特别当 $B\subset A$ 时，$AB=B$，有

$$P(A-B)=P(A)-P(B) \tag{1-15}$$

又由公理 1，$P(A-B)\geqslant 0$　所以当 $B\subset A$ 时，$P(B)\leqslant P(A)$.　　(1-16)

定理 2（任意事件概率的加法公式）　若 A,B 为任意两事件，则

$$P(A\cup B)=P(A)+P(B)-P(AB). \tag{1-17}$$

证　由本章第一节的例 4 知，$A\cup B=B\cup A\overline{B}$，而 $B(A\overline{B})=\Phi$.

所以
$$P(A\cup B)=P(B\cup A\overline{B})=P(B)+P(A\overline{B}),$$

但 $P(A\overline{B})=P(A-B)=P(A)-P(AB)$，故

$$P(A\cup B)=P(A)+P(B)-P(AB).$$

推论　若 A,B,C 为任意三事件，则

$$P(A\cup B\cup C)=P(A)+P(B)+P(C)-P(AB)-P(AC)-P(BC)+P(ABC). \tag{1-18}$$

证　两次应用式(1-17) 即可获证.

一般地，利用数学归纳法可以证明，对任意的 n 个事件，有

$$P(A_1\cup A_2\cup\cdots\cup A_n)=\sum_{i=1}^{n}P(A_i)-\sum_{1\leqslant i<j\leqslant n}P(A_iA_j)+\sum_{1\leqslant i<j<k\leqslant n}P(A_iA_jA_k)-\cdots+(-1)^{n-1}P(A_1A_2\cdots A_n). \tag{1-19}$$

【例 1】　已知事件 A,B，$A\cup B$ 的概率分别为 0.4,0.3,0.6. 求 $P(A\overline{B})$.

解　由加法公式 $P(A\cup B)=P(A)+P(B)-P(AB)$ 得

$$P(AB)=P(A)+P(B)-P(A\cup B)=0.4+0.3-0.6=0.1,$$

故
$$P(A\overline{B})=P(A-B)=P(A)-P(AB)=0.4-0.1=0.3.$$

【例 2】　已知 $P(A)=P(B)=P(C)=\dfrac{1}{4}$，$P(AB)=0$，$P(AC)=P(BC)=\dfrac{1}{16}$. 则 A，B,C 中至少有一个发生的概率是多少？A,B,C 中都不发生的概率是多少？

解　因为 $P(AB)=0$，又 $ABC\subset AB$，故有 $P(ABC)=0$，因此由式 (1-18) 得

$$\begin{aligned}P(A\cup B\cup C)&=P(A)+P(B)+P(C)-P(AB)-P(AC)-P(BC)+P(ABC)\\&=\frac{1}{4}+\frac{1}{4}+\frac{1}{4}-0-\frac{1}{16}-\frac{1}{16}+0=\frac{5}{8},\end{aligned}$$

$$P(\overline{A}\,\overline{B}\,\overline{C})=P(\overline{A\cup B\cup C})=1-P(A\cup B\cup C)=1-\frac{5}{8}=\frac{3}{8}.$$

【例 3】　（配对问题）在一个 n 个人参加的晚会上，每个人带了一件礼物，且假定各人带的礼物都不相同. 晚会期间各人从放在一起的 n 件礼物中随机抽取一件，问至少有一个人自己抽到自己礼物的概率是多少？

解　设 $A_i=\{$第 i 个人自己抽到自己礼物$\}$，$i=1,2,\cdots,n$. 所求的概率为 $P(\bigcup\limits_{i=1}^{n}A_i)$.

由于

$$P(A_1)=P(A_2)=\cdots=P(A_n)=\frac{1}{n};$$

$$P(A_1A_2)=P(A_1A_3)=\cdots=P(A_{n-1}A_n)=\frac{1}{n(n-1)};$$

$$P(A_1A_2A_3)=P(A_1A_2A_4)=\cdots=P(A_{n-2}A_{n-1}A_n)=\frac{1}{n(n-1)(n-2)};$$

$$\cdots$$

$$P(A_1A_2\cdots A_n)=\frac{1}{n!}.$$

故由式（1-19）可得

$$P(\bigcup_{i=1}^{n}A_i)=1-\frac{1}{2!}+\frac{1}{3!}-\frac{1}{4!}+\cdots+(-1)^{n-1}\frac{1}{n!}.$$

例如，当$n=5$时，此概率为0.633；当$n\geqslant 10$时，此概率近似为$1-e^{-1}=0.6321$. 这表明，即使参加晚会的人很多（比如100人以上），事件“至少有一个人自己抽到自己的礼物”也不是必然事件.

【例4】 根据以往的资料分析，某地在一年内发生k次地震的概率为$p_k=\frac{\lambda^k}{k!}e^{-\lambda}$ $(k=0,1,2,\cdots)$，其中$\lambda>0$是常数. 试求该地一年内至少发生一次地震的概率.

解 设$A_k=\{$该地一年内恰好发生k次地震$\}(k=0,1,2,\cdots)$，

$A=\{$一年内至少发生一次地震$\}$.

由事件的运算知$A=A_1\cup A_2\cup\cdots\cup A_k\cup\cdots$. 由于$A_1,A_2,\cdots,A_k,\cdots$是两两互斥的，且$P(A_k)=p_k$，所以

$$P(A)=\sum_{k=1}^{\infty}P(A_k)=\sum_{k=1}^{\infty}\frac{\lambda^k}{k!}e^{-\lambda}=e^{-\lambda}\left[-1+\left(1+\sum_{k=1}^{\infty}\frac{\lambda^k}{k!}\right)\right]=1-e^{-\lambda}.$$

本题也可采用另一种解法.

显然 $\overline{A}=A_0=\{$一年内该地未发生地震$\}$.

于是$P(A)=1-P(\overline{A})=1-P(A_0)=1-e^{-\lambda}$. 所得结果与上同.

这里所讲的两种解法较为典型. 前者从事件的互斥分解开始，通常称为直接解法. 其优点是直观、易于理解，缺点是有时计算较繁琐. 后者是从对立事件出发，通常称为间接解法. 其优点是巧妙地应用了式(1-13)，使计算过程大为简化. 在具体解决实际问题时，应注意方法的选择.

【例5】 在1～2000的整数中任取一数. 试问该数既不能被5整除，又不能被7整除的概率是多少？

解 设$A=\{$取到的数能被5整除$\}$，$B=\{$取到的数能被7整除$\}$，

$C=\{$取到的数既不能被5又不能被7整除$\}$.

则 $$C=\overline{A}\,\overline{B}=\overline{A\cup B}.$$

因此 $$P(C)=P(\overline{A\cup B})=1-P(A\cup B)=1-P(A)-P(B)+P(AB).$$

由于 $\frac{2000}{5}=400$，即2000个整数中有400个被5整除的数，所以

$$P(A)=\frac{400}{2000}.$$

又 $$285<\frac{2000}{7}<286，故\ P(B)=\frac{285}{2000}.$$

而 AB 发生相当于 2000 能被 35 整除，因此由 $57<\frac{2000}{35}<58$，有

$$P(AB)=\frac{57}{2000}.$$

所以 $$P(C)=1-\frac{400}{2000}-\frac{285}{2000}+\frac{57}{2000}=\frac{1372}{2000}=0.686.$$

【例 6】 将 n 只已编号的球随机地放入 $N(N\geqslant n)$ 个同样编过号的盒子中．试求任意 n 个盒子中各有一球的概率（假定每个盒子的容量不限）．

解 设 $A=\{$任意 n 个盒子中各有一球$\}$.

将 n 只球放入 N 个盒子中去，每一种放法对应一个基本事件且是等可能的．故此问题是古典概率问题．

由题设，基本事件总数就是从 N 个不同元素中抽取 n 个的重复排列数，即 N^n. 有利于 A 的基本事件数可如下计算：先从 N 个盒子中任取 n 个盒子来放球，这是组合问题，有 C_N^n 种可能；再将 n 个球放入 n 个指定的盒子中是全排列问题，放法有 $n!$ 种．由乘法原理，有利于 A 的基本事件数为 $C_N^n n!$，即 A_N^n. 因此

$$P(A)=\frac{A_N^n}{N^n}.$$

表面上看，本例讨论的是球和盒子问题，似乎是一种游戏，但实际上我们可以将这个模型应用到很多实际问题中，例如，将球理解为“粒子”，把盒子理解为相空间中的小“区域”，则这个问题便是统计物理学中的马克斯威尔-波尔兹曼（Maxwell-Boltzmann）统计；若 n 个“粒子”是不可辨的，便是波色-爱因斯坦（Bose-Einstein）统计；若 n 个“粒子”是不可辨的，且每个“盒子”里最多只能放一个“粒子”，这就是费米-狄拉克（Fermi-Dirac）统计．有兴趣的读者可参阅有关文献．

下面我们用该模型来讨论概率论历史上颇为有名的“生日问题”．

某班有 $m(m\leqslant 365)$ 个学生，假定每人的生日在 365 天中的任一天是等可能的，则他们中任何两人生日不在同一天的概率为 $p=\frac{A_{365}^m}{365^m}$，此即原题中 $N=365$，$n=m$ 的情况．

因此“至少有两人生日在同一天”的概率为

$$p_1=1-\frac{A_{365}^m}{365^m}.$$

对不同的 m，经计算有如表 1-2 所述结果．

表 1-2

m	23	30	40	50	64
p_1	0.507	0.706	0.881	0.970	0.997

从上表可看出，随着班级人数的增加，事件“至少有两人生日在同一天”的可能性

越来越大，显然这一点并不像人们在直觉上想像的那么小，在 50 人的班级中竟有 97%的班级可能会发生上述事件，而在 64 人的班级中几乎百分之百会出现生日相同的人，这就是历史上著名的“生日问题”.

二、条件概率与乘法公式

1. 条件概率

在叙述概率的乘法公式之前，先以下例引入条件概率的概念.

【例 7】 某市为解决职工住房问题，建起 5000 套住房出售. 其中有商品房也有经济适用房，购房者有富裕户也有中低收入的较困难户，购买情况如表 1-3 所示.

表 1-3

	商品房	经济适用房	总　计
富裕户	1300	500	1800
困难户	200	3000	3200
总　计	1500	3500	5000

(1) 任选一套住房，试求它被困难户购买的概率；

(2) 若已知选出的一套住房为经济适用房，试求它被困难户购买的概率.

解 设 $A=\{$任选一套住房被困难户购买$\}$.

(1) 由表可知，样本空间 Ω 所含基本事件数为 5000，有利于 A 的基本事件数为 3200，故

$$P(A)=\frac{3200}{5000}.$$

(2) 另设 $B=\{$若选出的一套住房为经济适用房$\}$，这里虽然也是讨论事件 A 的概率，但是却以已知事件 B 发生为前提的，这样的概率称为事件 B 发生条件下事件 A 的**条件概率**，记为 $P(A|B)$. 由题设有

$$P(A|B)=\frac{3000}{3500}.$$

也许有的读者会问：同是关注事件 A 的概率，怎么会不同呢？事实上，这两个问题的提法是不一样的. 第一个问题是在原有条件（即从 5000 套房中任选一套的一切可能情形）下求得的；而后一个问题是一种新的提法，即在原有条件下还另外增加了一个附加条件（已知事件 B 发生）下求得的. 显然这种带附加条件的概率 $P(A|B)$既不同于 $P(A)$，也不同于 $P(AB)$，但他们之间应当有一定的关系.

记由附加条件形成的样本空间为 Ω_B，于是 $P(A|B)$与 $P(A)$和 $P(AB)$的区别就在于所取的样本空间不同. 条件概率 $P(A|B)$立足于样本空间 Ω_B，而概率$P(A)$和 $P(AB)$ 立足于样本空间 Ω.

注意到
$$P(B)=\frac{3500}{5000},\ P(AB)=\frac{3000}{5000}.$$

从而有
$$P(A|B)=\frac{3000}{3500}=\frac{3000/5000}{3500/5000}=\frac{P(AB)}{P(B)}.$$

这个式子的含义是明确的，将 $P(A|B)$表示成 $P(AB)$ 与 $P(B)$ 之比，这就为我们在原样本空间 Ω 下完成条件概率 $P(A|B)$的计算提供了方便.

定义 6 设 A,B 是两个事件，且 $P(B)>0$，称

$$P(A|B)=\frac{P(AB)}{P(B)}. \tag{1-20}$$

为事件 B 已发生条件下事件 A 发生的**条件概率**.

类似地，当 $P(A)>0$ 时，同样可定义在事件 A 发生条件下事件 B 发生的条件概率为

$$P(B|A)=\frac{P(AB)}{P(A)}. \tag{1-21}$$

易证，条件概率也满足概率的三条公理，所以条件概率也是概率，它也满足概率运算的各项法则. 如对任何事件 A_1, A_2，有

$$P((A_1 \cup A_2)|B)=P(A_1|B)+P(A_2|B)-P(A_1A_2|B),$$
$$P(\overline{A}_1|B)=1-P(A_1|B).$$

【例 8】 设有某产品 10 只，其中 4 只次品，每次任取一只作不放回抽样，求第一次抽到次品的情况下第二次又抽到次品的概率.

解 设 $A=\{$第一次抽到次品$\}$，$B=\{$第二次抽到次品$\}$. 则有

$$P(A)=\frac{4}{10}=\frac{2}{5}, P(AB)=\frac{4\times 3}{10\times 9}=\frac{2}{15}.$$

由公式(1-21) 有 $$P(B|A)=\frac{P(AB)}{P(A)}=\frac{2/15}{2/5}=\frac{1}{3}.$$

另外，也可按条件概率的含义直接计算 $P(B|A)$. 因在 A 已经发生的情况下，第二次再抽时只剩下 9 只产品（其中只有 3 只次品），这时抽到次品的概率为 $\frac{3}{9}$，即 $P(B|A)=\frac{1}{3}$.

2. **乘法公式**

定理 3 （概率的乘法公式）若 $P(A)>0$，则 $P(AB)=P(A)P(B|A)$.
或若 $P(B)>0$，则 $P(AB)=P(B)P(A|B)$.
从而有

$$P(AB)=P(A)P(B|A)=P(B)P(A|B). \tag{1-22}$$

推论 若 $P(A_1A_2\cdots A_{n-1})>0$，那么

$$P(A_1A_2\cdots A_n)=P(A_1)P(A_2|A_1)P(A_3|A_1A_2)\cdots P(A_n|A_1A_2\cdots A_{n-1}). \tag{1-23}$$

证 由式(1-22)易知

$$P(A_1)\geqslant P(A_1A_2)\geqslant\cdots\geqslant P(A_1A_2\cdots A_{n-1})>0,$$

所以等式右端有意义，且按条件概率的定义，式（1-23）的右边等于

$$P(A_1)\cdot\frac{P(A_1A_2)}{P(A_1)}\cdot\frac{P(A_1A_2A_3)}{P(A_1A_2)}\cdots\frac{P(A_1A_2\cdots A_n)}{P(A_1A_2\cdots A_{n-1})}=P(A_1A_2\cdots A_n).$$

【例 9】 某考生参加某种证书考试，第一次参加考试通过的概率为 0.5，若第一次参加考试未通过，第二次再参加考试通过的概率为 0.7，若第二次参加考试未通过，第三次再参加考试通过的概率为 0.9. 试求该考生参加三次考试而未通过的概率.

解 设 $A=\{$考生参加三次考试而未通过$\}$，$B_i=\{$第 i 次考试通过$\}$，$i=1,2,3$. 则 $A=\overline{B}_1\overline{B}_2\overline{B}_3$，故有

$$P(A)=P(\overline{B}_1\ \overline{B}_2\ \overline{B}_3)=P(\overline{B_1})P(\overline{B_2}|\overline{B_1})P(\overline{B_3}|\overline{B}_1\ \overline{B}_2)$$
$$=(1-0.5)(1-0.7)(1-0.9)=0.015.$$

另解 依题意$\overline{A}=B_1\cup\overline{B_1}B_2\cup\overline{B}_1\ \overline{B}_2B_3$，而$B_1$，$\overline{B_1}B_2$，$\overline{B}_1\ \overline{B}_2B_3$是两两互不相容事件，故有

$$P(\overline{A})=P(B_1)+P(\overline{B_1}B_2)+P(\overline{B}_1\overline{B}_2B_3).$$

又已知$P(B_1)=0.5$，$P(B_2|\overline{B_1})=0.7$，$P(B_3|\overline{B}_1\ \overline{B}_2)=0.9$，故

$$\begin{aligned}P(\overline{A})&=P(B_1)+P(\overline{B_1}B_2)+P(\overline{B}_1\ \overline{B}_2B_3)\\&=P(B_1)+P(\overline{B_1})P(B_2|\overline{B_1})+P(\overline{B_1})P(\overline{B_2}|\overline{B_1})P(B_3|\overline{B}_1\ \overline{B}_2)\\&=0.5+(1-0.5)\times0.7+(1-0.5)(1-0.7)\times0.9=0.985.\end{aligned}$$

所以
$$P(A)=1-P(\overline{A})=1-0.985=0.015.$$

【例 10】 已知一罐中盛有m个白球，n个黑球．现从中任取一只，记下颜色后放回，并同时加入与被取球同色球a个．试求接连取球三次，三次均为黑球的概率．

解 设$A=\{$三次取出的均为黑球$\}$，$B_i=\{$第i次取出的是黑球$\}$，$i=1,2,3.$由题设有

$$P(B_1)=\frac{n}{m+n},\ P(B_2|B_1)=\frac{n+a}{m+(n+a)},\ P(B_3|B_1B_2)=\frac{n+2a}{m+(n+2a)}.$$

由于 $A=B_1B_2B_3$，所以

$$P(A)=\frac{n}{m+n}\cdot\frac{n+a}{m+(n+a)}\cdot\frac{n+2a}{m+(n+2a)}.$$

这是由匈牙利数学家卜里耶（Polya）提出来的模型．可以证明，该模型满足

$$P(B_1)<P(B_2|B_1)<P(B_3|B_1B_2).$$

上述不等式的概率意义是：当黑球越来越多时，黑球被抽到的可能性也就越大．这就犹如某种传染病流行时，如不及时制止，则波及的范围必将越来越大．地震也一样，常发地震的地方再次发生地震的可能性也较大．所以，上述模型常被用来描述传染病或地震的数学模型．

三、全概公式与贝叶斯公式

1. 全概公式

上面我们建立了概率的加法公式和乘法公式，但对某些较复杂的事件可能同时需要用到加法公式和乘法公式，下面先看引例．

引例 市场上供应的灯泡中，甲厂产品占70%，乙厂产品占30%，甲厂产品合格率是95%，乙厂产品合格率是80%．现从市场上买回一只灯泡，问它是合格品的概率为多少？

解 用A,$\overline{A}$分别表示甲、乙两厂的产品，B表示产品为合格品，则

$B=AB\cup\overline{A}B$，且AB与$\overline{A}B$互不相容，由式(1-12)及式（1-22）得

$$\begin{aligned}P(B)&=P(AB\cup\overline{A}B)=P(AB)+P(\overline{A}B)\\&=P(A)P(B|A)+P(\overline{A})P(B|\overline{A})=0.7\times0.95+0.3\times0.8=0.905.\end{aligned}$$

从形式上看事件B是比较复杂的，仅仅使用加法公式或乘法公式则无法计算其概率．于是先将复杂的事件B分解为较简单的事件AB与$\overline{A}B$，再将加法公式与乘法公式结合起来，计算出要求的概率．将这个想法一般化，就得到计算概率的一个重要公式——全概率公式，又称全概率定理．

定理 4 若事件$B_1,B_2,\cdots,B_n$是样本空间Ω的一个划分，$P(B_i)>0,i=1,$

$2,\cdots,n$. A 是 Ω 中的任一事件，则有

$$P(A)=\sum_{i=1}^{n}P(B_i)P(A\mid B_i). \tag{1-24}$$

证 由 $B_1,B_2,\cdots,B_n$ 的完备性知

$$A=A\Omega=A(\bigcup_{i=1}^{n}B_i)=\bigcup_{i=1}^{n}AB_i,$$

又 $B_1,B_2,\cdots,B_n$ 是两两互斥的，所以 $AB_1,AB_2,\cdots,AB_n$ 也是两两互斥的，故

$$P(A)=P(\bigcup_{i=1}^{n}AB_i)=\sum_{i=1}^{n}P(AB_i)=\sum_{i=1}^{n}P(B_i)P(A\mid B_i).$$

式(1-24) 称为**全概公式**，它可以推广到 Ω 的划分是由可列无限个事件组成的情况．

设 $B_1,B_2,\cdots,B_n,\cdots$ 是样本空间 Ω 的一个划分，$P(B_i)>0,i=1,2,\cdots$. 则

$$P(A)=\sum_{i=1}^{\infty}P(B_i)P(A\mid B_i). \tag{1-25}$$

式(1-25) 的证明只需将式(1-24) 证明中概率的有限可加性换成可列可加性即可．

【例 11】 一个网络服务器的访问来自 5 个站点，已知来自 1,2,3,4,5 站点的访问数的百分比分别为 20%，30%，15%，10%，25%，其访问时间超过 2min 的概率分别是 0.4，0.6，0.8，0.2 和 0.9. 现随机地选择一次访问，试问访问时间超过 2min 的概率是多少？

解 设 $A=\{$访问时间超过 2min$\}$，$A_i=\{$访问来自第 i 个站点$\},i=1,2,3,4,5$.

显然有

$$A_iA_j=\Phi\ (i\neq j),\ A_1\cup A_2\cup A_3\cup A_4\cup A_5=\Omega.$$

所以 A_1,A_2,A_3,A_4,A_5 是 Ω 的一个划分，由全概公式得

$$\begin{aligned}P(A)&=\sum_{i=1}^{5}P(A_i)P(A\mid A_i)\\&=0.2\times0.4+0.3\times0.6+0.15\times0.8+0.1\times0.2+0.25\times0.9=0.625.\end{aligned}$$

全概公式是在对复杂事件进行互斥分解的基础上，运用概率的可加性与条件概率，先计算较简单事件的概率，最终算出复杂事件的概率．因此，利用全概公式计算事件的概率的关键在于恰当地进行事件的互斥分解．

【例 12】 某寝室有 6 位同学弄到一张演唱会的票，他们决定用抽签的方法确定谁去，试问此方法公平吗（即是否与抽签的顺序有关)?

解 设 $A_i=\{$第 i 个抽签的人获得演唱会门票$\}$，$i=1,2,\cdots,6$.

则
$$P(A_1)=\frac{1}{6},$$

$$P(A_2)=P(\overline{A}_1A_2\cup A_1A_2)=P(\overline{A}_1)P(A_2\mid\overline{A}_1)+P(A_1)P(A_2\mid A_1)=\frac{5}{6}\cdot\frac{1}{5}+\frac{1}{6}\cdot\frac{0}{5}=\frac{1}{6},$$

类似地，利用全概公式可得 $P(A_i)=\dfrac{1}{6},i=3,4,5,6$.

计算结果表明，先抽和后抽的人获得演唱会票的可能性是相同的，即抽签的顺序对每一个人能否获得演唱会的票没有影响，这说明用抽签的方法是公平的．这也

是在许多场合用抽签来做决定的原因．

2. 贝叶斯（Bayes）**公式**（逆概公式）

定理 5 若事件 $B_1, B_2, \cdots, B_n$ 是样本空间 Ω 的一个划分，

$$P(B_i)>0,\ i=1,2,\cdots,n.$$

A 是 Ω 中的任一事件且 $P(A)>0$，则有

$$P(B_j|A)=\frac{P(B_j)P(A|B_j)}{\sum_{i=1}^{n}P(B_i)P(A|B_i)},\ j=1,2,\cdots,n. \tag{1-26}$$

证 由条件概率的定义及全概公式(1-18)，有

$$P(B_j|A)=\frac{P(B_jA)}{P(A)}=\frac{P(B_j)P(A|B_j)}{\sum_{i=1}^{n}P(B_i)P(A|B_i)},\quad j=1,2,\cdots,n.$$

类似地，式(1-26)同样可以推广到 Ω 的划分是由可列无限个事件组成的情况．

设 $B_1, B_2, \cdots, B_n, \cdots$ 是样本空间 Ω 的一个划分，$P(B_i)>0$，$i=1,2,\cdots$. 则

$$P(B_j|A)=\frac{P(B_jA)}{P(A)}=\frac{P(B_j)P(A|B_j)}{\sum_{i=1}^{n}P(B_i)P(A|B_i)},\ j=1,2,\cdots.$$

【例 13】 在例 11 的假设下，假定服务器已收到一个时间超过 2min 的访问，试问该访问最可能来自哪个站点?

解 事件 A 及 A_i 的意义同例 11，则收到的访问来自站点 1 的概率为

$$P(A_1|A)=\frac{P(A_1)P(A|A_1)}{\sum_{i=1}^{5}P(A_i)P(A|A_i)}=\frac{P(A_1)P(A|A_1)}{P(A)}=\frac{0.2\times 0.4}{0.625}=0.128,$$

类似地，可得访问来自其它站点的概率分别为

$$P(A_2|A)=\frac{0.3\times 0.6}{0.625}=0.288,\quad P(A_3|A)=\frac{0.15\times 0.8}{0.625}=0.192,$$

$$P(A_4|A)=\frac{0.1\times 0.2}{0.625}=0.032,\quad P(A_5|A)=\frac{0.25\times 0.9}{0.625}=0.36.$$

由于 $P(A_5|A)$ 的值最大，故可判断该访问最可能来自站点 5.

贝叶斯公式在信号来源分析、产品质量分析、刑事案件分析、疾病分析等方面都有着广泛的应用．现以疾病分析来举例说明．有一病人出现高烧症状（结果 B），到医院去寻找病因．医学中已经知道疾病 $A_1, A_2, \cdots, A_n$（假定一个病人不可能同时得上述几种病）都可能出现高烧的症状，及各种疾病导致高烧症状的可能性大小 $P(B|A_i)(i=1,2,\cdots,n)$，而每一疾病在该地区、该时段的发病率 $P(A_i)(i=1,2,\cdots,n)$医生可凭以往的经验估计出（通常称 $P(A_i)$为**先验概率**），要判断患者得的是哪一种病，就是要比较诸 $P(A_i|B)(i=1,2,\cdots,n)$的大小(通常称 $P(A_i|B)$为**后验概率**)，它可由贝叶斯公式算得．当然，要提高诊断的准确性，医生往往要询问病史、作辅助检查等来删去一些不可能的病因．现在就举一个医学上的例子．

【例 14】（疾病检验）根据以往的临床记录，在人口中患有癌症的概率为 0.005，现用某种试验方法对某单位人群进行癌症普查．由于技术及其它原因，该方法的效果如下．

设 $A=$｛试验反应为阳性｝，$B=$｛被检查者患有癌症｝，则

$$P(A|B)=0.95,\ P(\overline{A}|\overline{B})=0.95.$$

现已知某人被检出为阳性，问此人真正患癌症的概率是多少？

解 由题设 $P(B)=0.005$，$P(\overline{B})=0.995$，$P(A|\overline{B})=1-P(\overline{A}|\overline{B})=0.05$. 由贝叶斯公式有

$$P(B|A)=\frac{P(B)P(A|B)}{P(B)P(A|B)+P(\overline{B})P(A|\overline{B})}=\frac{0.005\times 0.95}{0.005\times 0.95+0.995\times 0.05}\approx 0.087.$$

其结果表明，即使被检出阳性，也不能断定此人真的患癌症了，事实上这种可能性尚不足 9%. 将 $P(B|A)=0.087$ 和已知的 $P(A|B)=0.95$ 及 $P(\overline{A}|\overline{B})=0.95$ 对比一下是很有意思的．当已知病人患癌症或未患癌症时，此方法的准确性应该说是比较高的，这从 $P(A|B)=0.95$ 及 $P(\overline{A}|\overline{B})=0.95$ 可以肯定这一点．但如果未知病人是否患癌症，而仅仅从检验结果为阳性这一事件出发，来判断病人是否患癌症，那么它的准确性还是很低的，因为 $P(B|A)$只有 0.087. 这个事实看起来似乎有点矛盾，一种检验方法“准确性”很高，但在实际使用时准确性却又很低，到底是怎么一回事呢？这一点从上述计算中用到的贝叶斯公式可以得到解释．已知 $P(A|\overline{B})=0.05$ 是不大的（这时被检验者未患癌症，但检验结果为阳性，即检验结果是错误的），但是患癌症的人毕竟很少（本例中 $P(B)=0.005$），于是未患癌症的人占了绝大多数（$P(\overline{B})=0.995$），这就使得检验结果是错误的部分 $P(\overline{B})P(A|\overline{B})$相对很大，从而造成 $P(B|A)$很小．那么，上述结果是不是说明这种检验方法就没有用了呢？完全不是！通常医生总是先采取一些其它简单易行的辅助方法进行检验，当他怀疑某个对象有可能患癌症时，才建议使用这种方法检验．这里，在被怀疑的对象中，癌症的发病率已经显著地增加了．例如，在被怀疑的对象中 $P(B)=0.5$，这时按上述方法计算可以得到 $P(B|A)=0.95$，这就有相当高的准确性了．由此读者就能理解，对一些疑难病症，医生为什么要用几种不同方法来进行检验了．

第四节　事件的独立性

一、两事件的独立性

一般情况下，条件概率 $P(B|A)$与概率 $P(B)$不一定相等．当 $P(B|A)\neq P(B)$时，事件 A 的发生确实对事件 B 的发生有影响．那么有没有事件 A 的发生对事件 B 的发生没有影响呢？先看下例．

【例 1】 10 个产品中有 4 个次品，从中每次任取一个，记

$$A=\{第一次取出是次品\},\ B=\{第二次取出是次品\}.$$

用不放回与有放回两种抽样方式，试求 $P(B|A)$与 $P(B)$.

解 不放回抽样方式

$$P(B|A)=\frac{1}{3},$$

而 $P(B)$ 要用全概公式计算，即

$$P(B)=P(A)P(B|A)+P(\overline{A})P(B|\overline{A})=\frac{4}{10}\cdot\frac{3}{9}+\frac{6}{10}\cdot\frac{4}{9}=\frac{2}{5}.$$

由此可见，在不放回抽样方式下，$P(B|A)\neq P(B)$.

有放回情形，显然有 $P(B|A)=P(B)=\frac{2}{5}$.

这说明，在有放回情形，第一次抽取的产品是次品，对第二次抽得次品没有影响．这一点，直观上是容易理解的，因为采取的是有放回抽样方式，第二次抽取时，产品的成分并没有改变，当然就有第一次抽取的结果对第二次抽取结果的概率没有影响．它揭示了两事件间的一种重要关系——事件的相互独立性．由式(1-22)可知，如果 $P(B|A)=P(B)$，就有 $P(AB)=P(A)P(B)$，为此，我们引进如下定义．

定义 7 设 A,B 是两事件，若具有等式

$$P(AB)=P(A)P(B), \tag{1-27}$$

则称事件 A,B 是相互独立的．

显然由定义容易验证，必然事件 Ω 与任何事件 A 独立；不可能事件 Φ 与任何事件 A 独立．

定理 6 设 A,B 是两事件，且 $P(A)>0$，$P(B)>0$ 时，若事件 A 与 B 独立，则

$$P(B|A)=P(B), \tag{1-28}$$

$$P(A|B)=P(A). \tag{1-29}$$

定理的正确性是显然的，并且易证该定理的逆定理也是成立的．

定理 7 (1) 在事件 A 与 B，$\overline{A}$ 与 B，A 与 $\overline{B}$ 及 $\overline{A}$ 与 $\overline{B}$ 四对事件中，只要有其中一对独立，另三对也独立．

(2) 若 $P(A)>0$，　$P(B)>0$，则 A,B 独立与 A,B 互斥不能同时成立．

证 (1) 选证当 A 与 B 独立时，则 $\overline{A}$ 与 B 也独立．

由式(1-14) 及式(1-27) 有

$$\begin{aligned}P(\overline{A}B)&=P(B-A)=P(B)-P(AB)\\&=P(B)-P(A)P(B)\\&=[1-P(A)]P(B)=P(\overline{A})P(B).\end{aligned}$$

所以 $\overline{A},B$ 独立．

类似可证其它各对也独立．

(2) 的证明读者自己完成．由 (2) 知 A,B 独立与 A,B 互斥是不同的概念．

二、多个事件的独立性

先看三个事件的独立性．

定义 8 设 A,B,C 是三个事件，若满足等式

$$P(AB)=P(A)P(B),$$

$$P(AC)=P(A)P(C), \tag{1-30}$$

$$P(BC)=P(B)P(C),$$

及等式

$$P(ABC)=P(A)P(B)P(C). \tag{1-31}$$

则称事件 A,B,C 是相互独立的．

应当注意的是，仅仅满足式(1-30) 的三事件 A,B,C 称为两两独立，而不一定相互独立．这是因为式(1-30) 与式(1-31) 是不能互推的（见本章习题 28）．因此，三事件的相互独立与三事件的两两独立不是一回事．

上述定义很容易推广到 n 个事件独立性的情形．

定义 9 对于 n 个事件 $A_1,A_2,\cdots,A_n$，若其中任意 $k(2\leqslant k\leqslant n)$ 个事件 A_{i_1}，$A_{i_2},\cdots,A_{i_k}(1\leqslant i_1<i_2<\cdots<i_k\leqslant n)$，有

$$P(A_{i_1}A_{i_2}\cdots A_{i_k})=P(A_{i_1})P(A_{i_2})\cdots P(A_{i_k}). \tag{1-32}$$

则称事件 $A_1,A_2,\cdots,A_n$ 是相互独立的．

请注意，式(1-32) 实际上包含了 $C_n^2+C_n^3+\cdots+C_n^n=2^n-n-1$ 个等式．

对于可列无限多个事件 $A_1,A_2,\cdots,A_n,\cdots$ 若其中任意有限个事件是相互独立的，则称事件 $A_1,A_2,\cdots,A_n,\cdots$ 是相互独立的．

n 个事件相互独立性也有类似于定理 7 中（1）的性质，在此不再赘述．

【例 2】 一枚硬币掷若干次，设

$A=\{$抛掷中既出现正面也出现反面$\}$，$B=\{$抛掷中至多出现正面一次$\}$.

现对下述情形，讨论事件 A,B 的独立性：

（1）一枚硬币掷两次；（2）一枚硬币掷三次．

解 （1）此时样本空间 $\Omega=\{$(正,正)，(正,反)，(反,正)，(反,反)$\}$，它有四个基本事件，由等可能性知每个基本事件的概率均为$\frac{1}{4}$，这时

$$P(A)=\frac{2}{4}=\frac{1}{2},\ P(B)=\frac{3}{4},\ P(AB)=\frac{1}{2}.$$

由此可知

$$P(AB)\neq P(A)P(B),$$

所以事件 A,B 不独立．

（2）此时样本空间 $\Omega=\{$(正,正,正)，(正,正,反)，(正,反,正)，(反,正,正)，(正,反,反)，(反,正,反)，(反,反,正)，(反,反,反)$\}$．由等可能性知这 8 个基本事件的概率均为$\frac{1}{8}$，于是

$$P(A)=\frac{6}{8}=\frac{3}{4},\ P(B)=\frac{4}{8}=\frac{1}{2},\ P(AB)=\frac{3}{8}.$$

显然有

$$P(AB)=\frac{3}{8}=P(A)P(B)$$

成立，即事件 A,B 是相互独立的．

由此例一方面说明，事件独立性的判断“直觉”未必可靠．另一方面也说明，用定义判断事件的独立性是较复杂的．对于实际问题，更多的是根据问题的实际意义依靠经验来判断．

【例 3】 甲乙两射手独立地向同一目标射击，他们击中目标的概率分别为 0.9 和 0.8. 试求两人各射击一次后目标被击中的概率．

解 设 $A=\{$目标被击中$\}$，$A_1=\{$目标被甲击中$\}$，$A_2=\{$目标被乙击中$\}$．

于是 $A=A_1\cup A_2$，由 A_1，A_2 的独立性知

$$P(A)=P(A_1)+P(A_2)-P(A_1A_2)=0.9+0.8-0.9\times0.8=0.98.$$

本题亦可采用另一解法，即

$$\begin{aligned}P(A)&=1-P(\overline{A})=1-P(\overline{A_1\cup A_2})=1-P(\overline{A}_1\overline{A}_2)=1-P(\overline{A}_1)P(\overline{A}_2)\\&=1-0.1\times0.2=0.98.\end{aligned}$$

后一种解法值得留意．如前述，独立的事件一般不互斥，故在求多个独立事件的和事件的概率时，利用后一种解法，把相容事件的和转化为独立事件的积来处理，可使计算简化．即

$$\begin{aligned}P(A_1\cup A_2\cup\cdots\cup A_n)&=1-P(\overline{A_1\cup A_2\cup\cdots\cup A_n})\\&=1-P(\overline{A}_1)P(\overline{A}_2)\cdots P(\overline{A}_n).\end{aligned}\tag{1-33}$$

【例 4】 在对某路段进行的交通安全检查中发现，每天通过该路段的车辆有 3000 辆，假定通过该路段的每辆车出事故的概率为 0.001. 试求该路段每天至少出一次事故的概率．

解 设 $A=\{$该路段每大至少出一次事故$\}$，$A_i=\{$第 i 辆车出事故$\}$，$i=1,2,\cdots,3000$. 则

$$A=A_1\cup A_2\cup\cdots\cup A_{3000}.$$

由于各车辆出事故可认为是相互独立的，故由式(1-33)，有

$$P(A)=1-(1-0.001)^{3000}=1-0.999^{3000}\approx0.95.$$

【例 5】 甲、乙、丙三人同时对飞机进行射击，三人击中的概率分别为 0.4，0.5，0.7，飞机被一人击中而被击落的概率为 0.2，被两人击中而被击落的概率为 0.6，若三人都击中飞机必定被击落．

（1）求飞机被击落的概率；

（2）若发现飞机已被击中坠毁，计算它是由 3 人同时击中的概率．

解 设 A,B,C 分别表示“甲、乙、丙击中飞机”，$D_i=\{$有 i 个人击中飞机$\}$，$i=0,1,2,3$，$E=\{$飞机被击落$\}$，则 $P(A)=0.4,P(B)=0.5$，$P(C)=0.7$，又 $D_0=\overline{A}\,\overline{B}\,\overline{C}$，因此

$$P(D_0)=P(\overline{A})P(\overline{B})P(\overline{C})=(1-0.4)(1-0.5)(1-0.7)=0.09;$$

而 $$D_1=A\overline{B}\,\overline{C}\cup\overline{A}B\overline{C}\cup\overline{A}\,\overline{B}C,$$

故 $$\begin{aligned}P(D_1)&=P(A\overline{B}\,\overline{C})+P(\overline{A}B\overline{C})+P(\overline{A}\,\overline{B}C)\\&=0.4\times(1-0.5)\times(1-0.7)+(1-0.4)\times0.5\times(1-0.7)\\&\quad+(1-0.4)\times(1-0.5)\times0.7\\&=0.36;\end{aligned}$$

同理，$D_2=AB\overline{C}\cup A\overline{B}C\cup\overline{A}BC$，所以 $P(D_2)=0.41$；

$D_3=ABC$，所以 $P(D_3)=0.14$.

由题设有 $P(E|D_0)=0$，$P(E|D_1)=0.2$，$P(E|D_2)=0.6$，$P(E|D_3)=1$.

（1）由全概率公式得

$$P(E)=\sum_{i=0}^{3}P(D_i)P(E|D_i)=0.458;$$

（2）由贝叶斯公式得

$$P(D_3|E)=\frac{P(D_3)P(E|D_3)}{P(E)}=\frac{0.14\times1}{0.458}=0.306.$$

【例 6】 如图 1-10，开关电路中开关 1、开关 2、开关 3、开关 4 开或关的概率都是 0.5，且各开关是否闭合相互之间无影响．

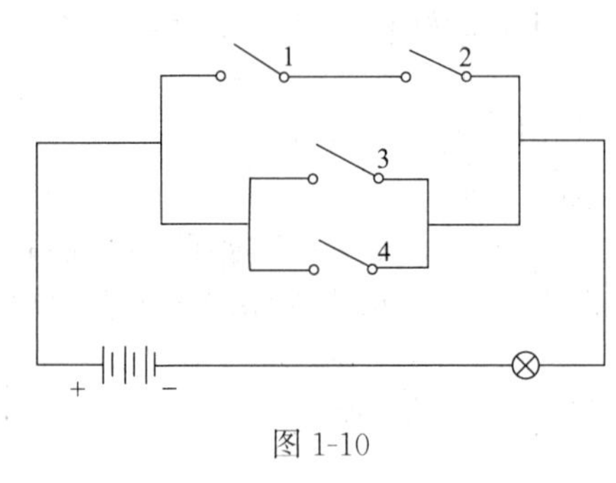

图 1-10

（1）求灯亮的概率；

（2）在灯亮的条件下，求开关 1 与开关 2 同时闭合的概率．

解 设 $A_i=$“开关 i 闭合”（$i=1,2,3,4$）；由题意，A_1,A_2,A_3,A_4 相互独立，$P(A_i)=0.5\ (i=1,2,3,4)$.

（1）设 $B=$“灯亮”，则 $B=A_1A_2\cup A_3\cup A_4$，由题意不难知道 A_1A_2，A_3，A_4 相互独立，因此

$$\begin{aligned}P(B)&=P(A_1A_2\cup A_3\cup A_4)=1-P(\overline{A_1A_2\cup A_3\cup A_4})\\&=1-P(\overline{A_1A_2}\ \overline{A_3}\ \overline{A_4})=1-P(\overline{A_1A_2})P(\overline{A_3})P(\overline{A_4})\\&=1-[1-P(A_1A_2)]P(\overline{A_3})P(\overline{A_4})\\&=1-[1-P(A_1)P(A_2)][1-P(A_3)][1-P(A_4)]\\&=1-(1-0.5\times0.5)\times(1-0.5)\times(1-0.5)=0.8125.\end{aligned}$$

（2）由于 $A_1A_2\subset B=A_1A_2\cup A_3\cup A_4$，故 $(A_1A_2)B=A_1A_2$，因此

$$\begin{aligned}P(A_1A_2|B)&=\frac{P((A_1A_2)B)}{P(B)}=\frac{P(A_1A_2)}{P(B)}\\&=\frac{P(A_1)P(A_2)}{P(B)}=\frac{0.5\times0.5}{0.8125}\approx0.3077.\end{aligned}$$

三、伯努利概型

随机现象的规律性只有在相同条件下进行大量重复试验或观察才能表现出来．在相同条件下重复做一种试验 n 次，若每次试验的结果是有限的且不依赖于其它各次试验的结果，则称这 n 次试验是相互独立的，并称它们构成一个独立试验序列．

在 n 次独立试验序列中，我们最关心的是每次试验结果只有两个的情形（即事件 A 发生或不发生）．如在产品质量检验中，通常只关心正品和次品，且在生产条件稳定时，出现正品和次品的概率可认为是不变的．同样在射击中，只关心射中和射不中两个对立事件，且每次射中和射不中的概率也可认为是不变的．所有这些问题，都是属于概率史上有名的**伯努利（Bernoulli）概型**问题．

随机试验中一种最简单的试验是：事件 A 发生或事件 A 不发生，则称这样的试验为**伯努利试验**．

伯努利试验虽然简单，但又不失一般性．因为在实际应用中，我们往往关心的是某个事件 A 在试验中是否发生，此时就只有两个结果：A 发生或 $\overline{A}$ 发生．如果将 A 发生视为成功，$\overline{A}$ 发生视为失败，则伯努利试验也可以看做是成功与失败的试验．

将伯努利试验重复独立进行 n 次而形成的试验称为 ***n* 重伯努利试验**或 ***n* 重伯努**

利概型，简称为**伯努利概型**.

在 n 重伯努利试验中，人们感兴趣的是事件 A 发生的次数，我们有下面的结果.

定理 8 设一次试验中事件 A 发生的概率为 $p(0<p<1)$，则在 n 重伯努利试验中事件 A 恰好发生 $k(0\leqslant k\leqslant n)$ 次的概率 $P_n(k)$ 为

$$P_n(k)=C_n^k p^k q^{n-k}, \tag{1-34}$$

其中 $q=1-p$.

事实上，若用 n 个位置表示 n 次试验的结果，第 i 个位置上写 A，表示第 i 次试验事件 A 发生，这样 $\underbrace{AA\cdots A}_{k}\underbrace{\overline{A}\,\overline{A}\cdots\overline{A}}_{n-k}$ 表示前 k 次试验事件 A 发生，后 $n-k$ 次试验事件 $\overline{A}$ 发生. 依此解释，有下面的表示式

"n 重伯努利试验中事件 A 发生 k 次"

$=\underbrace{AA\cdots A}_{k}\underbrace{\overline{A}\,\overline{A}\cdots\overline{A}}_{n-k}\cup\underbrace{AA\cdots A}_{k-1}\overline{A}A\underbrace{\overline{A}\,\overline{A}\cdots\overline{A}}_{n-k-1}\cup\cdots\cup\underbrace{\overline{A}\,\overline{A}\cdots\overline{A}}_{n-k}\underbrace{AA\cdots A}_{k}$.

上式中右端为互不相容的事件的和，和式中一共有 C_n^k 项；由独立性可知每一项的概率均为 $p^k q^{n-k}$，所以

$$P_n(k)=C_n^k p^k q^{n-k}.$$

【例 7】 某类灯泡使用 1000h 以上的概率为 0.2，求 3 只灯泡在使用 1000h 以后：(1) 都没有损坏的概率；(2) 损坏了一只的概率；(3) 最多只有一只损坏的概率.

解 一只灯泡在使用了 1000h 后只有两种可能：不损坏或损坏. 因此一只灯泡使用 1000h 后的情况就是一次伯努利试验. 根据假设，3 只灯泡使用 1000h 后的情况就是 3 重伯努利试验($A=$"损坏"，$p=P(A)=0.8$).

(1) 所求概率为 $p_1=P_3(0)=C_3^0\times(0.8)^0\times(0.2)^3=0.008$.

(2) 所求概率为 $p_2=P_3(1)=C_3^1\times0.8\times(0.2)^2=0.096$.

(3) 所求概率为 $p_3=P_3(0)+P_3(1)=0.104$.

根据 n 重伯努利试验中事件 A 恰好发生 k 次的概率计算公式可知，n 次伯努利试验中事件 A 至少发生一次的概率为

$$1-P_n(0)=1-(1-p)^n.$$

当 $n\to\infty$ 时，上式右端趋于 1.

我们知道，概率较小的事件在一次试验中发生的可能性较小，但上面的结果表明，若大量地重复试验，小概率事件又几乎必然发生. 因此，对于偶然性较小的事件，我们不能抱着侥幸心理反复去尝试.

【例 8】 甲、乙两人进行羽毛球比赛，设每局甲胜的概率为 p，$p\geqslant\frac{1}{2}$. 问对甲而言，采用三局二胜有利，还是采用五局三胜有利. 假定各局胜负相互独立.

解 若把每局比赛看做一次试验，则该问题属于伯努利概型. 采用三局二胜制，甲最终获胜，其胜局的情况是："甲甲"或"甲乙甲"或"乙甲甲". 而这三种结局互不相容，于是，由独立性得，甲最终获胜的概率为

$$p_1=p^2+2p^2(1-p).$$

采用五局三胜制，甲最终获胜，则至少需比赛 3 局（可能赛 3 局，也可能赛 4 局或 5 局），且最后一局必须甲胜，而前面甲需胜二局．例如，共赛 4 局，则甲的胜局情况是："甲乙甲甲"，"乙甲甲甲"，"甲甲乙甲"，且这三种结局互不相容，于是，由独立性得，在五局三胜制下甲最终获胜的概率为

$$p_2=p^3+C_3^2p^2(1-p)p+C_4^2p^2(1-p)^2p.$$

而
$$p_2-p_1=p^2(6p^3-15p^2+12p-3)=3p^2(p-1)^2(2p-1).$$

当 $p>\frac{1}{2}$时，$p_2>p_1$；当 $p=\frac{1}{2}$时，$p_2=p_1$．故当 $p>\frac{1}{2}$时，对甲来说采用五局三胜有利；当 $p=\frac{1}{2}$时，两种赛制甲、乙最终获胜的概率是相同的，都是 50%.

伯努利概型是概率论中研究得较多的数学模型．从上述例子中发现它并不复杂，但却能解决许多实际问题，因而很有实用价值．

*第五节　综合应用实例

通过前面一些内容的学习，现在可以利用它们来解决一些较为复杂的问题了．

【例 1】 动物种群的数量估计

某渔场为了便于制订渔业生产计划，需要估计存鱼的数量．他们先从某鱼塘中捕出鱼 $s=3000$ 尾，将其做上记号后放回，充分混合后，再从中捕出一定数量的鱼．假定捕出的 $r=1700$ 尾鱼中有 $q=6$ 尾是做过记号的鱼．试根据上述试验，估计该鱼塘中存鱼的数量．

解 设鱼塘中存鱼的总数量为 n，$A=\{$做过记号的鱼$\}$．显然，鱼塘中每尾鱼被捕到是等可能的，由古典概率，有 $P(A)=\frac{3000}{n}$.

又若把第二次捕鱼看作一次试验，则事件 A 发生的频率 $f(A)=\frac{6}{1700}$，于是由概率的统计定义有

$$P(A)\approx f(A)=\frac{6}{1700}.$$

即
$$\frac{3000}{n}\approx\frac{6}{1700}\text{，所以 } n\approx 850000.$$

故该鱼塘中存鱼的数量大约为 850000 尾．

由上述计算可得估计 n 的公式 $n\approx\frac{sr}{q}$.

此方法也常用在一些自然保护区对某些珍稀动物种群数量的估计及城市交通车辆的估计等方面，这些数量的估计对进行某些问题的决策是很有帮助的．

【例 2】 竞赛分组问题

某足球赛共有 32 支参赛队，其中有 8 个种子队．现分为 8 个组，每组 4 个队．若分组是由 32 支参赛队任意抽签决定，试求 8 个种子队中的任两个队不会分在同一个组的概率．

解 由于比赛分成 8 个组，故 8 个种子队任两个队不会分在同一个小组等价于

每个小组恰有一个种子队．设 $A=\{$每个小组恰有一个种子队$\}$．

则样本空间 Ω 的基本事件总数为 $C_{32}^4C_{28}^4C_{24}^4\cdots C_8^4C_4^4=\frac{32!}{(4!)^8}$，而有利于 A 的基本事件数分两步考虑，即

首先 8 个种子队分到 8 个组共有 8! 种分法；其次剩余的 24 个队，每组分 3 个有 $\frac{24!}{(3!)^8}$ 种分法，因此有利于 A 的基本事件数为 $8!\cdot\frac{24!}{(3!)^8}$，故

$$P(A)=\frac{8!\cdot\frac{24!}{(3!)^8}}{\frac{32!}{(4!)^8}}=\frac{8!24!4^8}{32!}\approx 0.0062.$$

此概率很小，为避免种子队提前相碰，一般在抽签时是将种子队预先安排在每一个不同的组中．

【例 3】 企业资质评定

在市场经济下，一些大的建筑工程都实行招投标制，在发包过程中，对参加招标的施工企业的资质（含施工质量、信誉等）进行调查和评审是非常重要的．

设 $A=\{$被调查的施工企业资质不好$\}$，$B_1=\{$被调查的施工企业评定为资质不好$\}$．由过去的资料已知 $P(B_1|A)=0.97$，$P(\overline{B}_1|\overline{A})=0.95$. 现已知在被调查的施工企业当中有 6% 确实资质不好，求：

（1）被调查的施工企业评定为资质不好的概率；

（2）被评定为资质不好的施工企业确实资质不好的概率．

解 （1）$A,\overline{A}$ 是样本空间的一个划分，由全概公式有

$$P(B_1)=P(A)P(B_1|A)+P(\overline{A})P(B_1|\overline{A})=0.06\times 0.97+0.94\times 0.05=0.105.$$

（2）由贝叶斯公式有

$$P(A|B_1)=\frac{P(A)P(B_1|A)}{P(B_1)}=\frac{0.06\times 0.97}{0.105}=0.55.$$

由计算可知，被评为资质不好的施工企业中，真正不好的约占 55%，也就是说，误评的可能性相当大．所以不能对评为不好的企业轻易下不发包的结论．为了使发包工作公正合理地进行，一般应从其它方面对这些企业进行深入的了解，再作决定．若无法通过其它渠道对评为不好的企业进行调查，即先验概率 $P(A)$ 无法否定，此时，可对该企业再作一次评定（这也是实际中人们常做的），若仍评为资质不好，可作如下讨论

设 $B_2=\{$被调查的施工企业第二次评定为资质不好$\}$，而前述的 B_1 设为第一次评为不好，则此时有

$$P(A|B_1B_2)=\frac{P(A)P(B_1B_2|A)}{P(A)P(B_1B_2|A)+P(\overline{A})P(B_1B_2|\overline{A})}. \tag{1-35}$$

这里 $P(B_2|A)=P(B_1|A)=0.97$，$P(B_2|\overline{A})=P(B_1|\overline{A})=0.05$.

假设两次评定是独立进行的，即 B_1,B_2 关于条件 $A,\overline{A}$ 是独立的，则

$$P(B_1B_2|A)=P(B_1|A)P(B_2|A)=(0.97)^2=0.9409,$$
$$P(B_1B_2|\overline{A})=P(B_1|\overline{A})P(B_2|\overline{A})=(0.05)^2=0.0025,$$

$$P(A|B_1B_2)=\frac{0.06\times0.9409}{0.06\times0.9409+0.94\times0.0025}=0.96.$$

这样从计算结果可以基本认定该企业资质确实不好，这与人们的直观感觉是相符的．

式(1-35)也可这样计算，以第一次评为不好的后验概率 $P(A|B_1)=0.55$ 作为先验概率 $P(A)$的修正值，即用 $P(A|B_1)$代替 $P(A)$，同样也有

$$P(A|B_1B_2)=\frac{P(A|B_1)P(B_2|A)}{P(A|B_1)P(B_2|A)+P(\overline{A}|B_1)P(B_2|\overline{A})}. \tag{1-36}$$

于是
$$P(A|B_1B_2)=\frac{0.55\times0.97}{0.55\times0.97+0.45\times0.05}=0.96.$$

结论是一样的．事实上，式(1-36)在一般情况下也是正确的（见习题 29）．

在许多实际问题中，人们常从某些经验概率入手，一旦获得新的信息后，就可用贝叶斯公式来修正这些概率值，并可根据获得的信息逐次进行，以使它更符合客观实际．

习　题　一

1. 写出下列随机试验的样本空间：

(1) 记录一个班级一次概率统计考试的平均分数（设以百分制记分）；

(2) 同时掷三颗骰子，记录三颗骰子点数之和；

(3) 生产产品直到有 10 件正品为止，记录生产产品的总件数；

(4) 对某工厂出厂的产品进行检查，合格的记上“正品”，不合格的记上“次品”，如连续查出 2 个次品就停止检查，或检查 4 个产品就停止检查，记录检查的结果；

(5) 在单位正方形内任意取一点，记录它的坐标；

(6) 实测某种型号灯泡的寿命．

2. 设 A,B,C 为三事件，用 A,B,C 的运算关系表示下列各事件．

(1) A 发生，B 与 C 不发生；

(2) A 与 B 都发生，而 C 不发生；

(3) A,B,C 中至少有一个发生；

(4) A,B,C 都发生；

(5) A,B,C 都不发生；

(6) A,B,C 中不多于一个发生；

(7) A,B,C 至少有一个不发生；

(8) A,B,C 中至少有两个发生．

3. 指出下列命题中哪些成立，哪些不成立，并作图说明．

(1) $A\cup B=A\overline{B}\cup B$；

(2) $\overline{A}\ \overline{B}=\overline{AB}$；

(3) 若 $B\subset A$，则 $B=AB$；

(4) 若 $A\subset B$，则 $\overline{B}\subset\overline{A}$；

(5) $\overline{A\cup BC}=\overline{A}\ \overline{B}\ \overline{C}$；

(6) 若 $AB=\Phi$ 且 $C\subset A$，则 $BC=\Phi$.

4. 化简下列各式：

(1) $(A\cup B)(B\cup C)$；　(2) $(A\cup B)(A\cup\overline{B})$；　(3) $(A\cup B)(A\cup\overline{B})(\overline{A}\cup B)$.

5. 设 A,B,C 是三事件，且 $P(A)=P(B)=P(C)=1/4$，$P(AB)=P(BC)=0$，$P(AC)=1/8$. 试求 A,B,C 至少有一个发生的概率．

6. 从 1,2,3,4,5 这 5 个数中，任取其 3 个，构成一个三位数．试求下列事件的概率：

(1) 三位数是奇数；

(2) 三位数为 5 的倍数；

(3) 三位数为 3 的倍数；

(4) 三位数小于 350.

7. 某油漆公司发出 17 桶油漆，其中白漆 10 桶、黑漆 4 桶、红漆 3 桶，在搬运中所有标签脱落，交货人随意将这些油漆发给顾客．试问一个订货 4 桶白漆、3 桶黑漆和 2 桶红漆的顾客，能按所定颜色如数得到订货的概率是多少？

8. 在 1700 个产品中有 500 个次品，1200 个正品，任取 200 个．试求：

(1) 恰有 90 个次品的概率；　　(2) 至少有 2 个次品的概率．

9. 把 10 本书任意地放在书架上．试求其中指定的三本书放在一起的概率．

10. 从 5 双不同的鞋子中任取 4 只，这 4 只鞋子中至少有两只鞋子配成一双的概率是多少？

11. 将 3 只鸡蛋随机地打入 5 个杯子中去，求杯子中鸡蛋的最大个数分别为 1,2,3 的概率．

12. 把长度为 A 的线段在任意二点折断成为三线段，试求它们可以构成一个三角形的概率．

13. 甲、乙两艘轮船要在一个不能同时停泊两艘轮船的码头停泊，它们在一昼夜内到达的时刻是等可能的．若甲船的停泊时间是一小时，乙船的停泊时间是两小时，试求它们中任何一艘都不需等候码头空出的概率．

14. 已知 $P(A)=1/4$，$P(B|A)=1/3$，$P(A|B)=1/2$. 试求 $P(B)$，$P(A\cup B)$.

15. 已知在 10 只晶体管中有 2 只次品，在其中取两次，每次任取一只，作不放回抽样．试求下列事件的概率：(1) 两只都是正品；(2) 两只都是次品；(3) 一只是正品，一只是次品；(4) 第二次取出的是次品．

16. 在做钢筋混凝土构件之前，要通过拉伸试验，以检查钢筋的强度指标．今有一组 A_3 钢筋 100 根，次品率为 2%. 任取 3 根做拉伸试验，如果 3 根都是合格品的概率大于 0.95，则认为这组钢筋可用于做构件，否则作为废品处理，试问这组钢筋能否用于做构件？

17. 某人忘记了密码锁的最后一个数字，他随意地拨数，试求他拨数不超过三次而打开锁的概率．若已知最后一个数字是偶数，那么此概率又是多少？

18. 袋中有 8 个球，6 个是白球、2 个是红球．8 个人依次从袋中各取一球，每人取一球后不再放回袋中．问第一人，第二人，……，最后一人取得红球的概率各是多少？

19. 设 10 件产品中有 4 件不合格品，从中任取两件，已知两件中有一件是不合格品，试问另一件也是不合格品的概率是多少？

20. 由人口统计资料发现，某城市居民从出生算起活到 70 岁以上的概率是 0.7，活到 80 岁以上的概率是 0.4. 若已知某人现在 70 岁，试问他能活到 80 岁的概率是多少？

21. 对某种水泥进行强度试验，已知该水泥达到 500# 的概率为 0.9，达到 600# 的概率为 0.3，现取一水泥块进行试验，已达到 500# 标准而未破坏，试求其为 600# 的概率．

22. 以 A,B 分别表示某城市的甲、乙两个区在某一年内出现的停水事件，据记载知 $P(A)=0.35$，$P(B)=0.30$，并知条件概率为 $P(A|B)=0.15$. 试求：(1) 两个区同时发生停水事件的概率；(2) 两个区至少有一个区发生停水事件的概率．

23. 设有甲、乙两口袋，甲袋中装有 n 只白球、m 只红球；乙袋中装有 N 只白球、M 只红球，今从甲袋中任意取一只球放入乙袋中，再从乙袋中任意取一只球．试问取到白球的概率是多少？

24. 盒中放有 12 只乒乓球，其中有 9 只是新的．第一次比赛时从其中任取 3 只来用，比赛后仍放回盒中．第二次比赛时再从盒中任取 3 只，试求第二次取出的球都是新球的概率．

25. 将两信息分别编码为 A 和 B 传递出去，接收站收到时，A 被误收作 B 的概率为 0.02. 而 B 被误收作 A 的概率为 0.01，信息 A 与信息 B 传送的频繁程度为 2∶1. 若接收站收到的信息是 A，试问原发信息是 A 的概率是多少？

26. 甲、乙、丙三组工人加工同样的零件，它们出现废品的概率：甲组是 0.01，乙组是 0.02，丙组是 0.03，它们加工完的零件放在同一个盒子里，其中甲组加工的零件是乙组加工的 2 倍，丙组加工的是乙组加工的一半，从盒中任取一个零件是废品，试求它不是乙组加工的概率．

27. 有两箱同种类型的零件．第一箱装有 50 只，其中 10 只一等品；第二箱装有 30 只，其中 18 只一等品．今从两箱中任挑出一箱，然后从该箱中取零件两次，每次任取一只，作不放回抽样．试求：

(1) 第一次取到的零件是一等品的概率；

（2）第一次取到的零件是一等品的条件下，第二次取到的也是一等品的概率．

28. 设有四张卡片分别标以数字1,2,3,4. 今任取一张，设事件A为取到4或2，事件B为取到4或3，事件C为取到4或1. 试验证

$P(AB)=P(A)P(B)$，$P(BC)=P(B)P(C)$，$P(CA)=P(C)P(A)$，$P(ABC)\neq P(A)P(B)P(C)$.

29. 假设B_1，B_2关于条件A与$\overline{A}$都相互独立，证明

$$P(A\mid B_1B_2)=\frac{P(A\mid B_1)P(B_2\mid A)}{P(A\mid B_1)P(B_2\mid A)+P(\overline{A}\mid B_1)P(B_2\mid \overline{A})}.$$

30. 如果一危险情况C发生时，则报警电路闭合并发出警报，我们可以借用两个或多个开关并联以改善可靠性，在C发生时这些开关每一个都应闭合，且若至少有一个开关闭合了，警报就发出．如果两个这样的开关并联连接，它们每个具有0.96的可靠性（即在情况C发生时闭合的概率）．试问这时系统的可靠性（即电路闭合的概率）是多少？如果需要有一个可靠性至少为0.9999的系统，则至少需要用多少只开关并联？这里设各开关闭合与否都是相互独立的．

31. 甲、乙、丙三人同时对飞机进行射击，三人击中飞机的概率分别为0.4，0.5，0.7. 飞机被一人击中而被击落的概率为0.2，被两人击中而被击落的概率为0.6，若三人都击中，飞机必定被击落．试求飞机被击落的概率．

32. 在装有6个白球，8个红球和3个黑球的口袋中，有放回地从中任取5次，每次取出一个．试求恰有3次取到非白球的概率．

33. 在四次独立试验中，事件A至少出现一次的概率为0.5904，求在三次独立试验中，事件A出现一次的概率．

34. 甲、乙、丙三同学各自去解一道数学难题，他们能答出的概率分别为1/5，1/3，1/4. 求：（1）恰有1个人答出的概率；（2）难题能解出的概率．

35. 某养鸡场一天孵出n只小鸡的概率为

$$p_n=\begin{cases} ap^n, & n\geqslant 1,\\ 1-\dfrac{ap}{1-p}, & n=0. \end{cases}$$

其中$0<p<1$，$0<a<\dfrac{1-p}{p}$，若认为孵出一只公鸡和一只母鸡是等可能的．证明：一天孵出k只母鸡的概率$\dfrac{2ap^k}{(2-p)^{k+1}}$.

36. 设某型号高射炮的每一门炮（发射一发）击中飞机的概率为0.4，现若干门炮同时发射（每炮射一发），问欲以95%的把握击中来犯的一架敌机，至少需配备几门高射炮？

37. 一本50页的书，共有6个错字，每个错字出现在哪一页上的机会相等，求在第1页到第20页中恰好出现2个错字的概率．

38. 对某种药物的疗效进行研究，假定这药物对某类疾病的治愈率为0.7，现有10名患此病的病人同时服用此药，求其中至少有3个病人治愈的概率．

第二章　随机变量及其分布

为了更好地对随机现象进行数学处理，必须将随机现象的结果数量化，这就是引进随机变量的原因．随机变量的引进使得对随机现象的处理更简单与直接，也更统一而有力．

第一节　随机变量

在第一章，对随机事件及其概率的研究中发现，有许多随机现象，其试验结果可用一个实数来表示，也就是说，随机试验的所有可能结果构成的集合可以对应于一个数的集合，不同的实数对应的是不同的试验结果．这样，随机现象可用一个依试验结果改变而改变的变量来描写，先看下例．

【例 1】 在 10 件产品中有 4 件次品．从中随机抽取 2 件，则所取的两件产品中含有的次品数是一个变量，用 X 来表示，则 X 的可能取值为 0,1,2. 试验的所有可能结果为 $C_{10}^2=45$ 种，该试验结果的集合即样本空间 Ω 与实数 0,1,2 的集合是对应的，若所取两件产品都是正品，则对应着 $X=0$；若所取两件产品中有一件次品，则对应着 $X=1$；若所取两件产品都是次品，则 $X=2$. 由此可见，次品数 X 随着试验结果的不同而变化，可以看成是试验结果的函数．若记试验结果为 ω，则 X 可表示成 $X(\omega)$．由于试验结果是随机的，因而 $X(\omega)$ 的取值也是随机的．下面给出随机变量的定义．

定义 1　假设样本空间 $\Omega=\{\omega\}$，其中 ω 为试验结果．若对于每一个可能的结果 $\omega\in\Omega$，有唯一实数 $X(\omega)$ 与之对应，这样得到的定义在 Ω 上的单值实值函数 $X=X(\omega)$ 称为**随机变量**．

随机变量常用大写字母 $X,Y,Z,\cdots$ 来表示，也可用希腊字母 $\xi,\eta,\zeta,\cdots$ 来表示．

上面例 1 中的次品数 X 就是取值为 0,1,2 的随机变量．随机变量概念的产生是概率论发展史上的重大事件，它的引入，使人们可以利用微积分等知识来解决较复杂的概率统计问题，这一点无论在理论上还是实践上都有十分重要的意义．下面再看几个例子．

【例 2】 网络站点在单位时间内接到的访问次数是一个随机变量，它的取值为非负整数．

【例 3】 测量或计算中按四舍五入取整数，则舍入误差是随机变量，它取值于区间 $(-0.5,0.5)$ 之中．

有时，试验的结果可能与数值没有直接的联系，这时可以人为地给出一些规定，使试验的结果与某些数值相对应．

【例 4】 掷一枚硬币的可能结果为 $A=\{$正面朝上$\}$，$B=\{$反面朝上$\}$．若指定“正面朝上”对应实数 1，“反面朝上”对应实数 0. 则硬币在一次投掷中正面朝上

的次数 $X(\omega)$ 是取值为 0,1 的随机变量．即

$$X(\omega)=\begin{cases}0, & \omega \text{为反面朝上}, \\ 1, & \omega \text{为正面朝上}.\end{cases}$$

引入随机变量后，事件就可用随机变量取某个范围内的值来描述了．如例 1 中的 $\{X=i\}$ 与 $A_i=\{$被取到的 2 件产品中恰有 i 件次品$\}$ 表示的是同一事件．即

$$A_i=\{X=i\}, \ i=0,1,2.$$

而 $\{0\leqslant X<2\}=\{$所取两件产品中次品数不超过 1$\}$，$\Omega=\{X\leqslant 2\}$，$\Phi=\{X>2\}$．对于例 4，则有 $A=\{X=1\}$，$B=\{X=0\}$．

由此可见，随机变量取某个范围内的值都是随机事件，在试验之前只能知道它可能的取值范围，而不能预知它取何值．此外，随机变量的取值作为随机事件具有一定的概率，这一性质揭示了随机变量作为试验结果的函数与普通函数有着本质的差异．再者，随机变量作为函数，它的自变量不一定是数，而是试验结果，因而它的定义域是样本空间 Ω，这也是它与普通函数的差别．因此，要研究随机变量，就必须知道它可能取哪些值以及取这些值的概率．

随机变量可能取值的范围和取这些值的概率，称为随机变量的**概率分布**．所以研究一个随机变量，首要问题是弄清它的概率分布．

例如，容易计算例 1 中随机变量 X 可能取值为 0,1,2，它们的概率分别是

$$P(A_0)=P\{X=0\}=\frac{C_4^0C_6^2}{C_{10}^2}=\frac{1}{3}, \quad P(A_1)=P\{X=1\}=\frac{C_4^1C_6^1}{C_{10}^2}=\frac{8}{15},$$

$$P(A_2)=P\{X=2\}=\frac{C_4^2C_6^0}{C_{10}^2}=\frac{2}{15}.$$

它们构成了随机变量 X 的一个概率分布．据此可计算出 X 取某一范围内值的概率．例如：

$$P\{0\leqslant X<2\}=P\{X=0\}+P\{X=1\}=0.8667, \quad P\{X>2\}=P(\Phi)=0,$$

$$P\{X\leqslant 2\}=P(\Omega)=P\{X=0\}+P\{X=1\}+P\{X=2\}=1.$$

为研究上的方便，人们对随机变量按其取值的类型进行分类．

如果随机变量 X 只取有限个或无限可列个值时，则称 X 为**离散型随机变量**．如前述的“次品数”、“站点访问次数”等均为离散型随机变量．取值可以一一列举是它的特征．

如果随机变量 X 可以在整个数轴上取值，或至少有一部分值取某一实数区间的全部值，则称 X 为**非离散型随机变量**．取值的特征是不可一一列举．如前述的“测量误差”即属于此类．非离散型随机变量范围很广，情况也比较复杂，其中最重要的，也是在实际中用得最多的是连续型随机变量．

本书只研究离散型随机变量和连续型随机变量．

第二节　离散型随机变量及其分布

一、分布律

如前所述，离散型随机变量的可能取值是可以一一列举的，故要了解它的概率分布，只要知道它的所有可能取值以及取这些值的概率就行了．

定义 2 设 $x_1, x_2, \cdots$ 为离散型随机变量 X 的可能取值，记 X 取 x_i 的概率为 p_i $(i=1,2,\cdots)$，即

$$P\{X=x_i\}=p_i, \ i=1,2,\cdots. \tag{2-1}$$

称式(2-1) 为随机变量 X 的**分布律**或称为**分布列**，简称为 X 的**分布**.

分布律也可用表格的形式给出，如表 2-1 所示.

表 2-1

X	x_1	x_2	$\cdots$	x_i	$\cdots$
p_i	p_1	p_2	$\cdots$	p_i	$\cdots$

表 2-1 中 x_i 的排列次序是任意的，为以后讨论方便起见，常按 $x_1 < x_2 < x_3 < \cdots$ 排列. 而 $p_i = P\{X=x_i\}$.

显然，任一随机变量的分布律具有下列性质

(1) $p_i \geqslant 0, \ i=1,2,\cdots;$ (2-2)

(2) $\sum\limits_{i=1}^{\infty} p_i = 1.$ (2-3)

反之，若一数列满足上述两条性质，则它必定可以作为某个离散型随机变量的概率分布.

【例 1】 从一批有 10 个合格品与 3 个次品的产品中，一件一件地抽取产品，设各种产品被抽到的可能性相同，在下列三种情形下，分别求出直到取出合格品为止所需抽取次数的分布律：

(1) 每次取出的产品立即放回该批产品中，然后再取下一件产品；

(2) 每次取出的产品都不放回该批产品中；

(3) 每次取出一件产品后总以一件合格品放回该批产品中.

解 设直到取出合格品为止所需抽取次数为 X，

(1) 这时 X 的可能值为 $1,2,\cdots$. 每次取得合格品的概率都是 $\frac{10}{13}$，取得次品的概率为 $\frac{3}{13}$，故

$$P\{X=k\}=\left(\frac{3}{13}\right)^{k-1} \cdot \frac{10}{13}, \ k=1,2,3,\cdots.$$

(2) 这时 X 的可能值为 $1,2,3,4$，且有下表所示的分布律

X	1	2	3	4
p_k	$\frac{10}{13}$	$\frac{3}{13} \cdot \frac{10}{12}$	$\frac{3}{13} \cdot \frac{2}{12} \cdot \frac{10}{11}$	$\frac{3}{13} \cdot \frac{2}{12} \cdot \frac{1}{11} \cdot \frac{10}{10}$

(3) 这时 X 的可能值为 $1,2,3,4$，且有下表所示的分布律

X	1	2	3	4
p_k	$\frac{10}{13}$	$\frac{3}{13} \cdot \frac{11}{13}$	$\frac{3}{13} \cdot \frac{2}{13} \cdot \frac{12}{13}$	$\frac{3}{13} \cdot \frac{2}{13} \cdot \frac{1}{13} \cdot \frac{13}{13}$

【例 2】 已知随机变量 X 的分布律为 $\begin{pmatrix} -1 & 0 & 1 & 2 \\ \frac{1}{2k} & \frac{3}{4k} & \frac{5}{8k} & \frac{7}{16k} \end{pmatrix}$，求常数 k

及$P\{X<1 \mid X\neq 0\}$.

解 根据分布律的性质：$P\{X=x_i\}\geqslant 0$，$\sum_i P\{X=x_i\}=1$，欲使上述分布为随机变量分布律应该有

$$k\geqslant 0,\ \frac{1}{2k}+\frac{3}{4k}+\frac{5}{8k}+\frac{7}{16k}=1,$$

可以解得 $k=2.3125$.

又由条件概率意义得

$$P\{X<1|X\neq 0\}=\frac{P\{X<1,\ X\neq 0\}}{P\{X\neq 0\}}=\frac{P\{X=-1\}}{P\{X\neq 0\}}=0.32.$$

二、常用的离散型分布

1. 两点分布

若随机变量 X 有分布律

$$P\{X=x_i\}=p_i \quad (i=1,\ 2;\ p_1+p_2=1).$$

则称 X 服从**两点分布**．特别地，如果 X 只取 0,1 两个值时也称为 0—1 分布，其分布律为

$$P\{X=k\}=p^k q^{1-k} \quad (k=0,\ 1;\ 0<p<1;\ q=1-p)$$

或表示成表格形式，即

X	0	1
p_i	q	p

两点分布是一种常见的分布，凡是只取两种状态的随机试验均可用两点分布来表示其结果，如上节例 4，以 X 表示掷硬币一次中出现正面朝上的次数，则 X 服从两点分布．即

X	0	1
p_i	$\frac{1}{2}$	$\frac{1}{2}$

若以 Y 表示掷硬币一次出现反面的次数，易知 Y 也服从两点分布且

Y	0	1
p_i	$\frac{1}{2}$	$\frac{1}{2}$

X 与 Y 之间的关系是 $X=1-Y$（当试验结果为正面朝上时 $X=1$，$Y=0$；反之，$X=0$，$Y=1$）．

由此可见，同一个随机现象（如掷一枚硬币一次）可以用多个不同的随机变量来描述（如这里的 X 与 Y）．不同的随机变量却可有完全相同的概率分布．

2. 二项分布

若随机变量 X 有分布律

$$P\{X=k\}=C_n^k p^k q^{n-k}, \tag{2-4}$$

其中 $q=1-p$，$k=0,1,2,\cdots,n$. 则称 X 从参数为 n,p 的二项分布．简记为 $X\sim B(n,p)$. 对于二项分布显然有性质：

(1) $P\{X=k\}\geqslant 0, k=0,1,2,\cdots,n$;

（2）$\sum_{k=0}^{n}P\{X=k\}=\sum_{k=0}^{n}C_n^k p^k q^{n-k}=(p+q)^n=1$.

特别地，当 $n=1$ 时，二项分布即为 0—1 分布，可记为 $X\sim B(1,p)$.

二项分布中的概率 $C_n^k p^k q^{n-k}$ 恰好是（$p+q$）^{n} 的展开式中的第 $k+1$ 项

$$1=(p+q)^n=\sum_{k=0}^{n}C_n^k p^k q^{n-k},$$

分布的名称也是由此而来 .

在第一章第四节我们介绍了 n 重伯努利试验，如果令 n 重伯努利试验中事件 A 发生的概率为 p，即 $P(A)=p$，X 是 n 重伯努利试验中事件 A 发生的次数，则 X 服从二项分布，即有

$$P\{X=k\}=P_n(k)=C_n^k p^k q^{n-k}.$$

【例 3】 在一批次品率为 20％的产品中，有放回地任意抽取 10 件 . 试求抽到次品件数 X 的分布律 .

解 由于是有放回的抽取，故这是 10 重伯努利试验，随机变量 $X\sim B$（10,0.2），即

$$P\{X=k\}=C_{10}^k(0.2)^k(0.8)^{10-k},\ k=0,1,2,\cdots,10.$$

其分布律亦可表示为

k	0	1	2	3	4	5	≥6
$P\{X=k\}$	0.11	0.27	0.30	0.20	0.09	0.03	0

为了对该分布有个直观的了解，这里给出分布律的图示（图 2-1）.

从图 2-1 看出，当 k 增大时，概率 $P\{X=k\}$ 先是随之增大直到取得极大值（$k=2$时），随后开始单调减少 . 一般对于固定的 n 和 p，二项分布 $B(n,p)$ 都具有这一性质 . 事实上，可以证明，二项分布的极大值点 k_0 为闭区间 $[(n+1)p-1,(n+1)p]$ 上的整数 . 由本例读者不难验证该结论 .

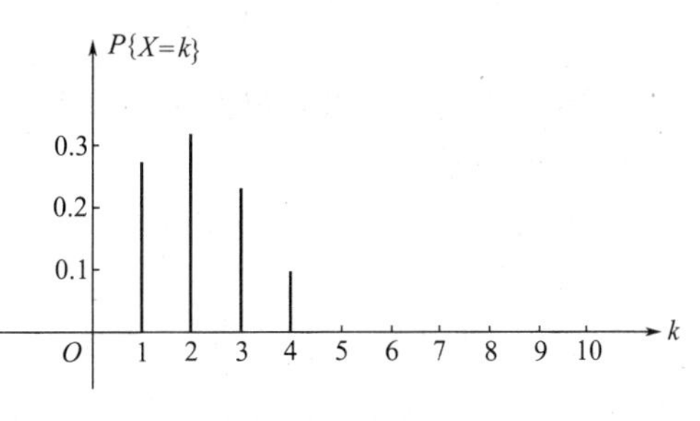

图 2-1

值得注意的是，在许多实际问题中，尽管有些试验不是伯努利试验，但仍可按伯努利试验来处理 . 如本例中若采用不放回抽样，但产品数很大，由于抽出的产品数相对于产品总数来说很小，则仍可如上例按伯努利试验来处理，这样做虽有误差但可使问题大大简化 .

【例 4】 某人购买中国体育彩票，若已知中奖的概率为 0.0001，现购买 40000 张彩票 . 试求：（1）中奖的概率；（2）至少有 3 张彩票中奖的概率 .

解 将每购买一张彩票看成一次试验 . 设中奖的次数为随机变量 X，则 $X\sim B(40000,0.0001)$，其分布律为

$$P\{X=k\}=C_{40000}^k(0.0001)^k(0.9999)^{40000-k},\quad k=0,1,2,\cdots,40000.$$

则（1）中奖的概率为 $P\{X\geqslant 1\}=1-P\{X=0\}=1-(0.9999)^{40000}\approx 0.982$.

计算结果表明，中奖这一事件在一次试验中发生的概率尽管很小，但只要试验

次数足够多，而且是独立进行的，那么这一事件的发生几乎是可以肯定的，即该事件在试验中迟早是要发生的．这就是通常所说的小概率事件原理．小概率事件原理也常用在另一方面，称为实际推断原理．如这里，某人购买了 40000 张彩票，居然一张未中奖，由于 $P\{X=0\}=(0.9999)^{40000}\approx 0.018$ 很小，于是根据实际推断原理，我们有理由怀疑中奖率为 0.0001 这一假设有误，即中奖率应不到 0.0001.

（2）至少有 3 张彩票中奖的概率为

$$P\{X\geqslant 3\}=1-P\{X=0\}-P\{X=1\}-P\{X=2\}$$
$$=1-(0.9999)^{40000}-C_{40000}^{1}(0.0001)(0.9999)^{39999}-C_{40000}^{2}(0.0001)^{2}(0.9999)^{39998}.$$

显然直接计算上式是很麻烦的．下面给出二项分布在 n 很大，而 p 很小时的近似计算公式．

定理 1（Poisson 定理） 设 $\lambda>0$ 是一常数，n 是任意正整数，设 $np_n=\lambda$，则对于任一固定的非负整数 k，有

$$\lim_{n\to\infty}C_n^k p_n^k(1-p_n)^{n-k}=\frac{\lambda^k e^{-\lambda}}{k!}.$$

证 已知 $p_n=\dfrac{\lambda}{n}$，故

$$C_n^k p_n^k(1-p_n)^{n-k}=\frac{n(n-1)\cdots(n-k+1)}{k!}\left(\frac{\lambda}{n}\right)^k\left(1-\frac{\lambda}{n}\right)^{n-k}$$
$$=\frac{\lambda^k}{k!}\left[1\cdot\left(1-\frac{1}{n}\right)\cdot\left(1-\frac{2}{n}\right)\cdots\left(1-\frac{k-1}{n}\right)\right]\left(1-\frac{\lambda}{n}\right)^n\left(1-\frac{\lambda}{n}\right)^{-k}.$$

两端令 $n\to\infty$ 取极限，有

$$\lim_{n\to\infty}C_n^k p_n^k(1-p_n)^{n-k}=\frac{\lambda^k}{k!}e^{-\lambda}.$$

上述定理说明，当 n 很大时，由于 $np_n=\lambda$ 为常数，所以 p_n 必定很小，故当 n 很大而 p 很小时，有

$$C_n^k p^k(1-p)^{n-k}\approx\frac{\lambda^k e^{-\lambda}}{k!},\ k=0,1,2,\cdots. \tag{2-5}$$

其中 $\lambda=np$.

下面再讨论例 4 的计算，这里 $np=40000\times 0.0001=4$，则由式(2-5)，至少有 3 张彩票中奖的概率可计算如下

$$P\{X\geqslant 3\}=1-P\{X\leqslant 2\}=1-(P\{X=0\}+P\{X=1\}+P\{X=2\})$$
$$\approx 1-e^{-4}\left(1+\frac{4}{1}+\frac{4^2}{2!}\right)\approx 1-0.238=0.762.$$

在一般情况下，当 n 很大，p 很小时，常用泊松定理近似计算二项分布的概率，其中 $\dfrac{\lambda^k}{k!}e^{-\lambda}$ 的值可通过查表获得（见附表 1）．那么在实际应用中 p 应小到什么程度呢？大致的标准是，当 $np\leqslant 5$ 或 $n\geqslant 100$，$np\leqslant 10$ 时，近似程度是很好的．也许有的读者会问，其他情况怎么办呢？这个问题将在第五章的中心极限定理中讨论．

【例 5】 某保险公司有 5000 名同年龄段、同社会阶层的人参加了人寿保险，根据调查，这类人的年死亡率为 0.001. 每个投保人在年初需交纳保费 200 元，而

在这一年中若投保人死亡，则受益人可从保险公司获得 100000 元的赔偿金．试求保险公司在这项业务上：（1）亏本的概率；（2）获利不少于 200000 元的概率．

解　设 X 为 5000 名投保人一年中的死亡数，则 $X \sim B(5000, 0.001)$．保险公司在这项业务上的总收入为 $200 \times 5000 = 1000000$（元），总支出为 $100000X$（元），利润为 $1000000 - 100000X$（元）．“保险公司亏本”即为 $\{1000000 - 100000X < 0\} = \{X > 10\}$，“获利不少于 200000”即为 $\{1000000 - 100000X \geqslant 200000\} = \{X \leqslant 8\}$.

由于 $n=5000$ 很大，$p=0.001$ 很小，所以可用 $\lambda = np = 5$ 的泊松定理来近似计算它们的概率．

$$(1)\ P\{X > 10\} \approx \sum_{k=11}^{\infty} \frac{5^k}{k!} e^{-5} = 0.014.$$

由此看出，保险公司在这项业务上亏本的可能性是很小的．

$$(2)\ P\{X \leqslant 8\} = 1 - P\{X > 8\} \approx 1 - \sum_{k=9}^{\infty} \frac{5^k}{k!} e^{-5} = 1 - 0.068 = 0.932.$$

从上可看出，保险公司在这项业务上获利不少于 200000 元的可能性是很大的．

3. 超几何分布

若随机变量 X 有分布律

$$P\{X=k\} = \frac{C_M^k C_{N-M}^{n-k}}{C_N^n}, \quad k=0,1,2,\cdots,n.$$

这里 $M \leqslant N$，$n \leqslant N, n, N, M$ 为自然数，并规定 $b > a$ 时，$C_a^b = 0$. 则称 X 服从以 n, N, M 为参数的**超几何分布**．简记为随机变量 $X \sim H(n, N, M)$. 易证

（1）$P\{X=k\} \geqslant 0$, $k=0,1,2,\cdots,n$;

（2）$\sum\limits_{k=0}^{n} P\{X=k\} = P\{\bigcup\limits_{k=0}^{n} \{X=k\}\} = P(\Omega) = 1$.

超几何分布是描述无放回抽样的重要分布，也是产品检验中常用的分布之一．

【例 6】　某厂生产的一批产品 2000 件，其中有次品 40 件．试求从中抽取 100 件中恰有 5 件次品的概率．

解　“从中任取”即为无放回抽样，故任取 100 件中的次品数 X 服从参数为 $N=2000$，$M=40$，$n=100$ 的超几何分布，故

$$P\{X=k\} = \frac{C_{40}^k C_{1960}^{100-k}}{C_{2000}^{100}}, \quad k=0,1,2,\cdots,40,41,\cdots,100.$$

当 $k \geqslant 41$ 时，$C_{40}^k = 0$，从而

$$P\{X=k\} = 0.$$

当 $k=5$ 时，有

$$P\{X=5\} = \frac{C_{40}^5 C_{1960}^{95}}{C_{2000}^{100}}.$$

要直接计算上式是相当繁琐的．但当 N 很大而 n 相对于 N 较小时，无放回抽样可近似看成是有放回抽样．事实上，有下列结果．

定理 2　设随机变量 X 服从参数为 n, N, M 的超几何分布，即

$$P\{X=k\} = \frac{C_M^k C_{N-M}^{n-k}}{C_N^n}, \quad k=0,1,2,\cdots,n.$$

若 n 是一取定的自然数，且 $\lim\limits_{N\to\infty}\frac{M}{N}=p$，则有

$$\lim_{N\to\infty}\frac{C_M^k C_{N-M}^{n-k}}{C_N^n}=C_n^k p^k(1-p)^{n-k},\quad k=0,1,2,\cdots,n.$$

证明略.

利用定理的结论，有

$$P\{X=5\}\approx C_{100}^5\left(\frac{40}{2000}\right)^5\left(1-\frac{40}{2000}\right)^{95}.$$

又 $\lambda=100\times\frac{40}{2000}=2$，由泊松定理，以 $\lambda=2$，$m=5$ 查附表 1 得

$$P\{X=5\}\approx\frac{2^5}{5!}e^{-2}\approx 0.0361.$$

上述定理是用二项分布来近似代替超几何分布的理论依据．在实际计算中，当 $N>10n$ 时超几何分布与二项分布的差别就很小了，所以常用 $N>10n$ 是否成立来作为能否用二项分布近似代替超几何分布的大致标准.

4. 泊松分布

若随机变量 X 有分布律

$P\{X=k\}=\frac{\lambda^k}{k!}e^{-\lambda}$，$k=0,1,2,\cdots$，$\lambda>0$ 为常数，则称 X 服从参数为 λ 的泊松分布，简记为随机变量 $X\sim\pi(\lambda)$．易知：

(1) $P\{X=k\}\geqslant 0$，$k=0,1,2,\cdots$；

(2) $\sum\limits_{k=0}^{\infty}P\{X=k\}=\sum\limits_{k=0}^{\infty}\frac{\lambda^k}{k!}e^{-\lambda}=e^{-\lambda}\sum\limits_{k=0}^{\infty}\frac{\lambda^k}{k!}=e^{-\lambda}e^{\lambda}=1.$

【例 7】 某电信局在 1min 内来交电话费的人数 $X\sim\pi(\lambda)$，且已知在 1min 内没有人来交费的概率为 0.368. 试求在 1min 内至少有两人来交电话费的概率.

解 已知 $X\sim\pi(\lambda)$，且 $P\{X=0\}=0.368$，所以有

$$\frac{\lambda^0}{0!}e^{-\lambda}=0.368，解得 \lambda=-\ln 0.368.$$

因此，1min 内至少有两人来交电话费的概率为

$$\begin{aligned}P\{X\geqslant 2\}&=1-P\{X=0\}-P\{X=1\}\\&=1-0.368-0.368[-\ln 0.368]=0.264.\end{aligned}$$

泊松分布在实际中应用非常广泛，常见于稠密性理论．归纳起来有：

(1) 近似地作为稀有事件（p 很小）在 n（很大）重伯努利试验中出现次数的分布，这在上一段已讨论过，仅此就足以说明泊松分布的重要性和应用的广泛性；

(2) 作为一段时间或一定空间内事件出现次数的分布．例如，在一段时间内，到电信局交电话费的人数，某外贸公司与外商谈判次数，某网络站点被访问次数，某机场飞机降落架次，某车间机器出故障的次数，某地区出现灾害性气候的天数，某页书上的印刷错误数，某块布上的瑕点数及某容积自来水中的细菌数等都服从泊松分布.

5. 几何分布

若随机变量 X 有分布律

$$P\{X=k\}=pq^{k-1}, \tag{2-4}$$

其中 $0<p<1$，$q=1-p$，$k=1,2,3,\cdots$. 则称 X 服从参数为 p 的几何分布 . 简记为 $X\sim G(p)$. 对于几何分布易知：

(1) $P\{X=k\}\geqslant 0$，$k=1, 2, \cdots$；

(2) $\sum\limits_{k=1}^{\infty}P\{X=k\}=\sum\limits_{k=1}^{\infty}pq^{k-1}=\dfrac{p}{1-q}=1$.

【例 8】 一篮球运动员的投篮命中率为 0.45，以 X 表示他首次投中时累计投篮的次数，写出 X 的分布律，并计算 X 取偶数的概率 .

解 设 $A_i(i=1,2,3,\cdots)$ 表示运动员第 i 次投篮时命中，则 $P(A_i)=p=0.45$，A 表示事件 "X 取偶数"，则

$$\begin{aligned}P\{X=k\}&=P(\overline{A_1}\ \overline{A_2}\cdots\overline{A_{k-1}}A_k)=P(\overline{A_1})P(\overline{A_2})\cdots P(\overline{A_{k-1}})P(A_k)\\&=(1-p)(1-p)\cdots(1-p)p=(1-p)^{k-1}p\\&=0.55^{k-1}\times 0.45,\quad k=1,2,\cdots.\end{aligned}$$

即 $X\sim G(0.45)$.

$$P(A)=\sum_{k=1}^{\infty}P\{X=2k\}=\sum_{k=1}^{\infty}0.55^{2k-1}\times 0.45=0.45\times\frac{0.55}{1-0.55^2}=\frac{11}{31}.$$

6. 一些应用例子

【例 9】 某学校机房有同类型电脑 300 台，各台工作是相互独立的，发生故障的概率都是 0.01. 一般情况下一台电脑的故障只需一名电脑维护员处理 . 试问至少需要配备多少电脑维护员，才能保证当电脑发生故障而不能及时修理的概率小于 0.01?

解 设需配备 m 人，记同一时刻发生故障的电脑数为 X，则随机变量 $X\sim B(300,0.01)$，于是有 $P\{X\leqslant m\}\geqslant 0.99$.

由泊松定理（这里 $np=3=\lambda$）知

$$P\{X\leqslant m\}\approx\sum_{k=0}^{m}\frac{3^k\mathrm{e}^{-3}}{k!}，\text{即}\quad\sum_{k=0}^{m}\frac{3^k\mathrm{e}^{-3}}{k!}\geqslant 0.99,$$

也就是
$$1-\sum_{k=0}^{m}\frac{3^k\mathrm{e}^{-3}}{k!}=\sum_{k=m+1}^{\infty}\frac{3^k\mathrm{e}^{-3}}{k!}\leqslant 0.01.$$

查附表 1 知，满足上述不等式的最小的 m 是 8. 因此，为满足上述要求，至少需要 8 名电脑维护员 .

类似的问题在其它领域也有 . 例如，电话总机设置外线的条数可由分机数及接通率来确定，多了浪费，少了接通率太低 . 又如机场跑道的设置也可用此法求解 .

【例 10】 设有 80 台同类型机床，各台工作是相互独立的，发生故障的概率均是 0.01，且一台机床发生故障只需一人维修 . 现考虑两种配备维护人员的方法：一种是由 4 人维护，每人负责 20 台；另一种是由 3 人共同维护 80 台 . 试比较这两种方法在机床发生故障时不能及时维修的概率大小 .

解 按第一种方法，设 X 表示 "第 i 人维护的 20 台机床中同一时刻发生故障的台数"，另设 $A_i=\{$第 i 人维护的 20 台机床中发生故障不能及时维修$\}$，$i=1,2,3,4$. 则有

$$P(A_1 \cup A_2 \cup A_3 \cup A_4) \geqslant P(A_1) = P\{X \geqslant 2\}.$$

这里随机变量 $X \sim B(20, 0.01)$，$\lambda = np = 0.2$. 故有

$$P\{X \geqslant 2\} \approx \sum_{k=2}^{\infty} \frac{(0.2)^k k^{-0.2}}{k!} = 0.0175.$$

即机床发生故障不能及时维修的概率为

$$P(A_1 \cup A_2 \cup A_3 \cup A_4) \geqslant 0.0175.$$

按第二种方法，设 Y 表示"80 台机床中同一时刻发生故障的台数". 此时 $Y \sim B(80, 0.01)$，$\lambda = np = 0.8$. 于是，80 台机床发生故障不能及时维修的概率为

$$P\{Y \geqslant 4\} \approx \sum_{k=4}^{\infty} \frac{(0.8)^k \mathrm{e}^{-0.8}}{k!} = 0.0091.$$

计算结果表明，第二种方法每人工作的任务重了（平均每人维护约 27 台），但工作效率反而提高了. 此例表明，在国民经济活动中，如果能合理地应用概率方法，将有利于提高我们的决策和管理水平.

第三节　分布函数

对于非离散型随机变量，它们的取值无法一一列出. 如加工直径为 50 ± 0.5mm 的圆形工件，令 X 表示加工出来的工件直径，则 X 的取值就无法一一列出，其分布就不能像离散型随机变量那样利用分布律讨论. 其实讨论这类随机变量 X 取某个固定值的概率没有实际意义（以后会知道其概率为 0），对于这类问题人们更关心的是 X 取某个范围内值的概率，即 $P\{a < X \leqslant b\}$，但 $P\{a < X \leqslant b\} = P\{X \leqslant b\} - P\{X \leqslant a\}$，所以只需知道 $P\{X \leqslant b\}$ 和 $P\{X \leqslant a\}$ 就行了. 为了能更方便地研究各类型随机变量，引入如下分布函数的概念.

定义 3　设 X 为随机变量，对任意实数 x，称

$$F(x) = P\{X \leqslant x\}. \tag{2-6}$$

为随机变量 X 的**分布函数**.

$F(x)$ 不仅指出了 X 取值不大于 x 的概率，而且利用 $F(x)$ 的定义可证明 X 落入左开右闭区间 $(a, b]$ 的概率等于分布函数 $F(x)$ 在此区间上的增量，即

$$P\{a < X \leqslant b\} = F(b) - F(a). \tag{2-7}$$

事实上，对于满足 $a < b$ 的任意两实数 a 和 b，有 $\{X \leqslant b\} = \{X \leqslant a\} \cup \{a < X \leqslant b\}$，由事件 $\{X \leqslant a\}$ 与 $\{a < X \leqslant b\}$ 的互斥性，有 $P\{X \leqslant b\} = P\{X \leqslant a\} + P\{a < X \leqslant b\}$，从而

$$P\{a < X \leqslant b\} = P\{X \leqslant b\} - P\{X \leqslant a\} = F(b) - F(a).$$

这样，随机变量 X 落入任一区间的概率都可用分布函数来表示.

分布函数 $F(x)$ 具有下列性质

(1) 单调性 $F(x)$ 是一个单调不减函数，即对任意实数 x_1, x_2 $(x_1 < x_2)$，有 $F(x_1) \leqslant F(x_2)$；

(2) 有界性 $0 \leqslant F(x) \leqslant 1$；

(3) $F(-\infty) = \lim\limits_{x \to -\infty} F(x) = 0$，$F(+\infty) = \lim\limits_{x \to +\infty} F(x) = 1$；

(4) 右连续性 $F(x)$ 是右连续的，即 $F(x+0)=F(x)$.

性质 (1)，(2) 显然成立．性质 (4) 不予证明，以后将借助具体例子加以说明．下面运用几何直观对性质 (3) 给予简要说明．

从图 2-2 可以看出，当 $x\to-\infty$ 时 $\{X<x\}$ 趋于一个不可能事件，所以

$$F(-\infty)=\lim_{x\to-\infty}F(x)=0.$$

图 2-2

当 $x\to+\infty$，X 落在 x 左边的事件 $\{X<x\}$ 趋于必然事件 $\{X<+\infty\}$，故有

$$F(+\infty)=\lim_{x\to+\infty}F(x)=1.$$

反之，凡是具有上述三个性质的一元函数必定可以作为某个随机变量的分布函数，因而分布函数完整地描述了随机变量的统计规律性．

由上可知，分布函数描述了随机变量的概率分布，而它本身却是普通的实函数．这样，就可利用微积分的方法来研究随机变量的统计规律了．

对于离散型随机变量 X，有了 X 的分布律，可以通过求和而得到 X 的分布函数，即

$$F(x)=P\{X\leqslant x\}=\sum_{x_i\leqslant x}P\{X=x_i\}=\sum_{x_i\leqslant x}p_i. \qquad (2\text{-}8)$$

其中和式是对满足 $x_i\leqslant x$ 的一切 x_i 所对应的 p_i 求和．

【例 1】 已知本章第一节的例 1 中随机变量 X 的分布律为

X	0	1	2
p_i	1/3	8/15	2/15

试求分布函数 $F(x)$，并求 $P\left\{X\leqslant\frac{1}{2}\right\}$，$P\{1\leqslant X\leqslant 2\}$．

解 由分布函数的意义及式(2-8)，有

当 $x<0$ 时，　$P\{X\leqslant x\}=P\{X<0\}=P(\Phi)=0$；

当 $0\leqslant x<1$ 时，　$P\{X\leqslant x\}=P\{X=0\}=1/3$；

当 $1\leqslant x<2$ 时，　$P\{X\leqslant x\}=P\{X=0\}+P\{X=1\}=\frac{1}{3}+\frac{8}{15}=\frac{13}{15}$；

当 $x\geqslant 2$ 时，　$P\{X\leqslant x\}=P(\Omega)=1$.

于是，所求的分布函数为

$$F(x)=P\{X\leqslant x\}=\begin{cases}0, & x<0,\\ \frac{1}{3}, & 0\leqslant x<1,\\ \frac{13}{15}, & 1\leqslant x<2,\\ 1, & x\geqslant 2.\end{cases}$$

其图像如图 2-3 所示．

从而有　$P\left\{X\leqslant\frac{1}{2}\right\}=F\left(\frac{1}{2}\right)=\frac{1}{3}$,

$$P\{1\leqslant X\leqslant 2\}=P\{1<X\leqslant 2\}+P\{X=1\}$$

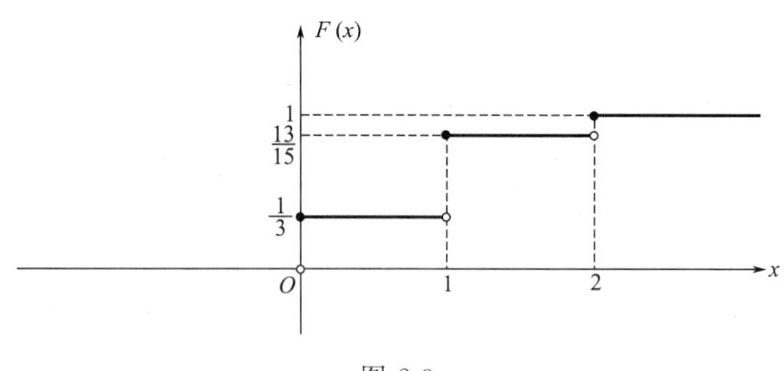

图 2-3

$$=F(2)-F(1)+P\{X=1\}=1-\frac{13}{15}+\frac{8}{15}=\frac{10}{15}.$$

由此例可看出，离散型随机变量的分布函数 $F(x)$ 是定义在 $(-\infty,+\infty)$ 上的，值域含于 $[0,1]$，右连续且单调不减的分段函数，其分段点就是 X 的可能取值点 x_i. 除最左边的区间是开区间外，其余都是左闭右开区间．当 x 在 X 的两个相邻的可能值间变化时，$F(x)$ 的值保持不变；而当 x 经过 X 的任一可能值 x_i 时，$F(x)$ 就产生一个跳跃，其跨度等于 X 取 x_i 的概率，即 $P\{X=x_i\}$．由此可见所求的分布函数 $F(x)$ 确系单调、不减的右连续函数，又 $0\leqslant F(x)\leqslant 1$，且 $F(-\infty)=0, F(+\infty)=1$. 至此，分布函数所具有的性质在离散型场合得到一一验证．

上例中，由随机变量 X 的分布律，求得了它的分布函数．事实上，若已知道离散型随机变量 X 的分布函数，通过求差也可求得 X 的分布律．

首先，X 的可能取值点为 $F(x)$ 的分段点 x_i，其次

$$p_i=P\{X=x_i\}=P\{X\leqslant x_i\}-P\{X<x_i\}=F(x_i)-F(x_i-0),\ i=1,2,\cdots. \tag{2.9}$$

因此，离散型随机变量的分布律与分布函数是可以互相确定的．

【例 2】 设随机变量 X 的分布函数为

$$F(x)=\begin{cases}0, & x<1,\\ \dfrac{9}{19}, & 1\leqslant x<2,\\ \dfrac{15}{19}, & 2\leqslant x<3,\\ 1, & x\geqslant 3.\end{cases}$$

求 X 的分布律。

解 由于 $F(x)$ 是一个阶梯形函数，故 X 是一个离散型随机变量，$F(x)$ 的跳跃间断点分别 1,2,3，且

$$P\{X=1\}=F(1)-F(1-0)=\frac{9}{19}-0=\frac{9}{19},$$

$$P\{X=2\}=F(2)-F(2-0)=\frac{15}{19}-\frac{9}{19}=\frac{6}{19},$$

$$P\{X=3\}=F(3)-F(3-0)=1-\frac{15}{19}=\frac{4}{19}.$$

即

$$X\sim\begin{pmatrix}1 & 2 & 3\\ \dfrac{9}{19} & \dfrac{6}{19} & \dfrac{4}{19}\end{pmatrix}$$

【例 3】 设随机变量 X 具有分布函数

$$F(x)=A+B\arctan x\ ,\ -\infty<x<+\infty,$$

试确定常数 A,B 并计算概率 $P\{-1<X\leqslant\sqrt{3}\}$.

解 由分布函数性质可得

$$0=\lim_{x\to-\infty}F(x)=A+B\times\left(-\frac{\pi}{2}\right)=A-\frac{\pi}{2}B, \qquad ①$$

$$1=\lim_{x\to+\infty}F(x)=A+B\times\frac{\pi}{2}=A+\frac{\pi}{2}B. \qquad ②$$

解式①、式②得 $A=\frac{1}{2}$，$B=\frac{1}{\pi}$. 即

$$F(x)=\frac{1}{2}+\frac{1}{\pi}\arctan x,\ -\infty<x<+\infty.$$

故

$$P\{-1<X\leqslant\sqrt{3}\}=F(\sqrt{3})-F(-1)=\left(\frac{1}{2}+\frac{1}{\pi}\arctan\sqrt{3}\right)-\left(\frac{1}{2}+\frac{1}{\pi}\arctan(-1)\right)$$
$$=\frac{7}{12}.$$

第四节 连续型随机变量及其分布

一、概率密度

在非离散型随机变量中，最重要的是连续型随机变量．由于连续型随机变量的可能取值是无法一一列举的，因此分布律对它不适用．那么，如何讨论它的分布呢？为此引入概率密度的概念．

定义 4 设 X 是一个随机变量，$F(x)$ 是它的分布函数，如果存在非负函数 $f(x)$，使对任意的 x 有

$$F(x)=\int_{-\infty}^{x}f(t)\mathrm{d}t, \qquad (2\text{-}10)$$

则称 X 为**连续型随机变量**，$f(x)$ 为 X 的**概率密度**或**分布密度**，并称 X 的分布为**连续型分布**．

对照微积分中已知线密度求质量的公式，读者不难发现此处称 $f(x)$ 为概率密度的原因．

由式(2-10) 可知，连续型随机变量的分布函数可由其概率密度积分得到，它是一个连续函数．另一方面，在 $f(x)$ 的连续点上有

$$F'(x)=f(x), \qquad (2\text{-}11)$$

即当分布函数给定后，通过求导可得概率密度．由此可见，连续型随机变量的分布函数和概率密度可以相互确定，因而概率密度与分布函数一样，也完整地描述了连续型随机变量的分布规律．

由定义可知，概率密度 $f(x)$ 具有如下性质

(1) $f(x)\geqslant0$; (2-12)

(2) $\int_{-\infty}^{+\infty}f(x)=1$; (2-13)

(3) $P\{x_1<X\leqslant x_2\}=F(x_2)-F(x_1)=\int_{x_1}^{x_2}f(x)\mathrm{d}x.$ (2-14)

由性质(2)知，介于曲线 $f(x)$ 与 Ox 轴之间的面积等于1（图 2-4），由性质(3) 知，X 落在区间 $(x_1,x_2]$ 的概率 $P\{x_1<X\leqslant x_2\}$ 等于区间 $(x_1,x_2]$ 上曲线 $y=f(x)$ 下的曲边梯形的面积（图 2-5）.

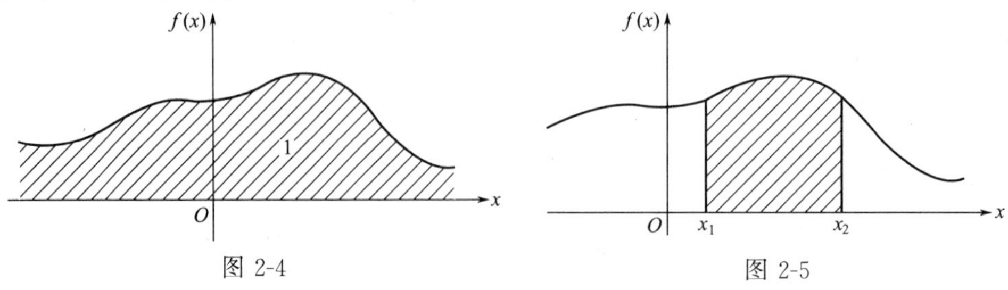

图 2-4　　图 2-5

另一方面，在式(2-14) 中，对任意给定的 x_2，让 $x_1\to x_2$ 则有

$$P\{X=x_2\}=\lim_{x_1\to x_2}P\{x_1<X\leqslant x_2\}=\lim_{x_1\to x_2}\int_{x_1}^{x_2}f(x)\mathrm{d}x=0.\qquad(2\text{-}15)$$

此式表明，连续型随机变量在一点上的取值概率为 0. 故在计算连续型随机变量取值于区间上的概率时，可以不必计较区间的开、闭．即有

$$P\{x_1<X\leqslant x_2\}=P\{x_1\leqslant X\leqslant x_2\}=P\{x_1\leqslant X<x_2\}$$

$$=P\{x_1<X<x_2\}=\int_{x_1}^{x_2}f(x)\mathrm{d}x.\qquad(2\text{-}16)$$

此外，由积分中值定理并忽略高价无穷小有

$$P\{x<X<x+\Delta x\}=\int_{x}^{x+\Delta x}f(t)\mathrm{d}tf(x+\theta\Delta x)\Delta x\approx f(x)\Delta x,0<\theta<1.$$

由此可见，概率微分 $f(x)\Delta x$ 近似地表示连续型随机变量 X 落入区间 $(x,x+\Delta x)$ 内的概率．

【例 1】 已知随机变量 X 有概率密度

$$f(x)=\begin{cases}kx, & 0<x<2,\\ 0, & 其它.\end{cases}$$

试求：(1) 待定系数 k；(2) 分布函数 $F(x)$ 并作图；(3) 概率 $P\left\{\frac{1}{3}\leqslant X<3\right\}$.

解　(1) 由性质 (2) 有

$$1=\int_{-\infty}^{+\infty}f(x)\mathrm{d}x=\int_0^2 kx\,\mathrm{d}x=\frac{1}{2}kx^2\ \Big|_0^2=2k,$$

所以 $$k=\frac{1}{2}.$$

(2) 由式(2-10)有 $F(x)=P\{X\leqslant x\}=\int_{-\infty}^{x}f(t)\mathrm{d}t$，于是

当 $x<0$ 时，有 $\int_{-\infty}^{x}f(t)\mathrm{d}t=0$；

当 $0\leqslant x<2$ 时，有 $\int_{-\infty}^{x}f(t)\mathrm{d}t=\int_{-\infty}^{0}f(t)\mathrm{d}t+\int_0^x f(t)\mathrm{d}t=\int_0^x\frac{1}{2}t\mathrm{d}t=\frac{x^2}{4}$；

当 $x \geqslant 2$ 时，有 $\int_{-\infty}^{x} f(t)\mathrm{d}t = \int_{-\infty}^{0} f(t)\mathrm{d}t + \int_{0}^{2} f(t)\mathrm{d}t + \int_{2}^{x} f(t)\mathrm{d}t = 1.$

因此，所求的分布函数为

$$F(x) = \int_{-\infty}^{x} f(t)\mathrm{d}t = \begin{cases} 0, & x < 0, \\ \dfrac{x^2}{4}, & 0 \leqslant x < 2, \\ 1, & x \geqslant 2. \end{cases}$$

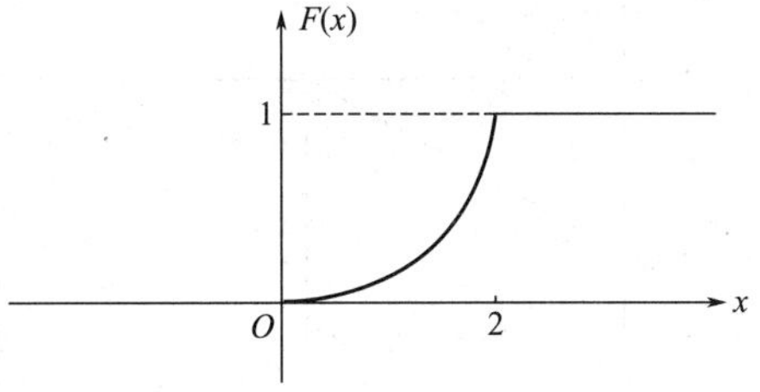

分布函数 $F(x)$ 的图形如图 2-6 所示.

图 2-6

由此表明，函数 $F(x)$ 是单调、不减的右连续函数，又 $0 \leqslant F(x) \leqslant 1$，且

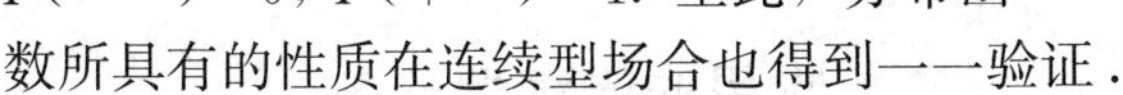

$F(-\infty)=0$，$F(+\infty)=1$. 至此，分布函数所具有的性质在连续型场合也得到一一验证.

(3) 由式(2-14)，知

$$P\left\{\frac{1}{3} \leqslant X < 3\right\} = \int_{\frac{1}{3}}^{3} f(x)\mathrm{d}x = \int_{\frac{1}{3}}^{2} \frac{x}{2}\mathrm{d}x = \left.\frac{x^2}{4}\right|_{\frac{1}{3}}^{2} = 1 - \frac{1}{36} = \frac{35}{36}.$$

【例 2】 设连续型随机变量 X 的分布函数为

$$F(x) = \begin{cases} A\mathrm{e}^{x}, & x<0, \\ B, & 0 \leqslant x<1, \\ 1-A\mathrm{e}^{-(x-1)}, & x \geqslant 1. \end{cases}$$

试求：(1) A,B 的值；(2) X 的概率密度；(3) $P\{X>1/3\}$.

解 (1) 由连续型随机变量的性质，可知，$F(x)$是连续函数. 考虑 $F(x)$在 $x=0,x=1$ 两点的连续性，有

$$\lim_{x \to 0^-} F(x) = \lim_{x \to 0^-} A\mathrm{e}^{x} = A = F(0) = B, \quad \lim_{x \to 1^-} F(x) = \lim_{x \to 1^-} = B = F(1) = 1-A.$$

解上述两式可得 $A=B=\dfrac{1}{2}$. 即

$$F(x) = \begin{cases} \dfrac{1}{2}\mathrm{e}^{x}, & x<0, \\ B, & 0 \leqslant x<1, \\ 1-\dfrac{1}{2}\mathrm{e}^{-(x-1)}, & x \geqslant 1. \end{cases}$$

(2) X 的概率密度 $f(x)=F'(x)=\begin{cases} \dfrac{1}{2}\mathrm{e}^{x}, & x<0, \\ 0, & 0 \leqslant x<1. \\ \dfrac{1}{2}\mathrm{e}^{-(x-1)}, & x \geqslant 1. \end{cases}$

(3) $P\left\{X>\dfrac{1}{3}\right\}=1-P\left\{X \leqslant \dfrac{1}{3}\right\}=1-F\left(\dfrac{1}{3}\right)=1-\dfrac{1}{2}=\dfrac{1}{2}.$

或 $\quad P\left\{X > \dfrac{1}{3}\right\} = \int_{\frac{1}{3}}^{+\infty} f(x)\mathrm{d}x = \int_{\frac{1}{3}}^{1} 0\mathrm{d}x + \int_{1}^{+\infty} \dfrac{1}{2}\mathrm{e}^{-(x-1)}\mathrm{d}x = \dfrac{1}{2}.$

除了离散型分布和连续型分布之外，还有既非离散型又非连续型的分布，见下例.

【例 3】以下的函数 $F(x)$的确是一个分布，它的图形如图 2-7 所示．

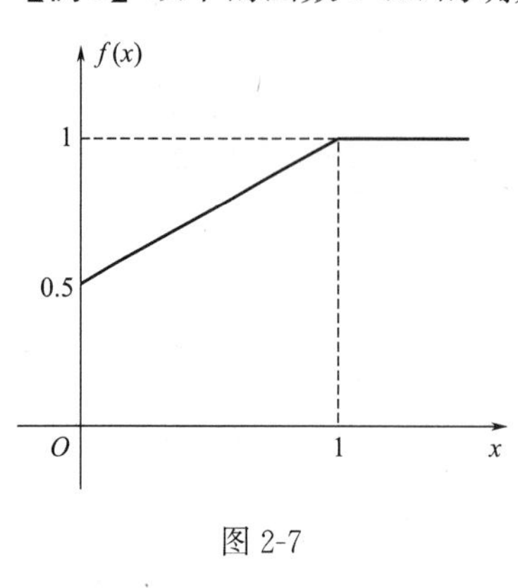

图 2-7

$$F(x)=\begin{cases}0, & x<0,\\ \dfrac{1+x}{2}, & 0\leqslant x<1,\\ 1, & x\geqslant 1.\end{cases}$$

从图上可以看出：它既不是阶梯函数，又不是连续函数，所以既非离散型又非连续型的分布，它是新的一类分布，本书将不研究此类分布．

下面给出几种常见的连续型随机变量的分布．

二、常用的连续型分布

1. 均匀分布

若随机变量 X 取值在有限区间 (a,b) 上，其概率密度为

$$f(x)=\begin{cases}\dfrac{1}{b-a}, & a<x<b,\\ 0, & \text{其它}.\end{cases} \tag{2-17}$$

其中 a,b $(b>a)$ 为常数．则称 X 服从区间 (a,b) 上的**均匀分布**，简记为随机变量 $X\sim U[a,b]$ ．均匀的意思是指密度在该区间 (a,b) 上为常数．即为区间长度的倒数．易证

(1) $f(x)\geqslant 0$；

(2) $\int_{-\infty}^{+\infty}f(x)\mathrm{d}x=\int_a^b\dfrac{1}{b-a}\mathrm{d}x=1.$

由式(2-10) 可得均匀分布的分布函数为

$$F(x)=\int_{-\infty}^{x}f(t)\mathrm{d}t=\begin{cases}0, & x\leqslant a,\\ \dfrac{x-a}{b-a}, & a<x<b,\\ 1, & x\geqslant b.\end{cases}$$

图 2-8 分别给出了均匀分布的概率密度 $f(x)$ 与分布函数 $F(x)$ 的图形．

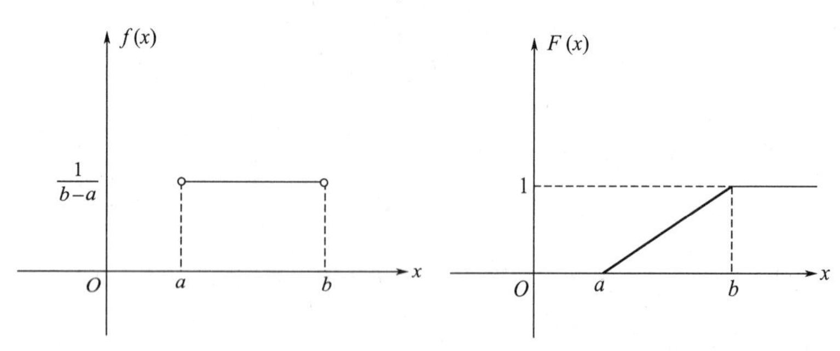

图 2-8

【例 4】 某人早晨醒来，发觉表停了，他打开收音机等待每小时一次的报时，假定他在电台两次报时之间的任一时刻醒来是等可能的．

试求：（1）他等待时间为 X（min）的概率密度；

（2）他等待时间小于 5min 的概率．

解 （1）由题设知，X 服从（0,60）上的均匀分布，概率密度为

$$f(x)=\begin{cases}\dfrac{1}{60}, & 0<x<60,\\ 0, & \text{其它}.\end{cases}$$

（2）$P\{X<5\}=\int_0^5 \frac{1}{60}\mathrm{d}x=\frac{x}{60}\Big|_0^5=\frac{1}{12}$.

2. 指数分布

若随机变量 X 的概率密度为

$$f(x)=\begin{cases}\lambda \mathrm{e}^{-\lambda x}, & x>0,\\ 0, & x\leqslant 0.\end{cases} \tag{2-18}$$

其中 $\lambda>0$ 为常数，则称 X 服从参数为 λ 的**指数分布**，简记为随机变量 $X\sim E(\lambda)$.

显然有（1）$f(x)\geqslant 0$；

（2）$\int_{-\infty}^{+\infty} f(x)\mathrm{d}x=\int_0^{+\infty}\lambda \mathrm{e}^{-\lambda x}\mathrm{d}x=-\mathrm{e}^{-\lambda x}\big|_0^{+\infty}=1$.

其分布函数为

$$F(x)=\int_{-\infty}^{x} f(t)\mathrm{d}t=\begin{cases}1-\mathrm{e}^{-\lambda x}, & x>0,\\ 0, & x\leqslant 0.\end{cases}$$

图 2-9 分别给出了指数分布的概率密度 $f(x)$ 和分布函数 $F(x)$ 的图形．

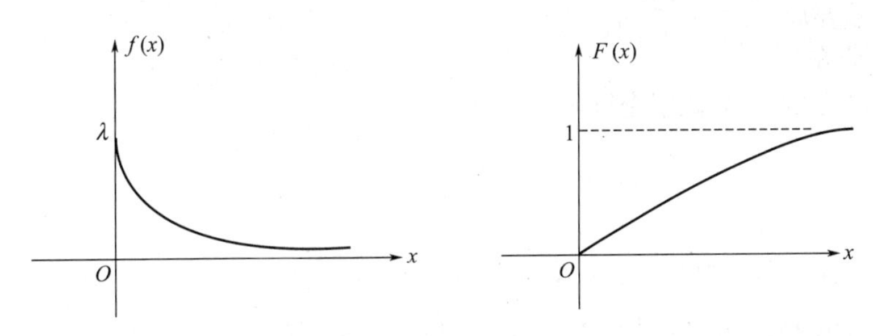

图 2-9

许多涉及“等待时间”或“寿命”问题都服从指数分布．指数分布在排队论和可靠性理论等领域有着广泛的应用．

【例 5】 某电子元件的使用寿命 X 服从参数 $\lambda=0.0001$ 的指数分布．

（1）求此电子元件能使用 10000h 以上的概率；

（2）若已知该电子元件已经使用了 10000h，问还能再使用 10000h 以上的概率．

解 由题设知，X 的概率密度为

$$f(x)=\begin{cases}0.0001\mathrm{e}^{-0.0001x}, & x>0,\\ 0, & x\leqslant 0.\end{cases}$$

设 $A=\{$计算机能使用 10000h 以上$\}$，$B=\{$计算机能使用 20000h 以上$\}$．

(1) $P(A)=P\{X\geqslant 10000\}=\int_{10000}^{+\infty}0.0001\mathrm{e}^{-0.0001x}\mathrm{d}x=-\mathrm{e}^{-0.0001x}\Big|_{10000}^{+\infty}=\mathrm{e}^{-1}$.

(2) 由于

$$P(B)=P\{X\geqslant 20000\}=\int_{20000}^{+\infty}0.0001\mathrm{e}^{-0.0001x}\mathrm{d}x=-\mathrm{e}^{-0.0001x}\Big|_{20000}^{+\infty}=\mathrm{e}^{-2},$$

又 $B\subset A$，故

$$P(B|A)=\frac{P(AB)}{P(A)}=\frac{P(B)}{P(A)}=\frac{\mathrm{e}^{-2}}{\mathrm{e}^{-1}}=\mathrm{e}^{-1}.$$

由此例可以看出，该电子元件已使用10000h后，再使用10000h以上的概率与该电子元件从开始使用时算起它能使用10000h以上的概率竟然是一样的！事实上，这一点并不是偶然的，它揭示了指数分布的一个重要特征：服从指数分布的随机变量 X 具有无记忆性，即对任意 $s>0$，$t>0$，有

$$P\{X>s+t|X>s\}=P\{X>t\},$$

事实上

$$P\{X>s+t|X>s\}=\frac{P\{X>s+t,X>s\}}{P\{X>s\}}=\frac{P\{X>s+t\}}{P\{X>s\}}$$
$$=\frac{1-F(s+t)}{1-F(s)}=\frac{\mathrm{e}^{-\lambda(s+t)}}{\mathrm{e}^{-\lambda s}}=\mathrm{e}^{-\lambda t}=P\{X>t\}.$$

若 X 表示某一元件的使用寿命，上式表明：已知元件已使用了 s（h），它总共能使用 $s+t$（h）以上的条件概率与从开始使用时算起它能使用 t（h）以上的概率相等，即元件对它已经使用过 s（h）没有记忆，具有这一性质也是指数分布具有广泛应用的重要原因之一.

3. Γ 分布

设随机变量 X 有概率密度

$$f(x)=\begin{cases}\dfrac{\beta^{\alpha}}{\Gamma(\alpha)}x^{\alpha-1}\mathrm{e}^{-\beta x}, & x>0,\\ 0, & x\leqslant 0.\end{cases}\tag{2-19}$$

其中 $\alpha>0$，$\beta>0$ 为常数. 则称 X 服从参数为 α,β 的 Γ 分布，简记为随机变量 $X\sim\Gamma(\alpha,\beta)$. 这里 $\Gamma(\alpha)=\int_0^{+\infty}x^{\alpha-1}\mathrm{e}^{-x}\mathrm{d}x$ 是以 α（$\alpha>0$）为参变量的 Γ 函数.

显然有（1）$f(x)\geqslant 0$；

(2) $\int_{-\infty}^{+\infty}f(x)\mathrm{d}x=\int_0^{+\infty}\frac{\beta^{\alpha}}{\Gamma(\alpha)}x^{\alpha-1}\mathrm{e}^{-\beta x}\mathrm{d}x\xlongequal{令\beta x=y}\frac{1}{\Gamma(\alpha)}\int_0^{+\infty}y^{\alpha-1}\mathrm{e}^{-y}\mathrm{d}y=1.$

Γ 分布是指数分布的自然拓广，它在统计学中占有很重要的地位，是一种比较重要的连续型分布. 图2-10给出了 Γ 分布的概率密度函数的图形.

注意，函数

$$\Gamma(\alpha)=\int_0^{+\infty}x^{\alpha-1}\mathrm{e}^{-x}\mathrm{d}x$$

为 Γ 函数，其中 $\alpha>0$。Γ 函数具有以下性质：

(1) $\Gamma(1)=1$，$\Gamma\left(\frac{1}{2}\right)=\sqrt{\pi}$；

(2) $\Gamma(\alpha+1)=\alpha\Gamma(\alpha)$. 特别当 α 为自然数 n 时，有

$$\Gamma(n+1)=n\Gamma(n)=n!.$$

4. 正态分布

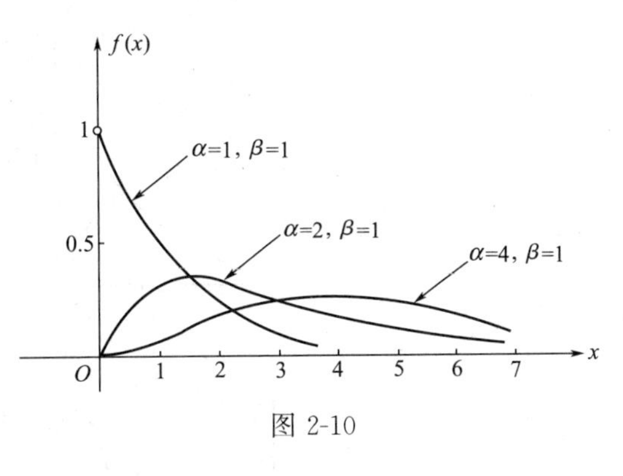

图 2-10

设随机变量 X 有概率密度

$$f(x)=\frac{1}{\sigma\sqrt{2\pi}}\mathrm{e}^{-\frac{(x-\mu)^2}{2\sigma^2}},\ -\infty<x<+\infty. \tag{2-20}$$

其中 $\mu,\sigma>0$ 为常数．则称 X 服从参数为 μ,σ 的**正态分布**，简记为随机变量$X\sim N(\mu,\sigma^2)$．

正态分布是概率论中最重要的一个分布，它首先被高斯用于误差研究，故亦称高斯分布．

特别，当 $\mu=0$，$\sigma=1$ 时，有

$$\varphi(x)=\frac{1}{\sqrt{2\pi}}\mathrm{e}^{-\frac{x^2}{2}},\quad -\infty<x<+\infty.$$

此时称 X 服从**标准正态分布**．简记为随机变量 $X\sim N(0,1)$．

显然，$f(x)\geqslant 0$，$\varphi(x)\geqslant 0$，由

$$\int_{-\infty}^{+\infty}f(x)\mathrm{d}x=\int_{-\infty}^{+\infty}\frac{1}{\sigma\sqrt{2\pi}}\mathrm{e}^{-\frac{(x-\mu)^2}{2\sigma^2}}\mathrm{d}x\quad\left(令\frac{x-\mu}{\sigma}=t\right)$$
$$=\frac{1}{\sqrt{2\pi}}\int_{-\infty}^{+\infty}\mathrm{e}^{-\frac{t^2}{2}}\mathrm{d}t.$$

利用极坐标和二重积分，可算得 $\int_{-\infty}^{+\infty}\mathrm{e}^{-\frac{t^2}{2}}\mathrm{d}t=\sqrt{2\pi}$，故$\int_{-\infty}^{+\infty}f(x)\mathrm{d}x=1$.

下面讨论正态分布的一些性质．

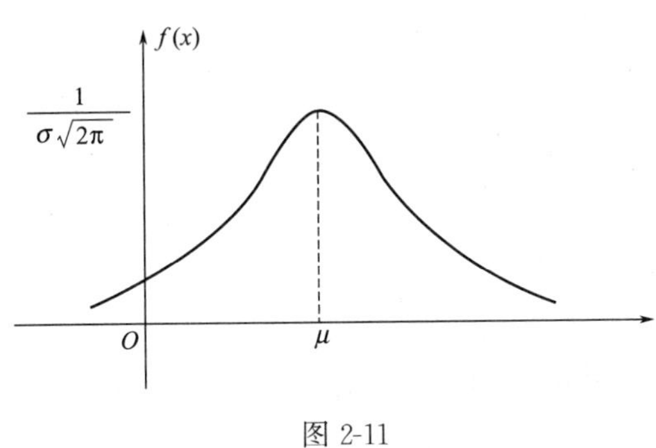

图 2-11

（1）由式(2-20) 不难得到正态概率密度函数的图形如图 2-11. 对任意实数 x，$f(\mu-x)=f(\mu+x)$. 它是一个对称于 $x=\mu$，且在 $x=\mu$ 处取得最大值 $f(\mu)=\frac{1}{\sqrt{2\pi}\sigma}$的钟形曲线．它在 $x=\mu\pm\sigma$ 处有拐点，且当 $x\to\pm\infty$时，曲线以 x 轴为水平渐近线．

（2）固定参数 σ，改变 μ 的值，则 $f(x)$ 的图形沿着 x 轴往左（μ 减小时）或往右（μ 增大时）平移，而不改变其形状．如图 2-12 所示．

（3）固定参数 μ，由于 $\max f(x)=\frac{1}{\sigma\sqrt{2\pi}}$，故当 σ 变小时，曲线的最高点位置上升，从而图形变得峻峭；当 σ 变大时，曲线最高点位置下降，从而图像变得平坦．如图 2-13 所示．

正态分布的分布函数为

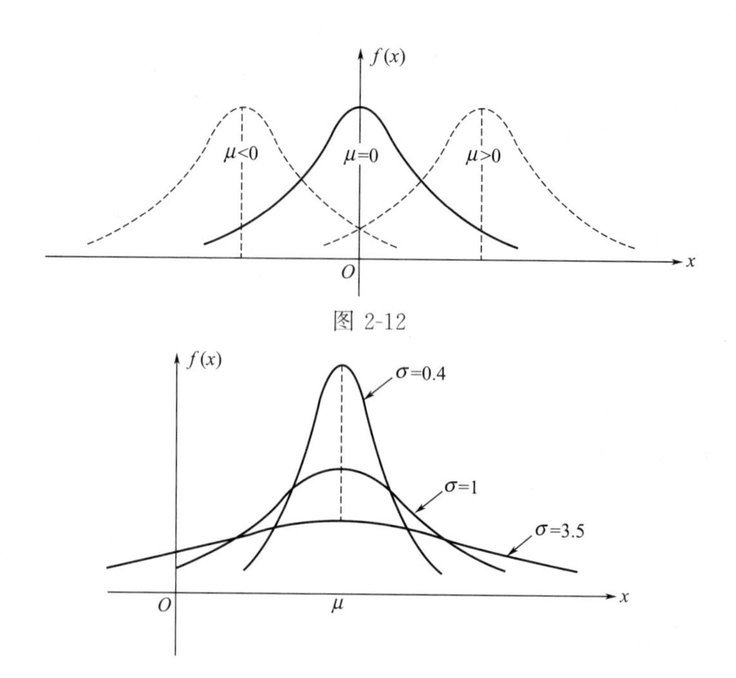

图 2-12

图 2-13

$$F(x)=P\{X\leqslant x\}=\frac{1}{\sigma\sqrt{2\pi}}\int_{-\infty}^{x}\mathrm{e}^{-\frac{(t-\mu)^2}{2\sigma^2}}\mathrm{d}t. \tag{2-21}$$

由于式(2-21)的积分不能用初等函数表示，因此，当正态随机变量 X 概率密度已知时，用积分计算概率 $P\{a<X<b\}$ 是困难的．为此，引入标准正态分布函数

$$\Phi(x)=P\{X\leqslant x\}=\frac{1}{\sqrt{2\pi}}\int_{-\infty}^{x}\mathrm{e}^{-\frac{t^2}{2}}\mathrm{d}t. \tag{2-22}$$

给定 x 的值，可由附表 2 查得相应 $\Phi(x)$ 的值．

对于标准正态分布函数，有如下结论

(1) $\Phi(0)=0.5$；

(2) $\Phi(+\infty)=1$；

(3) $\Phi(-x)=1-\Phi(x)$．　　(2-23)

事实上，
$$\Phi(-x)=\frac{1}{\sqrt{2\pi}}\int_{-\infty}^{-x}\mathrm{e}^{-\frac{t^2}{2}}\mathrm{d}t\xlongequal{令 t=-y}\frac{1}{\sqrt{2\pi}}\int_{x}^{+\infty}\mathrm{e}^{-\frac{y^2}{2}}\mathrm{d}y$$
$$=1-\frac{1}{\sqrt{2\pi}}\int_{-\infty}^{x}\mathrm{e}^{-\frac{y^2}{2}}\mathrm{d}y=1-\Phi(x).$$

这表明，利用式(2-23)，当给定 x 值为负实数时，仍可通过查表确定 $\Phi(x)$．

(4) 若 $X\sim N(\mu,\sigma^2)$，则 $Y=\dfrac{X-\mu}{\sigma}\sim N(0,1)$．

事实上，$Y=\dfrac{X-\mu}{\sigma}$的分布函数

$$P\{Y\leqslant x\}=P\left\{\frac{X-\mu}{\sigma}\leqslant x\right\}=P\{X\leqslant\mu+\sigma x\}=\frac{1}{\sqrt{2\pi}\sigma}\int_{-\infty}^{\mu+\sigma x}\mathrm{e}^{-\frac{(t-\mu)^2}{2\sigma^2}}\mathrm{d}t,$$

令$\frac{t-\mu}{\sigma}=u$，得

$$P\{Y\leqslant x\}=\frac{1}{\sqrt{2\pi}}\int_{-\infty}^{x}\mathrm{e}^{-\frac{u^2}{2}}\,\mathrm{d}u=\Phi(x),$$

即
$$Y=\frac{X-\mu}{\sigma}\sim N(0,1).$$

于是，若 $X\sim N(\mu,\sigma^2)$，则它的分布函数 $F(x)$ 可以写成

$$F(x)=P\{X\leqslant x\}=P\left\{\frac{X-\mu}{\sigma}\leqslant\frac{x-\mu}{\sigma}\right\}=\Phi\left(\frac{x-\mu}{\sigma}\right). \tag{2-24}$$

故对于任意区间 (x_1,x_2)，有

$$P\{x_1<X<x_2\}=F(x_2)-F(x_1)=\Phi\left(\frac{x_2-\mu}{\sigma}\right)-\Phi\left(\frac{x_1-\mu}{\sigma}\right). \tag{2-25}$$

这样，运用式(2-25) 及附表 2 即可求得概率 $P\{x_1<X<x_2\}$，$P\{|X-1|\leqslant2\}$.

【例 6】 设随机变量 $X\sim N(1,4)$，求 $P\{0<X<1.5\}$.

解 由式(2-25)，有

$$P\{0<X<1.5\}=\Phi\left(\frac{1.5-1}{2}\right)-\Phi\left(\frac{0-1}{2}\right)=\Phi(0.25)-\Phi(-0.5)$$
$$=0.5987-[1-\Phi(0.5)]=0.5987-1+0.6915=0.2902.$$

$$\begin{aligned}P\{|X-1|\leqslant2\}&=P\{-2\leqslant X-1\leqslant2\}=P\{-1\leqslant X\leqslant3\}\\&=\Phi\left(\frac{3-1}{2}\right)-\Phi\left(\frac{-1-1}{2}\right)=\Phi(1)-\Phi(-1)=2\Phi(1)-1\\&=2\times0.8413-1=0.6826.\end{aligned}$$

或 $P\{|X-1|\leqslant2\}=P\left\{\left|\frac{X-1}{2}\right|\leqslant1\right\}=2\Phi(1)-1=2\times0.8413-1=0.6826.$

类似地，若随机变量 $X\sim N(\mu,\sigma^2)$，有

$$P\{|X-\mu|\leqslant\sigma\}=\Phi(1)-\Phi(-1)=0.6826,$$
$$P\{|X-\mu|\leqslant2\sigma\}=\Phi(2)-\Phi(-2)=0.9544,$$
$$P\{|X-\mu|\leqslant3\sigma\}=\Phi(3)-\Phi(-3)=0.9974.$$

最后一式揭示了一个极为重要的统计规律性，即所谓的正态分布的“3σ 原则”，它表明在一次随机试验中，正态随机变量 X 几乎可以肯定落入 $(\mu-3\sigma,\mu+3\sigma)$ 之内，而落在此区间之外的概率不到千分之三，是一个小概率事件，在实践中常常认为它是不可能出现的 . 在企业管理中人们经常应用“3σ 原则”进行质量控制 . 如果产品的某个质量指标超出了这个 3σ 的控制区间，那么，生产工艺肯定不正常了，必须检查调整 .

【例 7】 在电源电压不超过 200V，在 200～240V 和超过 240V 三种情况下，某种电子元件损坏的概率分别为 0.1，0.001 和 0.2. 假设电源电压 X 服从正态分布 $N(220,25^2)$，试求：

(1) 该电子元件损坏的概率 α；

(2) 该电子元件损坏时，电源电压在 200～240V 的概率 β.

解 引进下列事件：$A_1=\{$电源电压不超过 200V$\}$，$A_2=\{$电源电压在 200～240V$\}$，$A_3=\{$电源电压超过 240V$\}$，$B=\{$电子元件损坏$\}$.

由于 $X\sim N(220, 25^2)$，因此

$$P(A_1)=P\{X\leqslant 200\}=P\left\{\frac{X-220}{25}\leqslant\frac{200-220}{25}\right\}=\Phi(-0.8)=0.212,$$

$$P(A_2)=P\{200<X\leqslant 240\}=\Phi\left(\frac{240-220}{25}\right)-\Phi\left(\frac{200-220}{25}\right)$$
$$=\Phi(0.8)-\Phi(-0.8)=0.576,$$

$$P(A_3)=P\{X>240\}=1-0.212-0.576=0.212.$$

由题设知 $P(B|A_1)=0.1, P(B|A_2)=0.001, P(B|A_3)=0.2.$

(1) 由全概率公式，有

$$\alpha=P(B)=\sum_{i=1}^{3}P(A_i)P(B\mid A_i)$$
$$=0.212\times 0.1+0.576\times 0.001+0.212\times 0.2=0.0642.$$

(2) 由贝叶斯公式，有

$$\beta=P(A_2|B)=\frac{P(A_2)P(B|A_2)}{P(B)}=\frac{0.576\times 0.001}{0.0642}\approx 0.009.$$

在实际生活中，许多随机变量都服从或近似服从正态分布．一般地，如果一个随机变量的取值是由大量相互无影响叠加而成，而每一因素又不起主导作用，则该随机变量就服从或近似服从正态分布（下面第五章的中心极限定理证明了这一点）．如，测量某零件长度的误差，特定时间某河段上的洪峰高度，大量学生同一门课成绩的分布等．所以在概率论与数理统计的理论研究和实际应用中正态分布都起着特别重要的作用．

第五节　随机变量函数的分布

在实际问题中，人们可能对某些随机变量的函数更感兴趣．例如，在分子物理学中，已知分子运动速度 X 是一个随机变量，人们感兴趣的是，分子运动的动能 $Y=\frac{1}{2}mX^2$，它是 X 的函数，也是一个随机变量．现在的问题是，如何由已知的随机变量 X 的分布去求得随机变量函数 $Y=g(X)$ 的分布．

设 X 的取值为 x，则 Y 的取值为 $y=g(x)$．这里一般假定 $y=g(x)$ 为连续函数．

一、离散型随机变量函数的分布

设离散型随机变量 X 的概率分布为 $P\{X=x_i\}=p_i$，$i=1,2,\cdots$，则随机变量函数 $Y=g(X)$ 也是离散型的，其分布律的求法一般可分作两步：第一步先求出 Y 的可能取值：$y_1, y_2, \cdots$；第二步再求 Y 取每一个值的概率

$$P(Y=y_j)=\sum_{g(x_i)=y_j}P(X=x_i)=P\{Y=y_j\}=\sum_{g(x_i)=y_j}P\{X=x_i\}=\sum_{g(x_i)=y_j}p_i.$$

有时，也可用表格形式求解．若 X 的分布律为

X	x_1	x_2	…	x_n	…
p_i	p_1	p_2	…	p_n	…

则 $Y=g(X)$ 的分布律为

Y	$g(x_1)$	$g(x_2)$	…	$g(x_n)$	…
p_i	p_1	p_2	…	p_n	…

(2-26)

当 $g(x_i)$，$i=1$，2，…中有某些值相同的情况，则把那些相等的值加以合并，并将相应的概率 p_i 相加．

【例 1】 设随机变量 X 的分布律为

X	−1	0	1	2	3
p_i	0.2	0.2	0.1	0.3	0.2

试求随机变量（1）$Y_1=-2X+1$，（2）$Y_2=(X-1)^2$ 的分布律．

解 （1）由于

$Y_1=-2X+1$	3	1	−1	−3	−5
p_i	0.2	0.2	0.1	0.3	0.2

故 $Y_1=-2X+1$ 的分布律为

Y_1	−5	−3	−1	1	3
p_i	0.2	0.3	0.1	0.2	0.2

（2）由于

$Y_2=(X-1)^2$	4	1	0	1	4
p_i	0.2	0.2	0.1	0.3	0.2

故 $Y_2=(X-1)^2$ 的分布律为

Y_2	0	1	4
p_i	0.1	0.5	0.4

【例 2】 已知随机变量 X 的分布列为

$$P\{X=n\}=\frac{2}{3^n},\quad n=1,2,\cdots.$$

设 $Y=\sin\left(\frac{\pi}{2}X\right)$，求 Y 的分布律．

解 由于 $Y=\sin\left(\frac{\pi}{2}X\right)$，而 X 可取值 $1,2,\cdots$，故 Y 的可能取值为 $-1,0,1$. 且

$$P\{Y=1\}=P\left\{\sin\left(\frac{\pi}{2}X\right)=1\right\}=\sum_{k=0}^{\infty}P\{X=4k+1\}$$

$$=\sum_{k=0}^{\infty}\frac{2}{3^{4k+1}}=\frac{2}{3}\frac{1}{1-\frac{1}{81}}=\frac{27}{40};$$

$$P\{Y=0\}=P\left\{\sin\left(\frac{\pi}{2}X\right)=0\right\}=\sum_{k=1}^{\infty}P\{X=2k\}$$
$$=\sum_{k=1}^{\infty}\frac{2}{3^{2k}}=\frac{2}{9}\frac{1}{1-\frac{1}{9}}=\frac{1}{4};$$
$$P\{Y=-1\}=1-P\{Y=1\}-P\{Y=0\}=\frac{3}{40}.$$

即 $Y=\sin\left(\frac{\pi}{2}X\right)$的分布律为

Y	-1	0	1
p_i	3/40	1/4	27/40

二、连续型随机变量函数的分布

设连续型随机变量 X 的概率密度为 $f(x)$，$Y=g(X)$ .Y 的分布可以是离散型，也可以是连续型 .

1. Y 的分布为离散型

当 Y 的分布为离散型时，求 Y 的概率分布的方法与上一小节类似 .

【例 3】 设随机变量 $X\sim N(0,1)$，

$$Y=\begin{cases}-1, X\leqslant -1,\\ 0, \quad -1<X\leqslant 0,\\ 1, \quad 0<X\leqslant 3,\\ 2, \quad X>3.\end{cases}$$

求 Y 的概率分布 .

解 Y 的可能取值为$-1,0,1,2$.

$P\{Y=-1\}=P\{X\leqslant -1\}=\Phi(-1)=1-\Phi(1)\approx 0.1587$，

$P\{Y=0\}=P\{-1<X\leqslant 0\}=\Phi(0)-\Phi(-1)=\Phi(0)+\Phi(1)-1\approx 0.3413$，

$P\{Y=1\}=P\{0<X\leqslant 3\}=\Phi(3)-\Phi(0)\approx 0.4987$，

$P\{Y=2\}=P\{X>3\}=1-\Phi(3)\approx 0.0013$.

所以，Y 的概率分布为

Y	-1	0	1	2
p_i	0.1587	0.3413	0.4987	0.0013

2. Y 的分布为连续型

当 Y 的分布为连续型时，求 Y 的概率密度的一般方法是：先求出 Y 的分布函数 $F_Y(y)=P\{Y\leqslant y\}=P\{g(X)\leqslant y\}=\int_{g(x)\leqslant y}f(x)\mathrm{d}x$，再通过求 $F_Y(y)$的导数来获得 Y 的概率密度 $f_Y(y)$. 下面通过例子来说明这种方法 .

【例 4】 设随机变量 $X\sim N(0,1)$，求 $Y=\mathrm{e}^X$ 的概率密度 .

解 设 $F_Y(y)$,$f_Y(y)$分别为随机变量 Y 的分布函数和概率密度函数，则

当 $y\leqslant 0$ 时，有 $F_Y(y)=P\{Y\leqslant y\}=P\{\mathrm{e}^X\leqslant y\}=P\{\Phi\}=0$;

当 $y>0$ 时，注意到 $X\sim N(0,1)$，$f_X(x)=\frac{1}{\sqrt{2\pi}}e^{-\frac{x^2}{2}}$，$-\infty<x<+\infty$，有

$$F_Y(y)=P\{Y\leqslant y\}=P\{e^X\leqslant y\}=P\{X\leqslant \ln y\}=\frac{1}{\sqrt{2\pi}}\int_{-\infty}^{\ln y}e^{-\frac{x^2}{2}}dx,$$

由 $f_Y(y)=F'_Y(y)$，有

$$f_Y(y)=\begin{cases}\frac{1}{\sqrt{2\pi}y}e^{-\frac{(\ln y)^2}{2}}, & y>0,\\ 0, & y\leqslant 0.\end{cases}$$

通常称上式中的 Y 服从对数正态分布，也是一种常用的分布．

对于单调函数 $g(x)$，定理 4 给出了计算随机变量 $Y=g(X)$ 的概率密度的简单算法．

定理 3 设随机变量 $X\sim f_X(x)$，$-\infty<x<+\infty$，$Y=g(X)$，X 的取值为 x，相应 Y 的取值为 $y=g(x)$，$y=g(x)$ 为严格单调的可微函数，$x=h(y)$ 是它的反函数，则 Y 的概率密度为

$$f_Y(y)=\begin{cases}f_X(h(y))|h'(y)|, & a<y<b,\\ 0, & \text{其它}.\end{cases} \tag{2-27}$$

其中 $a=\min\{g(-\infty),g(+\infty)\}$，$b=\max\{g(-\infty),g(+\infty)\}$．

证 不妨设 $g(x)$ 在 $(-\infty,+\infty)$ 内单调递增，从而它的反函数 $h(y)$ 在 (a,b) 内单调递增、可微且 $h'(y)>0$. 现在先求 Y 的分布函数 $F_Y(y)$，然后再通过求导求 Y 的概率密度 $f_Y(y)$．

因 $y=g(x)$ 在 (a,b) 内取值，故

当 $y\leqslant a$ 时，有 $F_Y(y)=P\{Y\leqslant y\}=0$；当 $y\geqslant b$ 时，有 $F_Y(y)=P\{Y\leqslant y\}=1$.
对于上述情形，均有 $f_Y(y)=F'_Y(y)=0$.

当 $a<y<b$ 时，有

$$F_Y(y)=P\{Y\leqslant y\}=P\{g(X)\leqslant y\}=P\{X\leqslant h(y)\}=\int_{-\infty}^{h(y)}f_X(x)dx,$$

于是，有 $f_Y(y)=F'_Y(y)=f_X[h(y)]h'(y)$.

这样，在 $g(x)$ 单调递增下 Y 的概率密度为

$$f_Y(y)=\begin{cases}f_X[h(y)]h'(y), & a<y<b,\\ 0, & \text{其它}.\end{cases}$$

当 $g(x)$ 单调递减时，注意到 $h'(y)<0$，类似可求得

$$f_Y(y)=\begin{cases}f_X[h(y)][-h'(y)], & a<y<b,\\ 0, & \text{其它}.\end{cases}$$

综合上述情况，随机变量 Y 的概率密度为

$$f_Y(y)=\begin{cases}f_X[h(y)]|h'(y)|, & a<y<b,\\ 0, & \text{其它}.\end{cases}$$

由此可知，连续型随机变量 $Y=g(X)$ 的概率密度完全由 X 的概率密度确定．

对于具体问题来讲，可以直接应用公式(2-27)求概率密度，也可以沿着定理证明的思路，通过分布函数求概率密度．

【例 5】 设随机变量 $X\sim N(\mu,\sigma^2)$，试求 $Y=aX+b$ $(a\neq 0)$ 的概率密度．

解 由随机变量 $X\sim N(\mu,\sigma^2)$，有

$$f_X(x)=\frac{1}{\sigma\sqrt{2\pi}}\mathrm{e}^{-\frac{(x-\mu)^2}{2\sigma^2}},\ -\infty<x<+\infty.$$

$Y=aX+b$ 对应的函数为 $y=g(x)=ax+b$，

其反函数为
$$x=h(y)=\frac{y-b}{a},$$

由 $-\infty<x<+\infty$ 得 $-\infty<y<+\infty$ 且

$$x'=h'(y)=\frac{1}{a}.$$

由式(2-27)，有

$$f_Y(y)=\frac{1}{|a|}f_X\left(\frac{y-b}{a}\right)=\frac{1}{|a|}\frac{1}{\sigma\sqrt{2\pi}}\mathrm{e}^{-\frac{[y-(b+a\mu)]^2}{2(a\sigma)^2}},\ -\infty<y<+\infty.\tag{2-28}$$

即 $Y=aX+b\sim N(a\mu+b,(a\sigma)^2)$. 可见，服从正态分布的随机变量的线性函数仍然服从正态分布 .

特别，当 $a=\frac{1}{\sigma}$，$b=-\frac{\mu}{\sigma}$ 得

$$Y=\frac{X-\mu}{\sigma}\sim N(0,1).$$

这就是上一节已得到的结果 .

这里需要指出，当定理中 $y=g(x)$ 严格单调的条件不满足时，不能直接应用公式（2-27）求随机变量函数的概率密度 . 此时可以沿定理 4 的证明思路，先求分布函数再通过求导得到概率密度 .

【例 6】 设随机变量 $X\sim N(0,1)$，$Y=X^2$. 试求 Y 的概率密度 .

解 由 $X\sim N(0,1)$，有 $f_X(x)=\frac{1}{\sqrt{2\pi}}\mathrm{e}^{-\frac{x^2}{2}}$，$-\infty<x<+\infty$.

但 $y=x^2$ 在 $(-\infty,+\infty)$ 内不单调，故不能直接用式（2-27）计算 . 故先求分布函数 .

（1）当 $y>0$ 时，

$$F_Y(y)=P\{Y\leqslant y\}=P\{X^2\leqslant y\}=P\{-\sqrt{y}\leqslant x\leqslant\sqrt{y}\}=\int_{-\sqrt{y}}^{\sqrt{y}}f_X(x)\mathrm{d}x.$$

于是
$$\begin{aligned}f_Y(y)=F'_Y(y)&=\frac{1}{2\sqrt{y}}f_X(\sqrt{y})-\left(-\frac{1}{2\sqrt{y}}\right)f_X(-\sqrt{y})\\&=\frac{1}{2\sqrt{y}}\cdot\frac{1}{\sqrt{2\pi}}\mathrm{e}^{-\frac{(\sqrt{y})^2}{2}}+\frac{1}{2\sqrt{y}}\cdot\frac{1}{\sqrt{2\pi}}\mathrm{e}^{-\frac{(-\sqrt{y})^2}{2}}=\frac{1}{\sqrt{2\pi}}\mathrm{e}^{-\frac{y}{2}}\frac{1}{\sqrt{y}}.\end{aligned}$$

（2）当 $y\leqslant 0$ 时，$F_Y(y)=P\{Y\leqslant y\}=P\{X^2\leqslant y\}=0$，故

$$f_Y(y)=F'_Y(y)=0.$$

综上，随机变量 Y 的概率密度为

$$f_Y(y)=\begin{cases}\frac{1}{\sqrt{2\pi}}\mathrm{e}^{-\frac{y}{2}}y^{-\frac{1}{2}}, & y>0,\\ 0, & y\leqslant 0.\end{cases}\tag{2-29}$$

以后会知道，式（2-29）实际上就是在概率统计中非常重要的自由度 $n=1$ 的 χ^2 分布的概率密度 .

综合应用实例

【例 1】 储蓄窗口数量的确定

某住宅小区有 n 户人家，某银行准备在那里设立分支机构．开设 a 个储蓄窗口，若 a 太小，则顾客经常排长队；a 太大又不经济．现设在某一指定时刻，这 n 户中每一户到银行存取款的概率均为 p. 若要求“在任一时刻每个窗口排队的人数不超过 m”事件的概率不小于 b，试问至少需设多少窗口？

解 设 $A=\{$在任一时刻每个窗口排队的人数不超过 $m\}$.

根据实际情况，假定在某一指定时刻，每户人家是否存取款是相互独立的，另假定人们排队总是挑短的队排．显然，这些假定都是合理的．

记 $B_i=\{$第 i 人在指定时刻到银行存取款$\}$．

则
$$P(B_i)=p,\quad P(\overline{B}_i)=q=1-p,\quad i=1,2,\cdots,n.$$

根据假设，这应是一个 n 重伯努利试验．若设 X 表示在某一指定时刻，这 n 户中到银行存取款的户数，则 X 服从二项分布 $B(n,p)$，从而有

$$P(A)=P\{X\leqslant am\}=\sum_{k=0}^{am}C_n^k p^k(1-p)^{n-k}.$$

满足不等式 $P(A)\geqslant b$ 的最小自然数 a 即为所求．

当 n 较大时，可用更方便的近似方法（泊松公式）来决定 a. 当然，实际问题要比这里说的复杂得多．因为还要考虑每人的服务时间，而这个时间也是随机的．这类问题属于排队论，是运筹学的一个分支．不过，从另一方面来说，人们在解决实际问题时，总是要在模型中忽略一些较次要的因素，给出一个较为接近实际问题的解（如本题所做的），一般也能解决问题．

习 题 二

1. 设有函数

$$F(x)=\begin{cases}\sin x, & 0\leqslant x\leqslant\pi,\\ 0, & \text{其它}.\end{cases}$$

试说明 $F(x)$ 能否是某随机变量的分布函数．

2. 一筐中装有 7 只篮球，编号为 1,2,3,4,5,6,7. 在筐中同时取 3 只，以随机变量 X 表示取出的 3 只当中的最大号码，试写出随机变量 X 的分布律．

3. 设在 6 只零件中有 4 只是正品，从中抽取 4 次，每次任取 1 只，以 X 表示取出正品的只数．试分别在有放回、不放回抽样下求：(1) X 的分布律，(2) X 的分布函数并画出图形．

4. 设 X 服从（0—1）分布，其分布律为 $P\{X=k\}=p^k(1-p)^{1-k}$，$k=0,1$. 试求 X 的分布函数，并作出其图形．

5. 将一颗骰子抛掷两次，以 X 表示两次所得点数之和，以 Y 表示两次中得到的小的点，试分别求 X 与 Y 的分布律．

6. 试求下列分布律中的待定系数 k

(1) 随机变量 $X\sim P\{X=m\}=\dfrac{k}{m-4}$, $m=1,2,3$;

(2) 随机变量 $X\sim P\{X=m\}=\dfrac{4k}{3^m}$, $m=1,2,3\cdots$;

（3）随机变量 $X \sim P\{X=m\}=k\dfrac{\lambda^m}{m!}$，$m=0,1,\cdots$，$\lambda>0$ 为常数．

7. 进行重复独立试验，设每次试验成功的概率为 p，失败的概率为 $q=1-p(0<p<1)$．

（1）将试验进行到出现一次成功为止，以 X 表示所需的试验次数，试求 X 的分布律（此时称 X 服从以 p 为参数的几何分布）．

（2）将试验进行到出现 r 次成功为止，以 X 表示所需的试验次数，试求 X 的分布律（此时称 X 服从以 r,p 为参数的巴斯卡分布）．

（3）一篮球运动员的投篮命中率为 45%. 以 X 表示他首次投中时累计已投篮的次数，试写出 X 的分布律，并计算 X 取偶数的概率．

8. 有甲、乙两个口袋，两袋分别装有 3 个白球和 2 个黑球．现从甲袋中任取一球放入乙袋，再从乙袋任取 4 个球，试求从乙袋中取出的 4 个球中包含的黑球数 X 的分布律．

9. 设 X 服从泊松分布，且已知 $P\{X=1\}=P\{X=2\}$. 试求 $P\{X=4\}$．

10. 一大楼装有 5 套同类型的空调系统，调查表明在任一时刻 t 每套系统被使用的概率为 0.1. 试问在同一时刻

（1）恰有 2 套系统被使用的概率是多少?

（2）至少有 3 套系统被使用的概率是多少?

（3）至多有 3 套系统被使用的概率是多少?

（4）至少有 1 套系统被使用的概率是多少?

11. 有甲、乙两种味道和颜色都极为相似的名酒各 4 杯．如果从中挑 4 杯，能将甲种酒全部挑出来，算是试验成功一次．

（1）某人随机地去猜，试问他试验成功一次的概率是多少?

（2）某人声称他通过品尝能区分两种酒．他连续试验 10 次，成功 3 次．试推断他是猜对的，还是他确有区分的能力（设各次试验是相互独立的）．

12. 在纺织厂里一个女工照顾 800 个纱锭．每个纱锭旋转时，由于偶然的原因，纱会被扯断．设在某段时间内每个纱锭上的纱被扯断的概率是 0.005. 试求在这段时间内断纱次数不大于 10 的概率．

13. 国际羽联为缩短比赛时间，把汤姆斯杯的赛制由 9 局 5 胜制改为 5 局 3 胜制．问这种赛制的改动是对强队有利还是对弱队有利（假定强队每名队员对弱队队员的胜率均为 0.6)?

14. 某地区一年内发生洪水的概率为 0.2，如果每年是否发生洪水是相互独立的．试求：(1) 洪水十年一遇的概率；（2）至少要多少年才能以 99%以上的概率保证至少有一年发生洪水．

15. 在打桩施工中，断桩是常见的，经统计，甲组断桩的概率为 3%，乙组断桩的概率为 1.2%. 某工地准备打 15 根桩，甲组打 5 根，乙组打 10 根，问：

（1）产生断桩的概率是多少?　　（2）甲组断两根的概率是多少?

16. 一寻呼台每分钟收到寻呼的次数服从参数为 4 的泊松分布．试求：(1) 每分钟恰有 7 次寻呼的概率；(2) 每分钟的寻呼次数大于 10 的概率．

17. 某商店出售某种商品，据历史记载分析，月销售量服从泊松分布，参数为 5. 试问在月初进货时要库存多少件此种商品，才能以 0.999 的概率满足顾客的需要?

18. 试确定下列函数中的待定系数 a，使它们成为概率密度，并求它们的分布函数．

（1）$f(x)=\begin{cases} a(1-x^2), & |x|<1, \\ 0, & \text{其它}. \end{cases}$　　（2）$f(x)=a\mathrm{e}^{-|x|}$，$-\infty<x<+\infty$.

19. 设随机变量 X 的分布函数为

$$F(x)=\begin{cases} 0, & x<1, \\ \ln x, & 1\leqslant x<\mathrm{e}, \\ 1, & x\geqslant \mathrm{e}. \end{cases}$$

试求：(1) $P\{X<2\}$，$P\{1<X\leqslant 4\}$，$P\{X>\frac{3}{2}\}$；(2) 求概率密度 $f(x)$．

20. 设随机变量 X 的概率密度为 $f(x)$，且 $f(-x)=f(x)$，$F(x)$ 是随机变量 X 的分布函数，则对任意实数 a 有 $F(-a)=\frac{1}{2}-\int_0^a f(x)\mathrm{d}x$．试证之．

21. 设随机变量 X 的概率密度为

(1) $f(x)=\begin{cases}\frac{2}{\pi}\sqrt{1-x^2}, & -1\leqslant x\leqslant 1,\\ 0, & 其它．\end{cases}$ (2) $f(x)=\begin{cases}x, & 0\leqslant x<1,\\ 2-x, & 1\leqslant x<2,\\ 0, & 其它．\end{cases}$

试求 X 的分布函数 $F(x)$，并画出 (2) 中的 $f(x)$ 及 $F(x)$ 的图形．

22. 设 k 在 $(0,5)$ 上服从均匀分布．试求方程 $4x^2+4kx+k+2=0$ 有实根的概率．

23. 设顾客在某银行的窗口等待服务的时间 X（以分钟计）服从指数分布，其概率密度为

$$f(x)=\begin{cases}\frac{1}{5}\mathrm{e}^{-x/5}, & x>0,\\ 0, & 其它．\end{cases}$$

某顾客在窗口等待服务，若超过 10min，他就离开．他一个月要到银行 5 次．以 Y 表示一个月内他未等到服务而离开窗口的次数．试写出 Y 的分布律，并求 $P\{Y\geqslant 2\}$．

24. 设随机变量 X 服从正态分布 $N(3,4)$，试求：

(1) $P\{2<X\leqslant 5\}$；(2) $P\{-2<X<7\}$；(3) 决定 C，使得 $P\{X>C\}=P\{X\leqslant C\}$.

25. 某地区 18 岁的女青年的血压（收缩压，以 mmHg 计）服从 $N(110,12^2)$，在该地区任选一 18 岁的女青年，测量她的血压 X. (1) 试求 $P\{X\leqslant 105\}$，$P\{100<X\leqslant 120\}$；(2) 试确定最小的 x 使得 $P\{X>x\}\leqslant 0.05$.

26. 某单位招聘 155 人，按考试成绩录用，共有 526 人应聘，假设应聘者考试成绩服从正态分布，已知 90 分以上 12 人，60 分以下 83 人，若从高分到低分依次录取，某人成绩为 78 分，问此人是否能被录取?

27. 一个口袋中有 6 个一样的球，其中 3 个球各标有一个点，2 个球各标有 2 个点，一个球上标有 3 个点．从袋中任取 3 个球，设 X 表示这 3 个球上点数的和．(1) 试求 X 的分布律；(2) 若任取 10 次（有放回抽样），试求 8 次出现 $X=6$ 的概率；(3) 试求 $Y=2X$ 的概率分布．

28. 设随机变量 X 的分布律为

X	-2	-1	0	1	2
p_i	$\frac{1}{5}$	$\frac{1}{6}$	$\frac{1}{5}$	$\frac{1}{15}$	$\frac{11}{30}$

试求 $Y=X^2$ 的分布律．

29. 设随机变量 X 在 $(0,1)$ 区间内服从均匀分布．试求：(1) $Y=\mathrm{e}^X$ 的概率密度；(2) 求 $Y=-2\ln X$ 的概率密度．

30. (1) 设随机变量 X 的概率密度为 $f(x)$，$-\infty<x<+\infty$. 试求 $Y=X^3$ 的概率密度．

(2) 设随机变量 X 的概率密度为 $f(x)=\begin{cases}\mathrm{e}^{-x}, & x>0,\\ 0, & 其它．\end{cases}$ 试求 $Y=X^2$ 的概率密度．

31. 设随机变量 $X\sim N(0,1)$．(1) 试求 $Y=2X^2+1$ 的概率密度；(2) 试求 $Y=|X|$ 的概率密度．

32. 设随机变量 X 服从参数为 2 的指数分布．证明：$Y=1-\mathrm{e}^{-2X}$ 在区间 $(0,1)$ 上服从均匀分布．

第三章　多维随机变量及其分布

第二章讨论的随机变量，简单地说就是在试验结果和一维实数之间建立的某种对应关系，一般称之为一维随机变量．但在生产实际和理论研究中常常还会遇到这种情况，一个试验结果，往往需要用两个或两个以上的变量才能较好地描述．例如，考察某炉钢水的质量，需要同时考察含碳量 X、含硫量 Y 等几个量．又如，考察某市儿童体质情况，需要同时考察儿童的身高 X、体重 Y、营养状况 Z 等几个量．这些量显然也都是随机变量，并且它们之间从统计意义上又是关联的，需要同时加以研究．为此，引进多维随机变量的概念．

第一节　二维随机变量及其分布

一、n 维随机变量的概念

定义 1　设 $X_1,X_2,\cdots,X_n$ 是定义在样本空间 Ω 上的随机变量，则称 n 维向量 $(X_1,X_2,\cdots,X_n)$ 为 **n 维随机向量**或 **n 维随机变量**，其中 $X_i(i=1,2,\cdots,n)$ 称为它的第 i 个分量．当维数 $n\geqslant2$ 时，统称为多维随机变量．

如同高等数学中大家所熟悉的那样，从一维到二维会增添许多新的问题，而从二维到 n（$n\geqslant3$）维并没有本质的区别，因此为了叙述方便起见，本章着重讨论二维随机变量，所得的结果类似地可推广到维数 n 大于 2 的情形．

类似于一维随机变量，这里也借助分布函数来研究二维随机变量．

二、二维随机变量的联合分布函数

定义 2　设 (X,Y) 是二维随机变量，对于任意的实数 x,y，二元函数

$$F(x,y)=P\{(X\leqslant x)\cap(Y\leqslant y)\}=P\{X\leqslant x,Y\leqslant y\} \tag{3-1}$$

称为二维随机变量 X 与 Y 的**联合分布函数**，或简称 (X,Y) 的分布函数．

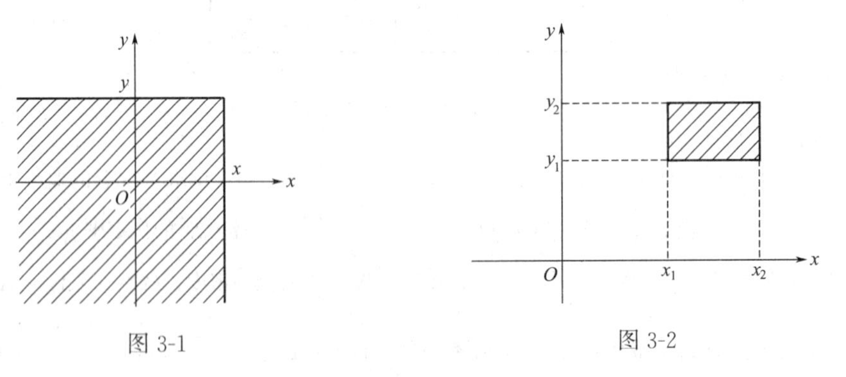

图 3-1　　　　图 3-2

如果将 (X,Y) 看作平面上随机点的坐标，则 $F(x,y)=P\{X\leqslant x,Y\leqslant y\}$ 就表示点 (X,Y) 落在图 3-1 中阴影部分的概率．

由此，随机点 (X,Y) 落入任一左开右闭的矩形区域 $\{x_1<X\leqslant x_2,y_1<Y\leqslant$

$y_2\}$上的概率，可借助图 3-2 得到 .

$$P\{x_1<X\leqslant x_2, y_1<Y\leqslant y_2\}=F(x_2,y_2)-F(x_1,y_2)-F(x_2,y_1)+F(x_1,y_1). \quad (3\text{-}2)$$

因此二维随机变量（X,Y）联合分布函数 $F(x,y)$ 完整地描述了二维随机变量（X,Y）取值的概率规律 .

易知二维随机变量的分布函数 $F(x,y)$ 具有下述性质

（1）$F(x,y)$是关于 x,y 的单调不减函数，即对任意固定的 y，当 $x_1<x_2$ 时，$F(x_1,y)\leqslant F(x_2,y)$；对任意固定的 x，当 $y_1<y_2$ 时，$F(x,y_1)\leqslant F(x,y_2)$；

（2）$F(x,y)$ 关于 x,y 都是右连续的，即 $F(x,y)=F(x+0,y)$，$F(x,y)=F(x,y+0)$；

（3）对任意的 x,y 有 $0\leqslant F(x,y)\leqslant 1$. 且

$$F(-\infty,y)=\lim_{x\to-\infty}F(x,y)=0, \quad (3\text{-}3)$$

$$F(x,-\infty)=\lim_{y\to-\infty}F(x,y)=0, \quad (3\text{-}4)$$

$$F(-\infty,-\infty)=\lim_{\substack{x\to-\infty\\y\to-\infty}}F(x,y)=0, \quad (3\text{-}5)$$

$$F(+\infty,+\infty)=\lim_{\substack{x\to+\infty\\y\to+\infty}}F(x,y)=1. \quad (3\text{-}6)$$

（4）对任意的（x_1,y_1）和（x_2,y_2），其中 $x_1<x_2$，$y_1<y_2$，有

$$F(x_2,y_2)-F(x_1,y_2)-F(x_2,y_1)+F(x_1,y_1)\geqslant 0. \quad (3\text{-}7)$$

其中性质（1），（2），（3）的成立是显然的，而性质（4）由式(3-2)及概率的非负性即可得 . 反之，任意一个具有上述四个性质的二元函数 $F(x,y)$，必定可以作为某个二维随机变量的联合分布函数 .

【例 1】 设二维随机变量(X,Y)的联合分布函数为

$$F(x,y)=A\left(B+\arctan\frac{x}{3}\right)\left(C+\arctan\frac{y}{4}\right) \quad (-\infty<x<+\infty,\ -\infty<y<+\infty).$$

（1）确定常数 A,B,C；

（2）计算概率 $P\{3<X<+\infty,\ 0<Y\leqslant 4\}$.

解 （1）由二维随机变量分布函数的性质，可得下面三个等式

$$F(+\infty,+\infty)=A\left(B+\frac{\pi}{2}\right)\left(C+\frac{\pi}{2}\right)=1,$$

$$F(-\infty,+\infty)=A\left(B-\frac{\pi}{2}\right)\left(C+\frac{\pi}{2}\right)=0,$$

$$F(+\infty,-\infty)=A\left(B+\frac{\pi}{2}\right)\left(C-\frac{\pi}{2}\right)=0.$$

由这三个等式可解得

$$A=\frac{1}{\pi^2},\ B=C=\frac{\pi}{2}.$$

因此(X,Y)的分布函数为

$$F(x,y)=\frac{1}{\pi^2}\left(\frac{\pi}{2}+\arctan\frac{x}{3}\right)\left(\frac{\pi}{2}+\arctan\frac{y}{4}\right) \quad (-\infty<x<+\infty,-\infty<y<+\infty).$$

（2）由式(3-2)，得

$$P\{3<X<+\infty,0<Y\leqslant 4\}=F(+\infty,4)-F(+\infty,0)-F(3,4)+F(3,0)=\frac{1}{16}.$$

如同对一维随机变量的讨论一样，对于二维随机变量，我们也分离散型和连续型两种情况进行讨论．

三、二维离散型随机变量及其联合分布律

定义3 如果二维随机变量(X,Y)只在有限个或无限可列个点(x_i,y_j)上取值$(i,j=1,2,\cdots)$，则称(X,Y)为**二维离散型随机变量**，并称

$$P\{X=x_i,Y=y_j\}=p_{ij},\ i,j=1,2,\cdots \tag{3-8}$$

为二维离散型随机变量(X,Y)的**联合分布律或联合分布列**．

(X,Y)的联合分布律也可写成如下的表格形式

$X \backslash Y$	y_1	y_2	$\cdots$	y_j	$\cdots$
x_1	p_{11}	p_{12}	$\cdots$	p_{1j}	$\cdots$
x_2	p_{21}	p_{22}	$\cdots$	p_{2j}	$\cdots$
$\vdots$	$\vdots$	$\vdots$	$\vdots$	$\vdots$	$\vdots$
x_i	p_{i1}	p_{i2}	$\cdots$	p_{ij}	$\cdots$
$\vdots$	$\vdots$	$\vdots$	$\vdots$	$\vdots$	$\vdots$

二维离散型随机变量(X,Y)的联合分布律具有下列性质

(1) 非负性：$p_{ij}\geqslant 0$，$i,j=1,2,\cdots$；

(2) 规范性：$\sum\limits_{i=1}^{\infty}\sum\limits_{j=1}^{\infty}p_{ij}=1$．

反之，若一个函数具有上述两条性质，则它必定可以作为某个二维离散型随机变量的联合分布律．

【例2】（二维0—1分布）一口袋中放有红球4只，白球5只，从中取球两次，每次任取一只，X表示第1次取得的红球个数，Y表示第2次取得的红球个数，分别就（1）有放回抽取；（2）无放回抽取时，求(X,Y)的联合分布律．

解 显然，X和Y的可能取值都是0,1.

(1) 有放回抽取

$$\begin{aligned}P\{X=i,Y=j\}&=P\{X=i\}\cdot P\{Y=j\mid X=i\}\\&=\left(\frac{4}{9}\right)^i\left(\frac{5}{9}\right)^{1-i}\cdot\left(\frac{4}{9}\right)^j\left(\frac{5}{9}\right)^{1-j}\quad(i=0,1;\quad j=0,1).\end{aligned}$$

用表格表示如下

$X \backslash Y$	0	1
0	25/81	20/81
1	20/81	16/81

(2) 不放回抽取

$$P\{X=i,Y=j\}=P\{X=i\}\cdot P\{Y=j\mid X=i\}$$

$$=\left(\frac{4}{9}\right)^i\left(\frac{5}{9}\right)^{1-i}\cdot\left(\frac{4-i}{8}\right)^j\left(\frac{8-(4-i)}{8}\right)^{1-j}\quad(i=0,1;\quad j=0,1).$$

用表格表示如下

X \ Y	0	1
0	20/72	20/72
1	20/72	12/72

【例 3】 设随机变量 X 在 1,2,3,4 四个整数中等可能地取一个值，另一个随机变量 Y 在 $1\sim X$ 中等可能地取一整数值，试求（X,Y）的联合分布律及 $P\{X=Y\}$．

解 （X,Y）为二维离散型随机变量，其中 X 的分布律为

$$P\{X=i\}=\frac{1}{4},\ i=1,2,3,4.$$

Y 的可能取值也是 1,2,3,4，若记 j 为 Y 的取值，则

当 $j>i$ 时，有 $P\{X=i,\ Y=j\}=0$.

当 $1\leqslant j\leqslant i\leqslant 4$ 时，有乘法公式

$$P\{X=i,Y=j\}=P\{X=i\}\cdot P\{Y=j|X=i\}=\frac{1}{4}\times\frac{1}{i}.$$

故（X,Y）的联合分布律为

X \ Y	1	2	3	4
1	1/4	0	0	0
2	1/8	1/8	0	0
3	1/12	1/12	1/12	0
4	1/16	1/16	1/16	1/16

由此可算得事件 $\{X=Y\}$ 的概率为

$$P\{X=Y\}=p_{11}+p_{22}+p_{33}+p_{44}=\frac{1}{4}+\frac{1}{8}+\frac{1}{12}+\frac{1}{16}=\frac{25}{48}=0.5208.$$

若已知二维随机变量（X,Y）的联合分布律为 $P\{X=x_i,Y=y_j\}=p_{ij}$，$i,j=1,2,\cdots$. 则由图 3-1 易知其联合分布函数为

$$F(x,y)=\sum_{x_i\leqslant x}\sum_{y_j\leqslant y}p_{ij}\ .$$

其中和式是对满足 $x_i\leqslant x$，$y_j\leqslant y$ 的一切 x_i,y_j 所对应的 p_{ij} 求和．

四、二维连续型随机变量及其联合概率密度

定义 4 设 $F(x,y)$ 是二维随机变量（X,Y）的联合分布函数，若存在非负的二元函数 $f(x,y)$ 使得对于任意 x,y 有

$$F(x,y)=\int_{-\infty}^{x}\int_{-\infty}^{y}f(u,v)\mathrm{d}u\mathrm{d}v\ .\tag{3-9}$$

则称（X,Y）是**二维连续型随机变量**，并称函数 $f(x,y)$ 称为二维随机变量(X,Y）的**联合概率密度**，或称为**联合分布密度**．

二维连续型随机变量的联合概率密度具有下列性质

(1) 非负性：$f(x,y)\geqslant 0$；

(2) 规范性：$\int_{-\infty}^{+\infty}\int_{-\infty}^{+\infty}f(x,y)\mathrm{d}x\mathrm{d}y=F(+\infty,+\infty)=1$；

(3) 若 $f(x,y)$ 在点 (x,y) 连续，则有 $\dfrac{\partial^2 F(x,y)}{\partial x\partial y}=f(x,y)$；

(4) 若 G 是平面上某一区域，则 $P\{(X,Y)\in G\}=\iint\limits_G f(x,y)\mathrm{d}x\mathrm{d}y$.

【例 4】 设二维随机变量 (X,Y) 具有联合概率密度

$$f(x,y)=\begin{cases}k\mathrm{e}^{-(2x+y)}, & x>0,y>0,\\ 0, & \text{其它}.\end{cases}$$

(1) 确定系数 k；(2) 求分布函数 $F(x,y)$；(3) 计算概率 $P\{Y\leqslant X\}$.

解 (1) 由于 $\int_{-\infty}^{+\infty}\int_{-\infty}^{+\infty}f(x,y)\mathrm{d}x\mathrm{d}y=1$，即

$$\int_0^{+\infty}\int_0^{+\infty}k\mathrm{e}^{-(2x+y)}\mathrm{d}x\mathrm{d}y=k\int_0^{+\infty}\mathrm{e}^{-2x}\mathrm{d}x\int_0^{+\infty}\mathrm{e}^{-y}\mathrm{d}y$$
$$=k\times\left(-\frac{1}{2}\right)\times(-1)=\frac{k}{2}=1,$$

因此，$k=2$.

(2)
$$F(x,y)=\int_{-\infty}^{x}\int_{-\infty}^{y}f(u,v)\mathrm{d}u\mathrm{d}v$$
$$=\begin{cases}\int_0^x\int_0^y 2\mathrm{e}^{-(2u+v)}\mathrm{d}u\mathrm{d}v, & x>0,y>0,\\ 0, & \text{其它}.\end{cases}$$

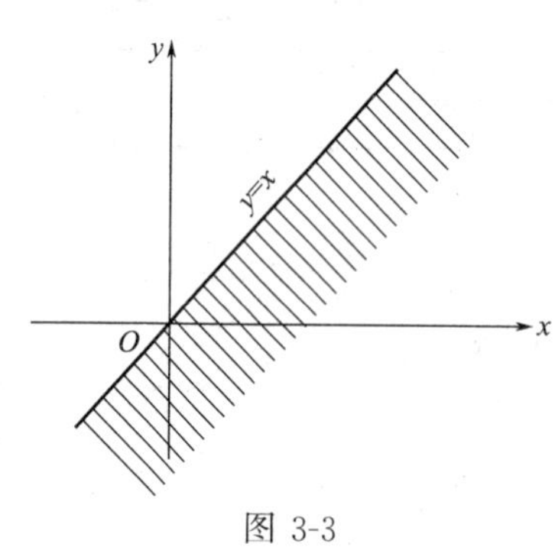

图 3-3

因此有

$$F(x,y)=\begin{cases}(1-\mathrm{e}^{-2x})(1-\mathrm{e}^{-y}), & x>0,y>0,\\ 0, & \text{其它}.\end{cases}$$

(3) $\{Y\leqslant X\}=\{(X,Y)\in G\}$，其中 G 为 xOy 平面上直线 $y=x$ 下方部分，如图 3-3 所示 .
于是

$$P\{Y\leqslant X\}=P\{(X,Y)\in G\}=\iint\limits_G f(x,y)\mathrm{d}x\mathrm{d}y$$
$$=\int_0^{+\infty}\mathrm{d}y\int_y^{+\infty}2\mathrm{e}^{-(2x+y)}\mathrm{d}x=\frac{1}{3}.$$

第二节 边 缘 分 布

二维随机变量 (X,Y) 作为一个整体，其联合分布函数 $F(x,y)$ 完整地描述了它取值的概率规律，但 X,Y 本身也是随机变量，分别也有其分布函数，现将它们分别记为 $F_X(x)$ 和 $F_Y(y)$，并分别称为二维随机变量 (X,Y) 关于 X 和关于 Y 的边缘分布函数 .

边缘分布函数与联合分布函数有什么样的联系呢？结论是，边缘分布函数可以由联合分布函数 $F(x,y)$ 唯一确定 .

事实上，对于二维随机变量 (X,Y)，事件 $\{X\leqslant x\}$ 等价于事件 $\{X\leqslant x, Y<+\infty\}$，所以

$$F_X(x)=P\{X\leqslant x\}=P\{X\leqslant x,Y<+\infty\}=F(x,+\infty)=\lim_{y\to+\infty}F(x,y),$$

即
$$F_X(x)=F(x,+\infty)=\lim_{y\to+\infty}F(x,y). \tag{3-10}$$

也就是说，只要在函数 $F(x,y)$ 中令 $y\to+\infty$就能得到 $F_X(x)$. 同理

$$F_Y(y)=F(+\infty,y)=\lim_{x\to+\infty}F(x,y). \tag{3-11}$$

下面就离散型、连续型二维随机变量分别讨论其边缘分布．

一、二维离散型随机变量的边缘分布

设 (X,Y) 为二维离散型随机变量，其联合分布律为 $P\{X=x_i, Y=y_j\}=p_{ij}, i,j=1,2,\cdots$. 则 $F_X(x)=F(x,+\infty)=\sum\limits_{x_i\leqslant x}\sum\limits_{j=1}^{\infty}p_{ij}$，因此 $P\{X=x_i\}=P\{X=x_i,Y<+\infty\}=\sum\limits_{j=1}^{\infty}p_{ij}$，所以 X 的边缘分布也是离散型的．为方便起见，将 $\sum\limits_{j=1}^{\infty}p_{ij}$ 记作 $p_{i\cdot}$，则 X 的边缘分布律为

$$P\{X=x_i\}=p_{i\cdot}, \ i=1,2,\cdots. \tag{3-12}$$

同理可得，关于 Y 的边缘分布也是离散型的，且它的分布律为

$$P\{Y=y_j\}=\sum_{i=1}^{\infty}p_{ij}\text{，类似地记}\sum_{i=1}^{\infty}p_{ij}=p_{\cdot j}.$$

即
$$P\{Y=y_j\}=\sum_{i=1}^{\infty}p_{ij}=p_{\cdot j}, \ j=1,2,\cdots. \tag{3-13}$$

【例 1】 一整数 n 等可能地在 $1,2,3,\cdots,9,10$ 十个数中取一数，设 $X=X(n)$ 表示能整除 n 的奇数的个数，$Y=Y(n)$ 表示能整除 n 的偶数的个数．试求 (X,Y) 的联合分布律，并求关于 X,Y 的边缘分布律．

解 先计算 X,Y 的可能取值，依题意有

n	1	2	3	4	5	6	7	8	9	10
X	1	1	2	1	2	2	2	1	3	2
Y	0	1	0	2	0	2	0	3	0	2

因此 X 的可能取值为 $1,2,3$；Y 的可能取值为 $0,1,2,3$. 而

$$P\{X=1,Y=0\}=\frac{1}{10},\ P\{X=1,Y=1\}=\frac{1}{10},$$

类似可求得 (X,Y) 的联合分布律以及关于 (X,Y) 的边缘分布律如下表所示

X \ Y	0	1	2	3	$p_{i\cdot}$
1	1/10	1/10	1/10	1/10	4/10
2	3/10	0	2/10	0	5/10
3	1/10	0	0	0	1/10
$p_{\cdot j}$	5/10	1/10	3/10	1/10	1

我们常常将边缘分布律写在联合分布律表格的边缘上，如上表所示，这就是“边缘分布律”一词的含义．

【例 2】 把三个相同的球等可能地放入编号为 1,2,3 的三个盒子中，分别记落入 1 号盒子中球的个数为 X，落入 2 号盒子的球个数为 Y. 试求 (X,Y) 的联合分布律以及关于 (X,Y) 的边缘分布律．

解 显然 X,Y 的可能取值均为 0,1,2,3，由条件概率的定义易知

$$p_{ij}=P\{X=i,Y=j\}=P\{X=i\}P\{Y=j|X=i\},\quad 0\leqslant i+j\leqslant 3.$$

这时显然有

$$P\{X=i\}=\mathrm{C}_3^i\left(\frac{1}{3}\right)^i\left(\frac{2}{3}\right)^{3-i},\quad 0\leqslant i\leqslant 3.$$

$$P\{Y=j|X=i\}=\mathrm{C}_{3-i}^j\left(\frac{1}{2}\right)^j\left(\frac{1}{2}\right)^{3-i-j}=\mathrm{C}_{3-i}^j\left(\frac{1}{2}\right)^{3-i},\quad 0\leqslant i+j\leqslant 3.$$

于是

$$p_{ij}=\mathrm{C}_3^i\left(\frac{1}{3}\right)^i\left(\frac{2}{3}\right)^{3-i}\mathrm{C}_{3-i}^j\left(\frac{1}{2}\right)^{3-i}=\frac{1}{27}\frac{3!}{i!j!(3-i-j)!},\quad 0\leqslant i+j\leqslant 3.$$

而当 $i+j>3$ 时显然有 $p_{ij}=0$. 对 $i,j=0,1,2,3$ 把上面的计算结果列表汇总并计算边缘分布如下

X \ Y	0	1	2	3	$p_{i\cdot}$
0	1/27	1/9	1/9	1/27	8/27
1	1/9	2/9	1/9	0	4/9
2	1/9	1/9	0	0	2/9
3	1/27	0	0	0	1/27
$p_{\cdot j}$	8/27	4/9	2/9	1/27	1

由以上两个例子可以看出，如果知道了二维随机变量 (X,Y) 的联合分布律，那么 X 和 Y 的边缘分布律就可由联合分布律唯一确定．这个事实，直观上是容易理解的，因为 (X,Y) 的总体规律性（即联合分布律）如果确定了，那么它的分量的规律性（即边缘分布律）当然也就确定了．但是反之并不正确，即边缘分布律是不能唯一确定联合分布律（参阅本节下例）．

【例 3】（续第一节例 2）分别求出 (X,Y) 关于 X 和关于 Y 的边缘分布．

解 由第一节的结果及式(3-12)，式(3-13) 可得 (X,Y) 的联合分布律及边缘分布律如下两表所示．

不放回情形

X \ Y	0	1	$p_{i\cdot}$
0	20/72	20/72	5/9
1	20/72	12/72	4/9
$p_{\cdot j}$	5/9	4/9	1

有放回情形

X \ Y	0	1	$p_{i\cdot}$
0	25/81	20/81	5/9
1	20/81	16/81	4/9
$p_{\cdot j}$	5/9	4/9	1

此例的结果表明，尽管有放回情形与不放回情形有着不同的联合分布律，但它们却有完全相同的边缘分布律．

二、二维连续型随机变量的边缘分布

设二维连续型随机变量（X,Y）的联合概率密度为 $f(x,y)$，由于

$$F_X(x)=F(x,+\infty)=\int_{-\infty}^{x}\left[\int_{-\infty}^{+\infty}f(x,y)\mathrm{d}y\right]\mathrm{d}x. \tag{3-14}$$

因此，关于 X 的边缘分布是连续型的，它的边缘概率密度为

$$f_X(x)=\int_{-\infty}^{+\infty}f(x,y)\mathrm{d}y. \tag{3-15}$$

同理可得，关于 Y 的边缘分布也是连续型的，其边缘分布函数和边缘概率密度分别为

$$F_Y(y)=F(+\infty,y)=\int_{-\infty}^{y}\left[\int_{-\infty}^{+\infty}f(x,y)\mathrm{d}x\right]\mathrm{d}y, \tag{3-16}$$

$$f_Y(y)=\int_{-\infty}^{+\infty}f(x,y)\mathrm{d}x. \tag{3-17}$$

设 G 是平面上的有界区域，其面积为 A. 若二维随机变量（X,Y）具有联合概率密度

$$f(x,y)=\begin{cases}\dfrac{1}{A}, & (x,y)\in G,\\ 0, & \text{其它}.\end{cases}$$

则称（X,Y）在 G 上服从均匀分布．

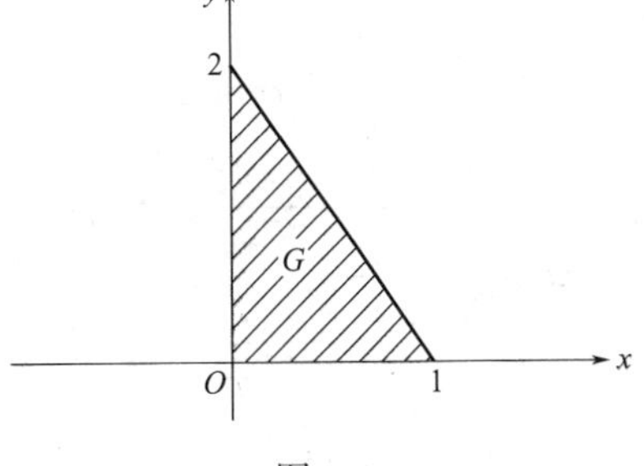

图 3-4

【例 4】 设(X,Y)服从区域 G 上的均匀分布，其中 G 是由 x 轴、y 轴及直线 $2x+y=2$ 所围成的三角形区域（如图 3-4）．试求关于（X,Y）的边缘概率密度．

解 显然 $A(G)=1$，故

$$f(x,y)=\begin{cases}1, & (x,y)\in G,\\ 0, & \text{其它}.\end{cases}$$

所以 $$f_X(x)=\int_{-\infty}^{+\infty}f(x,y)\mathrm{d}y=\begin{cases}\displaystyle\int_0^{2(1-x)}1\mathrm{d}y=2(1-x), & 0<x<1,\\ 0, & \text{其它}.\end{cases}$$

$$f_Y(y)=\int_{-\infty}^{+\infty}f(x,y)\mathrm{d}x=\begin{cases}\displaystyle\int_0^{1-\frac{y}{2}}1\mathrm{d}x=1-\frac{y}{2}, & 0<y<2,\\ 0, & \text{其它}.\end{cases}$$

【例 5】 设二维随机变量（X,Y）的联合概率密度为

$$f(x,y)=\frac{1}{2\pi\sigma_1\sigma_2\sqrt{1-\rho^2}}\mathrm{e}^{-\frac{1}{2(1-\rho^2)}\left[\frac{(x-\mu_1)^2}{\sigma_1^2}-2\rho\frac{(x-\mu_1)(y-\mu_2)}{\sigma_1\sigma_2}+\frac{(y-\mu_2)^2}{\sigma_2^2}\right]},$$

$$(-\infty<x<+\infty,\ -\infty<y<+\infty)$$

其中 $\mu_1,\mu_2,\sigma_1,\sigma_2,\rho$ 都是常数，且 $\sigma_1>0$，$\sigma_2>0$，$|\rho|<1$. 称（X,Y）服从参数 μ_1，$\mu_2,\sigma_1,\sigma_2,\rho$ 的二维正态分布（这五个参数的意义将在下一章说明），常记为 $(X,Y)\sim N(\mu_1,\sigma_1^2;\mu_2,\sigma_2^2;\rho)$. 试求二维正态随机变量的边缘概率密度．

服从二维正态随机变量的概率密度函数的典型图形见图 3-5.

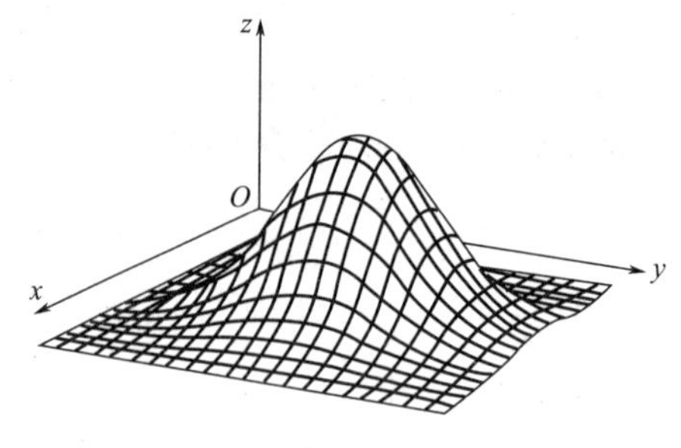

图 3-5

解 $f_X(x)=\int_{-\infty}^{+\infty}f(x,y)\mathrm{d}y$

$$=\frac{1}{2\pi\sigma_1\sigma_2\sqrt{1-\rho^2}}\int_{-\infty}^{+\infty}\mathrm{e}^{-\frac{1}{2(1-\rho^2)}\left[\frac{(x-\mu_1)^2}{\sigma_1^2}-2\rho\frac{(x-\mu_1)(y-\mu_2)}{\sigma_1\sigma_2}+\frac{(y-\mu_2)^2}{\sigma_2^2}\right]}\mathrm{d}y.$$

令
$$\frac{x-\mu_1}{\sigma_1}=u,\quad \frac{y-\mu_2}{\sigma_2}=v.$$

于是
$$f_X(x)=\frac{1}{2\pi\sigma_1\sqrt{1-\rho^2}}\int_{-\infty}^{+\infty}\mathrm{e}^{-\frac{1}{2(1-\rho^2)}(u^2-2\rho uv+v^2)}\mathrm{d}v$$

$$=\frac{1}{\sqrt{2\pi}\sigma_1}\mathrm{e}^{-\frac{u^2}{2}}\cdot\frac{1}{\sqrt{2\pi(1-\rho^2)}}\int_{-\infty}^{+\infty}\mathrm{e}^{-\frac{\rho^2u^2-2\rho uv+v^2}{2(1-\rho^2)}}\mathrm{d}v$$

$$=\frac{1}{\sqrt{2\pi}\sigma_1}\mathrm{e}^{-\frac{u^2}{2}}\cdot\frac{1}{\sqrt{2\pi(1-\rho^2)}}\int_{-\infty}^{+\infty}\mathrm{e}^{-\frac{(\rho u-v)^2}{2(1-\rho^2)}}\mathrm{d}v$$

$$=\frac{1}{\sqrt{2\pi}\sigma_1}\mathrm{e}^{-\frac{u^2}{2}}=\frac{1}{\sqrt{2\pi}\sigma_1}\mathrm{e}^{-\frac{(x-\mu_1)^2}{2\sigma_1^2}},\quad -\infty<x<+\infty.$$

由此可知 $f_X(x)$是一维正态分布 $N(\mu_1,\sigma_1^2)$的概率密度，即 $X\sim N(u_1,\sigma_1^2)$. 由对称性还可得$Y\sim N(\mu_2,\ \sigma_2^2)$，即

$$f_Y(y)=\int_{-\infty}^{+\infty}f(x,y)\mathrm{d}x=\frac{1}{\sqrt{2\pi}\sigma_2}\mathrm{e}^{-\frac{(y-\mu_2)^2}{2\sigma_2^2}},\quad -\infty<y<+\infty.$$

此例结果表明，二维正态分布 $N(\mu_1,\sigma_1^2;\mu_2,\sigma_2^2;\rho)$的两个边缘概率密度都是一维正态分布，分别为 $N(\mu_1,\sigma_1^2)$和 $N(\mu_2,\sigma_2^2)$，且不依赖于参数 ρ，可见，(X,Y) 的边缘概率密度可由联合概率密度唯一确定 . 反之，如果 $\rho_1\neq\rho_2$，则两个二维正态分布：$N(\mu_1,\sigma_1^2;\mu_2,\sigma_2^2;\rho_1)$和 $N(\mu_1,\sigma_1^2;\mu_2,\sigma_2^2;\rho_2)$是不相同的，但由此例知它们具有完全相同的两个边缘概率密度 $N(\mu_1,\sigma_1^2)$和 $N(\mu_2,\sigma_2^2)$，也就是说，边缘概率密度不能唯一确定联合概率密度 .

事实上，二维随机变量 (X,Y) 的联合概率密度的确比边缘概率密度含有更多的信息，因而对单个随机变量 X 和 Y 的研究并不能代替对二维随机变量 (X,Y) 整体的研究 .

第三节　条件分布与独立性

在第一章，我们讨论了随机事件的条件概率和事件的独立性，本节将讨论什么是二维随机变量的条件概率和独立性．

一、二维离散型随机变量的条件分布

设二维离散型随机变量 (X,Y) 的联合分布律为 $P\{X=x_i,Y=y_i\}=p_{ij}$，$i,j=1,2,\cdots$. 下面考察在事件 $\{Y=y_j\}$ 发生条件下事件 $\{X=x_i\}$ 发生的概率，即研究事件

$$\{X=x_i|Y=y_j\}, \ i=1,2,\cdots$$

的概率．由条件概率的计算公式，得

$$P\{X=x_i|Y=y_j\}=\frac{P\{X=x_i,Y=y_j\}}{P\{Y=y_j\}}=\frac{p_{ij}}{p_{\cdot j}}, \ p_{\cdot j}>0, \ i=1,2,\cdots.$$

容易验证上述条件概率满足分布律的两个性质

（1）非负性：$P\{X=x_i|Y=y_j\}=\dfrac{p_{ij}}{p_{\cdot j}}\geqslant 0$；

（2）规范性：$\sum\limits_{i=1}^{\infty}P\{X=x_i|Y=y_j\}=\sum\limits_{i=1}^{\infty}\dfrac{p_{ij}}{p_{\cdot j}}=\dfrac{\sum\limits_{i=1}^{\infty}p_{ij}}{p_{\cdot j}}=\dfrac{p_{\cdot j}}{p_{\cdot j}}=1$.

由此给出二维离散型随机变量条件分布的定义．

定义 5　设 (X,Y) 是二维离散型随机变量，对固定的 j，若 $P\{Y=y_j\}=p_{\cdot j}>0$，则称

$$P\{X=x_i|Y=y_j\}=\frac{P\{X=x_i,Y=y_j\}}{P\{Y=y_j\}}=\frac{p_{ij}}{p_{\cdot j}}, \ i=1,2,\cdots \tag{3-18}$$

为在条件 $\{Y=y_j\}$ 下随机变量 X 的**条件分布律**．同样，对固定的 i，称

$$P\{Y=y_j|X=x_i\}=\frac{P\{X=x_i,Y=y_j\}}{P\{X=x_i\}}=\frac{p_{ij}}{p_{i\cdot}}, \ p_{i\cdot}>0, \ j=1,2,\cdots \tag{3-19}$$

为在条件 $\{X=x_i\}$ 下的随机变量 Y 的**条件分布律**．

【例 1】 设二维离散型随机变量 (X,Y) 的联合分布律如下表所示．试分别求关于 X 及 Y 的条件分布律．

X \ Y	−2	0	3
0	1/12	0	3/12
1	2/12	1/12	1/12
2	3/12	1/12	0

解　计算关于 Y 的边缘分布律为 $P\{Y=-2\}=\dfrac{3}{6}$，$P\{Y=0\}=\dfrac{1}{6}$，$P\{Y=3\}=\dfrac{2}{6}$.

因此，按式(3-18) 可求得关于 X 的诸条件分布律依次为

X	0	1	2
$P\{X=x_i \mid Y=-2\}$	1/6	2/6	3/6

X	0	1	2
$P\{X=x_i \mid Y=0\}$	0	1/2	1/2

X	0	1	2
$P\{X=x_i \mid Y=3\}$	3/4	1/4	0

又关于 X 的边缘分布律为 $P\{X=0\}=\frac{1}{3}$，$P\{X=1\}=\frac{1}{3}$，$P\{X=2\}=\frac{1}{3}$. 因此由式(3-19) 可求得关于 Y 的诸条件分布律依次为

Y	-2	0	3
$P\{Y=y_j \mid X=0\}$	1/4	0	3/4

Y	-2	0	3
$P\{Y=y_j \mid X=1\}$	2/4	1/4	1/4

Y	-2	0	3
$P\{Y=y_j \mid X=2\}$	3/4	1/4	0

【例 2】 向一目标进行独立射击，每次射击击中目标的概率为 $p(0<p<1)$. 设 X 表示首次击中目标时射击次数，Y 表示第 2 次击中目标时总射击次数. 试求 X 和 Y 的联合分布律及条件分布律.

解 显然，(X,Y) 的所有可能取值为

$$\{(i,j) \mid i=1,2,\cdots,j-1;j=2,3,\cdots\}.$$

按题设 $\{Y=j\}$ 表示在前 $j-1$ 次射击中恰有一次击中目标，又由于各次射击是相互独立的，因此无论 i $(i<j)$是多少，概率 $P\{X=i,\ Y=j\}$ 都等于

$$p\cdot p\cdot \underbrace{q\cdot\cdots\cdot q}_{j-2个}=p^2q^{j-2},\ q=1-p.$$

故 (X,Y) 的联合分布律为

$$P\{X=i,Y=j\}=p^2q^{j-2}\quad (i=1,2,\cdots,j-1;j=2,3,\cdots).$$

下面求边缘分布律

$$P\{X=i\}=\sum_{j=i+1}^{\infty}P\{X=i,Y=j\}=\sum_{j=i+1}^{\infty}p^2q^{j-2}=p^2\sum_{j=i+1}^{\infty}q^{j-2}$$
$$=\frac{p^2q^{i-1}}{1-q}=pq^{i-1}\quad ,i=1,2,\cdots.$$

$$P\{Y=j\}=\sum_{i=1}^{j-1}P\{X=i,Y=j\}=\sum_{i=1}^{j-1}p^2q^{j-2}=(j-1)p^2q^{j-2},\ j=2,3,\cdots.$$

因此，由式(3-18) 和式(3-19) 可求得条件分布律依次为

当 $j=2,3,\cdots$时，

$$P\{X=i|Y=j\}=\frac{P\{X=i,Y=j\}}{P\{Y=j\}}=\frac{p^2q^{j-2}}{(j-1)p^2q^{j-2}}=\frac{1}{j-1},\quad i=1,2,\cdots,j-1;$$

当 $i=1,2,\cdots$ 时，

$$P\{Y=j|X=i\}=\frac{P\{X=i,Y=j\}}{P\{X=i\}}=\frac{p^2q^{j-2}}{pq^{i-1}}=pq^{j-i-1},\quad j=i+1,i+2,\cdots;$$

例如，$P\{X=i|Y=4\}=\frac{1}{3}$，$i=1,2,3$；$P\{Y=j|X=4\}=pq^{j-5}$，$j=5,6,\cdots$.

二、二维连续型随机变量的条件分布

设 (X,Y) 是连续型随机变量，$f(x,y)$ 是其联合概率密度．由于连续型随机变量取单点值的概率为零，因此不能直接运用条件概率的公式．下面运用极限方法来处理．

对给定的 y，设对于任意固定的正数 ε，$P\{y-\varepsilon<Y\leqslant y+\varepsilon\}>0$，于是对于任意的 x

$$P\{X\leqslant x|y-\varepsilon<Y\leqslant y+\varepsilon\}=\frac{P\{X\leqslant x,y-\varepsilon<Y\leqslant y+\varepsilon\}}{P\{y-\varepsilon<Y\leqslant y+\varepsilon\}}$$

是有意义的，它给出了在条件 $\{y-\varepsilon<Y\leqslant y+\varepsilon\}$ 下 X 的条件分布函数．由此引入连续型随机变量的条件分布的定义．

定义 6 给定 y，设对于任意固定的正数 ε，$P\{y-\varepsilon<Y\leqslant y+\varepsilon\}>0$，若对任意实数 x，极限

$$\lim_{\varepsilon\to0^+}P\{X\leqslant x|y-\varepsilon<Y\leqslant y+\varepsilon\}=\lim_{\varepsilon\to0^+}\frac{P\{X\leqslant x,y-\varepsilon<Y\leqslant y+\varepsilon\}}{P\{y-\varepsilon<Y\leqslant y+\varepsilon\}}$$

存在，则称此极限为在条件 $\{Y=y\}$ 下 X 的**条件分布函数**，记为 $P\{X\leqslant x|Y=y\}$ 或 $F_{X|Y}(x|y)$.

为了应用上的方便，下面对上式的极限作进一步处理．设 (X,Y) 的联合分布函数为 $F(x,y)$，联合概率密度为 $f(x,y)$，若在点 (x,y) 处 $f(x,y)$ 连续，边缘概率密度 $f_Y(y)$ 连续且 $f_Y(y)>0$，则有

$$F_{X|Y}(x|y)=\lim_{\varepsilon\to0^+}\frac{P\{X\leqslant x,y-\varepsilon<Y\leqslant y+\varepsilon\}}{P\{y-\varepsilon<Y\leqslant y+\varepsilon\}}=\lim_{\varepsilon\to0^+}\frac{F(x,y+\varepsilon)-F(x,y-\varepsilon)}{F_Y(y+\varepsilon)-F_Y(y-\varepsilon)}$$

$$=\lim_{\varepsilon\to0^+}\frac{\dfrac{F(x,y+\varepsilon)-F(x,y-\varepsilon)}{2\varepsilon}}{\dfrac{F_Y(y+\varepsilon)-F_Y(y-\varepsilon)}{2\varepsilon}}=\frac{\dfrac{\partial F(x,y)}{\partial y}}{\dfrac{\mathrm{d}F_Y(y)}{\mathrm{d}y}}=\frac{\int_{-\infty}^{x}f(u,y)\mathrm{d}u}{f_Y(y)}.$$

即

$$F_{X|Y}(x|y)=\frac{\int_{-\infty}^{x}f(u,y)\mathrm{d}u}{f_Y(y)}=\int_{-\infty}^{x}\frac{f(u,y)}{f_Y(y)}\mathrm{d}u. \tag{3-20}$$

若记 $f_{X|Y}(x|y)$ 为在条件 $\{Y=y\}$ 下 X 的**条件概率密度**，则由上式可得

$$f_{X|Y}(x|y)=\frac{f(x,y)}{f_Y(y)}. \tag{3-21}$$

类似可求得 Y 在条件 $\{X=x\}$ 下的条件分布函数 $F_{Y|X}(y|x)$ 和条件密度 $f_{Y|X}(y|x)$ 如下

$$F_{Y|X}(y|x)=\int_{-\infty}^{y}\frac{f(x,v)}{f_X(x)}\mathrm{d}v \text{ 及 } f_{Y|X}(y|x)=\frac{f(x,y)}{f_X(x)}. \tag{3-22}$$

【例 3】 设二维随机变量 $(X,Y)\sim N(\mu_1,\sigma_1^2;\mu_2,\sigma_2^2;\rho)$，即

$$f(x,y)=\frac{1}{2\pi\sigma_1\sigma_2\sqrt{1-\rho^2}}\mathrm{e}^{-\frac{1}{2(1-\rho^2)}\left(\frac{(x-\mu_1)^2}{\sigma_1^2}-2\rho\frac{(x-\mu_1)(y-\mu_2)}{\sigma_1\sigma_2}+\frac{(y-\mu_2)^2}{\sigma_2^2}\right)},$$

其中$-\infty<x<+\infty,-\infty<y<+\infty$. 试求条件概率密度$f_{X|Y}(x|y)$和$f_{Y|X}(y|x)$.

解 在上节例5中，已经求得$f_Y(y)=\frac{1}{\sqrt{2\pi}\sigma_2}e^{-\frac{(y-\mu_2)^2}{2\sigma_2^2}}$，所以

$$f_{X|Y}(x|y)=\frac{f(x,y)}{f_Y(y)}=\frac{\frac{1}{2\pi\sigma_1\sigma_2\sqrt{1-\rho^2}}e^{-\frac{1}{2(1-\rho^2)}\left(\frac{(x-\mu_1)^2}{\sigma_1^2}-2\rho\frac{(x-\mu_1)(y-\mu_2)}{\sigma_1\sigma_2}+\frac{(y-\mu_2)^2}{\sigma_2^2}\right)}}{\frac{1}{\sqrt{2\pi}\sigma_2}e^{-\frac{(y-\mu_2)^2}{2\sigma_2^2}}}$$

$$=\frac{1}{\sqrt{2\pi}\sigma_1\sqrt{1-\rho^2}}e^{-\frac{1}{2(1-\rho^2)}\left[\frac{(x-\mu_1)^2}{\sigma_1^2}-2\rho\frac{(x-\mu_1)(y-\mu_2)}{\sigma_1\sigma_2}+\rho^2\frac{(y-\mu_2)^2}{\sigma_2^2}\right]}$$

$$=\frac{1}{\sqrt{2\pi}\sigma_1\sqrt{1-\rho^2}}e^{-\frac{1}{2\sigma_1^2(1-\rho^2)}\left[x-(\mu_1+\rho\frac{\sigma_1}{\sigma_2}(y-\mu_2))\right]^2}.$$

由对称性还可得

$$f_{Y|X}(y|x)=\frac{1}{\sqrt{2\pi}\sigma_2\sqrt{1-\rho^2}}e^{-\frac{1}{2\sigma_2^2(1-\rho^2)}\left[y-(\mu_2+\rho\frac{\sigma_2}{\sigma_1}(x-\mu_1))\right]^2}.$$

仔细观察上述两式，可以看到二维正态分布的两个条件分布也都是正态分布．其中$f_{X|Y}(x|y)$为$N(\mu_1+\rho\frac{\sigma_1}{\sigma_2}(y-\mu_2),\ \sigma_1{}^2(1-\rho^2))$的概率密度，$f_{Y|X}(y|x)$为$N(\mu_2+\rho\frac{\sigma_2}{\sigma_1}(x-\mu_1),\ \sigma_2^2(1-\rho^2))$的概率密度．

【例4】 设随机变量(X,Y)的概率密度为

$$f(x,y)=\begin{cases}1, & |y|<x,0<x<1,\\ 0, & 其它.\end{cases}$$

求（1）条件概率密度$f_{X|Y}(x|y),f_{Y|X}(y|x)$；(2)$P\{0<Y\leqslant 1|X=\frac{1}{2}\}$.

解 （1）先求边缘概率密度

$$f_X(x)=\int_{-\infty}^{+\infty}f(x,y)dy=\begin{cases}\int_{-x}^{x}1dy\\ 0\end{cases}=\begin{cases}2x, & 0<x<1,\\ 0, & 其它.\end{cases}$$

$$f_Y(y)=\int_{-\infty}^{+\infty}f(x,y)dx=\begin{cases}\int_{|y|}^{1}1dx\\ 0\end{cases}=\begin{cases}1-|y|, & |y|<1,\\ 0, & 其它.\end{cases}$$

所以，当$-1<y<1$时，有

$$f_{X|Y}(x|y)=\frac{f(x,y)}{f_Y(y)}=\begin{cases}\frac{1}{1-|y|}, & |y|<x<1,\\ 0, & 其它.\end{cases}$$

当$0<x<1$时，有

$$f_{Y|X}(y|x)=\frac{f(x,y)}{f_X(x)}=\begin{cases}\frac{1}{2x}, & |y|<x,\\ 0 & 其它.\end{cases}$$

(2) $P\{0<Y\leqslant 1\mid X=\frac{1}{2}\}=\int_0^1 f_{Y\mid X}(y\mid \frac{1}{2})\mathrm{d}y=\int_0^{\frac{1}{2}}1\mathrm{d}y=\frac{1}{2}$.

【例 5】 设随机变量 X 服从区间（0,1）上的均匀分布，当观察到 $X=x(0<x<1)$时，Y 在区间$(x,1)$ 上随机取值，试求 Y 的概率密度 $f_Y(y)$.

解 由题意 X 具有概率密度

$$f_X(x)=\begin{cases}1, & 0<x<1,\\ 0, & \text{其它}.\end{cases}$$

对任意给定的值 $x(0<x<1)$，在条件 $\{X=x\}$ 下的，Y 条件概率密度为

$$f_{Y\mid X}(y\mid x)=\begin{cases}\dfrac{1}{1-x}, & x<y<1,\\ 0, & \text{其它}.\end{cases}$$

因此（X,Y）的联合概率密度为

$$f(x,y)=f_{Y\mid X}(y\mid x)f_X(x)=\begin{cases}\dfrac{1}{1-x}, & 0<x<y<1,\\ 0, & \text{其它}.\end{cases}$$

由此可得关于 Y 的边缘概率密度为

$$f_Y(y)=\int_{-\infty}^{+\infty}f(x,y)\mathrm{d}x=\begin{cases}\displaystyle\int_0^y\frac{1}{1-x}\mathrm{d}x=-\ln(1-y), & 0<y<1,\\ 0, & \text{其它}.\end{cases}$$

三、随机变量相互独立的定义和性质

本节讨论两个随机变量的独立性，这是一个十分重要的概念.

定义 7 设 $F(x,y)$ 及 $F_X(x)$和 $F_Y(y)$分别是二维随机变量（X,Y）的联合分布函数及边缘分布函数. 若对于一切的 x,y 均有

$$P\{X\leqslant x,Y\leqslant y\}=P\{X\leqslant x\}\cdot P\{Y\leqslant y\}.$$

即

$$F(x,y)=F_X(x)\cdot F_Y(y). \tag{3-23}$$

则称随机变量 X 和 Y 是**相互独立**的，简称 X 与 Y **独立**. 直观地说，X 与 Y 相互独立就是它们的取值互不影响.

为使用方便起见，下面就二维离散型和二维连续型随机变量分别讨论它们相互独立的条件.

设二维离散型随机变量（X,Y）的联合分布律为 $P\{X=x_i,Y=y_j\}=p_{ij}(i,j=1,2,\cdots)$；$X$ 和 Y 的边缘分布律分别为 $P\{X=x_i\}=p_{i\cdot}(i=1,2,\cdots)$和 $P\{Y=y_j\}=p_{\cdot j}(j=1,2,\cdots)$. 则由上述定义可得 X,Y 相互独立的充要条件是

$$p_{ij}=p_{i\cdot}\cdot p_{\cdot j}\quad(i,j=1,2,\cdots) \tag{3-24}$$

成立.

事实上，当 X 与 Y 相互独立时，$P\{X=x_i,Y=y_j\}=P\{X=x_i\}\cdot P\{Y=y_j\}$，即 $p_{ij}=p_{i\cdot}\cdot p_{\cdot j}(i,j=1,2,\cdots)$. 反之，若对一切的 i,j 有 $p_{ij}=p_{i\cdot}\cdot p_{\cdot j}$，则对任意的 x,y，有

$$\begin{aligned}F(x,y)&=\sum_{x_i\leqslant x}\sum_{y_j\leqslant y}P\{X=x_i,Y=y_j\}=\sum_{x_i\leqslant x}\sum_{y_j\leqslant y}p_{ij}\\&=\sum_{x_i\leqslant x}\sum_{y_j\leqslant y}p_{i\cdot}\cdot p_{\cdot j}=(\sum_{x_i\leqslant x}p_{i\cdot})\cdot(\sum_{y_j\leqslant y}p_{\cdot j})\end{aligned}$$

$$= (\sum_{x_i \leqslant x} P\{X = x_i\}) \cdot (\sum_{y_j \leqslant y} P\{Y = y_j\}) = F_X(x) \cdot F_Y(y) .$$

从而 X 与 Y 独立．

设 (X,Y) 是二维连续型随机变量，其联合概率密度为 $f(x,y)$，关于 X 和 Y 的边缘概率密度分别为 $f_X(x)$和 $f_Y(y)$. 容易验证 X 与 Y 独立的充要条件是

$$f(x,y)=f_X(x) \cdot f_Y(y) \tag{3-25}$$

几乎处处成立[1]

事实上，如果 $f(x,y)=f_X(x) \cdot f_Y(y)$，则

$$F(x,y) = \int_{-\infty}^{x}\int_{-\infty}^{y} f(x,y)\mathrm{d}y\mathrm{d}x = \int_{-\infty}^{x}\int_{-\infty}^{y} f_X(x) \cdot f_Y(y)\mathrm{d}y\mathrm{d}x$$

$$= (\int_{-\infty}^{x} f_X(x)\mathrm{d}x) \cdot (\int_{-\infty}^{y} f_Y(y)\mathrm{d}y) = F_X(x) \cdot F_Y(y) .$$

因此，X 和 Y 独立．

反之，若对任意 x,y 有 $F(x,y)=F_X(x) \cdot F_Y(y)$，则有

$$F(x,y) = F_X(x) \cdot F_Y(y) = \int_{-\infty}^{x} f_X(x)\mathrm{d}x \cdot \int_{-\infty}^{y} f_Y(y)\mathrm{d}y$$

$$= \int_{-\infty}^{x}\int_{-\infty}^{y} f_X(x) \cdot f_Y(y)\mathrm{d}y\mathrm{d}x$$

对任意的 x,y 都成立．因而 $f(x,y)=f_X(x) \cdot f_Y(y)$.

在实际使用中，用式(3-24) 或式(3-25) 判断 X 和 Y 独立性要比用式(3-23) 方便．

【例 6】 设 (X,Y) 联合分布律如下表

X \ Y	−2	0	3
0	2/20	1/20	2/20
1	2/20	1/20	2/20
2	4/20	2/20	4/20

证明 X,Y 相互独立．

证 首先求得 X,Y 的边缘分布律如下

X	0	1	2
$p_{i\cdot}$	1/4	1/4	2/4

Y	−2	0	3
$p_{\cdot j}$	2/5	1/5	2/5

其次，直接验算可知 $p_{ij}=p_{i\cdot} \cdot p_{\cdot j}(i,j=1,2,3)$都成立，所以 X,Y 相互独立．

【例 7】 设(X,Y)是二维离散型随机变量，X 与 Y 的边缘分布律分别如下所示

X	−1	0	1
p_i	1/4	1/2	1/4

Y	0	1
p_j	1/2	1/2

[1] “几乎处处成立”的含义是，在平面上除去面积为零的集合外处处成立．

如果 $P\{XY=0\}=1$，试求：(1) (X,Y)的联合分布律；(2) X 与 Y 是否独立？

解 (1) 记(X,Y)的联合分布律及边缘分布如下，其中

$$p_{ij}=P\{X=i,Y=j\},\ p_{i\cdot}=P\{X=i\}, p_{\cdot j}=P\{Y=j\}.$$

X \ Y	0	1	$p_{i\cdot}$
-1	p_{11}	p_{12}	1/4
0	p_{21}	p_{22}	1/2
1	p_{31}	p_{32}	1/4
$p_{\cdot j}$	1/2	1/2	1

由 $P\{XY=0\}=1$，知 $P\{XY\neq 0\}=0$，即

$$p_{12}=P\{X=-1,Y=1\}=0,\ p_{32}=P\{X=1,Y=1\}=0.$$

其余四个概率可由下面等式分别确定．

从表中第一行看，由 $p_{11}+p_{12}=\dfrac{1}{4}$，得 $p_{11}=\dfrac{1}{4}$.

从表中第三行看，由 $p_{31}+p_{32}=\dfrac{1}{4}$，得 $p_{31}=\dfrac{1}{4}$.

从表中第一列看，由 $p_{11}+p_{21}+p_{31}=\dfrac{1}{2}=\dfrac{1}{4}+p_{21}+\dfrac{1}{4}$，得 $p_{21}=0$.

从表中第二列看，由 $p_{12}+p_{22}+p_{32}=\dfrac{1}{2}=0+p_{22}+0$，得 $p_{22}=\dfrac{1}{2}$.

于是得(X,Y)的联合分布律如下

X \ Y	0	1	$p_{i\cdot}$
-1	1/4	0	1/4
0	0	1/2	1/2
1	1/4	0	1/4
$p_{\cdot j}$	1/2	1/2	1

(2) 因为 $P\{X=0,Y=0\}=p_{21}=0$，而 $P\{X=0\}.P\{Y=0\}=1/4$，所以 X 与 Y 是不独立．

【例 8】 设二维随机变量 $(X,Y)\sim N(\mu_1,\sigma_1^2;\mu_2,\sigma_2^2;\rho)$. 证明 X 与 Y 相互独立的充要条件是参数 $\rho=0$.

证 由上节例 5 知

$$f(x,y)=\frac{1}{2\pi\sigma_1\sigma_2\sqrt{1-\rho^2}}\mathrm{e}^{-\frac{1}{2(1-\rho^2)}\left(\frac{(x-\mu_1)^2}{\sigma_1^2}-2\rho\frac{(x-\mu_1)(y-\mu_2)}{\sigma_1\sigma_2}+\frac{(y-\mu_2)^2}{\sigma_2^2}\right)},$$

$$f_X(x)=\frac{1}{\sqrt{2\pi}\sigma_1}\mathrm{e}^{-\frac{(x-\mu_1)^2}{2\sigma_1^2}},\ f_Y(y)=\frac{1}{\sqrt{2\pi}\sigma_2}\mathrm{e}^{-\frac{(y-\mu_2)^2}{2\sigma_2^2}}.$$

因而，若 X,Y 相互独立，则对任意的 x,y 有

$$f(x,y)=f_X(x)\cdot f_Y(y).$$

即
$$\frac{1}{2\pi\sigma_1\sigma_2\sqrt{1-\rho^2}}\mathrm{e}^{-\frac{1}{2(1-\rho^2)}\left(\frac{(x-\mu_1)^2}{\sigma_1^2}-2\rho\frac{(x-\mu_1)(y-\mu_2)}{\sigma_1\sigma_2}+\frac{(y-\mu_2)^2}{\sigma_2^2}\right)}=\frac{1}{2\pi\sigma_1\sigma_2}\mathrm{e}^{-\frac{1}{2}\left(\frac{(x-\mu_1)}{\sigma_1^2}+\frac{(y-\mu_2)^2}{\sigma_2^2}\right)}.$$

令 $x=\mu_1$，$y=\mu_2$，则有 $\dfrac{1}{2\pi\sigma_1\sigma_2\sqrt{1-\rho^2}}=\dfrac{1}{2\pi\sigma_1\sigma_2}$，所以 $\rho=0$.

反之，若 $\rho=0$，则对任意的 x,y 有

$$f(x,y)=\frac{1}{2\pi\sigma_1\sigma_2}e^{-\frac{1}{2}\left[\frac{(x-\mu_1)^2}{\sigma_1^2}+\frac{(y-\mu_2)^2}{\sigma_2^2}\right]}=f_X(x)\cdot f_Y(y).$$

因此，X,Y 相互独立.

【例 9】 设 X 和 Y 是两个独立的随机变量，X 在 $[0,1]$ 上服从均匀分布，Y 的概率密度为

$$f_Y(y)=\begin{cases}\frac{1}{2}e^{-\frac{y}{2}}, & y>0,\\ 0, & y\leqslant 0.\end{cases}$$

(1) 求 (X,Y) 的联合概率密度；

(2) 设含有 t 的二次方程为 $t^2+2Xt+Y=0$，试求 t 有实根的概率.

解 (1) 因 X 在 $(0,1)$ 上服从均匀分布，故

$$f_X(x)=\begin{cases}1, & 0<x<1,\\ 0, & \text{其它}.\end{cases}$$

而

$$f_Y(y)=\begin{cases}\frac{1}{2}e^{-\frac{y}{2}}, & y>0,\\ 0, & y\leqslant 0.\end{cases}$$

又 X 与 Y 相互独立，所以 (X,Y) 的联合概率密度为

$$f(x,y)=f_X(x)f_Y(y)=\begin{cases}\frac{1}{2}e^{-\frac{y}{2}}, & 0<x<1,y>0,\\ 0, & \text{其它}.\end{cases}$$

(2) 二次方程 $t^2+2Xt+Y=0$ 有实根，必须 $\Delta=4X^2-4Y\geqslant 0$，即 $X^2-Y\geqslant 0$，因此所求概率为

$$\begin{aligned}P\{X^2-Y\geqslant 0\} &= \iint\limits_{x^2-y\geqslant 0} f(x,y)dxdy=\int_0^1 dx\int_0^{x^2}\frac{1}{2}e^{-\frac{y}{2}}dy\\ &=\int_0^1[-e^{-\frac{y}{2}}]_0^{x^2}dx=\int_0^1(-e^{-\frac{x^2}{2}}+1)dx=1+\int_0^1-e^{-\frac{x^2}{2}}\\ &=1-\sqrt{2\pi}\left[\frac{1}{\sqrt{2\pi}}\int_0^1-e^{-\frac{x^2}{2}}dx\right]=1-\sqrt{2\pi}[\Phi(1)-\Phi(0)]\\ &=1-\sqrt{2\pi}(0.8413-0.5000)=0.1445.\end{aligned}$$

以上讨论的关于二维随机变量的一些概念，不难推广到 n 维随机变量的情形. 例如，对 $n(n\geqslant 2)$ 维随机变量的独立性，就可有下述定义.

定义 8 设 n 维随机变量 $(X_1,X_2,\cdots,X_n)$ 的联合分布函数及边缘分布函数分别为 $F(x_1,x_2,\cdots,x_n)=P\{X_1\leqslant x_1,X_2\leqslant x_2,\cdots,X_n\leqslant x_n\}$ 和 $F_{X_1}(x_1),F_{X_2}(x_2),\cdots,F_{X_n}(x_n)$，如果对任意的 $(x_1,x_2,\cdots,x_n)$，均有

$$F(x_1,x_2,\cdots,x_n)=F_{X_1}(x_1)\cdot F_{X_2}(x_2)\cdots F_{X_n}(x_n) \tag{3-26}$$

成立，则称 X_1，$X_2,\cdots,X_n$ 是 n 个相互独立的随机变量.

特别地，在离散型随机变量场合，式 (3-26) 等价于对任意 n 个取值 x_1，x_2，$\cdots$，x_n 有

$$P\{X_1=x_1, X_2=x_2, \cdots, X_n=x_n\}=\prod_{i=1}^{n} P\{X_i=x_i\}.$$

其中 $P\{X_1=x_1, X_2=x_2, \cdots, X_n=x_n\}$ 和 $P\{X_1=x_1\}$，$P\{X_2=x_2\}$，…，$P\{X_n=x_n\}$分别为相应的联合分布律和边缘分布律．

在连续型随机变量场合，式（3-26）等价于任意 n 个取值 x_1，x_2，…，x_n有

$$f^*(x_1, x_2, \cdots, x_n)=\prod_{i=1}^{n} f(x_i).$$

其中 $f(x_1,x_2,\cdots,x_n)$和 $f_{X_1}(x_1)$，$f_{X_2}(x_2)$，…，$f_{X_n}(x_n)$分别为相应的联合概率密度和边缘概率密度．

关于 n 维随机变量的独立性，下述结果是重要的，这在数理统计中是很有用的.

定理 若（$X_1,X_2,\cdots,X_n$）和($Y_1,Y_2,\cdots,Y_m$) 相互独立，则 $X_i(i=1,2\cdots,n)$与 $Y_j(j=1,2\cdots,m)$相互独立. 又若 $h(x_1,x_2,\cdots,x_n)$，$g(y_1,y_2,\cdots,y_m)$是连续函数，则 $h(X_1,X_2,\cdots,X_n)$与 $g(Y_1,Y_2,\cdots,Y_m)$也相互独立.

证明略.

第四节　二维随机变量函数的分布

在第二章的第四节中，我们讨论了一维随机变量函数的分布问题，对二维随机变量也有类似的问题，当然情况就更加复杂了．这里我们仅就几个常用的二维随机变量函数的分布进行具体讨论，所用的方法也适用一般的二维随机变量函数的分布计算．

一、二维离散型随机变量函数的分布

设（X,Y）的联合分布律为 $P\{X=x_i,Y=y_j\}=p_{ij}(i,j=1,2,\cdots)$，$g(x,y)$是一个二元连续函数，则 $Z=g(X,Y)$也是一个随机变量，其所有可能取值为 $z_k=g(x_i,y_j)(k=1,2,\cdots)$,因此 Z 也是离散型随机变量，且

$$P\{Z=z_k\}=P\{g(X,Y)=z_k\}=\sum_i\sum_j P\{X=x_i,Y=y_j\}=\sum_i\sum_j p_{ij}. \quad (3\text{-}27)$$

其中求和是对一切使 $g(x_i,y_j)=z_k$ 的 i,j 来作，$k=1,2,\cdots$.

特别地，当 $Z=g(X,Y)=X+Y$ 时，有

$$P\{Z=z_k\}=P\{X+Y=z_k\}=\sum_i\sum_j P\{X=x_i,Y=y_j\}=\sum_i\sum_j p_{ij}. \quad (3\text{-}28)$$

其中求和是对一切使 $x_i+y_j=z_k$ 的 i,j 来作,$k=1,2,\cdots$.

当 X 与 Y 是相互独立的随机变量时有

$$P\{Z=z_k\}=\sum_i\sum_j P\{X=x_i\}\cdot\{Y=y_j\}=\sum_i\sum_j p_{i\cdot}p_{\cdot j}. \quad (3\text{-}29)$$

【例 1】 设二维随机变量(X,Y)的联合分布律如下表所示

X \ Y	-1	0	1	3
0	4/20	3/20	2/20	6/20
1	2/20	0	2/20	1/20

试求 $Z_1=X+Y$ 及 $Z_2=XY$ 的分布律．

解 先列出如下表格

(X,Y)	$(0,-1)$	$(0,0)$	$(0,1)$	$(0,3)$	$(1,-1)$	$(1,0)$	$(1,1)$	$(1,3)$
$Z_1=X+Y$	-1	0	1	3	0	1	2	4
$Z_2=XY$	0	0	0	0	-1	0	1	3
p_{ij}	4/20	3/20	2/20	6/20	2/20	0	2/20	1/20

因此，$Z_1=X+Y$ 及 $Z_2=XY$ 的分布律分别为

Z_1	-1	0	1	2	3	4
p_k	4/20	5/20	2/20	2/20	6/20	1/20

及

Z_2	-1	0	1	3
p_k	2/20	15/20	2/20	1/20

【例 2】 已知随机变量 X,Y 相互独立，且 $X\sim\pi(\lambda_1)$，$Y\sim\pi(\lambda_2)$. 试求 $Z=X+Y$ 的分布律.

解 由题设知 X,Y 的分布律分别为

$$P\{X=m\}=\frac{\lambda_1^m}{m!}e^{-\lambda_1},m=0,1,2,\cdots;\quad P\{Y=n\}=\frac{\lambda_2^n}{n!}e^{-\lambda_2},\quad n=0,1,2,\cdots.$$

因此对一任非负整数 k，利用概率的加法公式并注意到 X,Y 相互独立性有

$$\begin{aligned}P\{Z=k\}&=P\{X+Y=k\}=P\left\{\bigcup_{m=0}^{k}\{X=m,Y=k-m\}\right\}\\&=\sum_{m=0}^{k}P\{X=m,Y=k-m\}=\sum_{m=0}^{k}P\{X=m\}\cdot P\{Y=k-m\}\\&=\sum_{m=0}^{k}\frac{\lambda_1^m}{m!}e^{-\lambda_1}\cdot\frac{\lambda_2^{k-m}}{(k-m)!}e^{-\lambda_2}\\&=\frac{e^{-(\lambda_1+\lambda_2)}}{k!}\sum_{m=0}^{k}\frac{k!}{m!(k-m)!}\lambda_1^m\lambda_2^{k-m}=\frac{(\lambda_1+\lambda_2)^k}{k!}e^{-(\lambda_1+\lambda_2)}.\end{aligned}$$

即

$$Z=X+Y\sim\pi(\lambda_1+\lambda_2).$$

由此例可看出，独立的服从 Poisson 分布的随机变量的和仍然服从 Poisson 分布，且和的参数等于参数的和，随机变量的这种性质也称为分布具有可加性，以后将会看到还有很多分布具有这种性质.

二、二维连续型随机变量函数的分布

设二维连续型随机变量（X,Y）的联合概率密度为 $f(x,y)$，令 $g(x,y)$为二元连续函数，则 $Z=g(X,Y)$是(X,Y)的函数.

可用类似于一维随机变量函数分布的方法来求 $Z=g(X,Y)$的分布.

（1）求分布函数 $F_Z(z)$

$$F_Z(z)=P\{Z\leqslant z\}=P\{g(X,Y)\leqslant z\}=\iint\limits_{g(x,y)\leqslant z}f(x,y)dxdy.$$

（2）求其概率密度 $f_Z(z)$. 对 $f_Z(z)$的连续点有

$$F_Z'(z)=f_Z(z).$$

下面利用上述方法推导（X,Y）的几个特殊函数的分布，所用的方法也适合其它情形.

1. 和的分布

设二维连续型随机变量（X,Y）的联合概率密度为 $f(x,y)$，则 $Z=X+Y$ 的概率密度为

$$f_Z(z)=\int_{-\infty}^{+\infty}f(x,z-x)\mathrm{d}x=\int_{-\infty}^{+\infty}f(z-y,y)\mathrm{d}y.$$

证明 由于 $Z=X+Y$ 的分布函数为

$$F_Z(z)=P\{Z\leqslant z\}=\iint\limits_G f(x,y)\mathrm{d}x\mathrm{d}y.$$

这里积分区域 G：$x+y\leqslant z$ 是直线 $x+y=z$ 的左下方半平面（如图 3-6）.

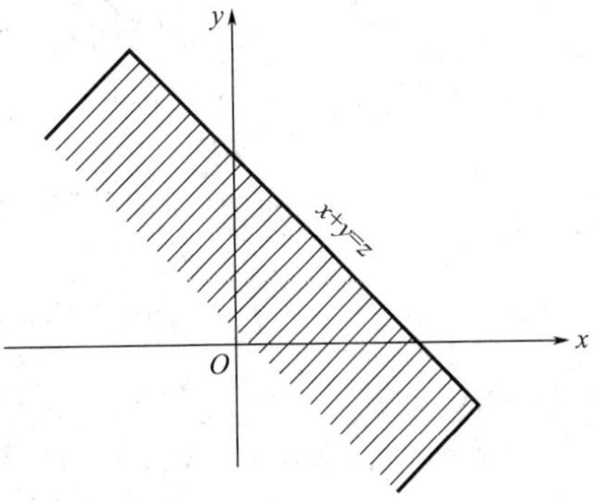

图 3-6

将上式化为累次积分，有

$$F_Z(z)=\int_{-\infty}^{+\infty}\left[\int_{-\infty}^{z-x}f(x,y)\mathrm{d}y\right]\mathrm{d}x,$$

固定 z 和 x，对积分 $\int_{-\infty}^{z-x}f(x,y)\mathrm{d}y$ 作变量代换 $y=u-x$，得

$$\int_{-\infty}^{z-x}f(x,y)\mathrm{d}y=\int_{-\infty}^{z}f(x,u-x)\mathrm{d}u.$$

于是 $F_Z(z)=\int_{-\infty}^{+\infty}\left[\int_{-\infty}^{z}f(x,u-x)\mathrm{d}u\right]\mathrm{d}x=\int_{-\infty}^{z}\left[\int_{-\infty}^{+\infty}f(x,u-x)\mathrm{d}x\right]\mathrm{d}u.$

由此可得 Z 的概率密度为

$$f_Z(z)=\int_{-\infty}^{+\infty}f(x,z-x)\mathrm{d}x. \tag{3-30}$$

由于 X,Y 的对称性，因此 $f_Z(z)$ 也可写成

$$f_Z(z)=\int_{-\infty}^{+\infty}f(z-y,y)\mathrm{d}y. \tag{3-31}$$

式(3-30）或式(3-31）就是关于两个随机变量和的概率密度的一般公式.

特别地，当 X 和 Y 相互独立时，设（X,Y）关于 X 和 Y 的边缘概率密度分别为 $f_X(x)$和 $f_Y(y)$，则由式(3-30）和式(3-31）可得

$$f_Z(z)=\int_{-\infty}^{+\infty}f_X(x)f_Y(z-x)\mathrm{d}x, \tag{3-32}$$

$$f_Z(z)=\int_{-\infty}^{+\infty}f_X(z-y)f_Y(y)\mathrm{d}y. \tag{3-33}$$

由式(3-32）或式(3-33）给出的运算通常称为卷积公式，一般记作 $f_Z=f_X * f_Y$.

【例 3】 设 X,Y 是相互独立且服从标准正态分布 $N(0,1)$ 的随机变量. 试求 $Z=X+Y$ 的概率密度.

解 由于

$$f_X(x)=\frac{1}{\sqrt{2\pi}}\mathrm{e}^{-\frac{x^2}{2}}, \qquad -\infty<x<+\infty.$$

$$f_Y(y)=\frac{1}{\sqrt{2\pi}}\mathrm{e}^{-\frac{y^2}{2}}, \qquad -\infty<y<+\infty.$$

因此，由式(3-31）有

$$f_Z(z)=\int_{-\infty}^{+\infty}f_X(x)f_Y(z-x)\mathrm{d}x=\frac{1}{2\pi}\int_{-\infty}^{+\infty}\mathrm{e}^{-\frac{x^2}{2}}\cdot\mathrm{e}^{-\frac{(z-x)^2}{2}}\mathrm{d}x$$
$$=\frac{1}{2\pi}\mathrm{e}^{-\frac{z}{4}^2}\int_{-\infty}^{+\infty}\mathrm{e}^{-(x-\frac{z}{2})^2}\mathrm{d}x.$$

令 $\frac{t}{\sqrt{2}}=x-\frac{z}{2}$， 即得

$$f_Z(z)=\frac{1}{2\sqrt{2}\pi}\mathrm{e}^{-\frac{z^2}{4}}\int_{-\infty}^{+\infty}\mathrm{e}^{-\frac{t^2}{2}}\mathrm{d}t=\frac{1}{2\sqrt{\pi}}\mathrm{e}^{-\frac{z^2}{4}}.$$

即 $Z\sim N(0,2)$.

一般地，若 $X_i(i=1,2,\cdots,n)$ 是 n 个相互独立的服从正态分布 $N(\mu_i,\sigma_i^2)$ 的随机变量，则 $\sum_{i=1}^{n}X_i$ 仍然是一个服从正态分布 $N(\mu,\sigma^2)$ 的随机变量，且其参数为 $\mu=\sum_{i=1}^{n}\mu_i,\sigma^2=\sum_{i=1}^{n}\sigma_i^2$ ，即正态分布具有可加性 .

【例 4】 设随机变量 X 与 Y 相互独立，且都服从 $(-1,1)$ 上的均匀分布 . 试求它们的和 $Z=X+Y$ 的概率密度 .

解 由于 X 与 Y 的边缘概率密度分别为

$$f_X(x)=\begin{cases}\frac{1}{2}, & -1<x<1,\\0, & \text{其它}.\end{cases}\qquad f_Y(y)=\begin{cases}\frac{1}{2}, & -1<y<1,\\0, & \text{其它}.\end{cases}$$

由式(3-32) 有

$$f_Z(z)=\int_{-\infty}^{+\infty}f_X(x)f_Y(z-x)\mathrm{d}x.$$

显然仅当 $\begin{cases}-1<x<1,\\-1<z-x<1,\end{cases}$ 即 $\begin{cases}-1<x<1,\\x-1<z<x+1\end{cases}$ 时，上述积分不等于零（图 3-7）.

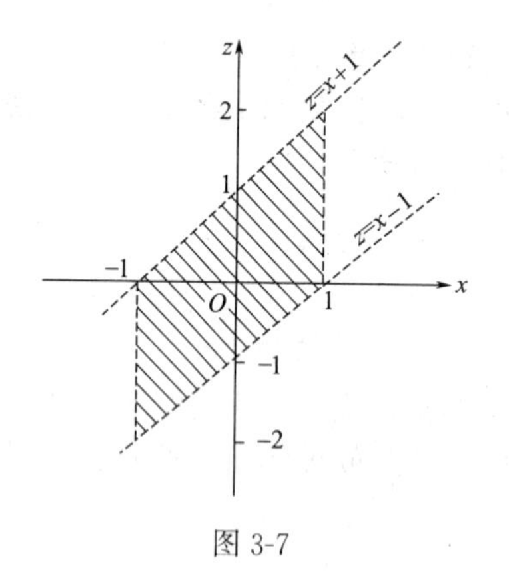

图 3-7

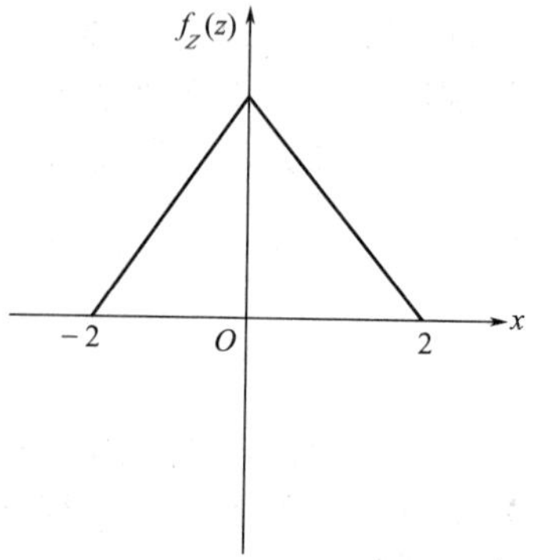

图 3-8

因此，当 $0\leqslant z<2$ 时， $f_Z(z)=\int_{z-1}^{1}\frac{1}{2}\times\frac{1}{2}\mathrm{d}x=\frac{1}{4}(2-z)$.

当 $-2<Z<0$ 时， $f_Z(z)=\int_{-1}^{z+1}\frac{1}{2}\times\frac{1}{2}\mathrm{d}x=\frac{2+z}{4}$.

所以
$$f_Z(z)=\begin{cases}\dfrac{2+z}{4}, & -2<z<0,\\ \dfrac{2-z}{4}, & 0\leqslant z<2,\\ 0, & |z|\geqslant 2.\end{cases}$$
所得到的分布称做辛卜生(Simpson)分布或称做三角分布，其概率密度曲线如图 3-8 所示.

【例 5】 设随机变量 X 与 Y 相互独立，且分别服从参数为 α_1,β 和 α_2,β 的 Γ 分布［分别记成 $X\sim\Gamma(\alpha_1,\beta)$，$Y\sim\Gamma(\alpha_2,\beta)$］，其概率密度分别为
$$f_X(x)=\begin{cases}\dfrac{\beta^{\alpha_1}}{\Gamma(\alpha_1)}x^{\alpha_1-1}\mathrm{e}^{-\beta x}, & x>0,\\ 0, & x\leqslant 0,\end{cases}\quad(\alpha_1>0;\beta>0).$$
$$f_Y(y)=\begin{cases}\dfrac{\beta^{\alpha_2}}{\Gamma(\alpha_2)}y^{\alpha_2-1}\mathrm{e}^{-\beta y}, & y>0\\ 0, & y\leqslant 0\end{cases}\quad(\alpha_2>0;\beta>0).$$
试证明 $X+Y$ 服从参数为 $\alpha_1+\alpha_2,\beta$ 的 Γ 分布.

证 令 $Z=X+Y$，则显然当 $z\leqslant 0$ 时，$f_Z(z)=0$；而当 $z>0$ 时的概率密度为
$$\begin{aligned}f_Z(z)&=\int_{-\infty}^{+\infty}f_X(x)f_Y(z-x)\mathrm{d}x\\&=\int_0^z\frac{\beta^{\alpha_1}}{\Gamma(\alpha_1)}x^{\alpha_1-1}\mathrm{e}^{-\beta x}\ \frac{\beta^{\alpha_2}}{\Gamma(\alpha_2)}(z-x)^{\alpha_2-1}\mathrm{e}^{-\beta(z-x)}\mathrm{d}x\\&=\frac{\beta^{\alpha_1+\alpha_2}\mathrm{e}^{-\beta z}}{\Gamma(\alpha_1)\Gamma(\alpha_2)}\int_0^z x^{\alpha_1-1}(z-x)^{\alpha_2-1}\mathrm{d}x\ (令\ x=zt)\\&=\frac{\beta^{\alpha_1+\alpha_2}}{\Gamma(\alpha_1)\Gamma(\alpha_2)}z^{\alpha_1+\alpha_2-1}\mathrm{e}^{-\beta z}\int_0^z t^{\alpha_1-1}(1-t)^{\alpha_2-1}\mathrm{d}t\\&=\frac{\beta^{\alpha_1+\alpha_2}}{\Gamma(\alpha_1)\Gamma(\alpha_2)}z^{\alpha_1+\alpha_2-1}\mathrm{e}^{-\beta z}B(\alpha_1,\alpha_2)\ ❶\\&=\frac{\beta^{\alpha_1+\alpha_2}}{\Gamma(\alpha_1+\alpha_2)}z^{\alpha_1+\alpha_2-1}\mathrm{e}^{-\beta z}.\end{aligned}$$
综上所述，$Z=X+Y$ 的概率密度为
$$f_Z(z)=\begin{cases}\dfrac{\beta^{\alpha_1+\alpha_2}}{\Gamma(\alpha_1+\alpha_2)}z^{\alpha_1+\alpha_2-1}\mathrm{e}^{-\beta z}, & z>0,\\ 0, & z\leqslant 0.\end{cases}$$
即 $X+Y$ 服从参数为 $\alpha_1+\alpha_2,\beta$ 的 Γ 分布，即 Γ 分布也具有可加性.

***2. 商的分布**

设二维随机向量(X,Y)的密度函数为 $f(x,y)$，$Z=X/Y$，则 z 的密度函数为

---

❶ $\Gamma(\alpha)=\int_0^{+\infty}x^{\alpha-1}\mathrm{e}^{-x}\mathrm{d}x\ (\alpha>0)$，$\Gamma(\alpha+1)=\alpha\Gamma(\alpha)$，$\Gamma\left(\frac{1}{2}\right)=\sqrt{\pi}$.

$B(\alpha,\beta)=\int_0^1 x^{\alpha-1}(1-x)^{\beta-1}\mathrm{d}x\ (\alpha>0,\beta>0)$，$B(\alpha,\beta)=\dfrac{\Gamma(\alpha)\Gamma(\beta)}{\Gamma(\alpha+\beta)}$.

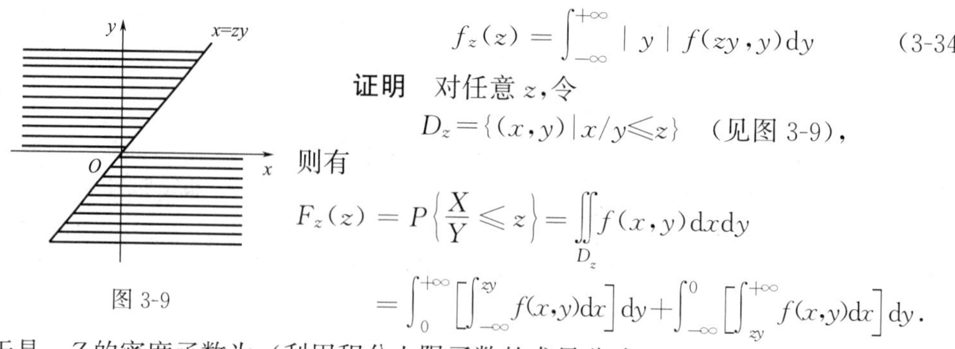

图 3-9

$$f_z(z)=\int_{-\infty}^{+\infty}|y|f(zy,y)\mathrm{d}y \tag{3-34}$$

证明 对任意 z，令

$$D_z=\{(x,y)|x/y\leqslant z\} \quad (见图 3\text{-}9),$$

则有

$$F_z(z)=P\left\{\frac{X}{Y}\leqslant z\right\}=\iint_{D_z}f(x,y)\mathrm{d}x\mathrm{d}y$$

$$=\int_0^{+\infty}\left[\int_{-\infty}^{zy}f(x,y)\mathrm{d}x\right]\mathrm{d}y+\int_{-\infty}^{0}\left[\int_{zy}^{+\infty}f(x,y)\mathrm{d}x\right]\mathrm{d}y.$$

于是，Z 的密度函数为（利用积分上限函数的求导公式）

$$f_z(z)=F'_z(z)=\int_0^{+\infty}yf(zy,y)\mathrm{d}y-\int_{-\infty}^{0}yf(zy,y)\mathrm{d}y=\int_{-\infty}^{+\infty}|y|f(zy,y)\mathrm{d}y.$$

【例 6】 设 X 与 Y 相互独立，它们都服从参数为 λ 的指数分数．求 $Z=X/Y$ 的密度函数．

解 依题意知

$$f_X(x)=\begin{cases}\lambda_{\mathrm{e}}^{-\lambda x}, & x\geqslant 0,\\ 0, & x<0;\end{cases} \quad f_Y(y)=\begin{cases}\lambda_{\mathrm{e}}^{-\lambda y}, & y\geqslant 0,\\ 0, & y<0.\end{cases}$$

因 X 与 Y 相互独立，故

$$f(x,y)=f_X(x)f_Y(y).$$

由商的分布知

$$f_z(z)=\int_{-\infty}^{+\infty}|y|f_X(yz)f_Y(y)\mathrm{d}y.$$

当 $z\leqslant 0$ 时，$f_Z(z)=0$；

当 $z>0$ 时，$f_Z(z)=\lambda^2\int_0^{+\infty}\mathrm{e}^{-\lambda y(1+z)}y\mathrm{d}y=\dfrac{1}{(1+z)^2}$.

故 Z 的密度函数为

$$f_Z(z)=\begin{cases}\dfrac{1}{(1+z)^2}, & z>0,\\ 0, & z\leqslant 0.\end{cases}$$

***3. 积的分布**

设 (X_1,X_2) 具有密度函数 $f(x_1,x_2)$，则 $Y=X_1X_2$ 的概率密度为

$$f_Y(y)=\int_{-\infty}^{+\infty}f\left(z,\frac{y}{z}\right)\frac{1}{|z|}\mathrm{d}z. \tag{3-35}$$

证明 令 $y=x_1x_2$，$z=x_1$，它们构成 (X_1,X_2) 到 (Y,Z) 的一对一的变换，逆变换为 $x_1=z$，$x_2=y/z$. 雅可比行列式为

$$J(y,z)=\begin{vmatrix}0 & 1\\ 1/z & -y/z^2\end{vmatrix}=-1/z\neq 0,$$

由定理 1 得 Y 和 Z 的联合密度为 $f\left(z,\dfrac{y}{z}\right)\dfrac{1}{|z|}$，再求边缘密度得

$$f_Y(y)=\int_{-\infty}^{+\infty}f\left(z,\frac{y}{z}\right)\frac{1}{|z|}\mathrm{d}z.$$

【例 7】 设二维随机向量（X,Y）在矩形

$$G=\{(x,y)\mid 0\leqslant x\leqslant 2,0\leqslant y\leqslant 1\}$$

上服从均匀分布，试求边长为 X 和 Y 的矩形面积 S 的密度函数 $f(s)$.

解 二维随机向量(X,Y)的密度函数为

$$f(x,y)=\begin{cases}1/2, & (x,y)\in G,\\ 0, & (x,y)\notin G.\end{cases}$$

方法一 设 $F(s)$ 为 S 的分布函数，则

$$F(s)=P\{S\leqslant s\}=\iint\limits_{xy\leqslant s} f(x,y)\mathrm{d}x\mathrm{d}y,$$

显然，当 $s\leqslant 0$ 时，$F(s)=0$；当 $s\geqslant 2$ 时，$F(s)=1$；而当 $0<s<2$ 时（见图 3-10），有

$$\iint\limits_{xy\leqslant s} f(x,y)\mathrm{d}x\mathrm{d}y=1-\frac{1}{2}\int_s^2\mathrm{d}x\int_{s/x}^1\mathrm{d}y=\frac{s}{2}(1+\ln 2-\ln s)$$

于是

$$F(s)=\begin{cases}0, & s\leqslant 0,\\ \dfrac{s}{2}(1+\ln 2-\ln s), & 0<s<2,\\ 1, & s\geqslant 2.\end{cases}$$

从而

$$f(s)=F'(s)=\begin{cases}\dfrac{1}{2}(\ln 2-\ln s), & 0<s<2,\\ 0, & \text{其它}.\end{cases}$$

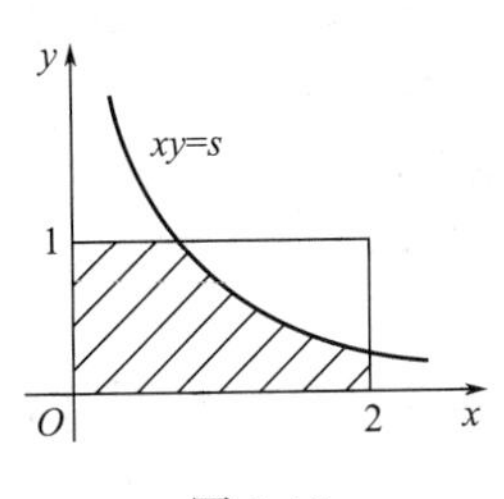

图 3-10

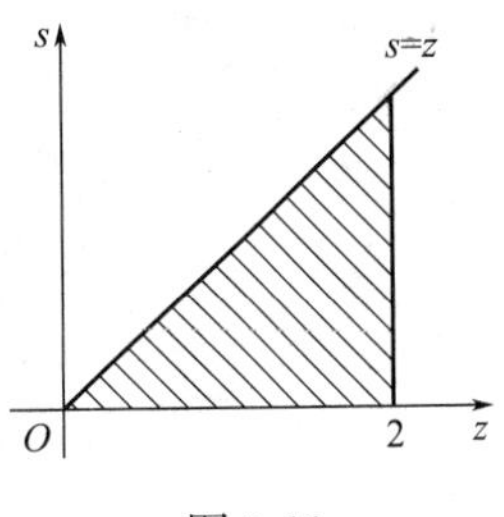

图 3-11

方法二 由式（3-35）

$$f_S(s)=\int_{-\infty}^{+\infty}f\left(z,\frac{s}{z}\right)\frac{1}{|z|}\mathrm{d}z,$$

因为仅当 $0<z\leqslant 2$，$0\leqslant\frac{s}{z}\leqslant 1$ 时（见图 3-11），$f\left(z,\frac{s}{z}\right)\neq 0$. 所以

$$f_S(s)=\int_s^2 f\left(z,\frac{s}{z}\right)\mathrm{d}z=\int_s^2\frac{1}{2}\cdot\frac{1}{z}\mathrm{d}z=\frac{1}{2}(\ln 2-\ln s),\quad 0<s<2.$$

其它情形下，$f_S(s)=0$.

三、$M=\max(X,Y)$ 和 $N=\min(X,Y)$ 的分布

为简单起见，仅讨论 X 和 Y 是相互独立的随机变量，且它们的分布函数分别记为 $F_X(x)$和 $F_Y(y)$.

对于 $M=\max(X,Y)$，有

$$\begin{aligned}F_M(z)&=P\{M\leqslant z\}=P\{X\leqslant z,Y\leqslant z\}\\&=P\{X\leqslant z\}P\{Y\leqslant z\}=F_X(z)F_Y(z).\end{aligned}\tag{3-36}$$

对于 $N=\min(X,Y)$，有

$$\begin{aligned}F_N(z)&=P\{N\leqslant z\}=1-P\{N>z\}=1-P\{X>z,Y>z\}\\&=1-P\{X>z\}P\{Y>z\}\\&=1-[1-F_X(z)][1-F_Y(z)].\end{aligned}\tag{3-37}$$

上述结果容易推广到 n 个随机变量的情形．设 $X_1,X_2,\cdots,X_n$ 是 n 个相互独立的随机变量，它们的分布函数分别记为 $F_{X_1}(x_1),F_{X_2}(x_2),\cdots,F_{X_n}(x_n)$，则 $M_n=\max(X_1,X_2,\cdots,X_n)$ 的分布函数为

$$F_{M_n}=F_{X_1}(x_1)F_{X_2}(x_2)\cdots F_{X_n}(x_n);$$

$N_n=\min(X_1,X_2,\cdots,X_n)$ 的分布函数为

$$F_{N_n}=1-[1-F_{X_1}(x_1)][1-F_{X_2}(x_2)]\cdots[1-F_{X_n}(x_n)].$$

特别地，当 $X_1,X_2,\cdots,X_n$ 具有相同的分布函数 $F(z)$ 时，有

$$F_{M_n}=[F(z)]^n,\quad F_{N_n}=1-[1-F(z)]^n.$$

【例 8】 设某电路系统由两个独立的子系统 L_1，L_2 组合而成，其连接的方式分别为（1）串联；（2）并联；（3）备用（当 L_1 损坏时，L_2 开始工作）（如图 3-12）．已知 L_1 和 L_2 的寿命分别为 X 和 Y，其概率密度分别为

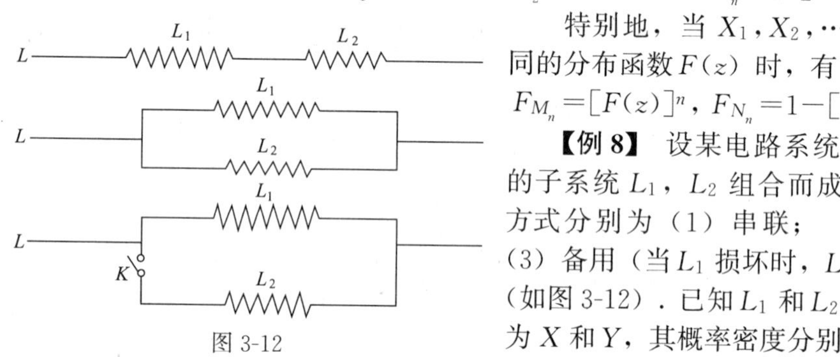

图 3-12

$$f_X(z)=\begin{cases}\lambda e^{-\lambda x}, & x>0,\\0, & x\leqslant 0.\end{cases}$$

$$f_Y(y)=\begin{cases}\mu e^{-\mu y}, & y>0,\\0, & y\leqslant 0.\end{cases}$$

其中 $\lambda>0$，$\mu>0$，且 $\lambda\neq\mu$，试就以上三种连接方式求出系统 L 的寿命 Z 所服从的分布．

解 （1）串联情形 由于 L_1,L_2 中有一个损坏时，系统 L 就停止工作，所以 L 的寿命 $Z=\min(X,Y)$，由 X,Y 的概率密度可以求得其分布函数为

$$F_X(x)=\begin{cases}1-e^{-\lambda x}, & x>0,\\0, & x\leqslant 0.\end{cases}$$

$$F_Y(y)=\begin{cases}1-e^{-\mu y}, & y>0,\\0, & y\leqslant 0.\end{cases}$$

所以 $$F_Z(z)=1-[1-F_X(z)][1-F_Y(z)]=\begin{cases}1-e^{-(\lambda+\mu)z}, & z>0,\\0, & z\leqslant 0.\end{cases}$$

其概率密度为

$$f_Z(z)=\begin{cases}(\lambda+\mu)e^{-(\lambda+\mu)z}, & z>0,\\0, & z\leqslant 0.\end{cases}$$

（2）并联情形 由于当且仅当 L_1,L_2 都损坏时，系统 L 才停止工作，所以这时 L 的寿命 Z 为

$$Z=\max(X,Y).$$

因此 $$F_Z(z)=F_X(z)F_Y(z)=\begin{cases}(1-\mathrm{e}^{-\lambda z})(1-\mathrm{e}^{-\mu z}), & z>0,\\ 0, & z\leqslant 0.\end{cases}$$

其概率密度为

$$f_Z(z)=\begin{cases}\lambda\mathrm{e}^{-\lambda z}+\mu\mathrm{e}^{-\mu z}-(\lambda+\mu)\mathrm{e}^{-(\lambda+\mu)z}, & z>0,\\ 0, & z\leqslant 0.\end{cases}$$

(3) 备用情形　由于此时当且仅当 L_1 损坏时系统 L_2 才开始工作，因此整个系统 L 的寿命 Z 是 L_1, L_2 两者寿命之和，即 $Z=X+Y$，其概率密度由式(3-31) 得

$$f_Z(z)=\int_{-\infty}^{+\infty}f_X(x)f_Y(z-x)\mathrm{d}x.$$

显然，当且仅当 $\begin{cases}x>0,\\ z-x>0.\end{cases}$ 即 $0<x<z$ 时，上述积分不等于零．

因此，当 $z>0$ 时

$$f_Z(z)=\int_0^z\lambda\mathrm{e}^{-\lambda x}\cdot\mu\mathrm{e}^{-\mu(z-x)}\mathrm{d}x=\lambda\mu\mathrm{e}^{-\mu z}\int_0^z\mathrm{e}^{-(\lambda-\mu)x}\mathrm{d}x=\frac{\lambda\mu}{\mu-\lambda}(\mathrm{e}^{-\lambda z}-\mathrm{e}^{-\mu z}).$$

当 $z\leqslant 0$ 时，$f_Z(z)=0$. 因此

$$f_Z(z)=\begin{cases}\dfrac{\lambda\mu}{\mu-\lambda}(\mathrm{e}^{-\lambda z}-\mathrm{e}^{-\mu z}), & z>0,\\ 0, & z\leqslant 0.\end{cases}$$

【例 9】 设 $X_1, X_2, \cdots, X_n$ 相互独立，且都服从 $(0,1)$ 上的均匀分布，试求 $U=\max(X_1,X_2,\cdots,X_n)$ 及 $V=\min(X_1,X_2,\cdots,X_n)$ 的密度函数．

解　因为相应于 $(0,1)$ 上均匀分布的分布函数为

$$F(x)=\begin{cases}0, & x\leqslant 0,\\ x, & 0<x<1,\\ 1, & x\geqslant 1.\end{cases}$$

因此 U 的分布函数为

$$F_U(u)=[F(u)]^n=\begin{cases}0, & u\leqslant 0,\\ u^n, & 0<u<1,\\ 1, & u\geqslant 1.\end{cases}$$

故 U 的概率密度为

$$f_U(u)=F'_U(u)=\begin{cases}nu^{n-1}, & 0<u<1,\\ 0, & \text{其它}.\end{cases}$$

因此 V 的分布函数为

$$F_V(v)=1-[1-F(v)]^n=\begin{cases}0, & v\leqslant 0,\\ 1-(1-v)^n, & 0<v<1,\\ 1, & v\geqslant 1.\end{cases}$$

故 V 的概率密度为

$$f_V(v)=F'_V(v)=\begin{cases}n(1-v)^{n-1}, & 0<v<1,\\ 0, & \text{其它}.\end{cases}$$

习　题　三

1. 设二维随机变量 (X,Y) 只取下列数组中的值:

$$(0,0),(-1,1),(-1,\frac{1}{3}),(2,0).$$

且取这些值的概率依次为$\frac{1}{6},\frac{1}{3},\frac{1}{12},\frac{5}{12}$. 试求表示这二维随机变量联合分布律的矩形表格．

2. 一口袋中装有三个球，它们依次标有数字 1,2,2. 从这袋中任取一球，不放回袋中，再从袋中任取一球．设每次取球时，袋中各个球被取到的可能性相同．以 X,Y 分别记第一次、第二次取得的球上标有的数字．试求（X,Y）的联合分布律．

3. 一整数 n 等可能地在 $1,2,3,\cdots,10$ 十个值中取一个值，设 $X=X(n)$ 是能整除 n 的正整数的个数，$Y=Y(n)$ 是能整除 n 的素数的个数（注意：1 不是素数）．试写出（X,Y）的联合分布律．

4. 设随机变量（X,Y）的联合概率密度为

$$f(x,y)=\begin{cases}k(6-x-y), & 0<x<2,2<y<4,\\0, & \text{其它}.\end{cases}$$

（1）试确定常数 k；（2）试求：$P\{X<1,Y<3\}$，$P\{X<1.5\}$，$P\{X+Y\leqslant 4\}$.

5. 设二维随机变量（X,Y）的联合分布函数为

$$F(x,y)=\begin{cases}1-3^{-x}-3^{-y}+3^{-x-y}, & x>0,y>0,\\0, & \text{其它}.\end{cases}$$

试求：（1）联合概率密度 $f(x,y)$；（2）$P\{0<X\leqslant 1,0<Y\leqslant 1\}$.

6. 在第 2 题中，若改为袋内装有号码是 1,2,2,3 的 4 个球，其它假设不变．试求（X,Y）的联合分布律和边缘分布律．

7. 已知在有一级品 2 件，二级品 5 件，次品 1 件的口袋中，任取其中的 3 件，用 X 表示所含的一级品件数，Y 表示二级品件数．试求：（1）（X,Y）的联合分布律；（2）关于 X 和关于 Y 的边缘分布律；（3）$P\{X<1.5,Y<2.5\}$，$P\{X\leqslant 2\}$，$P\{Y<0\}$.

8. 已知二维随机变量（X,Y）的联合概率密度为

$$f(x,y)=\begin{cases}c\sin(x+y), & 0\leqslant x\leqslant\frac{\pi}{4},0\leqslant y\leqslant\frac{\pi}{4},\\0, & \text{其它}.\end{cases}$$

试确定待定系数 c，并求关于 X,Y 的边缘概率密度．

9. 设二维随机变量(X,Y)在区域 G 上服从均匀分布，其中 $G=\{(x,y)|0\leqslant x\leqslant 1,\ x^2\leqslant y<x\}$. 试求（$X,Y$）的联合概率密度及关于 X 和 Y 的边缘概率密度．

10. 已知 X 服从参数 $p=0.6$ 的(0—1) 分布，且在 $X=0$ 及 $X=1$ 下，关于 Y 的条件分布分别如下表所示

Y	1	2	3
$P\{Y\|X=0\}$	1/4	1/2	1/4

Y	1	2	3
$P\{Y\|X=1\}$	1/2	1/6	1/3

试求二维随机变量（X,Y）的联合分布律，以及在 $Y\neq 1$ 时关于 X 的条件分布．

11. 在第 2 题中的两个随机变量 X 与 Y 是否独立？当 $X=1$ 时，Y 的条件分布是什么？

12. 设二维随机变量（X,Y）的联合概率密度为 $f(x,y)=\begin{cases}\dfrac{6}{(x+y+1)^4}, & x\geqslant 0,y\geqslant 0,\\0, & \text{其它}.\end{cases}$

试求：（1）条件概率密度 $f_{X|Y}(x|y)$；（2）$P\{0\leqslant X\leqslant 1|Y=1\}$.

13. 设二维连续型随机变量（X,Y）的联合概率密度为

$$f(x,y)=\begin{cases}x^2+\frac{xy}{3}, & 0\leqslant x\leqslant 1,\ 0<y<2,\\0, & \text{其它}.\end{cases}$$

试求条件概率密度 $f_{X|Y}(x|y)$，$f_{Y|X}(y|x)$并计算 $P\{Y<\frac{1}{2}|X<\frac{1}{2}\}$.

14. 已知相互独立的随机变量 X,Y 的分布律分别为

X	0	1
p_i	0.7	0.3

Y	0	1	2	3
p_i	0.4	0.2	0.1	0.3

试求：(1) (X,Y) 的联合分布律；(2) $Z=X+Y$ 的分布律.

15. 设随机变量 (X,Y) 的概率密度为

$$f(x,y)=\begin{cases}\frac{1}{2}(x+y)e^{-(x+y)}, & x>0,y>0,\\ 0, & \text{其它}.\end{cases}$$

(1) 问 X 和 Y 是否独立？(2) 求 $Z=X+Y$ 的概率密度.

16. 设 (X,Y) 的联合概率密度为

$$f(x,y)=\frac{k}{(1+x^2)(1+y^2)}\quad(-\infty<x<+\infty,\ -\infty<y<+\infty).$$

试求：(1) 待定系数 k；(2) 关于 X 和关于 Y 的边缘概率密度；(3) 判定 X,Y 的独立性.

17. 如果 (X,Y) 的联合分布律用下列表格给出

(X,Y)	(1,1)	(1,2)	(1,3)	(2,1)	(2,2)	(2,3)
p_i	1/6	1/9	1/18	1/3	α	β

那么 α,β 取什么值时，X,Y 才相互独立？

18. 设二维随机变量 (X,Y) 的联合分布律为

X \ Y	−2	−1	0
−1	1/12	1/12	3/12
1/2	2/12	1/12	0
3	2/12	0	2/12

试求：(1) $X+Y$；(2) $X-Y$；(3) X^2+Y-2 的分布律.

19. 设 X 和 Y 是相互独立的随机变量，且 X,Y 分别服从参数为 α,β 的指数分布，如果定义随机变量 Z 如下

$$Z=\begin{cases}1, & X\leqslant Y,\\ 0, & X>Y.\end{cases}$$

求 Z 的分布律.

20. 设随机变量 X 和 Y 的分布律分别为

X	−1	0	1
p	0.25	0.5	0.25

Y	0	1
p	0.5	0.5

已知 $P\{XY=0\}=1$，试求 $Z=\max\{X,Y\}$的分布律.

21. 已知 $P\{X=k\}=\frac{a}{k}$，$P\{Y=-k\}=\frac{b}{k^2}$，$(k=1,2,3)$，X 与 Y 独立．试确定 a,b 的值；并求 (X,Y) 的联合分布律以及 $X+Y$ 的分布律.

22. 已知二维随机变量 (X,Y) 的联合概率密度为

$$f(x,y)=\begin{cases}Ae^{-(2x+y)}, & x>0,y>0,\\ 0, & \text{其它}.\end{cases}$$

试求待定系数 A，$P\{X>2,Y>1\}$ 及 $F_Z(z)$(其中 $Z=X+Y$).

23. 设 X 与 Y 是两个相互独立的随机变量，其概率密度分别为：

$$f_X(x)=\begin{cases}1, & 0\leqslant x\leqslant 1,\\ 0, & \text{其它}.\end{cases}\quad f_Y(y)=\begin{cases}e^{-y}, & y>0,\\ 0, & y\leqslant 0.\end{cases}$$

试求：$Z=X+Y$ 的概率密度．

24. 设（X,Y）的联合概率密度为 $f(x,y)=\frac{1}{2\pi}e^{-\frac{x^2+y^2}{2}}$．试求 $Z=\sqrt{X^2+Y^2}$的概率密度．

25. 设某种型号的电子管寿命（以小时计）近似地服从 $N(160,20^2)$ 分布．随机地抽取 4 只，试求其中没有一只寿命小于 180 的概率．

26. 对某种电子装置的输出测量了 5 次，得到观察值为 X_1,X_2,X_3,X_4,X_5. 设它们是相互独立的随机变量且都服从参数 $\sigma=2$ 的瑞利（Rayleigh）分布，即概率密度为

$$f(x)=\begin{cases}\frac{x}{\sigma^2}e^{-\frac{x^2}{2\sigma^2}}, & x\geqslant 0,\\ 0, & x<0.\end{cases}$$

其中 $\sigma>0$，试求：

（1）$Y_1=\max(X_1,X_2,X_3,X_4,X_5)$的分布函数；

（2）$Y_2=\min(X_1,X_2,X_3,X_4,X_5)$的分布函数；

（3）计算 $P\{Y_1>4\}$.

27. 设二维随机变量（X,Y）在 G 上服从均匀分布．其中

$$G=\left\{(x,y)\mid -\frac{1}{2}\leqslant x\leqslant 0,\ 0\leqslant y\leqslant 2x+1\right\}.$$

试求（X,Y）的联合分布函数 $F(x,y)$．

*28. 设 X 和 Y 是相互独立的随机变量，都在（$0,a$）上服从均匀分布，求随机变量 X 和 Y 之积 $Z=XY$ 的概率密度．

*29. 设 X 和 Y 是相互独立的随机变量，且都服从参数为 λ 的指数分布，求随机变量 X 和 Y 之商 $Z=X/Y$ 的概率密度．

第四章 随机变量的数字特征

前面讨论了随机变量的分布，它是对随机变量的一种全面描述，知道了随机变量的分布，也就掌握了随机变量取值的概率规律．然而实际上，求出随机变量的分布有时并不容易，而同时在许多实际问题中，人们并不需要去全面地考察随机变量的变化情况，而只要知道随机变量的某些数量指标就可以了．例如，在比较两个班级学生的学习成绩时，由于种种偶然因素的影响，学生的成绩是一个随机变量，如果仅考察成绩分布，有高有低、参差不齐，难以看出哪个班的成绩更好一些．通常都是比较两个班的平均成绩以及该班每个学生的成绩与平均成绩的偏离程度，一般总是认为平均成绩高、偏离程度小的班级当然学习成绩好些．这种“平均成绩”、“偏离程度”显然不是对考试成绩这个随机变量的全面描述，但它们确实反映了考试成绩这个随机变量的某些特征．

这样的例子还可以举出很多：比较不同品种农作物的产量，通常只需比较平均亩产量；比较两种钢材的抗拉强度，只需比较它们的平均抗拉强度；检查一批棉花的质量，通常只需了解这批棉花的平均纤维长度及这批棉花的纤维长度与平均纤维长度的偏离程度等等．由这些例子可以看到，某些与随机变量有关的数值，虽然不能完整地描述随机变量，但是比较集中地概括了人们所关心的某些特征，我们把描述随机变量某些特征的数字，称为随机变量的数字特征．这些数字特征无论是在理论上还是在实践上都具有重要意义．

本章将介绍随机变量的几个常用的数字特征：数学期望、方差、相关系数和矩．

第一节 数学期望

在实际工作中，人们常常使用“平均值”这个概念．例如，上午8点在一个路口观察1min内经过的车辆数，观察40次，得到数据如下表所示．

车辆数 x_i	4	5	6	7	8	9	10	11
频数 n_i	1	2	4	8	9	10	5	1

则在上午8点时1min内经过这个路口的平均车辆数为

$$\begin{aligned}\frac{\sum_{i=1}^{8} x_i n_i}{n} &= \sum_{i=1}^{8} x_i \frac{n_i}{n} \\ &= \frac{4\times1+5\times2+6\times4+7\times8+8\times9+9\times10+10\times5+11\times1}{40} \\ &= 4\times\frac{1}{40}+5\times\frac{2}{40}+6\times\frac{4}{40}+7\times\frac{8}{40}+8\times\frac{9}{40}+9\times\frac{10}{40}+10\times\frac{5}{40}+11\times\frac{1}{40} \\ &= 7.925.\end{aligned}$$

这里 n 是考察对象的总和，即 $n=\sum_{i=1}^{8} n_i$，$\frac{n_i}{n}$ 是事件“车辆数为 x_i”的频率，若记作 f_i，则平均车辆数可表示为 $\sum_{i=1}^{8} x_i f_i$.

如果另外再考察一天的同样时间，那么又可得到一组不同的频率，相应地也就又可得到另一个平均车辆数．这样每作一次这样的试验，就可得到一个平均车辆数．那么这段时间的平均车辆数到底是多少呢？由第一章中关于频率和概率的关系讨论可知，在求平均值时，理论上应该用概率 p_i 去代替上述和式中的频率 f_i，这样得到的平均值才是理论上的，也是真正意义上的平均值，它不随试验的变化而变化．这种平均值，称为随机变量的**数学期望**或简称为**期望（均值）**．

下面就离散型和连续型随机变量分别给出数学期望的具体表达式．

一、离散型随机变量的数学期望

定义 1 设 X 是离散型随机变量，它的分布律为

$$P\{X=x_i\}=p_i,\quad i=1,2,\cdots.$$

若级数 $\sum_{i=1}^{\infty} x_i p_i$ 绝对收敛，则称级数 $\sum_{i=1}^{\infty} x_i p_i$ 的和为随机变量 X 的**数学期望**或简称为**期望（均值）**，记作 $E(X)$，即

$$E(X)=\sum_{i=1}^{\infty} x_i p_i . \tag{4-1}$$

在不致引起误解时，也可以把 $E(X)$ 简记为 EX.

这里要求级数式(4-1) 绝对收敛是为了保证级数的收敛性与项的次序无关，这个要求是自然的，因为随机变量的平均值稳定在什么地方应当与随机变量取值的前后次序无关，不过常见的随机变量一般都能满足这一要求，故在实际计算时通常省略对绝对收敛性的验证．

【例 1】 设随机变量 X 服从（0—1）分布，其分布律为

X	0	1
p_i	q	p

其中 $0<p<1$，$q=1-p$. 试求 EX.

解 $$EX=\sum_{i=1}^{2} x_i p_i=0\times q+1\times p=p.$$

【例 2】 甲、乙两名射手在一次射击中得分（分别用 X,Y 表示）的分布律如下表所示

X	1	2	3
p_i	0.4	0.1	0.5

Y	1	2	3
p_i	0.1	0.6	0.3

试比较甲、乙两名射手的技术．

解 因为 $EX=1\times0.4+2\times0.1+3\times0.5=2.1$；

$EY=1\times0.1+2\times0.6+3\times0.3=2.2.$

这表明，就平均而言，乙的平均得分比甲多，因此从这个意义上讲，乙的技术要比甲好些．

【例 3】 假设由自动生产线加工的某种零件的内径 X（mm）服从正态分布 $N(11,1)$，内径小于 10 或大于 12 为不合格品，其余为合格品．销售每件合格品获利，销售每件不合格品亏损，已知销售利润 Y(单位：元）与销售零件的内径 X 有如下关系

$$Y=\begin{cases}-1, & X<10, \\ 20, & 10\leqslant X\leqslant 12, \\ -5, & X>12.\end{cases}$$

试求销售一个零件的平均利润？

解 先求零件的内径 X 在各个区间的概率，即有

$$P\{X<10\}=\Phi\left(\frac{10-11}{1}\right)=\Phi(-1)=1-\Phi(1)=1-0.8413=0.1587,$$

$$\begin{aligned}P\{10\leqslant X\leqslant 12\}&=\Phi\left(\frac{12-11}{1}\right)-\Phi\left(\frac{12-10}{1}\right)\\&=\Phi(1)-\Phi(-1)=2\Phi(1)-1=2\times 0.8413-1=0.6826,\end{aligned}$$

$$P\{X>12\}=1-P\{X\leqslant 12\}=1-\Phi\left(\frac{12-11}{1}\right)=1-\Phi(1)=1-0.8413=0.1587.$$

故销售一个零件的平均利润为

$$\begin{aligned}EY&=20P\{10\leqslant X\leqslant 12\}-P\{X<10\}-5P\{X>12\}\\&=20\times 0.6826-0.1587-5\times 0.1587\\&=12.6998.\end{aligned}$$

即销售一个零件的平均利润为 12.6998 元．

下面的例子给出数学期望的一个颇有价值的应用．

【例 4】 在某地区进行某种疾病的普查，为此要检验每一个人的血液．如果当地有 N 个人，则需要检验 N 个人的血液，现计划按两种方法进行：(1) 将每个人的血液分别检验，共需要检验 N 次．(2) 先按 k 个人分组，再将这 k 个人抽出来的血液混合在一起进行检验，如果这混合血液呈阴性反应，这说明这 k 个人的血液都呈阴性，这样，这 k 个人的血液只需验一次．但是，如果这混合血液呈阳性，为了明确这 k 个人中究竟是那几个人血液为阳性，就要对这 k 个人的血液再分别检验，这样这 k 个人检验的总次数为 $k+1$ 次．现假定每个人血液呈阳性的概率为 p $(0<p<1)$，且每个人血液的检验反应是相互独立的．试说明当 p 较小时，选取适当的 k，按第二种方法检验可减少检验次数，并说明 k 取什么值时最适宜．

解 由于每人的血液呈阴性反应的概率均为 $q=1-p$，因此这 k 个人的混合血液呈阴性反应的概率为 q^k，k 个人混合血液呈阳性反应的概率为 $1-q^k$.

设以 k 个人为一组时，组内每个人化验的次数为 X，则 X 是一个随机变量，其分布律为

X	$\frac{1}{k}$	$1+\frac{1}{k}$
p_i	q^k	$1-q^k$

由此可求得每个人所需的平均检验次数为

$$EX=\frac{1}{k}q^k+\left(1+\frac{1}{k}\right)(1-q^k)=1-q^k+\frac{1}{k}.$$

而按第一种办法每人应该检验 1 次，因此当

$$1-q^k+\frac{1}{k}<1,\quad 即\quad q>\frac{1}{\sqrt[k]{k}} 时,$$

用分组的办法（k 个人一组）就可减少检验的次数．如果 p 是已知的，还可以利用微积分的知识由 $EX=1-q^k+\frac{1}{k}$ 中选取最适合的整数 k_0，使得平均检验次数 EX 达到最小值，从而使平均检验次数最少．例如，$p=0.03$，则当 $k=6$ 时，$EX=1-q^k+\frac{1}{k}$ 取得最小值，此时得到最好的分组方法．此时每人平均只需检验 $1-0.97+\frac{1}{6}\approx 0.334$. 这样，平均说来，可以减少近 $\frac{2}{3}$ 的工作量．

二、连续型随机变量的数学期望

定义 2 设连续型随机变量 X 具有概率密度 $f(x)$，若积分 $\int_{-\infty}^{+\infty}xf(x)\mathrm{d}x$ 绝对收敛，则称积分 $\int_{-\infty}^{+\infty}xf(x)\mathrm{d}x$ 为随机变量 X 的数学期望，记为 EX，即

$$EX=\int_{-\infty}^{+\infty}xf(x)\mathrm{d}x\ ❶. \tag{4-2}$$

【例 5】 设连续型随机变量 X 的概率密度为

$$f(x)=\begin{cases}kx^2, & 0<x<1,\\ 0, & 其它.\end{cases}$$

试求：(1) 系数 k；(2) EX.

解 (1) 由 $\int_{-\infty}^{+\infty}f(x)\mathrm{d}x=1$，得

$$\int_{-\infty}^{+\infty}f(x)\mathrm{d}x=\int_0^1 kx^2\mathrm{d}x=k\left(\frac{x^3}{3}\right)_0^1=\frac{k}{3}=1,$$

因此 $k=3$，即

$$f(x)=\begin{cases}3x^2, & 0<x<1,\\ 0, & 其它.\end{cases}$$

$$(2)EX=\int_{-\infty}^{+\infty}xf(x)\mathrm{d}x=\int_0^1 x\cdot 3x^2\mathrm{d}x=\frac{3}{4}.$$

【例 6】 有五个相互独立的电子装置，它们的寿命 X_i ($i=1,2,3,4,5$) 服从同一指数分布，其概率密度为

---

❶ 这里给出连续型随机变量数学期望的一个物理解释．设在 Ox 轴上分布着质量，其线密度为 $f(x)$，由于

$$\int_{-\infty}^{+\infty}xf(x)\mathrm{d}x=\frac{\int_{-\infty}^{+\infty}xf(x)\mathrm{d}x}{\int_{-\infty}^{+\infty}f(x)\mathrm{d}x}.$$

所以，数学期望 EX 就表示质量中心的坐标．

$$f(x)=\begin{cases}\lambda e^{-\lambda x}, & x>0,\\ 0, & x\leqslant 0\end{cases}\quad (\lambda>0).$$

（1）将这 5 个电子装置串联组成整机，求整机寿命 N 的数学期望；

（2）将这 5 个电子装置并联组成整机，求整机寿命 M 的数学期望．

解　（1）由于整机是由这 5 个电子装置串联组成，因此只要这 5 个电子装置有一个损坏时，就停止工作，

所以整机的寿命

$$N=\min(X_1,X_2,X_3,X_4,X_5).$$

由于 $X_i(i=1,2,3,4,5)$的分布函数均为

$$F(x)=\int_{-\infty}^{x}f(x)\mathrm{d}x=\begin{cases}1-e^{-\lambda x}, & x>0,\\ 0, & x\leqslant 0.\end{cases}$$

所以 $N=\min(X_1,X_2,X_3,X_4,X_5)$的分布函为

$$F_{\min}(x)=1-[1-F(x)]^5=\begin{cases}1-e^{-5\lambda x}, & x>0,\\ 0, & x\leqslant 0.\end{cases}$$

而 N 的概率密度为

$$f_{\min}(x)=F'_{\min}(x)=\begin{cases}5\lambda e^{-5\lambda x}, & x>0,\\ 0, & x\leqslant 0.\end{cases}$$

于是整机寿命 N 的数学期望为

$$EN=\int_{-\infty}^{+\infty}xf_{\min}(x)\mathrm{d}x=\int_{0}^{+\infty}5\lambda x e^{-5\lambda x}\mathrm{d}x=\frac{1}{5\lambda}.$$

（2）由于整机是由这 5 个电子装置并联组成，因此只要这 5 个电子装置还有一个能正常工作时，整机就能正常工作，所以整机的寿命 $M=\max(X_1,X_2,X_3,X_4,X_5)$，其分布函数为

$$F_M(x)=[F(x)]^5=\begin{cases}(1-e^{-\lambda x})^5, & x>0,\\ 0, & x\leqslant 0.\end{cases}$$

其概率密度为

$$f_M(x)=\begin{cases}5\lambda(1-e^{-\lambda x})^4e^{-\lambda x}, & x>0,\\ 0, & x\leqslant 0.\end{cases}$$

故数学期望为

$$EM=\int_{-\infty}^{+\infty}xf_{\max}(x)\mathrm{d}x=\int_{0}^{+\infty}5\lambda x(1-e^{-\lambda x})^4e^{-\lambda x}\mathrm{d}x=\frac{137}{60\lambda}.$$

【例 7】设连续型随机变量的概率密度为

$$f(x)=\begin{cases}ax+b, & 0\leqslant x\leqslant 1,\\ 0, & \text{其它}.\end{cases}$$

且 $EX=\frac{7}{12}$，求 a,b 之值，并求分布函数．

解　由题意知

$$1=\int_{-\infty}^{+\infty}f(x)\mathrm{d}x=\int_{0}^{1}(ax+b)\mathrm{d}x=\frac{a}{2}+b,$$

$$\frac{7}{12}=\int_{-\infty}^{+\infty}xf(x)\mathrm{d}x=\int_{0}^{1}x(ax+b)\mathrm{d}x=\frac{a}{3}+\frac{b}{2}.$$

解上述两式构成的方程组得 $a=1$，$b=\frac{1}{2}$.

又由分布函数定义得

$$F(x)=\int_{-\infty}^{x} f(t)\mathrm{d}t=\begin{cases}0, & x<0, \\ \frac{1}{2}(x^2+x), & 0\leqslant x\leqslant 1, \\ 1, & x>1.\end{cases}$$

三、几个常用分布的数学期望

1. 二项分布

设随机变量 X 服从参数为 n,p 的二项分布，即 X 的分布律为

$P\{X=k\}=C_n^k p^k(1-p)^{n-k}$，$k=0,1,2,\cdots,n$，$0<p<1$，$n$ 为自然数.

则
$$\begin{aligned}EX &= \sum_{k=0}^{n} kP\{X=k\}=\sum_{k=0}^{n} kC_n^k p^k(1-p)^{n-k} \\ &= \sum_{k=0}^{n}\frac{k\cdot n!}{k!(n-k)!}p^k(1-p)^{n-k} \\ &= \sum_{k=1}^{n}\frac{n(n-1)!}{(k-1)![(n-1)-(k-1)]!}p\cdot p^{k-1}(1-p)^{(n-1)-(k-1)} \\ &= np\sum_{k=1}^{n}C_{n-1}^{k-1}p^{k-1}(1-p)^{(n-1)-(k-1)} \xlongequal{m=k-1} np\sum_{m=0}^{n-1}C_{n-1}^{m}p^{m}(1-p)^{(n-1)-m} \\ &= np[p+(1-p)]^{n-1}=np.\end{aligned}$$

2. 泊松分布

设随机变量 X 服从参数为 λ 的泊松分布，其分布律为

$$P\{X=k\}=\frac{\lambda^k \mathrm{e}^{-\lambda}}{k!}\quad(\lambda>0;\ k=0,1,2,\cdots).$$

则
$$EX=\sum_{k=0}^{\infty}k\cdot\frac{\lambda^k\mathrm{e}^{-\lambda}}{k!}=\lambda\mathrm{e}^{-\lambda}\sum_{k=1}^{\infty}\frac{\lambda^{k-1}}{(k-1)!}\xlongequal{m=k-1}\lambda\mathrm{e}^{-\lambda}\sum_{m=0}^{\infty}\frac{\lambda^m}{m!}=\lambda\mathrm{e}^{-\lambda}\mathrm{e}^{\lambda}=\lambda.$$

3. 均匀分布

若 X 服从 (a,b) 上的均匀分布，其概率密度为

$$f(x)=\begin{cases}\frac{1}{b-a}, & a<x<b, \\ 0, & \text{其它}.\end{cases}$$

则
$$EX=\int_{-\infty}^{+\infty}xf(x)\mathrm{d}x=\int_a^b x\frac{1}{b-a}\mathrm{d}x=\frac{b+a}{2}.$$

4. 指数分布

设随机变量 X 服从参数为 $\lambda(\lambda>0)$ 的指数分布，其概率密度为

$$f(x)=\begin{cases}\lambda\mathrm{e}^{-\lambda x}, & x>0, \\ 0, & x\leqslant 0.\end{cases}$$

则
$$EX=\int_{-\infty}^{+\infty}xf(x)\mathrm{d}x=\int_0^{+\infty}x\lambda\mathrm{e}^{-\lambda x}\mathrm{d}x=\frac{1}{\lambda}.$$

5. 正态分布

设随机变量　$X\sim N(\mu,\sigma^2)$，其概率密度为

$$f(x)=\frac{1}{\sqrt{2\pi}\sigma}\mathrm{e}^{-\frac{(x-\mu)^2}{2\sigma^2}}\quad(-\infty<x<+\infty;\quad \sigma>0).$$

则 $$EX=\int_{-\infty}^{+\infty}xf(x)\mathrm{d}x=\int_{-\infty}^{+\infty}x\,\frac{1}{\sqrt{2\pi}\sigma}\mathrm{e}^{-\frac{(x-\mu)^2}{2\sigma^2}}\,\mathrm{d}x.$$

令 $t=\frac{x-\mu}{\sigma}$，得

$$EX=\frac{1}{\sqrt{2\pi}}\int_{-\infty}^{+\infty}(\sigma t+\mu)\mathrm{e}^{-\frac{t^2}{2}}\,\mathrm{d}t=\frac{\mu}{\sqrt{2\pi}}\int_{-\infty}^{+\infty}\mathrm{e}^{-\frac{t^2}{2}}\,\mathrm{d}t=\frac{\mu}{\sqrt{2\pi}}\sqrt{2\pi}=\mu.$$

对于若干重要的常用分布的数学期望（可以参见书末附录三），若无特别要求，应用时可直接使用其结果．

四、随机变量函数的数学期望

对于随机变量 X，随机变量的函数 $Y=g(X)$ 仍然是一个随机变量．如果能求得 Y 的分布，则它的数学期望可按式(4-1) 或式(4-2) 计算．但是，求 Y 的分布一般是比较繁琐的，如果能避开求 Y 的分布而直接利用随机变量 X 的分布求 Y 的数学期望，对简化计算是非常有用的．为此，下面不加证明地给出计算 $Y=g(X)$ 的数学期望的计算公式．

定理 1 设 $Y=g(X)$ 是随机变量 X 的函数［$g(x)$是连续函数］．

（1）若 X 是离散型随机变量，它的分布律为：$P\{X=x_i\}=p_i(i=1,2,\cdots)$，且 $\sum_{i=1}^{\infty}g(x_i)p_i$ 绝对收敛，则

$$EY=E[g(X)]=\sum_{i=1}^{\infty}g(x_i)p_i. \tag{4-3}$$

（2）若 X 是连续型随机变量，它的概率密度为 $f(x)$，且 $\int_{-\infty}^{+\infty}g(x)f(x)\mathrm{d}x$ 绝对收敛，则

$$EY=E[g(X)]=\int_{-\infty}^{+\infty}g(x)f(x)\mathrm{d}x. \tag{4-4}$$

定理的重要意义在于当计算 EY 时，不必计算 Y 的分布，只需直接利用随机变量 X 的分布就可以了，这就大大简化了计算．

上述定理还可以推广到二维或二维以上随机变量函数的情况．对于二元连续函数 $g(x,y)$，若 (X,Y) 为二维离散型随机变量，且联合分布律为

$$p_{ij}=P\{X=x_i,Y=y_j\}\quad i,j=1,2,\cdots.$$

则 $$E[g(X,Y)]=\sum_{i=1}^{\infty}\sum_{j=1}^{\infty}g(x_i,y_j)p_{ij}. \tag{4-5}$$

这里假定上式右边的级数绝对收敛．

若 (X,Y) 为二维连续型随机变量，且联合概率密度为 $f(x,y)$，则

$$E[g(X,Y)]=\int_{-\infty}^{+\infty}\int_{-\infty}^{+\infty}g(x,y)f(x,y)\mathrm{d}x\mathrm{d}y. \tag{4-6}$$

这里同样假定上式右边的积分绝对收敛．

【例 8】 设随机变量 X 的分布律为

X	0	1	2
p_i	0.2	0.5	0.3

试求 EX，EX^2，$E(3X+4)^2$.

解 $EX=0\times0.2+1\times0.5+2\times0.3=1.1$，

$EX^2=0^2\times0.2+1^2\times0.5+2^2\times0.3=1.7$，

$E(3X+4)^2=(3\times0+4)^2\times0.2+(3\times1+4)^2\times0.5+(3\times2+4)^2\times0.1=37.7$.

【例 9】 设二维随机变量（X,Y）的联合分布律为

X \ Y	0	1	2
0	4/16	4/16	1/16
1	4/16	2/16	0
2	1/16	0	0

试求 $E(X+Y)$.

解 由式(4-5) 有

$$E(X+Y)=(0+0)\times\frac{4}{16}+(0+1)\times\frac{4}{16}+(0+2)\times\frac{1}{16}+(1+0)\times\frac{4}{16}+$$

$$(1+1)\times\frac{2}{16}+(1+2)\times0+(2+0)\times\frac{1}{16}+(2+1)\times0+(2+2)\times0$$

$$=1.$$

【例 10】 设二维随机变量（X,Y）的概率密度为

$$f(x,y)=\begin{cases}12y^2, & 0\leqslant y\leqslant x\leqslant1,\\ 0, & \text{其它}.\end{cases}$$

试求 X,Y，XY，X^2+Y^2 的数学期望.

解 由式(4-6) 有

$$EX=\int_{-\infty}^{+\infty}\int_{-\infty}^{+\infty}xf(x,y)\mathrm{d}x\mathrm{d}y=12\int_0^1\mathrm{d}x\int_0^x xy^2\mathrm{d}y=12\int_0^1 x\cdot\frac{x^3}{3}\mathrm{d}x=\frac{4}{5};$$

$$EY=12\int_0^1\mathrm{d}x\int_0^x y\cdot y^2\mathrm{d}y=12\int_0^1 x\cdot\frac{x^4}{4}\mathrm{d}x=\frac{3}{5};$$

$$E(XY)=12\int_0^1\mathrm{d}x\int_0^x xy\cdot y^2\mathrm{d}y=12\int_0^1 x\cdot\frac{x^4}{4}\mathrm{d}x=\frac{1}{2};$$

$$E(X^2+Y^2)=12\int_0^1\mathrm{d}x\int_0^x(x^2+y^2)\cdot y^2\mathrm{d}y=12\int_0^1\left(x^2\cdot\frac{x^3}{3}+\frac{x^5}{5}\right)\mathrm{d}x=\frac{16}{15}.$$

【例 11】 假设国际市场上每年对我国某种出口商品的需求量为 X（单位：t）服从［2000,4000］上的均匀分布．每售出这种商品 1t，可为国家挣得外汇 6 万元，但假如销售不出囤积仓库，则每吨浪费保管费 2 万元．试问应组织多少吨货源，才能使国家的收益最大?

解 设预备某年出口的商品量为 st（显然有 $2000\leqslant s\leqslant4000$）．用 Y 表示这年国家的收益（万元），则

$$Y=g(X)=\begin{cases}6s, & s\leqslant X<4000,\\ 6X-2(s-X)=8X-2s, & 2000<X<s.\end{cases}$$

又 X 的概率密度为

$$f(x)=\begin{cases}\dfrac{1}{2000}, & 2000<x<4000,\\ 0, & \text{其它}.\end{cases}$$

故利用式(4-4)可得在组织 st 货源时，国家所获得的期望收益为

$$EY=E[g(x)]=\int_{-\infty}^{+\infty}g(x)f(x)\mathrm{d}x=\int_{2000}^{s}(8x-2s)\cdot\frac{1}{2000}\mathrm{d}x+\int_{s}^{4000}6s\cdot\frac{1}{2000}\mathrm{d}x$$

$$=\frac{-s^2+7000s-4\times10^6}{500}.$$

即期望收益是 s 的函数，利用微分法易得当 $s=3500\mathrm{t}$ 时期望收益 EY 达到最大值.

五、数学期望的性质

以下均假定随机变量的数学期望存在.

性质 1 设 C 为常数，则有

$$E(C)=C; \tag{4-7}$$

性质 2 设 X 是随机变量，C 是常数，则有

$$E(CX)=CEX; \tag{4-8}$$

性质 3 设 X,Y 是两个随机变量，则有

$$E(X+Y)=EX+EY; \tag{4-9}$$

这一性质可推广到任意有限个随机变量的情况，即

$$E\left(\sum_{i=1}^{n}X_i\right)=\sum_{i=1}^{n}EX_i.$$

性质 4 设 X,Y 是相互独立的随机变量，则有

$$E(XY)=(EX)(EY). \tag{4-10}$$

证 性质 1 和性质 2 由读者自己完成证明. 下面仅就连续型随机变量证明性质 3 和性质 4. 设二维连续随机变量 (X,Y) 的联合概率密度为 $f(x,y)$，其边缘概率密度分别为 $f_X(x)$ 和 $f_Y(y)$. 则由式(4-6)有

$$E(X+Y)=\int_{-\infty}^{+\infty}\int_{-\infty}^{+\infty}(x+y)f(x,y)\mathrm{d}x\mathrm{d}y$$

$$=\int_{-\infty}^{+\infty}\int_{-\infty}^{+\infty}xf(x,y)\mathrm{d}x\mathrm{d}y+\int_{-\infty}^{+\infty}\int_{-\infty}^{+\infty}yf(x,y)\mathrm{d}x\mathrm{d}y=EX+EY.$$

又若 X,Y 是相互独立的随机变量，此时 $f(x,y)=f_X(x)\cdot f_Y(y)$，故有

$$E(XY)=\int_{-\infty}^{+\infty}\int_{-\infty}^{+\infty}xyf_X(x)f_Y(y)\mathrm{d}x\mathrm{d}y$$

$$=\left[\int_{-\infty}^{+\infty}xf_X(x)\mathrm{d}x\right]\left[\int_{-\infty}^{+\infty}yf_Y(y)\mathrm{d}y\right]=EX\cdot EY.$$

【例 12】 据统计，一位 40 岁的健康（一般体检未发现病症）者，在 5 年内活着或自杀死亡的概率为 p（$0<p<1$），在 5 年内非自杀死亡的概率为 $1-p$. 某保险公司开办 5 年人寿保险，参保者需交保费 a 元（已知），若 5 年之内非自杀死亡，公司赔偿 b 元($b>a$). 试问 b 应如何确定才能使保险公司有期望收益？若有 m 人参加保险，则公司可期望收益多少？

解 设 X_i 表示保险公司从第 i 个参保者身上获得的收益，则 X_i 是随机变量，其分布律为

X_i	a	$a-b$
p_i	p	$1-p$

于是 $$EX_i=a\times p+(a-b)(1-p)=a-b(1-p).$$

若保险公司期望有收益，则必须 $EX_i>0$，因此可得

$$a<b<a(1-p)^{-1}.$$

对 m 个人来说，设 X 表示保险公司从这 m 个参保者身上获得的收益，则 $X=\sum_{i=1}^{m}X_i$，因而保险公司获得的总收益

$$EX=E\left(\sum_{i=1}^{m}X_i\right)=\sum_{i=1}^{m}EX_i=ma-mb(1-p).$$

例如，当 $p=0.98$，$a=300$ 元，$b=10000$ 元，若有 10 万人参加这一保险，则保险公司可期望收益

$$EX=100000\times300-100000\times10000(1-0.98)=1000(\text{万元}).$$

【例 13】 设一电路中电流 I（A）与电阻 R（Ω）是两个相互独立的随机变量，其概率密度分别为

$$f_I(i)=\begin{cases}\frac{3}{8}i^2, & 0\leqslant i\leqslant2,\\ 0, & \text{其它}.\end{cases}\quad f_R(r)=\begin{cases}2r, & 0\leqslant r\leqslant1,\\ 0, & \text{其它}.\end{cases}$$

试求电压（V）$V=IR$ 的平均值.

解 $$EV=E(IR)=(EI)\cdot(ER)=\left(\int_{-\infty}^{+\infty}if_I(i)\mathrm{d}i\right)\cdot\left(\int_{-\infty}^{+\infty}rf_R(r)\mathrm{d}r\right)$$
$$=\left(\int_0^2\frac{3}{8}i^3\mathrm{d}i\right)\cdot\left(\int_0^1 2r^2\mathrm{d}r\right)=1(\mathrm{V}).$$

*六、条件数学期望

对于二维离散型随机变量(X,Y)，在 X 取某一个定值，例如 $X=x_i$ 的条件下，求 Y 的数学期望，称此期望为给定$\{X=x_i\}$下 Y 的条件数学期望，记作 $E(Y|X=x_i)$，若(X,Y)的联合分布律

$$p_{ij}=P\{X=x_i,Y=y_j\}\quad(i,j=1,2,\cdots),$$

则有 $$E(Y\mid X=x_i)=\sum_{j=1}^{\infty}y_jP\{Y=y_j\mid X=x_i\}.\tag{4-11}$$

同样地定义给定$\{y=y_j\}$下 X 的条件数学期望为

$$E(X\mid Y=y_j)=\sum_{i=1}^{\infty}x_iP\{X=x_i\mid Y=y_j\}.\tag{4-12}$$

这里均假定上式右端的级数绝对收敛.

若(X,Y)为二维连续型随机变量，且联合概率密度为 $f(x,y)$，则相应定义

$$E(Y\mid X=x)=\int_{-\infty}^{+\infty}yf_{Y|X}(y\mid x)\mathrm{d}y\tag{4-13}$$

为在$\{X=x\}$条件下 Y 的条件数学期望；定义

$$E(X\mid Y=y)=\int_{-\infty}^{+\infty}xf_{X|Y}(x\mid y)\mathrm{d}x\tag{4-14}$$

为在$\{Y=y\}$条件下 X 的条件数学期望．

这里同样假定上式右端的积分绝对收敛．

注意条件期望$E(X|Y=y)$是 y 的函数，它与无条件期望 EX 的区别，不仅在于计算期望公式上，更在于其含义上．例如，X 表示中国成年人的身高，则 EX 表示中国成年人平均身高．若用 Y 表示中国成年人的足长（脚趾到脚跟的长度），则 $E(X|Y=y)$表示足长为 y 的中国成年人平均身高，我国公安部门研究获得

$$E(X|Y=y)=6.876y.$$

这个公式对公安部门破案起着重要的作用，例如，测得案犯留下的足印长为 25.3cm，则由此公式可推算出此案犯身高约 174cm.

【例 14】 向一目标进行独立射击，每次射击击中目标的概率为 $p(0<p<1)$. 设 X 表示首次击中目标时射击次数，Y 表示第 2 次击中目标时总射击次数．试求 $E(Y|X=i)$及 $E(X|Y=j)$.

解 由第三章第三节的例 2 知$(q=1-p)$

当 $j=2,3,\cdots$时，有

$$P\{X=i|Y=j\}=\frac{1}{j-1}\ (i=1,2,\cdots,j-1).$$

当 $i=1,2,\cdots$时，有

$$P\{Y=j|X=i\}=pq^{j-i-1}\ (j=i+1,i+2,\cdots).$$

故
$$E(Y\mid X=i)=\sum_{j=i+1}^{\infty}jpq^{j-i-1}=\frac{1}{p};$$

$$E(X\mid Y=j)=\sum_{i=1}^{j-1}i\frac{1}{j-1}=\frac{j}{2}.$$

【例 15】 设二维随机变量(X,Y)的概率密度为

$$f(x,y)=\begin{cases}1, & |y|<x,0<x<1,\\ 0, & \text{其它}.\end{cases}$$

试求 $E(X|Y=y)$.

解 先求关于 X 条件概率密度，因为

$$f_Y(y)=\int_{-\infty}^{+\infty}f(x,y)\mathrm{d}x=\begin{cases}\int_{|y|}^{1}1\mathrm{d}x\\ 0\end{cases}=\begin{cases}1-|y|, & |y|<1,\\ 0, & \text{其它}.\end{cases}$$

所以，当$-1<y<1$ 时，有

$$f_{X|Y}(x|y)=\frac{f(x,y)}{f_Y(y)}=\begin{cases}\dfrac{1}{1-|y|}, & |y|<x<1,\\ 0, & \text{其它}.\end{cases}$$

故
$$E(X\mid Y=y)=\int_{-\infty}^{+\infty}xf_{X|Y}(x\mid y)\mathrm{d}x=\int_{|y|}^{1}x\frac{1}{1-|y|}\mathrm{d}x=\frac{1+|y|}{2}.$$

第二节　方　　差

由上一节讨论我们知道数学期望反映了随机变量取值的平均，而在许多实际问

题中，仅仅知道数学期望是不够的．为了说明这一点，先考察一个例子．

现有两种牌号的手表，它们的日走时误差 X,Y（min）具有如下的分布律

X	-2	-1	0	$+1$	$+2$
p_i	0	0.1	0.8	0.1	0

Y	-2	-1	0	$+1$	$+2$
p_i	0.1	0.2	0.4	0.2	0.1

容易验证 $EX=EY=0$，从数学期望（即日走时误差的平均值）去看这两种牌号的手表，是分不出优劣的．如果仔细分析一下两个分布律，可以发现乙种牌号手表的日走时误差比较分散而显得不稳定．相对来说，甲种牌号手表的日走时误差比较稳定．因此从这个意义上讲，牌号甲的手表要优于牌号乙！也就是说，这两个随机变量从平均值（数学期望）上看没有差异，但从取值的分散程度上看还是有差异的．为了描述这种差异，这里引入另一个数字特征——方差与标准差．

一、方差与标准差

定义 3　设 X 是一个随机变量，如果 $E(X-EX)^2$ 存在，则称 $E(X-EX)^2$ 为 X 的**方差**，记为 DX 或 $\mathrm{Var}(X)$，即

$$DX=E(X-EX)^2. \tag{4-15}$$

而方差的算术平方根 $\sqrt{DX}$，称为**标准差**或**均方差**，常记为 σ_X. 在应用上标准差用得更广泛，其优点是它与随机变量 X 具有相同的量纲．

由定义知，随机变量 X 的方差表达了 X 的取值与其数学期望的偏离程度，若 X 的取值比较集中，则 DX 较小；反之，若 X 取值比较分散，则 DX 较大．因此，随机变量 X 的方差 DX 是刻画随机变量取值分散程度的一个数量指标．

由定义可知，方差实际上就是随机变量函数 $g(X)=(X-EX)^2$ 的数学期望，于是，若 X 是离散型随机变量，按式(4-3) 有

$$DX=\sum_{i=1}^{\infty}(x_i-EX)^2 p_i\ . \tag{4-16}$$

其中 $P\{X=x_i\}=p_i, i=1,2,\cdots$ 是随机变量 X 的分布律．

若 X 是连续型随机变量，按式(4-4) 有

$$DX=\int_{-\infty}^{+\infty}(x-EX)^2 f(x)\mathrm{d}x\ . \tag{4-17}$$

其中 $f(x)$ 是 X 的概率密度．

实际计算方差 DX 时，经常使用下面的公式．

$$DX=EX^2-(EX)^2. \tag{4-18}$$

事实上　$DX=E(X-EX)^2=E[X^2-2X\cdot EX+(EX)^2]$

$=EX^2-2EX\cdot EX+(EX)^2=EX^2-(EX)^2.$

现在不妨重新来考察一下前述的甲、乙两种牌号手表的日走时误差的方差，由于 $EX=EY=0$. 因此，由式(4-18) 有

$DX=EX^2=(-2)^2\times 0+(-1)^2\times 0.1+0^2\times 0.8+1^2\times 0.1+2^2\times 0=0.2$；

$DY=EY^2=(-2)^2\times 0.1+(-1)^2\times 0.2+0^2\times 0.4+1^2\times 0.2+2^2\times 0.1=1.2.$

由于 $DX<DY$，因此，从走时稳定上看，甲种牌号的手表要优于乙种牌号的手表．

【例 1】　设随机变量 X 服从(0—1) 分布，其分布律如下表所示

X	0	1
p_i	q	p

其中 $0<p<1$， $q=1-p$. 试求 DX.

解 由于 $EX=p$，$EX^2=0^2\times q+1^2\times p=p$. 因此

$$DX=EX^2-(EX)^2=p-p^2=p(1-p)=pq.$$

【例 2】 设随机变量 X 具有概率密度

$$f(x)=\begin{cases}1+x, & -1\leqslant x<0,\\ 1-x, & 0\leqslant x<1,\\ 0, & \text{其它}.\end{cases}$$

试求 DX.

解 $EX=\int_{-1}^{0}x(1+x)\mathrm{d}x+\int_{0}^{1}x(1-x)\mathrm{d}x=0$,

$$EX^2=\int_{-1}^{0}x^2(1+x)\mathrm{d}x+\int_{0}^{1}x^2(1-x)\mathrm{d}x=\frac{1}{6},$$

于是
$$DX=EX^2-(EX)^2=\frac{1}{6}.$$

二、方差的性质

性质 1 设 C 是常数，则

$$D(C)=0; \tag{4-19}$$

性质 2 设 X 是随机变量，C 是常数，则

$$D(X+C)=DX; \tag{4-20}$$

性质 3 设 X 是随机变量，C 是常数，则

$$D(CX)=C^2DX; \tag{4-21}$$

（性质 1,2,3 由读者自己完成证明）

性质 4 设 X,Y 是两个相互独立的随机变量，则

$$D(X+Y)=DX+DY. \tag{4-22}$$

证
$$\begin{aligned}D(X+Y)&=E[(X+Y)-E(X+Y)]^2\\&=E[(X-EX)+(Y-EY)]^2\\&=E[(X-EX)^2+2(X-EX)(Y-EY)+(Y-EY)]^2\\&=E(X-EX)^2+2E[(X-EX)(Y-EY)]+E(Y-EY)^2\\&=DX+2E[(X-EX)(Y-EY)]+DY.\end{aligned}$$

由于 X 与 Y 独立，故 $X-EX$ 与 $Y-EY$ 也独立，从而由数学期望的性质得

$$E[(X-EX)(Y-EY)]=E(X-EX)\cdot E(Y-EY)=0.$$

因此，当 X 与 Y 独立时有 $D(X+Y)=DX+DY$.

性质 4 还可推广到 n 维随机变量的场合，如果 $X_1,X_2,\cdots,X_n$ 是 n 个相互独立的随机变量，并且 DX_i 存在($1\leqslant i\leqslant n$)，那么

$$D\left(\sum_{i=1}^{n}X_i\right)=\sum_{i=1}^{n}DX_i.$$

性质 5 $DX\geqslant 0$，且 $DX=0$ 的充分必要条件是 X 以概率 1 取常数 C，即 $P\{X=C\}=1$. 显然这里 $C=EX$.

证明略.

【例 3】 设随机变量 X,Y 相互独立，且 $EX=\mu_1,EY=\mu_2$；$DX=\sigma_1^2$，$DY=\sigma_2^2$，

试求 $E(2X-5Y+4)$，$D(2X-5Y+4)$.

解 $E(2X-5Y+4)=2EX-5EY+4=2\mu_1-5\mu_2+4$；

$D(2X-5Y+4)=D(2X-5Y)=2^2DX+(-5)^2DY=4\sigma_1^2+25\sigma_2^2$.

【例 4】 在相同的条件下，对某电源的电压独立地作了 n 次测量，记第 i 次测量的结果为 X_i （$i=1,2,\cdots,n$），又设所有 X_i 的服从正态分布 $N(\mu,\sigma^2)$，试计算 n 次测量结果的平均电压 $\frac{1}{n}\sum\limits_{i=1}^{n}X_i$ 的数学期望和方差.

解 由题设知，$X_i\sim N(\mu,\sigma^2)$，$EX_i=\mu$，$DX_i=\sigma^2$，$i=1,2,\cdots,n$.
故由数学期望的性质得

$$E\left(\frac{1}{n}\sum_{i=1}^{n}X_i\right)=\frac{1}{n}\sum_{i=1}^{n}EX_i=\frac{1}{n}\sum_{i=1}^{n}\mu=\mu.$$

又 $X_1,X_2,\cdots,X_n$ 相互独立，故由方差的性质得

$$D\left(\frac{1}{n}\sum_{i=1}^{n}X_i\right)=\frac{1}{n^2}\sum_{i=1}^{n}DX_i=\frac{1}{n^2}\sum_{i=1}^{n}\sigma^2=\frac{\sigma^2}{n}.$$

此例结果表明，n 次测量结果的平均值的数学期望恰好是电源的电压，而 n 次测量结果的平均电压值所产生的离散程度（即方差）仅是原来的 $\frac{1}{n}$. 所以在实际中常常可以利用这一结果求“平均值”，以减少误差.

【例 5】 设随机变量 $X_1,X_2,\cdots,X_n$ 相互独立，且服从同一（0—1）分布，分布律为 $P\{X_i=k\}=p^k(1-p)^{1-k}\quad(k=0,1;\ i=1,2,\cdots,n)$.

证明：随机变量 $X=\sum\limits_{i=1}^{n}X_i$ 服从参数为 n,p 的二项分布，并求 DX.

证 显然，X 的可能取值为 $0,1,2,\cdots,n$. 由独立性知 X 以特定的方式取 k（例如前 k 个取 1，后 $n-k$ 个取 0）的概率均为

$$p^k(1-p)^{n-k}.$$

而 X 取 k 共有 C_n^k 种两两互不相容的方式，故

$$P\{X=k\}=C_n^kp^k(1-p)^{n-k},\qquad k=0,1,2,\cdots,n.$$

即 X 服从参数为 n,p 的二项分布，亦即 $X\sim B(n,p)$.

由例 1 知，$EX_i=p$，$DX_i=p(1-p)$，故

$$DX=D\left(\sum_{i=1}^{n}X_i\right)=\sum_{i=1}^{n}DX_i=np(1-p).$$

三、几个常用分布的方差

1. 二项分布

设 X 是服从参数为 n,p 的二项分布，其分布律为

$$P\{X=k\}=C_n^kp^k(1-p)^{n-k},\qquad k=0,1,\cdots,n.$$

由例 5 已经算得 $DX=np(1-p)$.

2. 泊松分布

设随机变量 X 服从参数为 λ 的泊松分布，其分布律为

$$P\{X=k\}=\frac{\lambda^k}{k!}e^{-\lambda},\qquad k=0,1,2,\cdots.$$

上节已求得 $EX=\lambda$，又

$$
\begin{aligned}
EX^2 &= E[X(X-1)+X] = E[X(X-1)]+EX \\
&= \sum_{k=0}^{\infty} k(k-1)\frac{\lambda^k}{k!}\mathrm{e}^{-\lambda}+\lambda = \lambda^2\mathrm{e}^{-\lambda}\sum_{k=2}^{\infty}\frac{\lambda^{k-2}}{(k-2)!}+\lambda \\
&\xlongequal{m=k-2} \lambda^2\mathrm{e}^{-\lambda}\sum_{m=0}^{\infty}\frac{\lambda^{\mathrm{m}}}{\mathrm{m}!}+\lambda = \lambda^2\mathrm{c}^{-\lambda}\cdot\mathrm{e}^{\lambda}+\lambda = \lambda^2+\lambda,
\end{aligned}
$$

故

$$
DX=EX^2-(EX)^2=(\lambda^2+\lambda)-\lambda^2=\lambda.
$$

3. 均匀分布

设随机变量 X 服从 (a,b) 上的均匀分布，其概率密度

$$
f(x)=\begin{cases}\dfrac{1}{b-a}, & a<x<b, \\ 0, & \text{其它}.\end{cases}
$$

上节已求得 $EX=\dfrac{a+b}{2}$，又

$$
EX^2=\int_{-\infty}^{+\infty}x^2f(x)\mathrm{d}x=\int_a^b x^2\cdot\frac{1}{b-a}\mathrm{d}x=\frac{1}{b-a}\cdot\frac{b^3-a^3}{3}=\frac{b^2+ab+a^2}{3},
$$

故

$$
DX=EX^2-(EX)^2=\frac{b^2+ab+b^2}{3}-\left(\frac{a+b}{2}\right)^2=\frac{(b-a)^2}{12}.
$$

4. 指数分布

设随机变量 X 服从参数为 λ 的指数分布，其概率密度为

$$
f(x)=\begin{cases}\lambda\mathrm{e}^{-\lambda x}, & x>0, \\ 0, & x\leqslant 0.\end{cases}
$$

上节已求得 $EX=\dfrac{1}{\lambda}$，又

$$
EX^2=\int_{-\infty}^{+\infty}x^2f(x)\mathrm{d}x=\int_0^{+\infty}x^2\lambda\mathrm{e}^{-\lambda x}\mathrm{d}x=\frac{2}{\lambda^2},
$$

于是

$$
DX=EX^2-(EX)^2=\frac{2}{\lambda^2}-\frac{1}{\lambda^2}=\frac{1}{\lambda^2}.
$$

5. 正态分布

设随机变量 $X\sim N(\mu,\sigma^2)$，其概率密度

$$
f(x)=\frac{1}{\sqrt{2\pi}\sigma}\mathrm{e}^{-\frac{(x-\mu)^2}{2\sigma^2}}\quad(-\infty<x<+\infty;\ \sigma>0).
$$

上节已求得 $EX=\mu$，又

$$
\begin{aligned}
DX &= E(X-EX)^2=E(X-\mu)^2 \\
&= \int_{-\infty}^{+\infty}(x-\mu)^2f(x)\mathrm{d}x=\int_{-\infty}^{+\infty}(x-\mu)\cdot\frac{1}{\sqrt{2\pi}\sigma}\mathrm{e}^{-\frac{(x-\mu)^2}{2\sigma^2}}\mathrm{d}x,
\end{aligned}
$$

令 $t=\dfrac{x-\mu}{\sigma}$，则

$$
DX=\frac{\sigma^2}{\sqrt{2\pi}}\int_{-\infty}^{+\infty}t^2\mathrm{e}^{-\frac{t^2}{2}}\mathrm{d}t=\frac{\sigma^2}{\sqrt{2\pi}}\left(-t\mathrm{e}^{-\frac{t^2}{2}}\Big|_{-\infty}^{+\infty}+\int_{-\infty}^{+\infty}\mathrm{e}^{-\frac{t^2}{2}}\mathrm{d}t\right)=0+\frac{\sigma^2}{\sqrt{2\pi}}\cdot\sqrt{2\pi}=\sigma^2.
$$

即正态分布 $N(\mu,\sigma^2)$ 中两个参数 μ,σ^2 分别是随机变量的数学期望和方差．因而，正态随机变量的分布完全可由它的数学期望和方差所确定．

若随机变量 $X\sim N(\mu,\sigma^2)$，则 $Y=\dfrac{X-EX}{\sqrt{DX}}=\dfrac{X-\mu}{\sigma}$ 服从 $N(0,1)$，即

$$EY=0,\ DY=1.$$

一般地，若随机变量 X 的均值为 μ，方差为 σ^2 $(\sigma>0)$，作代换

$$Y=\frac{X-EX}{\sqrt{DX}}=\frac{X-\mu}{\sigma},$$

则有

$$EY=E\left(\frac{X-\mu}{\sigma}\right)=\frac{1}{\sigma}E(X-\mu)=0,$$

$$DY=D\left(\frac{X-\mu}{\sigma}\right)=\frac{1}{\sigma^2}D(X-\mu)=\frac{1}{\sigma^2}DX=1.$$

因此也称 Y 为 X 的**标准化随机变量**．

类似于数学期望那样，对于若干重要的常用分布的方差如无特别的要求，应用时可直接使用其结果．为了便于应用，书末附录三列出了多种常用随机变量的数学期望和方差，供读者查用．

第三节　协方差与相关系数

对于二维随机变量 (X,Y) 来说，数学期望 EX,EY 仅仅反映了 X,Y 各自的平均值，而方差 DX,DY 也是仅反映了 X,Y 各自对均值的偏离程度，它们没有提供 X 与 Y 之间相互联系的任何信息．而事实上，在前面讨论二维随机变量 (X,Y) 联合分布时，曾经指出 X 与 Y 之间是存在着密切联系的，那么它们之间的联系如何来刻画呢？这就是本节要讨论的问题．

在本章第二节中方差性质 4 的证明中，已经发现当 X 与 Y 独立时，必有

$$E[(X-EX)(Y-EY)]=0.$$

换句话说，当 $E[(X-EX)(Y-EY)]\neq 0$ 时，X 与 Y 肯定不独立，由此说明式 $E[(X-EX)(Y-EY)]$ 在一定程度上反映了 X,Y 间的某种联系．为此，引入下述定义．

定义 4　设 (X,Y) 是一个二维随机变量，如果 $E[(X-EX)(Y-EY)]$ 存在，则称其为 X 与 Y 的**协方差**．记作 $\mathrm{cov}(X,Y)$，即

$$\mathrm{cov}(X,Y)=E[(X-EX)(Y-EY)]. \tag{4-23}$$

由定义可知，协方差实际上就是随机变量函数 $g(X,Y)=(X-EX)(Y-EY)$ 的数学期望，于是，在离散型场合下的协方差是通过和式来表示的，即

$$\mathrm{cov}(X,Y)=\sum_{i=1}^{\infty}\sum_{j=1}^{\infty}(x_i-EX)(y_j-EY)p_{ij}. \tag{4-24}$$

其中 $p_{ij}=P\{X=x_i,Y=y_j\}$，$(i,j=1,2,\cdots)$ 是 (X,Y) 的联合分布律．在连续型场合下的协方差是通过积分来表示的，即

$$\mathrm{cov}(X,Y)=\int_{-\infty}^{+\infty}\int_{-\infty}^{+\infty}(x-EX)(y-EY)f(x,y)\mathrm{d}y\mathrm{d}x. \tag{4-25}$$

其中 $f(x,y)$ 是 (X,Y) 的联合概率密度．特别，当 $Y=X$ 时，有

$$\mathrm{cov}(X,X)=E[(X-EX)(X-EX)]=E(X-EX)^2=DX.$$

可见，方差 DX 是协方差的特例．

由协方差的定义容易推得它具有下述性质

性质 1 $\mathrm{cov}(X,Y)=E(XY)-EX\cdot EY$（常用此式计算协方差）；

性质 2 $\mathrm{cov}(X,Y)=\mathrm{cov}(Y,X)$；

性质 3 若 a,b 为任意两个常数，则 $\mathrm{cov}(aX,bY)=ab\mathrm{cov}(X,Y)$；

性质 4 $\mathrm{cov}(X_1+X_2,Y)=\mathrm{cov}(X_1,Y)+\mathrm{cov}(X_2,Y)$；

性质 5 $D(X\pm Y)=DX+DY\pm 2\mathrm{cov}(X,Y)$.

协方差的数值虽然在一定程度上反映了 X 与 Y 相互间的联系，但它还受到 X 与 Y 本身数值大小的影响．例如，当 X、Y 各自增大 k 倍，即 $X_1=kX,Y_1=kY$. 这时 X_1 与 Y_1 间的相互联系和 X 与 Y 间的相互联系应该是一样的，但事实上由性质 3 知

$$\mathrm{cov}(X_1,Y_1)=\mathrm{cov}(kX,kY)=k^2\mathrm{cov}(X,Y).$$

即表明协方差增大了 k^2 倍．为克服这个缺点，将其标准化就得到相关系数的概念．

定义 5 设 (X,Y) 是一个二维随机变量，若 $\mathrm{cov}(X,Y)$ 存在，DX,DY 大于零，则称

$$\frac{\mathrm{cov}(X,Y)}{\sqrt{DX}\cdot\sqrt{DY}}$$

为随机变量 X 与 Y 的**相关系数**，记作 ρ_{XY}，即

$$\rho_{XY}=\frac{\mathrm{cov}(X,Y)}{\sqrt{DX}\cdot\sqrt{DY}}. \tag{4-26}$$

顾名思义，相关系数是反映随机变量 X 与 Y 之间的相互关系——也就是它们相互之间的一种联系．但到底是哪一种联系呢？这是需要进一步弄清的问题，为此，先证明下面的一个引理．

引理 设 (X,Y) 是一个二维随机变量，若 EX^2，EY^2 存在，则有

$$[E(XY)]^2\leqslant EX^2\cdot EY^2 \tag{4-27}$$

成立．

证 考虑一个关于实变量 t 的二次函数

$$g(t)=E(tX-Y)^2=t^2EX^2-2tE(XY)+EY^2.$$

由于 $g(t)=E(tX-Y)^2\geqslant 0$，不妨设 $EX^2>0$（$EX^2=0$ 时结论显然），因此，二次三项式 $g(t)$ 的判别式非正，即 $[2E(XY)]^2-4EX^2\cdot EY^2\leqslant 0$，即

$$[E(XY)]^2\leqslant EX^2\cdot EY^2.$$

不等式(4-27) 通常称为柯西—许瓦兹（Cauchy—Schwartz）不等式．由这个不等式立即可得

$$(E[(X-EX)(Y-EY)])^2\leqslant E(X-EX)^2\cdot E(Y-EY)^2=DX\cdot DY.$$

所以，当二维随机变量 (X,Y) 的两个分量具有方差时，它们间的协方差必定存在，当然相关系数也一定存在．现在可以证明 ρ_{XY} 的两个重要性质，并由此说明 ρ_{XY} 的意义．

定理 2 设 (X,Y) 是二维随机变量，它们的相关系数 ρ_{XY} 存在，则

（1）$|\rho_{XY}|\leqslant 1$；

（2）$|\rho_{XY}|=1$ 的充分必要条件是 X 与 Y 以概率 1 线性相关．即存在常数 a,b，使得 $P\{Y=aX+b\}=1$.

证　（1）令 $X_1=X-EX, Y_1=Y-EY$.

则对 X_1, Y_1 运用式(4-27)

$$\rho_{XY}^2=\left(\frac{\operatorname{cov}(X,Y)}{\sqrt{DX}\sqrt{DY}}\right)^2=\frac{E[(X-EX)(Y-EY)]^2}{DX\cdot DY}=\frac{[E(X_1Y_1)]^2}{EX_1^2\cdot EY_1^2}\leqslant 1. \tag{4-28}$$

即有 $|\rho_{XY}|\leqslant 1$.

（2）由式(4-28) 知 $|\rho_{XY}|=1$ 等价于 $[E(X_1Y_1)]^2=EX_1^2\cdot EY_1^2$.

这相当于在引理证明中，二次方程 $g(t)=0$ 有一个重根 t_0. 即有

$$E(t_0X_1-Y_1)^2=0,$$

而 $$E(t_0X_1-Y_1)=t_0EX_1-EY_1=0,$$

所以 $$D(t_0X_1-Y_1)=E[(t_0X_1-Y_1)-E(t_0X_1-Y_1)]^2=E(t_0X_1-Y_1)^2=0.$$

再由方差的性质 5 即知上式成立的充分必要条件是

$$P\{t_0X_1-Y_1=0\}=1,$$

这等价于 $P\{Y=aX+b\}=1$. 这里 $a=t_0$，$b=EY-t_0EX$ 均为常数．

由定理的结论可以看出，相关系数是衡量随机变量间线性相关程度的一个数字．更确切地说，应该称它为线性相关系数，只是因为习惯了，所以一直称作相关系数．当 $|\rho_{XY}|=1$ 时，X 与 Y 之间依概率 1 存在线性关系．

特别，当 $\rho_{XY}=1$ 时称为正线性相关，当 $\rho_{XY}=-1$ 时称为负线性相关．当 $|\rho_{XY}|<1$ 时，这种线性相关程度将随着 $|\rho_{XY}|$ 的减小而减弱．当 $\rho_{XY}=0$ 时，就称 X 和 Y 是不相关的．前面曾经指出，当 X,Y 独立时，若 $\operatorname{cov}(X,Y)$ 存在，则必有 $\operatorname{cov}(X,Y)=0$，因而此时 $\rho_{XY}=0$，此即 X 与 Y 一定不相关．反之是否成立呢？回答是否定的，这可从下面的例子看出，X 与 Y 不相关并不能保证 X 与 Y 的相互独立．

【例 1】 设二维随机变量 (X,Y) 的联合分布律如下表所示

$X \backslash Y$	-1	0	1	$p_{i\cdot}$
0	1/10	1/10	1/10	3/10
1	3/10	1/10	3/10	7/10
$p_{\cdot j}$	4/10	2/10	4/10	1

试证 X 与 Y 不相关但 X 与 Y 也不独立．

证　先求出关于 X 和关于 Y 的边缘分布律，结果列于上表最后一行和最后一列．

$$EX=0\times\frac{3}{10}+1\times\frac{7}{10}=\frac{7}{10}；\ EY=(-1)\times\frac{4}{10}+0\times\frac{2}{10}+1\times\frac{4}{10}=0,$$

$$E(XY)=0\times(-1)\times\frac{1}{10}+0\times 0\times\frac{1}{10}+0\times 1\times\frac{1}{10}+$$
$$1\times(-1)\times\frac{3}{10}+1\times 0\times\frac{1}{10}+1\times 1\times\frac{3}{10}=0.$$

故　$\operatorname{cov}(X,Y)=E(XY)-EX\cdot EY=0$，因此 $\rho_{XY}=0$，亦即 X 与 Y 不相关．

但 $P\{X=1,Y=1\}=\frac{3}{10}$，而 $P\{X=1\}\cdot P\{Y=1\}=\frac{4}{10}\cdot\frac{7}{10}=\frac{7}{25}$，可知 X 与 Y 不相互独立．

由此例可以看出，不相关性与独立性是两个不同的概念．在一般情况下并不能从不相关性推出独立性，事实上 X 与 Y 不相关仅是指 X 与 Y 之间没有线性关系，但 X 与 Y 可能存在其它关系．不过下面例子表明，当 (X,Y) 服从二维正态分布时，X 与 Y 的不相关性与独立性是一致的．

【例 2】 设$(X,Y)\sim N(\mu_1,\sigma_1^2;\mu_2,\sigma_2^2;\rho)$．证明：$\rho_{XY}=\rho$.

证 由于$(X,Y)\sim N(\mu_1,\sigma_1^2;\mu_2,\sigma_2^2;\rho)$，因此其联合概率密度

$$f(x,y)=\frac{1}{2\pi\sigma_1\sigma_2\sqrt{1-\rho^2}}e^{-\frac{1}{2(1-\rho^2)}\left[\frac{(x-\mu_1)^2}{\sigma_1^2}-2\rho\frac{(x-\mu_1)(y-\mu_2)}{\sigma_1\sigma_2}+\frac{(y-\mu_2)^2}{\sigma_2^2}\right]}$$

$$(-\infty<x<+\infty,\ -\infty<y<+\infty),$$

因此 $\operatorname{cov}(X,Y)$

$$\begin{aligned}
&=E[(X-EX)(Y-EY)]\\
&=\int_{-\infty}^{+\infty}\int_{-\infty}^{+\infty}(x-\mu_1)(y-\mu_2)f(x,y)\mathrm{d}x\mathrm{d}y\\
&=\frac{1}{2\pi\sigma_1\sigma_2\sqrt{1-\rho^2}}\int_{-\infty}^{+\infty}\int_{-\infty}^{+\infty}(x-\mu_1)(y-\mu_2)e^{\frac{-1}{2(1-\rho^2)}\left[\frac{(x-\mu_1)^2}{\sigma_1^2}-2\rho\frac{(x-\mu_1)(y-\mu_2)}{\sigma_1\sigma_2}+\frac{(y-\mu_2)^2}{\sigma_2^2}\right]}\mathrm{d}x\mathrm{d}y\\
&=\frac{1}{2\pi\sigma_1\sigma_2\sqrt{1-\rho^2}}\int_{-\infty}^{+\infty}\int_{-\infty}^{+\infty}(x-\mu_1)(y-\mu_2)e^{-\frac{(x-\mu_1)^2}{2\sigma_1^2}}e^{-\frac{1}{2(1-\rho^2)}\left(\frac{y-\mu_2}{\sigma_2}-\rho\frac{x-\mu_1}{\sigma_1}\right)^2}\mathrm{d}x\mathrm{d}y.
\end{aligned}$$

作变量代换$\begin{cases}u=\frac{1}{\sqrt{1-\rho^2}}\left(\frac{y-\mu_2}{\sigma_2}-\rho\frac{x-\mu_1}{\sigma_1}\right),\\ v=\frac{x-\mu_1}{\sigma_1},\end{cases}$ 则

$$\begin{aligned}
&\operatorname{cov}(X,Y)\\
&=\frac{1}{2\pi}\int_{-\infty}^{+\infty}\int_{-\infty}^{+\infty}(\sigma_1\sigma_2\sqrt{1-\rho^2}uv+\rho\sigma_1\sigma_2v^2)e^{-\frac{u^2+v^2}{2}}\mathrm{d}u\mathrm{d}v\\
&=\frac{\sigma_1\sigma_2\sqrt{1-\rho^2}}{2\pi}\left(\int_{-\infty}^{+\infty}ue^{-\frac{u^2}{2}}\mathrm{d}u\right)\left(\int_{-\infty}^{+\infty}ve^{-\frac{v^2}{2}}\mathrm{d}v\right)+\frac{\rho\sigma_1\sigma_2}{2\pi}\int_{-\infty}^{+\infty}\int_{-\infty}^{+\infty}v^2e^{-\frac{u^2+v^2}{2}}\mathrm{d}u\mathrm{d}v\\
&=\frac{\rho\sigma_1\sigma_2}{2\pi}\left(\int_{-\infty}^{+\infty}e^{-\frac{u^2}{2}}\mathrm{d}u\right)\left(\int_{-\infty}^{+\infty}v^2e^{-\frac{v^2}{2}}\mathrm{d}v\right)=\rho\sigma_1\sigma_2.
\end{aligned}$$

因此
$$\rho_{XY}=\frac{\operatorname{cov}(X,Y)}{\sqrt{DX}\sqrt{DY}}=\frac{\rho\sigma_1\sigma_2}{\sigma_1\sigma_2}=\rho.$$

由此可知，若$(X,Y)\sim N(\mu_1,\sigma_1^2;\mu_2,\sigma_2^2;\rho)$，则 ρ 恰好是 X 与 Y 的相关系数．因而对二维正态随机变量来说，不相关就意味着 $\rho=0$，而 $\rho=0$ 又与 X,Y 的独立性等价．这一点在第三章第三节中的例 8 中已证实．所以就正态分布而言，不相关性与独立性是两个等价的概念．

从这个例子还可以看出，一个二维正态分布$(X,Y)\sim N(\mu_1,\sigma_1^2;\mu_2,\sigma_2^2;\rho)$中的五个参数 $\mu_1,\mu_2,\sigma_1^2,\sigma_2^2,\rho$ 依次为服从这个分布的随机变量 (X,Y) 中的随机变量 X,Y 的相应的数学期望、方差及相关系数，因此，可以由这些数字特征完全确定二维正

态分布．

【例 3】 设二维随机变量（X,Y）有联合概率密度

$$f(x,y)=\begin{cases}\dfrac{3xy}{16}, & (x,y)\in G,\\ 0, & (x,y)\notin G.\end{cases}$$

其中 G 为区域：$0\leqslant x\leqslant 2$ 及 $0\leqslant y\leqslant x^2$．试求 EX，EY，DX，DY，$\operatorname{cov}(X,Y)$，ρ_{XY} 并考察 X 与 Y 的独立性．

解 $$EX=\int_{-\infty}^{+\infty}\int_{-\infty}^{+\infty}xf(x,y)\mathrm{d}x\mathrm{d}y=\int_0^2\mathrm{d}x\int_0^{x^2}x\,\frac{3xy}{16}\mathrm{d}y=\frac{12}{7};$$

又 $$EX^2=\int_{-\infty}^{+\infty}\int_{-\infty}^{+\infty}x^2f(x,y)\mathrm{d}x\mathrm{d}y\int_0^2\mathrm{d}x\int_0^{x^2}x^2\cdot\frac{3}{16}xy\mathrm{d}y=3,$$

所以 $$DX=EX^2-(EX)^2=3-\left(\frac{12}{7}\right)^2=\frac{3}{49}.$$

同理 $$EY=2，DY=\frac{4}{5}.$$

又 $$E(XY)=\int_0^2\mathrm{d}x\int_0^{x^2}xy\cdot\frac{3}{16}xy\mathrm{d}y=\frac{32}{9},$$

故 $$\operatorname{cov}(X,Y)=E(XY)-EX\cdot EY=\frac{32}{9}-\frac{24}{7}=\frac{8}{63}.$$

于是 $$\rho_{XY}=\frac{\operatorname{cov}(X,Y)}{\sqrt{DX\cdot DY}}=\frac{8/63}{\sqrt{\frac{3}{49}\times\frac{4}{5}}}=\frac{4}{9}\sqrt{\frac{5}{3}}=0.5738.$$

由于 $\rho_{XY}=0.5738\neq 0$，故 X 与 Y 不相互独立．

第四节　矩、协方差矩阵

本节将在数学期望、方差及协方差的基础上，先介绍几个数字特征，然后再介绍 n 维随机变量的数字特征．

一、原点矩与中心矩

定义 6 设 X 是随机变量，对任意的正整数 k，若 EX^k 存在，则称 EX^k 为 X 的 **k 阶原点矩**；若 $E(X-EX)^k$ 存在，则称 $E(X-EX)^k$ 为 X 的 **k 阶中心矩**．

二维情形下，$E(X^kY^l)$ 和 $E[(X-EY)^k(Y-EY)^l]$，其中 k,l 是两正整数，它们分别称为 X,Y 的 **$k+l$ 阶混合原点矩**和 **$k+l$ 阶混合中心矩**．

由上面的定义可知，数学期望 EX 是 X 的一阶原点矩，方差 $DX=E(X-EX)^2$ 是 X 的二阶中心矩，协方差 $\operatorname{cov}(X,Y)=E[(X-EX)(Y-EY)]$ 是 X 和 Y 的二阶混合中心矩．

【例 1】 设随机变量 X 服从指数分布，其概率密度为

$$f(x)=\begin{cases}\lambda\mathrm{e}^{-\lambda x}, & x>0,\\ 0, & x\leqslant 0,\end{cases}$$

其中 $\lambda>0$，试求随机变量 X 的 k 阶原点矩与三阶中心矩．

解 $EX^k=\int_{-\infty}^{+\infty}x^kf(x)\mathrm{d}x=\int_0^{+\infty}x^k\lambda\mathrm{e}^{-\lambda x}\mathrm{d}x\overset{t=\lambda x}{=}\frac{1}{\lambda^k}\int_0^{+\infty}t^k\mathrm{e}^{-t}\mathrm{d}t$

$$=\frac{\Gamma(k+1)}{\lambda^k}=\frac{k!}{\lambda^k}.$$

又因为
$$EX=\frac{1}{\lambda},$$

故
$$E(X-EX)^3=\int_0^{+\infty}(x-\frac{1}{\lambda})^3\cdot\lambda\mathrm{e}^{-\lambda x}\mathrm{d}x$$

$$=\int_0^{+\infty}\left(x^3-\frac{3}{\lambda}x^2+\frac{3}{\lambda^2}x-\frac{1}{\lambda^3}\right)\cdot\lambda\mathrm{e}^{-\lambda x}\mathrm{d}x$$

$$=\int_0^{+\infty}x^3\cdot\lambda\mathrm{e}^{-\lambda x}\mathrm{d}x-\frac{3}{\lambda}\int_0^{+\infty}x^2\cdot\lambda\mathrm{e}^{-\lambda x}\mathrm{d}x+$$

$$\frac{3}{\lambda^2}\int_0^{+\infty}x\cdot\lambda\mathrm{e}^{-\lambda x}\mathrm{d}x-\frac{1}{\lambda^3}\int_0^{+\infty}\lambda\mathrm{e}^{-\lambda x}\mathrm{d}x$$

$$=\frac{3!}{\lambda^3}-\frac{3}{\lambda}\cdot\frac{2!}{\lambda^2}+\frac{3}{\lambda^2}\cdot\frac{1}{\lambda}-\frac{1}{\lambda^3}=\frac{2}{\lambda^3}.$$

二、协方差矩阵

下面介绍 n 维随机变量的协方差矩阵．

设 n 维随机变量$(X_1,X_2,\cdots,X_n)$ 的二阶混合中心矩

$$\sigma_{ij}=\mathrm{cov}(X_i,X_j)=E[(X_i-EX_i)(X_j-EX_j)]\quad(i,j=1,2,\cdots,n)$$

都存在，则称 n 阶矩阵

$$\Sigma=\begin{pmatrix}\sigma_{11}&\sigma_{12}&\cdots&\sigma_{1n}\\\sigma_{21}&\sigma_{22}&\cdots&\sigma_{2n}\\\vdots&\vdots&&\vdots\\\sigma_{n1}&\sigma_{n2}&\cdots&\sigma_{nn}\end{pmatrix}$$

为 n 维随机变量$(X_1,X_2,\cdots,X_n)$ 的协方差矩阵．由于 $\sigma_{ij}=\sigma_{ji}(i,j=1,2,\cdots,n)$，因此协方差矩阵 Σ 是一个对称矩阵，而且是一个非负定矩阵．

一般，n 维随机变量的分布是不知道的，或者式子过于复杂以至于没有什么实用价值，因此在实际应用中协方差矩阵就显得特别重要了．

下面介绍在理论和实际中都有重要应用的 n 维正态随机变量．为了引进 n 维正态随机变量的概率密度，先将二维正态随机变量（X_1,X_2）的概率密度

$$f(x_1,x_2)=\frac{1}{2\pi\sigma_1\sigma_2\sqrt{1-\rho^2}}\exp\left\{-\frac{1}{2(1-\rho^2)}\left[\frac{(x_1-\mu_1)^2}{\sigma_1^2}-2\rho\frac{(x_1-\mu_1)(x_2-\mu_2)}{\sigma_1\sigma_2}+\frac{(x_2-\mu_2)^2}{\sigma_2^2}\right]\right\}$$ [1]

改写另一种形式．为了将上式写成矩阵形式，引进下述矩阵

[1] 这里 $\exp(x)=\mathrm{e}^x$.

$$X=\begin{pmatrix}X_1\\X_2\end{pmatrix},\ \mu=\begin{pmatrix}\mu_1\\\mu_2\end{pmatrix},\ \Sigma=\begin{pmatrix}\sigma_{11}&\sigma_{12}\\\sigma_{21}&\sigma_{22}\end{pmatrix}=\begin{pmatrix}\sigma_1^2&\rho\sigma_1\sigma_2\\\rho\sigma_1\sigma_2&\sigma_2^2\end{pmatrix}.$$

则 Σ 的行列式 $|\Sigma|=\sigma_1^2\sigma_2^2(1-\rho^2)$，$\Sigma$ 的逆矩阵为

$$\Sigma^{-1}=\frac{1}{|\Sigma|}\begin{pmatrix}\sigma_2^2&-\rho\sigma_1\sigma_2\\-\rho\sigma_1\sigma_2&\sigma_1^2\end{pmatrix}.$$

经过计算可知［这里矩阵 $(X-\mu)^{\mathrm{T}}$ 是 $(X-\mu)$ 的转置矩阵］

$$(X-\mu)^{\mathrm{T}}\Sigma^{-1}(X-\mu)=\frac{1}{|\Sigma|}(x_1-\mu,\ x_2-\mu)\begin{pmatrix}\sigma_2^2&-\rho\,\sigma_1\sigma_2\\-\rho\,\sigma_1\sigma_2&\sigma_1^2\end{pmatrix}\begin{pmatrix}x_1-\mu\\x_2-\mu\end{pmatrix}$$

$$=\frac{1}{1-\rho^2}\left[\frac{(x_1-\mu_1)^2}{\sigma_1^2}-2\rho\frac{(x_1-\mu_1)(x_2-\mu_2)}{\sigma_1\sigma_2}+\frac{(x_2-\mu_2)^2}{\sigma_2^2}\right].$$

于是（X_1,X_2）的联合概率密度可写成

$$f(x_1,x_2)=\frac{1}{(2\pi)^{2/2}|\Sigma|^{1/2}}\exp\left\{-\frac{1}{2}(X-\mu)^{\mathrm{T}}\Sigma^{-1}(X-\mu)\right\}.$$

由上式很容易推广到 n 维正态随机变量（$X_1,X_2,\cdots,X_n$）的情况．

若记矩阵

$$X=\begin{pmatrix}X_1\\X_2\\\vdots\\X_n\end{pmatrix}\ 及\ \mu=\begin{pmatrix}\mu_1\\\mu_2\\\vdots\\\mu_n\end{pmatrix}=\begin{pmatrix}EX_1\\EX_2\\\vdots\\EX_n\end{pmatrix}.$$

若 n 维正态随机变量（$X_1,X_2,\cdots,X_n$）的概率密度为

$$f(x_1,x_2,\cdots,x_n)=\frac{1}{(2\pi)^{n/2}|\Sigma|^{1/2}}\exp\left[-\frac{1}{2}(X-\mu)^{\mathrm{T}}\Sigma^{-1}(X-\mu)\right].$$

其中 Σ 是随机变量（$X_1,X_2,\cdots,X_n$）的协方差矩阵，则称 X 服从 n 维正态分布，记为 $X\sim N_n(\mu,\Sigma)$．

n 维正态随机变量具有下列重要性质（证明略）．

（1）n 维正态随机变量（$X_1,X_2,\cdots,X_n$）的每一个分量 X_i（$i=1,2,\cdots,n$）都是正态随机变量；反之，若 $X_1,X_2,\cdots,X_n$ 都是正态随机变量，且相互独立，则（$X_1,X_2,\cdots,X_n$）是 n 维正态随机变量．

（2）n 维随机变量（$X_1,X_2,\cdots,X_n$）服从 n 维正态分布的充要条件是 $X_1,X_2,\cdots,X_n$ 的任意的线性组合 $\xi=a_1X_1+a_2X_2+\cdots+a_nX_n$ 服从一维正态分布（其中 $a_1,a_2,\cdots,a_n$ 不全为零）．

（3）若（$X_1,X_2,\cdots,X_n$）服从 n 维正态分布，而 $Y_1,Y_2,\cdots,Y_m$ 是 X_j（$j=1,2,\cdots,n$）的线性函数，则（$Y_1,Y_2,\cdots,Y_m$）也服从多维正态分布．

这一性质称为正态变量的线性变换不变性，这一性质在数理统计中经常用到．

（4）若 $X\sim N_n(\mu,\Sigma)$，则"$X_1,X_2,\cdots,X_n$ 相互独立"与"$X_1,X_2,\cdots,X_n$ 两两不相关"是等价的，即其协方差矩阵 Σ 为对角阵．

n 维正态分布是一种最重要的多维分布，它在概率论、数理统计和随机过程中都占有重要地位．

*第五节　特征函数

从前面的讨论知道，随机变量的分布函数完整地描述了随机变量的统计规律性，并以分布函数为基础，讨论了随机变量的数字特征、运算性质等．期间随机变量的分布律或概率密度起着至关重要的作用，但有时用起来很不方便．例如就求随机变量和的分布来说，若 X 与 Y 是两个相互独立的随机变量，其概率密度分别为 $f_1(x),f_2(y)$，则它们的和 $Z=X+Y$ 的概率密度是卷积

$$f(z)=f_1*f_2=\int_{-\infty}^{+\infty}f_1(x)f_2(z-x)\mathrm{d}x=\int_{-\infty}^{+\infty}f_1(z-y)f_2(y)\mathrm{d}y.$$

但是如果是要计算 n 个相互独立的随机变量 $X_1,X_2,\cdots,X_n$ 的和 $Z=\sum\limits_{k=1}^{n}X_k$ 的概率密度，就需要计算 $n-1$ 次卷积，这可不是一件轻松的事情，但这种求独立随机变量和的分布问题，在概率论与数理统计中，无论在理论上还是实践上都会经常遇到．因此有必要进一步探求描绘随机变量统计规律的工具．经过人们不断地探索和研究，终于发现了另一个描绘随机变量统计规律的有力工具——**特征函数**．它在解决上述独立随机变量和的分布这一类问题时，显得非常有用．其特点是将卷积运算变成乘积运算，乘积运算当然要比卷积运算简单多了．

定义 7　若 X 是离散型随机变量，其分布律为 $P\{X=x_k\}=p_k(k=1,2,\cdots)$，则称

$$\varphi(t)=E\mathrm{e}^{\mathrm{i}tX}=\sum_{k=1}^{\infty}\mathrm{e}^{\mathrm{i}tx_k}p_k \tag{4-29}$$

为离散型随机变量 X 的特征函数；若 X 是连续型随机变量，其概率密度为 $f(x)$，则称

$$\varphi(t)=E\mathrm{e}^{\mathrm{i}tX}=\int_{-\infty}^{+\infty}\mathrm{e}^{\mathrm{i}tx}f(x)\mathrm{d}x \tag{4-30}$$

为连续型随机变量 X 的特征函数．其中 $\mathrm{i}=\sqrt{-1}$ 是虚数单位．在本节讨论中，i 总是代表虚数单位．

由于对任意的 $t\in(-\infty,+\infty)$，总有 $|\mathrm{e}^{\mathrm{i}tx}|\leqslant 1$，所以 $E\mathrm{e}^{\mathrm{i}tX}$ 总是存在的．也就是说，对任一随机变量，它的特征函数 $\varphi(t)$ 一定存在．

【例 1】　试求下列离散型随机变量的特征函数：

(1) X 服从二项分布，分布律 $P\{X=k\}=\mathrm{C}_n^k p^k q^{n-k}$，$q=1-p$，$k=0,1,2,\cdots,n$；

(2) X 服从泊松分布，分布律 $P\{X=k\}=\dfrac{\lambda^k\mathrm{e}^{-\lambda}}{k!}$　$(\lambda>0;k=0,1,2,\cdots)$.

解　(1)

$$\varphi(t)=E\mathrm{e}^{\mathrm{i}tX}=\sum_{k=0}^{n}\mathrm{e}^{\mathrm{i}tk}\mathrm{C}_n^k p^k q^{n-k}$$

$$=\sum_{k=0}^{n}\mathrm{C}_n^k(p\mathrm{e}^{\mathrm{i}t})^k q^{n-k}=(p\mathrm{e}^{\mathrm{i}t}+q)^n. \tag{4-31}$$

(2) $\varphi(t)=Ee^{\mathrm{i}tX}=\sum_{k=0}^{\infty}e^{\mathrm{i}tk}\frac{\lambda^k}{k!}e^{-\lambda}=e^{-\lambda}e^{\lambda e^{\mathrm{i}t}}=e^{\lambda(e^{\mathrm{i}t}-1)}$. (4-32)

【例 2】 试求下列连续型随机变量的特征函数：

(1) X 服从 (a,b) 上的均匀分布，其概率密度为 $f(x)=\begin{cases}\frac{1}{b-a}, & a<x<b,\\ 0, & 其它.\end{cases}$

(2) X 服从参数为 $\lambda(\lambda>0)$ 的指数分布，其概率密度为 $f(x)=\begin{cases}\lambda e^{-\lambda x}, & x>0,\\ 0, & x\leqslant 0.\end{cases}$

(3) $X\sim N(\mu,\sigma^2)$，其概率密度为 $f(x)=\frac{1}{\sqrt{2\pi}\sigma}e^{-\frac{(x-\mu)^2}{2\sigma^2}}(-\infty<x<+\infty;\ \sigma>0)$.

解 (1) $\varphi(t)=\int_{-\infty}^{+\infty}e^{\mathrm{i}tx}f(x)\mathrm{d}x=\int_a^b e^{\mathrm{i}tx}\frac{1}{b-a}\mathrm{d}x=\frac{e^{\mathrm{i}tb}-e^{\mathrm{i}ta}}{\mathrm{i}t(b-a)}$. (4-33)

(2) $\varphi(t)=\int_{-\infty}^{+\infty}e^{\mathrm{i}tx}f(x)\mathrm{d}x=\int_0^{+\infty}e^{\mathrm{i}tx}\lambda e^{-\lambda x}\mathrm{d}x=\frac{\lambda}{\lambda-\mathrm{i}t}$. (4-34)

(3)
$$\begin{aligned}\varphi(t)&=\int_{-\infty}^{+\infty}e^{\mathrm{i}tx}f(x)\mathrm{d}x=\int_{-\infty}^{+\infty}e^{\mathrm{i}tx}\frac{1}{\sqrt{2\pi}\sigma}e^{-\frac{(x-\mu)^2}{2\sigma^2}}\mathrm{d}x=\frac{1}{\sqrt{2\pi}\sigma}\int_{-\infty}^{+\infty}e^{\mathrm{i}tx-\frac{(x-\mu)^2}{2\sigma^2}}\mathrm{d}x\\&=e^{\mathrm{i}\mu t-\frac{\sigma^2t^2}{2}}\frac{1}{\sqrt{2\pi}}\int_{-\infty}^{+\infty}e^{-\frac{[x-(\mathrm{i}t\sigma^2+\mu)]^2}{2\sigma^2}}\mathrm{d}x\\&=e^{\mathrm{i}\mu t-\frac{\sigma^2t^2}{2}}\frac{1}{\sqrt{2\pi}}\int_{-\infty-\mathrm{i}t\sigma}^{+\infty-\mathrm{i}t\sigma}e^{-\frac{z^2}{2}}\mathrm{d}z\quad\left[令\ z=\frac{x-(\mathrm{i}t\sigma^2+\mu)}{\sigma}\right]\\&=e^{\mathrm{i}\mu t-\frac{\sigma^2t^2}{2}}.\end{aligned}\tag{4-35}$$

其中 $\int_{-\infty-\mathrm{i}t\sigma}^{+\infty-\mathrm{i}t\sigma}e^{-\frac{z^2}{2}}\mathrm{d}z=\sqrt{2\pi}$ 是利用复变函数中的围道积分求得的．

下面研究特征函数的一些基本性质，设 $\varphi(t)$ 是某一随机变量 X 的特征函数，则有

性质 1 $\varphi(t)$ 在 $(-\infty,+\infty)$ 上一致连续且

$$|\varphi(t)|\leqslant\varphi(0)=1,\quad \varphi(-t)=\overline{\varphi(t)},\tag{4-36}$$

这里 $\overline{\varphi(t)}$ 表示 $\varphi(t)$ 的共轭复数．

证 下面就 X 是连续型随机变量的情形加以证明．设 X 的概率密度为 $f(x)$，则对任意的 t,h 和常数 $a>0$，有

$$\begin{aligned}|\varphi(t+h)-\varphi(t)|&=\left|\int_{-\infty}^{+\infty}(e^{\mathrm{i}hx}-1)e^{\mathrm{i}tx}f(x)\mathrm{d}x\right|\leqslant\int_{-\infty}^{+\infty}|e^{\mathrm{i}hx}-1|f(x)\mathrm{d}x\\&\leqslant\int_{-a}^{a}|e^{\mathrm{i}hx}-1|f(x)\mathrm{d}x+2\int_{|x|\geqslant a}f(x)\mathrm{d}x.\end{aligned}$$

对任给的 $\varepsilon>0$，取 a 充分大，使得 $2\int_{|x|\geqslant a}f(x)\mathrm{d}x<\frac{\varepsilon}{2}$. 这时，对一切 $x\in[-a,a]$，只要取 $|h|<\frac{\varepsilon}{2a}$，便有

$$|e^{\mathrm{i}hx}-1|=|e^{\mathrm{i}\frac{h}{2}x}(e^{\mathrm{i}\frac{h}{2}x}-e^{-\mathrm{i}\frac{h}{2}x})|=2\left|\sin\frac{h}{2}x\right|<\frac{\varepsilon}{2}.$$

因此有 $$|\varphi(t+h)-\varphi(t)|<\varepsilon$$

成立，所以 $\varphi(t)$ 在 $(-\infty,+\infty)$ 上一致连续．其次，有

$$|\varphi(t)|=\left|\int_{-\infty}^{+\infty}\mathrm{e}^{\mathrm{i}tx}f(x)\mathrm{d}x\right|\leqslant\int_{-\infty}^{+\infty}|\mathrm{e}^{\mathrm{i}tx}f(x)|\,\mathrm{d}x=\int_{-\infty}^{+\infty}f(x)\mathrm{d}x=1=\varphi(0).$$

又显然有

$$\begin{aligned}\varphi(-t)&=\int_{-\infty}^{+\infty}\mathrm{e}^{-\mathrm{i}tx}f(x)\mathrm{d}x=\int_{-\infty}^{+\infty}\overline{\mathrm{e}^{\mathrm{i}tx}}f(x)\mathrm{d}x\\&=\int_{-\infty}^{+\infty}\overline{\mathrm{e}^{\mathrm{i}tx}f(x)}\mathrm{d}x=\overline{\int_{-\infty}^{+\infty}\mathrm{e}^{\mathrm{i}tx}f(x)\mathrm{d}x}=\overline{\varphi(t)}.\end{aligned}$$

其中后 4 个式子上的横线表示共轭．

性质 2 设 $\varphi(t)$ 是随机变量 X 的特征函数，则随机变量 $Y=aX+b$ 的特征函数为

$$\varphi_Y(t)=E\mathrm{e}^{\mathrm{i}t(aX+b)}=\mathrm{e}^{\mathrm{i}bt}E\mathrm{e}^{\mathrm{i}atX}=\mathrm{e}^{\mathrm{i}bt}\varphi(at).\tag{4-37}$$

性质 3 设 X,Y 的特征函数分别为 $\varphi_1(t)$ 和 $\varphi_2(t)$，又 X 与 Y 相互独立，则 $Z=X+Y$ 的特征函数为

$$\varphi_Z(t)=\varphi_1(t)\cdot\varphi_2(t).$$

证 因为 X 与 Y 相互独立，因此 $\mathrm{e}^{\mathrm{i}tX}$ 与 $\mathrm{e}^{\mathrm{i}tY}$ 也相互独立，于是由数学期望的性质可得

$$\varphi_Z(t)=E\mathrm{e}^{\mathrm{i}tZ}=E\mathrm{e}^{\mathrm{i}t(X+Y)}=E(\mathrm{e}^{\mathrm{i}tX}\cdot\mathrm{e}^{\mathrm{i}tY})=E\mathrm{e}^{\mathrm{i}tX}\cdot E\mathrm{e}^{\mathrm{i}tY}=\varphi_1(t)\cdot\varphi_2(t).$$

利用归纳法，不难将上述性质推广到 n 个随机变量情形，若 $X_1,X_2,\cdots,X_n$ 是 n 个相互独立的随机变量，相应的特征函数分别为 $\varphi_1(t),\varphi_2(t),\cdots,\varphi_n(t)$，则它们的和 $Z=\sum\limits_{k=1}^{n}X_k$ 的特征函数为

$$\varphi_Z(t)=\prod_{k=1}^{n}\varphi_k(t).\tag{4-38}$$

性质 4 设随机变量 X 的 l 阶矩存在，则 X 特征函数为 $\varphi(t)$ 可微分 l 次，且对 $0\leqslant k\leqslant l$，有

$$\varphi^k(0)=i^kEX^k.\tag{4-39}$$

证 设 X 的概率密度为 $f(x)$，则

$$\varphi(t)=\int_{-\infty}^{+\infty}\mathrm{e}^{\mathrm{i}tx}f(x)\mathrm{d}x.$$

由于 X 的 l 阶矩存在，即有

$$\int_{-\infty}^{+\infty}|x|^lf(x)\mathrm{d}x<+\infty.$$

从而 $\int_{-\infty}^{+\infty}\mathrm{e}^{\mathrm{i}tx}f(x)\mathrm{d}x$ 可以在积分号下对 t 求导 l 次，于是对 $0\leqslant k\leqslant l$，有

$$\varphi^{(k)}(t)=\int_{-\infty}^{+\infty}\mathrm{i}^kx^k\mathrm{e}^{\mathrm{i}tx}f(x)\mathrm{d}x=\mathrm{i}^kE(X^k\mathrm{e}^{\mathrm{i}tX}).$$

令 $t=0$，即得 $\qquad\varphi^k(0)=i^kEX^k.$

当 X 是离散型随机变量时证明类似．

从该性质可知，在求随机变量 X 的各阶矩时（当然要求它们存在），只要对 X 特征函数 $\varphi(t)$ 求导即可，而从定义出发是应该计算积分的，求导一般总比求积分容易．这样，特征函数就为求各阶矩提供了一条捷径．

【例 3】（1）设 $X \sim N(\mu, \sigma^2)$，求它的数学期望和方差；

（2）X 服从参数为 $\lambda(\lambda > 0)$ 的指数分布，求 X 的 k 阶矩 .

解 （1）由式(4-35) 知 X 的特征函数为 $\varphi(t) = \mathrm{e}^{\mathrm{i}\mu t - \frac{1}{2}\sigma^2 t^2}$，于是由式(4-39) 知

$$\mathrm{i}EX = \varphi'(0) = \mathrm{i}\mu, \quad \mathrm{i}^2 EX^2 = \varphi''(0) = -\mu^2 - \sigma^2.$$

由此可得 $EX = \mu$，$EX^2 = \mu^2 + \sigma^2$，因此 X 的数学期望和方差分别为

$$EX = \mu, \quad DX = EX^2 - (EX)^2 = \sigma^2.$$

（2）由式(4-34) 知 X 的特征函数为 $\varphi(t) = \dfrac{\lambda}{\lambda - \mathrm{i}t}$，于是由式(4-39) 知

$$\mathrm{i}^k EX^k = \left(\frac{\lambda}{\lambda - \mathrm{i}t}\right)^{(k)}_{t=0} = \left.\frac{\mathrm{i}^k \lambda k!}{(\lambda - \mathrm{i}t)^{k+1}}\right|_{t=0} = \frac{\mathrm{i}^k k!}{\lambda^k},$$

因此 X 的 k 阶矩为

$$EX^k = \frac{k!}{\lambda^k}.$$

将上述计算与前面的相应计算比较一下，可以得到什么结论？

从上面的讨论已经知道，随机变量的分布函数唯一地确定了它的特征函数，反之是否成立呢？即是否可以通过特征函数去计算分布函数呢？答案是肯定的．由特征函数去求分布函数的式子常常称为“逆转公式”．

定理 3 （逆转公式） 设随机变量 X 的分布函数为 $F(x)$，特征函数为 $\varphi(t)$，又 x_1 与 x_2 为 $F(x)$的任意两个连续点，则有

$$F(x_2) - F(x_1) = \lim_{T \to +\infty} \frac{1}{2\pi} \int_{-T}^{T} \frac{\mathrm{e}^{-\mathrm{i}tx_1} - \mathrm{e}^{-\mathrm{i}tx_2}}{\mathrm{i}t} \varphi(t) \mathrm{d}t. \tag{4-40}$$

其中，当 $t=0$ 时，按连续性延拓定义 $\dfrac{\mathrm{e}^{-\mathrm{i}tx_1} - \mathrm{e}^{-\mathrm{i}tx_2}}{\mathrm{i}t} = x_2 - x_1$.

证明略．

推论 1 （唯一性定理）随机变量的分布函数由其特征函数唯一确定．

证 对 $F(x)$的每一连续点 x，令 y 沿着 $F(x)$的连续点趋于$-\infty$，由逆转公式即得

$$F(x) = \lim_{y \to -\infty} \lim_{T \to +\infty} \frac{1}{2\pi} \int_{-T}^{T} \frac{\mathrm{e}^{-\mathrm{i}ty} - \mathrm{e}^{-\mathrm{i}tx}}{\mathrm{i}t} \varphi(t) \mathrm{d}t. \tag{4-41}$$

即分布函数在其连续点上的值是由 $\varphi(t)$唯一决定的，故结论成立．

当 X 是连续型随机变量时，有下述更强的结果．

推论 2 若 X 是连续型随机变量，其概率密度为 $f(x)$，特征函数为 $\varphi(t)$，又

$$\int_{-\infty}^{+\infty} |\varphi(t)| \mathrm{d}t < +\infty.$$

则有

$$f(x) = \frac{1}{2\pi} \int_{-\infty}^{+\infty} \mathrm{e}^{-\mathrm{i}tx} \varphi(t) \mathrm{d}t < +\infty. \tag{4-42}$$

证 由式(4-40) 知

$$\frac{F(x + \Delta x) - F(x)}{\Delta x} = \frac{1}{2\pi} \int_{-\infty}^{+\infty} \frac{\mathrm{e}^{-\mathrm{i}tx} - \mathrm{e}^{-\mathrm{i}t(x+\Delta x)}}{\mathrm{i}t\Delta x} \varphi(t) \mathrm{d}t.$$

再利用不等式 $|\mathrm{e}^{\mathrm{i}x} - 1| \leqslant |x|$，就有 $\left|\dfrac{\mathrm{e}^{-\mathrm{i}tx} - \mathrm{e}^{-\mathrm{i}t(x+\Delta x)}}{\mathrm{i}t\Delta x}\right| \leqslant 1$，又 $\int_{-\infty}^{+\infty} |\varphi(t)| \mathrm{d}t < +\infty$，所以极限号与积分号可以相互交换，因此

$$f(x)=F'(x)=\lim_{\Delta x\to 0}\frac{F(x+\Delta x)-F(x)}{\Delta x}$$
$$=\frac{1}{2\pi}\int_{-\infty}^{+\infty}\lim_{\Delta x\to 0}\frac{e^{-itx}-e^{-it(x+\Delta x)}}{it\Delta x}\varphi(t)dt=\frac{1}{2\pi}\int_{-\infty}^{+\infty}e^{-itx}\varphi(t)dt.$$

【例 4】 设 X_k 是 n 个相互独立的，且服从 $N(\mu_k,\sigma_k^2)(k=1,2,\cdots,n)$ 分布的正态随机变量，求它们的和 $Z=\sum_{k=1}^{n}X_k$ 的分布．

解 由于 $X_k\sim N(\mu_k,\sigma_k^2)$，因此其特征函数为 $\varphi_k(t)=e^{i\mu_k t-\frac{1}{2}\sigma_k^2t^2}$，由特征函数的性质 3 知 $Z=\sum_{k=1}^{n}X_k$ 的特征函数为

$$\varphi_Z(t)=\prod_{k=1}^{n}\varphi_k(t)=\prod_{k=1}^{n}e^{i\mu_k t-\frac{1}{2}\sigma_k^2t^2}=e^{i\left(\sum_{k=1}^{n}\mu_k\right)t-\frac{1}{2}\left(\sum_{k=1}^{n}\sigma_k^2\right)t^2}.$$

而这恰是正态分布 $N\left(\sum_{k=1}^{n}\mu_k,\sum_{k=1}^{n}\sigma_k^2\right)$ 的特征函数，因此由推论 1 知 $Z=\sum_{k=1}^{n}X_k$ 服从正态分布 $N\left(\sum_{k=1}^{n}\mu_k,\sum_{k=1}^{n}\sigma_k^2\right)$．

将上述例子的解法与第三章第四节的例 3 计算比较，读者一定可体会到，在求随机变量和分布时，特征函数是一个多么有用的工具．

习　题　四

1. 甲、乙两台自动车床，生产同一种零件，生产 1000 件产品所出现的次品数分别用 X,Y 表示，经过一段时间的考察，知 X,Y 的分布律如下

X	0	1	2	3
p_i	0.7	0.1	0.1	0.1

Y	0	1	2
p_i	0.5	0.3	0.2

试比较两台车床的优劣．

2. 连续型随机变量 X 的概率密度为

$$f(x)=\begin{cases}kx^a, & 0<x<1,\\ 0, & 其它,\end{cases}$$

其中 $k,a>0$，又知 $EX=0.75$. 试求 k,a 之值．

3. 已知随机变量 X 的分布律为

X	−1	0	2	3
p_i	1/8	1/4	3/8	1/4

试求 $EX,E(3X-2),EX^2,E(1-X)^2$.

4. 若随机变量 X 的概率密度为 $f(x)=\frac{1}{2}e^{-|x|}$. 试求：(1) EX；(2) EX^2.

5. 轮船横向摇摆的随机振幅 X 的概率密度为

$$f(x)=\begin{cases}Axe^{-\frac{x^2}{2\sigma^2}}, & x>0,\\ 0, & x\leqslant 0.\end{cases}$$

其中 $\sigma>0$，(1) 试确定系数 A；(2) 试求遇到大于其振幅均值的概率是多少？

6. 一个仪器由两个主要部件组成，其总长度为此二部件长度之和，这两个部件的长度 X 和

Y 为两个相互独立的随机变量，其分布律如下表所示．

X	9	10	11
p_i	0.3	0.5	0.2

Y	6	7
p_i	0.4	0.6

试求 $E(X+Y)$，$E(XY)$．

7. 已知（X,Y）的联合概率密度为 $f(x,y)=\begin{cases}4xy, & 0<x<1,\ 0<y<1,\\ 0, & \text{其它}.\end{cases}$

试求 $E(X^2+Y^2)$．

8. 一民航送客车载有 20 位旅客自机场开出，旅客有 10 个车站可以下车，如到达一个车站没有旅客下车就不停车．以 X 表示停车的次数，试求 EX（设每位旅客在各个车站下车是等可能的，并设各旅客是否下车是相互独立的）．

9. 圆的直径用 X 度量，而 X 在 (a,b) 上服从均匀分布．试求圆的面积的数学期望和方差．

10. 设随机变量 X,Y 相互独立，其概率密度分别为

$$f_X(x)=\begin{cases}x, & 0\leqslant x\leqslant 1,\\ 2-x, & 1<x\leqslant 2,\\ 0, & \text{其它}.\end{cases}\quad f_Y(y)=\begin{cases}e^{-y}, & y\geqslant 0,\\ 0, & \text{其它}.\end{cases}$$

试求 $E(XY)$，$D(X+Y)$．

11. 设随机变量 X 与 Y 相互独立，且 $EX=EY=0$，$DX=DY=1$. 试求 $E(X+Y)^2$.

12. 若连续型随机变量 X 的概率密度是

$$f(x)=\begin{cases}ax^2+bx+c, & 0<x<1,\\ 0, & \text{其它}.\end{cases}$$

且已知 $EX=0.5$，$DX=0.15$. 试求系数 a,b,c.

13. 设随机变量 X 有分布函数 $F(x)=\begin{cases}1-e^{-\lambda x}, & x\geqslant 0,\\ 0, & \text{其它}.\end{cases}$

试求 $E(2X+1)$，$D(4X)$．

14. 证明：当 $k=EX$ 时，$E(X-k)^2$ 的值最小，最小值为 DX.

15. 如果 X 与 Y 相互独立，不求出 (XY) 的分布，能否直接利用 X 和 Y 的分布计算出 $D(XY)$，怎样计算?

16. 一台仪器有 10 个独立工作的元件组成，每一个元件发生故障的概率均为 0.1. 试求发生故障的元件数的方差．

17. 设随机变量 X 服从瑞利（Raxleigh）分布，其概率密度为

$$f(x)=\begin{cases}\dfrac{x}{\sigma^2}e^{-\frac{x^2}{2\sigma^2}}, & x>0,\\ 0, & x\leqslant 0.\end{cases}$$

其中 $\sigma>0$，试求 EX，DY.

18. 若 X_1,X_2,X_3 为相互独立的随机变量，且

$$EX_1=9,\ EX_2=20,\ EX_3=12,\ EX_1^2=83,\ EX_2^2=401,\ EX_3^2=148.$$

试求：$Y=X_1-2X_2+5X_3$ 的数学期望和方差．

19. 设二维随机变量 (X,Y) 的联合分布律为

X \ Y	-1	0	1
-1	1/8	1/8	1/8
0	1/8	0	1/8
1	1/8	1/8	1/8

试计算 ρ_{XY}，并判断 X 与 Y 是否独立．

20. 设二维随机变量(X,Y)的联合概率密度为

$$f(x,y)=\begin{cases}\dfrac{1}{\pi}, & x^2+y^2\leqslant 1,\\ 0, & 其它.\end{cases}$$

试验证 X 和 Y 是不相关的，但 X 和 Y 并不相互独立．

21. 设随机变量(X,Y)的联合概率密度为

$$f(x,y)=\begin{cases}1, & |y|<x,\ 0<x<1,\\ 0, & 其它.\end{cases}$$

试求：EX，EY，$\mathrm{cov}(X,Y)$．

22. 设有随机变量 X 和 Y，已知 $DX=25$，$DY=36$，$\rho_{XY}=0.4$，试计算 $D(X+Y)$，$D(X-Y)$．

23. 证明：当 X,Y 不相关时，有 (1) $E(XY)=EX\cdot EY$;(2) $D(X\pm Y)=DX+DY$.

24. 设 (X,Y) 在 $G=\{0\leqslant x\leqslant 1,0\leqslant y\leqslant x\}$ 上服从均匀分布．试求 ρ_{XY}.

25. 已知二维离散型随机变量(X,Y)的联合分布表如下

X \ Y	−1	0	2
0	0.1	0.2	0
1	0.3	0.05	0.1
2	0.15	0	0.1

求 $\mathrm{cov}(X,Y)$．

26. 设随机变量 (X,Y) 的联合概率密度为

$$f(x,y)=\begin{cases}8xy, & 0\leqslant x\leqslant y\leqslant 1,\\ 0, & 其它.\end{cases}$$

试求：$\mathrm{cov}(X,Y)$ 和 $D(X+Y)$．

27. 设(X,Y)的联合概率密度为

$$f(x,y)=\begin{cases}\dfrac{1+xy}{4}, & |x|<1,\ |y|<1,\\ 0, & 其它.\end{cases}$$

证明：X 与 Y 不独立，但 X^2 与 Y^2 独立．

28. 设 X_1，Y_2 为相互独立的随机变量，且都服从 $N(0,\sigma^2)$，记

$$Y_1=\alpha X_1+\beta X_2,Y_2=\alpha X_1-\beta X_2.$$

试求 $\rho_{Y_1Y_2}$.

29. 设随机变量 X 服从参数为$\lambda(\lambda>0)$指数分布，其概率密度为

$$f(x)=\begin{cases}\lambda e^{-\lambda x}, & x>0,\\ 0, & x\leqslant 0.\end{cases}$$

试求 k 阶原点矩 $E(X^k)$．

* 30. 求下列随机变量的特征函数：

(1) 随机变量 X 服从几何分布，其分布律为

$$P\{X=k\}=p(1-p)^{k-1},\ k=1,2,\cdots;$$

(2) 随机变量 X 服从柯西分布，其概率密度为

$$f(x)=\frac{\lambda}{\pi[(x-\mu)^2+\lambda^2]}\quad (\lambda,\mu 为正常数).$$

* 31. 设 $X_k(k=1,2,\cdots,n)$是 n 个相互独立的，且服从同一参数为 λ 指数分布，求它们的和 $Z=\sum\limits_{k=1}^{n}X_k$ 的分布．

第五章 大数定律与中心极限定理

第一节 大数定律

在第一章引入随机事件的概率概念时，曾经指出，事件发生的频率在一、二次或少数次试验中是随机的、不确定的，但随着试验次数 n 的增大，频率将会逐渐稳定且趋近于概率．特别，当 n 很大时，频率与概率会非常“接近”的．这个非常“接近”是什么意思？本节将从理论上讨论这一问题．

在介绍大数定律前首先证明一个重要的不等式．

定理 1 设随机变量 X 的数学期望 $EX=\mu$，方差 $DX=\sigma^2$．则对任意的正数 ε，不等式

$$P\{|X-\mu|\geqslant\varepsilon\}\leqslant\frac{\sigma^2}{\varepsilon^2} \tag{5-1}$$

成立．这个不等式称为**契贝雪夫**（Chebyshev）**不等式**．

证 下面仅就连续型随机变量情形加以证明．

设 X 的概率密度为 $f(x)$，于是

$$P\{|X-\mu|\geqslant\varepsilon\}=\int\limits_{|x-\mu|\geqslant\varepsilon}f(x)\mathrm{d}x\leqslant\int\limits_{|x-\mu|\geqslant\varepsilon}\frac{(x-\mu)^2}{\varepsilon^2}f(x)\mathrm{d}x$$

$$\leqslant\frac{1}{\varepsilon^2}\int_{-\infty}^{+\infty}(x-\mu)^2f(x)\mathrm{d}x=\frac{\sigma^2}{\varepsilon^2}.$$

契贝雪夫不等式也可以写成如下等价形式

$$P\{|X-\mu|<\varepsilon\}\geqslant1-\frac{\sigma^2}{\varepsilon^2}. \tag{5-2}$$

式(5-1) 表明当 DX 很小时，概率 $P\{|X-EX|\geqslant\varepsilon\}$ 更小．这就是说在上述条件下，随机变量 X 落入 EX 的 ε 邻域之外的可能性很小，也即落入 EX 的 ε 邻域内可能性很大．由此说明 X 的取值比较集中，也即离散程度较小，这正是方差的意义所在．契贝雪夫不等式在理论研究和实际应用中都有很重要的价值．

【例 1】 已知正常男性成人血液中，每一毫升血液中白细胞的平均数是 7300，均方差是 700．试估计每毫升血液中白细胞数在 5200～9400 之间的概率．

解 设每一毫升血液中白细胞数为 X，则由式(5-2) 有

$$P\{5200<X<9400\}=P\{|X-7300|<2100\}\geqslant1-\frac{(700)^2}{(2100)^2}=\frac{8}{9}.$$

大数定律包括一系列定理，下面介绍三个常用的定理，它们分别反映了算术平均值及频率的稳定性．

定理 2 ［伯努利（Bernoulli）**大数定律］** 设 n_A 是 n 次独立重复试验中事件 A 发生的次数，p 是事件 A 在每次试验中发生的概率，则对任意正数 $\varepsilon>0$，有

$$\lim_{n\to\infty}P\left\{\left|\frac{n_A}{n}-p\right|<\varepsilon\right\}=1, \tag{5-3}$$

或
$$\lim_{n\to\infty}P\left\{\left|\frac{n_A}{n}-p\right|\geqslant\varepsilon\right\}=0. \tag{5-4}$$

证 令 $X_i=\begin{cases}1, & A\text{ 在第 } i \text{ 次试验中出现,}\\ 0, & A\text{ 在第 } i \text{ 次试验中不出现}\end{cases}$ $(1\leqslant i\leqslant n)$.

则 $X_1,X_2,\cdots,X_n$ 是 n 个相互独立的随机变量，且

$$EX_i=p,\ DX_i=p(1-p),\quad i=1,2,\cdots n.$$

易知
$$n_A=X_1+X_2+\cdots+X_n,$$

于是
$$\frac{n_A}{n}-p=\frac{n_A-np}{n}=\frac{\sum_{i=1}^{n}X_i-E(\sum_{i=1}^{n}X_i)}{n}.$$

由契贝雪夫不等式得

$$P\left\{\left|\frac{n_A}{n}-p\right|\geqslant\varepsilon\right\}=P\left\{\left|\sum_{i=1}^{n}X_i-E(\sum_{i=1}^{n}X_i)\right|\geqslant n\varepsilon\right\}\leqslant\frac{D(\sum_{i=1}^{n}X_i)}{n^2\varepsilon^2}.$$

又由 $X_1,X_2,\cdots,X_n$ 的独立性可知

$$D(\sum_{i=1}^{n}X_i)=\sum_{i=1}^{n}DX_i=np(1-p),$$

从而有
$$P\left\{\left|\frac{n_A}{n}-p\right|\geqslant\varepsilon\right\}\leqslant\frac{np(1-p)}{n^2\varepsilon^2}=\frac{1}{n}\cdot\frac{p(1-p)}{\varepsilon^2}\to0\quad(n\to\infty).$$

频率“接近”概率是可以直接观察到的一种客观现象．而上述伯努利大数定律则从理论上给出了这种“现象”以更加确切的含意，它反映了大数次重复试验下随机现象所呈现的客观规律性．

定义 1 设 $Y_1,Y_2,\cdots,Y_n,\cdots$ 是一个随机变量序列，a 是一个常数，若对任意的正数 ε，有
$$\lim_{n\to\infty}P\{|Y_n-a|<\varepsilon\}=1.$$

则称随机变量序列 $\{Y_n\}$ 依概率收敛于 a，记作

$$Y_n\xrightarrow{P}a\ (n\to\infty).$$

由此，伯努利大数定律又可叙述为

定理 2′ n_A 是 n 次独立重复试验中事件 A 发生的次数，p 是事件 A 在每次试验中发生的概率，则

$$\frac{n_A}{n}\xrightarrow{P}p\ (n\to\infty).$$

下面再介绍一个比伯努利大数定律适用范围更广泛一些的契贝雪夫大数定律．

定理 3 （契贝雪夫大数定律） 设 $X_1,X_2,\cdots,X_n,\cdots$ 是相互独立的随机变量序列，又设它们的方差有界，即存在常数 $c>0$，使得

$$DX_i\leqslant c,\quad i=1,2,\cdots.$$

则对任意的 $\varepsilon>0$，有

$$\lim_{n\to\infty}P\left\{\left|\frac{1}{n}\sum_{i=1}^{n}X_i-\frac{1}{n}\sum_{i=1}^{n}EX_i\right|<\varepsilon\right\}=1, \tag{5-5}$$

或 $$\lim_{n\to\infty}P\left\{\left|\frac{1}{n}\sum_{i=1}^{n}X_i-\frac{1}{n}\sum_{i=1}^{n}EX_i\right|\geqslant\varepsilon\right\}=0. \tag{5-6}$$

证 由于 $X_1,X_2,\cdots,X_n$，…是相互独立的随机变量，所以

$$E\left(\sum_{i=1}^{n}X_i\right)=\sum_{i=1}^{n}EX_i,\quad D\left(\sum_{i=1}^{n}X_i\right)=\sum_{i=1}^{n}DX_i\leqslant nc,$$

由契贝雪夫不等式，有

$$P\left\{\left|\frac{1}{n}\sum_{i=1}^{n}X_i-\frac{1}{n}\sum_{i=1}^{n}EX_i\right|\geqslant\varepsilon\right\}=P\left\{\left|\frac{1}{n}\sum_{i=1}^{n}X_i-E\left(\frac{1}{n}\sum_{i=1}^{n}X_i\right)\right|\geqslant\varepsilon\right\}$$

$$\leqslant\frac{D\left(\frac{1}{n}\sum_{i=1}^{n}X_i\right)}{\varepsilon^2}=\frac{\frac{1}{n^2}\sum_{i=1}^{n}DX_i}{\varepsilon^2}\leqslant\frac{c}{n\varepsilon^2}.$$

因此 $$\lim_{n\to\infty}P\left\{\left|\frac{1}{n}\sum_{i=1}^{n}X_i-\frac{1}{n}\sum_{i=1}^{n}EX_i\right|\geqslant\varepsilon\right\}=0.$$

可以看出，伯努利大数定律是契贝雪夫大数定律的特例，在它们的证明中，都是以契贝雪夫不等式为基础的，所以要求随机变量具有方差．但是进一步的研究表明，方差存在这个条件并不是必要的，如下面介绍的独立同分布的辛钦大数定律．

定理 4 ［辛钦（ХИНЧИН）大数定律］ 设 $X_1,X_2,\cdots,X_n$，…是一独立同分布的随机变量序列，且数学期望存在

$$EX_i=\mu,\ i=1,2,\cdots.$$

则对任意的 $\varepsilon>0$，有

$$\lim_{n\to\infty}P\left\{\left|\frac{1}{n}\sum_{i=1}^{n}X_i-\mu\right|<\varepsilon\right\}=1. \tag{5-7}$$

证明略．

伯努利大数定律说明了当 n 很大时，事件发生的频率会"非常接近"概率，而这里的辛钦大数定律则表明，当 n 很大时，随机变量在 n 次观察中的算术平均值 $\frac{1}{n}\sum_{i=1}^{n}X_i$ 也会"非常接近"它的期望值，即

$$\frac{1}{n}\sum_{i=1}^{n}X_i\xrightarrow{P}\mu\ (n\to\infty).$$

这就为寻找随机变量的期望值提供了一条实际可行的途径．

事实上，用观察值的平均值作为随机变量的均值在实际生活中是常用的方法．例如，用观察到的某地区 5000 个人的平均寿命作为该地区的人均寿命的近似值是合适的，这样做法的理论根据就是辛钦大数定律．

第二节 中心极限定理

在第二章介绍正态分布时曾经特别强调了它在概率论与数理统计中的地位与作用，为什么会有许多随机变量遵循正态分布？仅仅是经验猜测还是确有理论根据？这当然是一个需要弄清的问题．实践表明，客观实际中有很多随机变量，它们往往

是由大量的相互独立的随机因素的综合作用所形成的．而其中每一个别因素在总的影响中所起的作用是微小的．下面将要介绍的中心极限定理从理论上阐明了这样的随机变量总是近似地服从正态分布的．

中心极限定理是德莫佛（De Moivre）在18世纪首先提出的，至今其内容已经十分丰富．这些定理在很一般的条件下证明了，无论随机变量 $X_i(i=1,2,\cdots)$ 服从什么分布，n 个相互独立的随机变量的和 $\sum\limits_{i=1}^{n}X_i$ 当 $n\to\infty$ 时的极限分布都是正态分布，利用这些结论，在数理统计中许多复杂随机变量的分布都可以用正态分布近似，而正态分布有很多完美的理论，从而可以获得既实用又简单的统计分析．中心极限定理内容很广泛，这里只介绍三个常用的中心极限定理．

定理5 ［独立同分布的林德贝尔格-勒维（Lindeberg-Levy）**中心极限定理］** 设 $X_1,X_2,\cdots,X_n$，…是相互独立，且服从同一分布的随机变量序列，并具有数学期望和方差

$$EX_i=\mu,\ DX_i=\sigma^2\neq0,\ i=1,2,\cdots.$$

则对任意的 x 有

$$\lim_{n\to\infty}P\left\{\frac{\sum\limits_{i=1}^{n}X_i-n\mu}{\sqrt{n}\sigma}<x\right\}=\frac{1}{\sqrt{2\pi}}\int_{-\infty}^{x}\mathrm{e}^{-\frac{t^2}{2}}\mathrm{d}t. \tag{5-8}$$

证明略．

这里只对定理作两点说明．

（1）无论随机变量 $X_1,X_2,\cdots,X_n$，…服从同一分布的情况如何，只要 $\{X_i\}$ 满足定理的条件，则随机变量序列

$$Y_n=\frac{\sum\limits_{i=1}^{n}X_i-n\mu}{\sqrt{n}\sigma},$$

当 n 无限增大时，总以标准正态分布为其极限分布．或者说，当 n 充分大时，Y_n 近似服从标准正态分布．因而 n 个独立随机变量的和 $\sum\limits_{i=1}^{n}X_i=\sqrt{n}\sigma Y_n+n\mu$ 近似服从正态分布 $N(n\mu,n\sigma^2)$．根据这一点，在实际应用中，只要 n 充分大，便可把 n 个独立同分布的随机变量的和当作正态随机变量．

（2）因为对 $Y_n=\dfrac{\sum\limits_{i=1}^{n}X_i-n\mu}{\sqrt{n}\sigma}=\sum\limits_{i=1}^{n}\dfrac{X_i-\mu}{\sqrt{n}\sigma}$ 中每一被加项 $\dfrac{X_i-\mu}{\sqrt{n}\sigma}$，有

$$D\left(\frac{X_i-\mu}{\sqrt{n}\sigma}\right)=\frac{1}{n\sigma^2}DX_i=\frac{1}{n}.$$

故有

$$\lim_{n\to\infty}D\left(\frac{X_i-u}{\sqrt{n}\sigma}\right)=\lim_{n\to\infty}\frac{1}{n}=0.$$

即 Y_n 中每一被加项对总和的影响都很微小，但它们叠加的和却以标准正态分布作

为极限.

作为定理 5 的推论有

定理 6 ［德莫佛—拉普拉斯（De Moivre-Laplace）定理］ 在 n 重贝努里试验中，事件 A 在每次试验中出现的概率为 $p(0<p<1)$，Y_n 为 n 次试验中事件 A 出现的次数，则对任意的 x，有

$$\lim_{n\to\infty}P\left\{\frac{Y_n-np}{\sqrt{np(1-p)}}<x\right\}=\frac{1}{\sqrt{2\pi}}\int_{-\infty}^{x}\mathrm{e}^{-\frac{t^2}{2}}\mathrm{d}t. \tag{5-9}$$

证 由定理 2 的证明可知，Y_n 可以看成是 n 个相互独立，且服从同一（0—1）分布的诸随机变量 $X_1,X_2,\cdots,X_n$ 之和，即

$$Y_n=\sum_{i=1}^{n}X_i\text{，且}\quad EX_i=p,\ DX_i=p(1-p).$$

由定理 5 得

$$\lim_{n\to\infty}P\left\{\frac{Y_n-np}{\sqrt{np(1-p)}}<x\right\}=\frac{1}{\sqrt{2\pi}}\int_{-\infty}^{x}{}^{-\frac{t^2}{2}}\mathrm{d}t.$$

定理表明，二项分布的极限分布是正态分布. 因此，当 n 充分大时，可以利用式(5-9) 来计算二项分布的概率.

以上讨论的是独立同分布的随机变量和的分布的极限问题，而对于相互独立但不同分布的随机变量和的分布的极限问题，还有李雅普诺夫中心极限定理.

定理 7 ［李雅普诺夫（Liapunov）定理］ 设随机变量 $X_1,X_2,\cdots,X_n,\cdots$ 相互独立，且 $EX_i=\mu_i$，$DX_i=\sigma_i^2\neq 0$，$i=1,2,\cdots$，记 $B_n^2=\sum\limits_{i=1}^{n}\sigma_i^2$，若存在$\delta>0$，使得

$$\frac{1}{B_n^{2+\delta}}\sum_{i=1}^{n}E\mid X_i-\mu_i\mid^{2+\delta}\to 0\quad(n\to\infty).$$

则对任意的 x，有

$$\lim_{n\to\infty}P\left\{\frac{1}{B_n}\sum_{i=1}^{n}(X_i-\mu_i)<x\right\}=\frac{1}{\sqrt{2\pi}}\int_{-\infty}^{x}\mathrm{e}^{-\frac{t^2}{2}}\mathrm{d}t. \tag{5-10}$$

证明略.

由定理不难看出，当 n 很大时，$\eta_n=\frac{1}{B_n}\sum\limits_{i=1}^{n}(X_i-\mu_i)=\frac{1}{B_n}\left[\sum\limits_{i=1}^{n}X_i-\sum\limits_{i=1}^{n}\mu_i\right]$ 近似服从标准正态分布 $N(0,1)$，也即 $\sum\limits_{i=1}^{n}X_i=B_n\eta_n+\sum\limits_{i=1}^{n}\mu_i$ 近似服从正态分布 $N(\sum\limits_{i=1}^{n}\mu_i,B_n^2)$.

这就是说，无论各个随机变量 $X_i(i=1,2,\cdots)$ 服从什么样的分布，只要满足定理 7 的条件，那么它们的和 $\sum\limits_{i=1}^{n}X_i$，当 n 很大时，就近似地服从正态分布. 这也就说明了为什么正态随机变量在概率论与数理统计中占有重要地位的一个最基本的原因.

在数理统计中，将会看到，中心极限定理是大样本统计推断的理论基础. 下面

举两个关于中心极限的例子．

【例 1】 设有 100 个电子器件，它们的使用寿命 $X_1, X_2, \cdots, X_{100}$ 均服从参数为 $\lambda=0.05$（h^{-1}）的指数分布，其使用情况为：第一个损坏第二个立即使用，第二个损坏第三个立即使用等等．令 X 表示这 100 个电子器件使用的总时间，试求 X 超过 1800h 的概率．

解 由于 X_i 服从参数为 $\lambda=0.05$ 的指数分布．因此

$$EX_i=\frac{1}{\lambda}=20,\ DX_i=\frac{1}{\lambda^2}=400,\quad i=1,2,\cdots,100.$$

又由题设知 $X=\sum_{i=1}^{100} X_i$，因此由定理 5 得

$$\begin{aligned} P\{X>1800\} &= P\left\{\frac{X-100\times 20}{20\sqrt{100}}>\frac{1800-100\times 20}{20\sqrt{100}}\right\} \\ &= P\left\{\frac{X-2000}{200}>-1\right\}=1-P\left\{\frac{X-2000}{200}\leqslant -1\right\} \\ &\approx 1-\int_{-\infty}^{-1}\frac{1}{\sqrt{2\pi}}e^{-\frac{t^2}{2}}dt=1-\Phi(-1)=\Phi(1)=0.8413. \end{aligned}$$

【例 2】 设在 n 重伯努利试验中事件 A 发生的概率为 0.8，若要使 A 发生的频率在 0.75 到 0.85 之间的概率不小于 0.90. 试用契贝雪夫不等式与中心极限定理估计满足上述要求至少所需试验次数．

解 设 n_A 表示 A 在 n 重伯努利试验中发生的次数，则 $n_A\sim B(n,0.80)$．此时，$En_A=n\times 0.80=0.8n$，$Dn_A=n\times 0.8\times 0.2=0.16n$. 由题设知，所求的试验次数 n 应是频率 $\frac{n_A}{n}$ 满足不等式

$$P\left\{0.75<\frac{n_A}{n}<0.85\right\}\geqslant 0.90$$

的最小正整数．

从上式左边出发，对于随机变量 n_A 运用契贝雪夫不等式，有

$$\begin{aligned} P\left\{0.75<\frac{n_A}{n}<0.85\right\} &= P\{0.75n<n_A<0.85n\} \\ &= P\{|n_A-0.80n|<0.05n\} \\ &\geqslant 1-\frac{Dn_A}{(0.05n)^2}=1-\frac{0.16n}{0.0025n^2}=1-\frac{64}{n}. \end{aligned}$$

从而便有 $1-\frac{64}{n}\geqslant 0.90$，由此解得 $n\geqslant 640$.

这就是说，若用契贝雪夫不等式估计，则至少应做 640 次试验．下面再用中心极限定理进行估计．

由于 $En_A=n\times 0.80=0.8n$，$Dn_A=n\times 0.8\times 0.2=0.16n$，运用定理 6，有

$$\begin{aligned} P\left\{0.75<\frac{n_A}{n}<0.85\right\} &= P\{0.75n<n_A<0.85n\} \\ &\approx \Phi\left(\frac{0.85n-0.80n}{\sqrt{0.16n}}\right)-\Phi\left(\frac{0.75n-0.80n}{\sqrt{0.16n}}\right) \end{aligned}$$

$$=2\Phi\left(\frac{0.05}{0.4}\sqrt{n}\right)-1=2\Phi(0.125\sqrt{n})-1.$$

从而便有 $$2\Phi(0.125\sqrt{n})-1\geqslant 0.90,$$

即 $$\Phi(0.125\sqrt{n})\geqslant 0.95,$$

查正态分布表，得 $$0.125\sqrt{n}\geqslant 1.645,$$

故有 $$n\geqslant(1.645/0.125)^2=(13.16)^2=173.19.$$

因此，在中心极限定理估计下，满足题设条件至少应做的试验次数是 $n=174$.

此例表明，在预定精度下用契贝雪夫不等式进行的概率估计所需试验次数远比利用中心极限定理的结果多得多，这也从一个侧面说明了两种概率考察方法的差别.

习 题 五

1. 设随机变量 X 的方差为 2.5. 试利用契贝雪夫不等式估计 $P\{|X-EX|\geqslant 7.5\}$ 的值.

2. 已知某随机变量 X 的方差 $DX=1$，但数学期望 $EX=m$ 未知，为估计 m，对 X 进行 n 次独立观测，得样本观察值 $X_1,X_2,\cdots,X_n$. 现用 $\overline{X}=\frac{1}{n}\sum_{i=1}^{n}X_i$ 估计 m，试问当 n 多大时才能使 $P\{|\overline{X}-m|<0.5\}\geqslant p$?

3. 设在由 n 个任意开关组成的电路实验中，每次试验时一个开关开或关的概率各为 $\frac{1}{2}$. 以 m 表示在这 n 次试验中遇到的开电次数，欲使开电频率 $\frac{m}{n}$ 与开电概率 $p=0.5$ 的绝对误差小于 $\varepsilon=0.01$，并且要有 99%以上的可靠性来保证它实现. 试用德莫佛—拉普拉斯定理来估计，试验的次数 n 至少应该是多少?

4. 用某种步枪进行射击飞机的试验，每次射击的命中率为 0.5%. 试问需要多少支步枪同时射击，才能使飞机至少被击中 2 弹的概率不小于 99%?

5. 随机变量 X 表示对概率为 p 的事件 A 做 n 次重复独立试验时 A 出的次数. 试分别用契贝雪夫不等式及中心极限定理估计满足下式的 n

$$P\left\{\left|\frac{X}{n}-p\right|<\frac{1}{2}\sqrt{DX}\right\}\geqslant 99\%.$$

6. 一个养鸡场购进一万只良种鸡蛋，已知每只鸡蛋孵化成雏鸡的概率为 0.84，每只雏鸡育成种鸡的概率为 0.9. 试计算由这些鸡蛋得到种鸡不少于 7500 只的概率.

7. 某印刷厂在排版时，每个字符被排错的概率为 0.0001. 试求在 300000 个字符中错误不多于 50 个的概率.

8. 某班班会为学校主办一次周末晚会，共发出邀请书 150 张，按以往的经验，接到邀请书的人中大体上能有 80%的可到会. 试求前来参加晚会的人数在 110 到 130 之间的概率.

9. 某药厂断言，该厂生产的某种药品对于医治一种疑难的血液病的治愈率为 0.8. 医院检验员任意抽查 100 个服用此药品的人，如果其中多于 75 人治愈，就接受这一断言，否则就拒绝这一断言.（1）若实际上此药品对这种疾病的治愈率是 0.8，问接受这一断言的概率是多少?（2）若实际上此药品对这种疾病的治愈率为 0.7，问接受这一断言的概率是多少?

10. 某单位有 300 架电话分机，每个分机有 5%的时间要用外线通话，可以认为各个电话分机用不用外线是相互独立的. 试问该单位总机至少应配备多少条外线，才能以 95%的把握保证各个分机在用外线时不必等待?

11. 某车间有 100 台车床独立地进行工作，每台车床开工率为 0.7，每台车床在每个工作日内耗电 1kW·h.（1）试求正常工作的车床台数在 65 到 75 之间的概率；（2）试问供电所至少要为该车间提供多少 kW·h 的电力才能以 99.7%的概率保证不因供电不足而影响生产?

第六章　数理统计的基本概念

通过前面五章的学习我们知道，随机变量及其概率分布全面描述了随机现象的统计规律性．然而在实际问题中，随机变量所服从的分布可能并不知道，或者虽然分布已经知道，但不知道其中的参数．例如，某条高速公路某一天发生的交通事故数所服从的分布，事先往往并不知道．又如，一个学校某门课程学生的统考成绩，一般说来服从正态分布 $N(\mu,\sigma^2)$，但阅卷尚在进行中，平均成绩 μ 及均方差 σ 是不知道的等等．怎样才能掌握随机变量的分布或了解其中的参数呢？这正是数理统计的任务．

数理统计作为一门学科诞生于 19 世纪末 20 世纪初，是一门具有广泛应用的一个数学分支，它以概率论为基础，研究以怎样有效的方法收集带有随机影响的数据，并在设定的统计模型下，对这些数据进行整理、分析，从而对研究对象的客观规律作出合理的、科学的推断或预测．这就是通常所讲的统计推断．

数理统计的内容十分丰富，本书只介绍参数估计、假设检验、方差分析与回归分析的基本内容．

本章介绍数理统计中的一些基本术语、基本概念、重要的统计量及抽样分布，它们是学习后面各章的基础．

第一节　总体与样本

一、总体与个体

在数理统计的讨论中，把研究对象全体组成的集合称为**总体**（或**母体**），而把组成总体的每个元素称为**个体**．总体中所包含个体的个数称为总体的容量．容量为有限的总体称为有限总体；容量为无限的总体称为无限总体．处理实际问题时，人们关心的往往是研究对象的某个数量特征指标，因此常常把研究对象的某个特征指标值的全体称为总体，其中每个元素的指标值作为个体．

【例 1】 研究某厂生产的一批灯泡的质量，这时该批灯泡的全体就组成了总体，而其中每个灯泡即为个体．然而，通常总是把使用寿命作为体现灯泡质量特征的指标．于是，便把每个灯泡的使用寿命这个指标值看成个体，而全部灯泡的寿命就组成了总体．

【例 2】 炮弹的质量往往由它的重量、穿透率、射程等方面的特征指标来体现．如果只研究一批炮弹的重量指标时，各发炮弹重量的全体就是一个总体，每发炮弹的重量是个体．如果需要考察一批炮弹的穿透率指标时，各发炮弹穿透率的全体就是总体，而每发炮弹的穿透率就是个体．如果同时要考虑炮弹的重量、穿透率及射程指标时，则各发炮弹的重量、穿透率、射程便构成一个三维向量指标，该三维向量指标值的全体就组成一个总体．

我们用 X 来表示研究对象的特征指标，如果研究的是个体的 n 项特征指标，则 X 表示一个 n 维向量．如上例 1 中 X 表示“灯泡的寿命”；例 2 中 X 分别表示“炮弹的重量”，“炮弹的穿透率”或三维向量“重量、穿透率、射程”．

值得注意的是，就某一特征指标 X 而言，它一般随个体变化而变化，在抽到某个个体之前，这个个体的指标值 X 是不能确定的，因此可以认为 X 是一个随机变量．X 的分布就完整地描述了总体中所研究的特征指标的分布状况．因此把随机变量 X 的分布函数称为**总体分布函数**．当 X 为离散型随机变量时，称 X 的分布律为**总体分布律**；当 X 为连续型随机变量时，称 X 的概率密度为**总体概率密度**．今后，凡提到总体，视为等同于随机变量 X，即总体是一个具有确定概率分布的随机变量 X. 这样就可以把概率论的方法引入到数理统计中来了．

二、样本

要了解总体的分布规律，就得对总体中的个体进行研究．一个天真而又自然的方法是一个一个地研究，但在实际中常常是不可能或是不必要的．如在研究水稻品种优劣时，我们关心稻穗的稻谷粒数，显然没有必要去把每一株稻穗的稻谷粒数全数出来，这不仅要花费太多的人力、物力，时间上也不允许．再如有些产品质量的检验带有破坏性，像检验灯泡的寿命、炮弹的杀伤力等，根本就不可能逐个检验．因此，一般总是从总体中抽出有限个个体，通过对这些个体的逐一观测，从而对总体分布规律作出较为合理的判断或推测．

这种从总体 X 中抽出有限个个体对总体进行观察的过程称为**抽样**，被抽出的这些个体称为**样品**，所有样品便构成了总体的**样本**．样本中所含个体的数目称为**样本容量**．现在的问题是，如何从总体中抽取样本，又如何利用这些样本的特性去分析、推测总体的特性．

样本的一个重要属性是它的二重性．一方面，从总体 X 中抽到哪个个体作为样品事先是无法确定的，由于抽取的随机性，所以被列为样本的第 i 个样品也是一个随机变量，记为 $X_i(i=1,2,\cdots,n)$. 由 n 个样品 $X_1,X_2,\cdots,X_n$ 组成一个容量为 n 的样本，记作 $(X_1,X_2,\cdots,X_n)$，这是一个 n 维随机变量，即样本具有随机变量的属性．另一方面，在一次具体的抽样之后，得到一组确定的数值，这说明样本又具有数的属性．样本既可被看成随机变量又可被看成数，这就是所谓的样本的二重性．读者对样本的这种两重性要有足够的认识，这对理解后面的内容十分重要．为明确起见把一次具体抽样后所得的样本的确定数值记为 $(x_1,x_2,\cdots,x_n)$，称之为样本 $(X_1,X_2,\cdots,X_n)$ 的一组观察值，也叫**样本观察值**或**样本值**．

抽取样本的目的是为了对总体分布或它的数字特征进行分析和推断．只有当样本能较好地反映总体 X 取值的统计规律性时，从该样本所作出的推测才比较可靠，为此，要求抽出的样本满足以下两点要求．

（1）**代表性**　样本中的每个样品 X_i 都是从 X 中随机地抽出的．即每个样品 X_i 与总体 X 具有相同的分布，$i=1,2,\cdots,n$.

（2）**独立性**　每个样品的抽出相互之间是互不影响的．即 $X_1,X_2,\cdots,X_n$ 是相互独立的随机变量．

满足以上两点要求的样本称为**简单随机样本**．以后如不加特别说明，所提到的样本都是指简单随机样本．在理论上，有放回抽样所得样本被认定为是简单随机样本．而无放回抽样所得样本不是简单随机样本，但实际经验表明当 $n/N\leqslant 0.1$（N 为总体容量）时，可以近似地看作是简单随机样本．

综上，所谓总体就是随机变量 X，样本就是相互独立的且与总体 X 同分布的随机变量 $X_i(i=1,2,\cdots,n)$ 所组成的 n 维随机变量（$X_1,X_2,\cdots,X_n$），每一次具体抽样所得数据（$x_1,x_2,\cdots,x_n$）就是样本值．

三、样本的联合分布

由概率论的讨论可知，若总体 X 具有分布函数 $F(x)$，则样本（$X_1,X_2,\cdots,X_n$）的联合分布函数为

$$F^*(x_1,x_2,\cdots,x_n)=\prod_{i=1}^{n}F(x_i).$$

如果总体为连续型随机变量，其概率密度函数为 $f(x)$，则样本的联合概率密度为

$$f^*(x_1,x_2,\cdots,x_n)=\prod_{i=1}^{n}f(x_i).$$

如果总体为离散型随机变量，其分布律为 $P\{X=a_i\}=p_i$，$i=1,2,\cdots$，则样本的联合分布律为

$$P\{X_1=x_1,X_2=x_2,\cdots,X_n=x_n\}=\prod_{i=1}^{n}P\{X_i=x_i\},$$

其中$(x_1,x_2,\cdots,x_n)$为$(X_1,X_2,\cdots,X_n)$的任一组可能的观察值．

以上结论今后会多次用到．

【例 3】 设（$X_1,X_2,\cdots,X_n$）为来自总体 $X\sim N(\mu,\sigma^2)$ 的样本．试写出（$X_1,X_2,\cdots,X_n$）的联合概率密度，并计算 $E\overline{X}$, $D\overline{X}$,其中 $\overline{X}=\frac{1}{n}\sum_{i=1}^{n}X_i$．

解 由于 X 的概率密度为

$$f(x)=\frac{1}{\sqrt{2\pi}\sigma}e^{-\frac{(x-\mu)^2}{2\sigma^2}}.$$

因此样本的联合概率密度为

$$f^*(x_1,x_2,\cdots,x_n)=\frac{1}{(\sqrt{2\pi}\sigma)^n}e^{-\frac{\sum_{i=1}^{n}(x_i-\mu)^2}{2\sigma^2}}.$$

又因为 $EX=\mu$，$DX=\sigma^2$，故

$$E\overline{X}=E\left(\frac{1}{n}\sum_{i=1}^{n}X_i\right)=\frac{1}{n}\sum_{i=1}^{n}EX_i=\mu,$$

$$D\overline{X}=D\left(\frac{1}{n}\sum_{i=1}^{n}X_i\right)=\frac{1}{n^2}\sum_{i=1}^{n}DX_i=\frac{\sigma^2}{n}.$$

【例 4】 设总体 X 服从参数为 λ（$\lambda>0$）的泊松分布，即 $X\sim\pi(\lambda)$．（$X_1,X_2,\cdots,X_n$）是来自总体 X 的样本．试求（$X_1,X_2,\cdots,X_n$）的联合分布律．

解 由于 $P\{X=k\}=\frac{\lambda^k}{k!}e^{-\lambda}$ （$k=0,1,2,\cdots$；$\lambda>0$）．

从而 $$P\{X_i=k_i\}=\frac{\lambda^{k_i}}{k_i!}e^{-\lambda}\quad (i=1,2,\cdots,n;\ k_i=0,1,2,\cdots).$$
故
$$P\{X_1=k_1,X_2=k_2,\cdots,X_n=k_n\}=P\{X_1=k_1\}\cdot P\{X_2=k_2\}\cdots P\{X_n=k_n\}$$
$$=\prod_{i=1}^{n}\frac{\lambda^{k_i}}{k_i!}e^{-\lambda}=\frac{e^{-n\lambda}\lambda^{\sum\limits_{i=1}^{n}k_i}}{\prod\limits_{i=1}^{n}k_i!}.$$

第二节 统 计 量

在数理统计中，总体或者说总体分布是研究的对象，但由上节分析知在实际中是通过对样本进行具体研究，再去对总体的分布或数字特征进行各种推断．但样本的观测值中含有的信息较为分散，有时还显得杂乱无章．为将这些分散在样本中的有关总体的信息集中起来以反映总体的各种特征，这就需要对样本进行加工、整理，从中提取有用的信息．

例如，从全省高考的数学考试卷中随机抽取 100 份试卷进行试卷分析，如果顺次通报 100 份试卷的成绩，会使人不得要领．如果改用报告 100 份试卷的最高分、最低分、平均分、不及格人数等，这样既省时又清楚地显示了样本的概况，从而对本年度高考数学成绩就有了一个大致的了解．这里最高分、最低分、平均分等就是对样本加工、整理后所得的有用信息．所谓对样本“加工、整理”，就是针对不同的实际问题构造一个不含任何未知参数的样本函数以便有效地搜集样本信息，这种函数就是统计学中讨论的统计量．

一、统计量的定义

定义 1 设（$X_1,X_2,\cdots,X_n$）为总体 X 的一个样本，φ（$X_1,X_2,\cdots,X_n$）是 $X_1,X_2,\cdots,X_n$ 的函数，若 φ 是连续函数且不含任何未知参数，则称 φ（$X_1,X_2,\cdots,X_n$）是一个**统计量**．

由定义知，统计量具有两个特点：第一，统计量是样本（$X_1,X_2,\cdots,X_n$）的函数，因而是随机变量；第二，一旦获得样本值（$x_1,x_2,\cdots,x_n$）之后，就能算出统计量相应的观察值．

引例中，若记 100 份数学试卷的成绩为 $X_1,X_2,\cdots,X_{100}$，则最高分 $\max\{X_1,X_2,\cdots,X_{100}\}$，最低分 $\min\{X_1,X_2,\cdots,X_{100}\}$，平均分 $\overline{X}=\frac{1}{100}\sum\limits_{i=1}^{100}X_i$ 等都是统计量．

【例 1】 设（$X_1,X_2,\cdots,X_n$）为正态总体 $X\sim N(\mu,\sigma^2)$ 的一个样本，其中 μ 已知，但 σ^2 未知，则

$$\frac{1}{n}\sum_{i=1}^{n}X_i,\frac{1}{n}\sum_{i=1}^{n}(X_i-\mu)^2,\sum_{i=1}^{n}2X_i^2,\ \max\{X_1,X_2,\cdots,X_n\}$$ 等都是统计量；

而 $\sum\limits_{i=1}^{n}\frac{X_i}{\sigma},\sum\limits_{i=1}^{n}\frac{1}{\sigma^2}(X_i-\mu)^2$ 都不是统计量，因为它们包含未知参数 σ.

二、常用的统计量

下面介绍几个常用的统计量，它们在数理统计中都有着重要作用．设$(X_1,X_2,\cdots,X_n)$为来自总体 X 的样本，定义

（1）样本均值

$$\overline{X}=\frac{1}{n}\sum_{i=1}^{n}X_i\ ; \tag{6-1}$$

（2）样本方差

$$S^2=\frac{1}{n-1}\sum_{i=1}^{n}(X_i-\overline{X})^2=\frac{1}{n-1}\left(\sum_{i=1}^{n}X_i^2-n\overline{X}^2\right)\ ; \tag{6-2}$$

（3）样本标准差

$$S=\sqrt{\frac{1}{n-1}\sum_{i=1}^{n}(X_i-\overline{X})^2}\ ; \tag{6-3}$$

（4）样本 k 阶原点矩

$$A_k=\frac{1}{n}\sum_{i=1}^{n}X_i^k,\ k=1,2,\cdots\ ; \tag{6-4}$$

（5）样本 k 阶中心矩

$$B_k=\frac{1}{n}\sum_{i=1}^{n}(X_i-\overline{X})^k,\ k=1,2,\cdots. \tag{6-5}$$

显然 $A_1=\overline{X}$，但注意 S^2 与 B_2 的差异．

若$(x_1,x_2,\cdots,x_n)$为样本$(X_1,X_2,\cdots,X_n)$的一次观察值，则用 $\overline{x}$，s^2，a_k,b_k 等分别表示统计量 $\overline{X}$，S^2,A_k,B_k 的观察值，相应公式中的字母均改成小写，如

$$\overline{x}=\frac{1}{n}\sum_{i=1}^{n}x_i,\quad a_k=\frac{1}{n}\sum_{i=1}^{n}x_i^k\quad (k=1,2,\cdots)\ 等．$$

【例 2】 设 $x_1,x_2,\cdots,x_n$ 是任意 n 个实数，$\overline{x}=\frac{1}{n}\sum_{i=1}^{n}x_i$，对任意实数 c，证明

$$\sum_{i=1}^{n}(x_i-\overline{x})^2=\sum_{i=1}^{n}(x_i-c)^2-n(\overline{x}-c)^2\ .$$

证

$$\begin{aligned}\sum_{i=1}^{n}(x_i-\overline{x})^2&=\sum_{i=1}^{n}[(x_i-c)-(\overline{x}-c)]^2\\&=\sum_{i=1}^{n}(x_i-c)^2-2\sum_{i=1}^{n}(x_i-c)(\overline{x}-c)+\sum_{i=1}^{n}(\overline{x}-c)^2\\&=\sum_{i=1}^{n}(x_i-c)^2-n(\overline{x}-c)^2\ .\end{aligned}$$

该例是一个非常有用的结论，特别当 $c=0$ 时有

$$\sum_{i=1}^{n}(x_i-\overline{x})^2=\sum_{i=1}^{n}x_i^2-n\overline{x}^2\ .$$

它提供了计算 $\sum_{i=1}^{n}(x_i-\overline{x})^2$ 的一种方法.

样本矩有以下性质.

定理1 设 $(X_1,X_2,\cdots,X_n)$ 是取自总体 X 的一个样本，$EX=\mu$，$DX=\sigma^2$，则

(1) $E\overline{X}=\mu$，$D\overline{X}=\frac{\sigma^2}{n}$；

(2) $ES^2=\sigma^2$，$EB_2=\frac{n-1}{n}\sigma^2$；

(3) 当 $n\to\infty$ 时，$\overline{X}\xrightarrow{P}\mu$；

(4) 当 $n\to\infty$ 时，$S^2\xrightarrow{P}\sigma^2$，$B_2\xrightarrow{P}\sigma^2$.

证 因为 $X_1,X_2,\cdots,X_n$ 相互独立，且与总体 X 同分布，所以

$$EX_i=EX=\mu,\ DX_i=DX=\sigma^2,\ i=1,2,\cdots,n.$$

(1) $E\overline{X}=E\left(\frac{1}{n}\sum_{i=1}^{n}X_i\right)=\frac{1}{n}\sum_{i=1}^{n}EX_i=\mu$；

$D\overline{X}=D\left(\frac{1}{n}\sum_{i=1}^{n}X_i\right)=\frac{1}{n^2}\sum_{i=1}^{n}DX_i=\frac{\sigma^2}{n}$.

(2) 运用例2的结论，得

$$S^2=\frac{1}{n-1}\sum_{i=1}^{n}(X_i-\overline{X})^2=\frac{1}{n-1}\left[\sum_{i=1}^{n}(X_i-\mu)^2-n(\overline{X}-\mu)^2\right],$$

因此

$$\begin{aligned}ES^2&=\frac{1}{n-1}\left[\sum_{i=1}^{n}E(X_i-\mu)^2-nE(\overline{X}-\mu)^2\right]\\&=\frac{1}{n-1}\left[\sum_{i=1}^{n}DX_i-nD\overline{X}\right]=\frac{1}{n-1}\left[n\sigma^2-n\frac{\sigma^2}{n}\right]=\sigma^2.\end{aligned}$$

注意到 $B_2=\frac{n-1}{n}S^2$，于是

$$EB_2=\frac{n-1}{n}\cdot ES^2=\frac{n-1}{n}\sigma^2.$$

(3) 由独立同分布情形下的大数定律，得 $\overline{X}\xrightarrow{P}\mu$.

(4) 因为 $X_1^2,X_2^2,\cdots,X_n^2$ 也独立同分布，且

$$EX_i^2=DX_i+(EX_i)^2=\sigma^2+\mu^2.$$

所以，由大数定律知

$$\frac{1}{n}\sum_{i=1}^{n}X_i^2\xrightarrow{P}\sigma^2+\mu^2,$$

于是

$$B_2=\frac{1}{n}\sum_{i=1}^{n}(X_i-\overline{X})^2=\frac{1}{n}\left(\sum_{i=1}^{n}X_i^2-n\overline{X}^2\right)\xrightarrow{P}[(\sigma^2+\mu^2)-\mu^2]=\sigma^2.$$

从而

$$S^2=\frac{n}{n-1}B_2\xrightarrow{P}\sigma^2.$$

由性质(3)，性质(4)知道，可用样本均值来估计总体均值，用样本方差或

二阶中心矩来估计总体方差．

需要说明的是，由于样本具有二重性，而统计量作为样本函数所以也具有二重性．即，对一次具体抽样，统计量是一个数值；但脱离某次具体的抽样，统计量又是一个随机变量．因此统计量作为随机变量当然也有自己的分布，称统计量的分布为**抽样分布**．研究统计量是为了对总体分布的参数作估计或检验，因此就有必要知道抽样分布．一般说来绝大部分抽样分布的精确表达式是难以求出的，但对于正态总体（即总体的分布为正态分布），有一些统计量的抽样分布能精确计算出来．正是这些精确的抽样分布为后面正态总体参数的估计和检验提供了理论依据．下一节将介绍几个正态总体的抽样分布．

第三节 几个常用的分布及抽样分布

为了得到正态总体的抽样分布，首先讨论几个常用的分布及其临界值的概念，这几个分布是：χ^2 分布、t 分布和 F 分布，它们在数理统计中起着非常重要的作用．最后给出正态总体的抽样分布．

一、几个重要分布

1. χ^2 分布

定义 2 设 $X_1, X_2, \cdots, X_n$ 是相互独立的随机变量，且 $X_i \sim N(0,1)$ $(i=1, 2, \cdots, n)$，则称随机变量

$$\chi^2 = X_1^2 + X_2^2 + \cdots + X_n^2 = \sum_{i=1}^{n} X_i^2 \tag{6-6}$$

所服从的分布是**自由度为 n 的 χ^2 分布**，简记为 $\chi^2 \sim \chi^2(n)$.

χ^2 分布是皮尔逊（Pearson）在 1900 年发现的．在上述定义中，自由度 n 是指式(6-6) 右端的独立变量个数．χ^2 分布的概率密度为

$$f(x) = \begin{cases} \dfrac{1}{2^{\frac{n}{2}}\Gamma\left(\dfrac{n}{2}\right)} x^{\frac{n}{2}-1} \mathrm{e}^{-\frac{x}{2}}, & x>0, \\ 0, & \text{其它}. \end{cases} \tag{6-7}$$

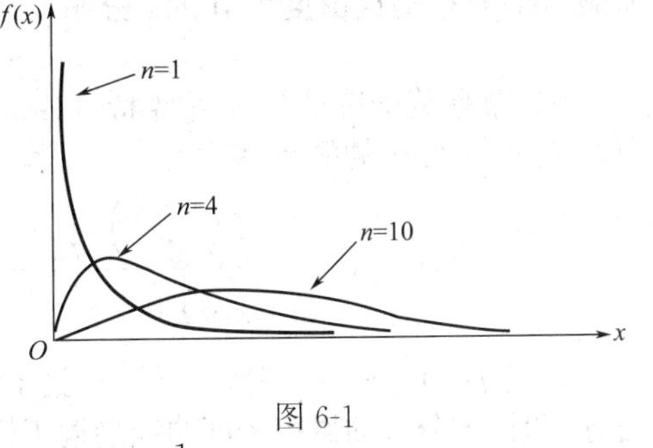

图 6-1

由第二章知，χ^2 分布的密度函数正是参数为 $\dfrac{n}{2}, \dfrac{1}{2}$ 的 Γ 分布，其图像见图 6-1，它随着自由度 n 的不同而有所改变．

χ^2 分布具有下列重要性质

定理 2 （1）设 $\chi^2 \sim \chi^2(n)$，则

$$E\chi^2 = n, \quad D\chi^2 = 2n; \tag{6-8}$$

（2）设 $Y_1 \sim \chi^2(n_1)$，$Y_2 \sim \chi^2(n_2)$，且 Y_1，Y_2 相互独立，则有

$$Y_1 + Y_2 \sim \chi^2(n_1 + n_2). \tag{6-9}$$

证 （1）由 χ^2 分布的定义知 $X_i \sim N(0,1)$，故

$$EX_i^2=DX_i+(EX_i)^2=1,\ EX_i^4=3 .$$[1]

于是

$$E\chi^2=\sum_{i=1}^{n}EX_i^2=n ,$$

$$D\chi^2=\sum_{i=1}^{n}DX_i^2=\sum_{i=1}^{n}[EX_i^4-(EX_i^2)^2]=n(3-1^2)=2n .$$

（2）读者自证．

性质（2）称为 χ^2 分布的可加性，用数学归纳法不难推广到任意有限个随机变量的情形．

【例 1】 设（$X_1,X_2,\cdots,X_n$）为总体 $X\sim N(\mu,\sigma^2)$ 的样本，则

$$\frac{1}{\sigma^2}\sum_{i=1}^{n}(X_i-\mu)^2\sim\chi^2(n) .$$

证 因为 $X_i\sim N(\mu,\sigma^2)$，所以

$$\frac{X_i-\mu}{\sigma}\sim N(0,1),\ i=1,2,\cdots,n.$$

记 $Y_i=\dfrac{X_i-\mu}{\sigma}$，则 $Y_i\sim N(0,1)$，且 $Y_1,Y_2,\cdots,Y_n$ 相互独立．

由 χ^2 分布定义知

$$\frac{1}{\sigma^2}\sum_{i=1}^{n}(X_i-\mu)^2=\sum_{i=1}^{n}\frac{(X_i-\mu)^2}{\sigma^2}=\sum_{i=1}^{n}Y_i^2\sim\chi^2(n) .$$

2. t 分布

定义 3 设 $X\sim N(0,1)$，$Y\sim\chi^2(n)$，且 X,Y 相互独立，则称随机变量

$$T=\frac{X}{\sqrt{Y/n}} \tag{6-10}$$

所服从的分布是**自由度为 n 的 t 分布**，或称**学生氏（Student）分布**，简记为

$$T\sim t(n).$$

t 分布是英国统计学家哥赛特（Gosset）在 1908 年以笔名“Student”发表的研究成果．t 分布的概率密度为

$$f(x)=\frac{\Gamma\left(\frac{n+1}{2}\right)}{\sqrt{n\pi}\,\Gamma\left(\frac{n}{2}\right)}\left(1+\frac{x^2}{n}\right)^{-\frac{n+1}{2}},\ -\infty<x<+\infty. \tag{6-11}$$

显然 $f(x)$ 是一偶函数，其图形关于纵轴对称，如图 6-2 所示．可以证明，当 n 充分大时，t 分布的概率密度曲线趋近于标准正态分布的概率密度曲线．所以当 n 较大时，可用标准正态分布来近似 t 分布．如果 $T\sim t(n)$，当 $n>1$ 时，$E_T=0$；当 $n>2$ 时，$DT=\dfrac{n}{n-2}$.

---

[1] 因为 $X\sim N(0,1)$，故

$$EX^4=\int_{-\infty}^{+\infty}x^4\frac{1}{\sqrt{2\pi}}e^{-\frac{x^2}{2}}dx\xlongequal{\text{令}\frac{x^2}{2}=t}\frac{4}{\sqrt{\pi}}\int_0^{+\infty}t^{\frac{5}{2}-1}e^{-t}dt=\frac{4}{\sqrt{\pi}}\Gamma\left(\frac{5}{2}\right)=3.$$

更一般地，有结论：若 $X\sim N(0,1)$，则 $EX^k=\begin{cases}(k-1)\cdot(k-3)\cdots1, & k\text{ 为偶},\\ 0, & k\text{ 为奇}.\end{cases}$ 读者可仿上自证．

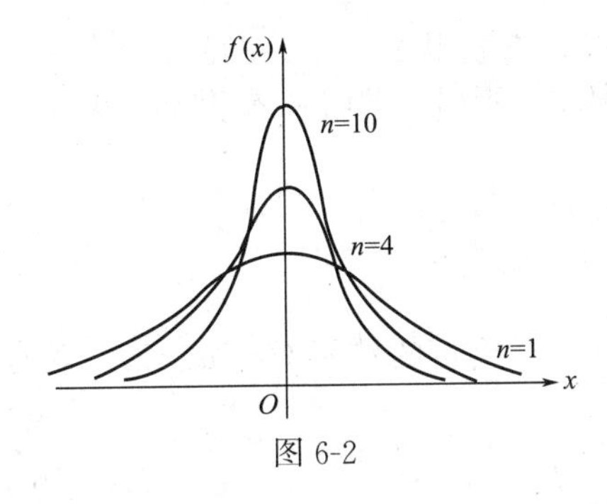

图 6-2

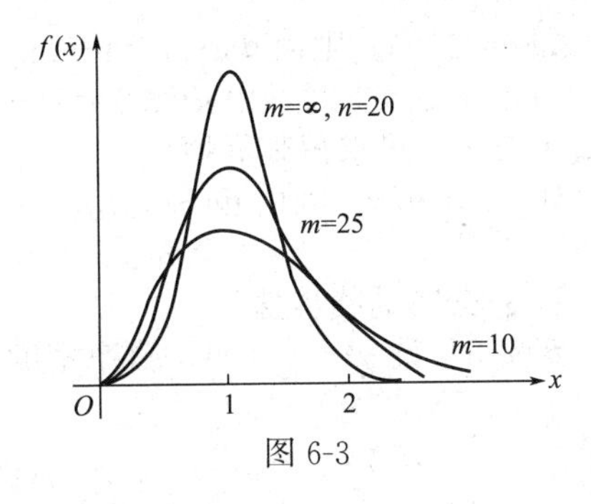

图 6-3

3. **F 分布**

定义 4 设 $X\sim\chi^2(n_1)$，$Y\sim\chi^2(n_2)$，且 X,Y 相互独立，则称随机变量

$$F=\frac{X/n_1}{Y/n_2} \tag{6-12}$$

所服从的分布是**自由度为 n_1,n_2 的 F 分布**，简记为 $F\sim F(n_1,n_2)$. 其中 n_1 为分子的自由度，也称第一自由度；n_2 为分母的自由度，也称第二自由度 . F 分布的概率密度为

$$f(x)=\begin{cases}\dfrac{\Gamma\left(\dfrac{n_1+n_2}{2}\right)}{\Gamma\left(\dfrac{n_1}{2}\right)\Gamma\left(\dfrac{n_2}{2}\right)}\cdot\left(\dfrac{n_1}{n_2}\right)^{\frac{n_1}{2}}x^{\frac{n_1}{2}-1}\left(1+\dfrac{n_1}{n_2}x\right)^{-\frac{n_1+n_2}{2}}, & x>0,\\ 0, & \text{其它}.\end{cases} \tag{6-13}$$

其图形随自由度 n_1,n_2 的不同而有所改变，如图 6-3 所示，

F 分布是由费歇尔（R. A. Fisher）于 1924 年建立的 . 由 F 分布的定义不难看出，若 $F\sim F(n_1,n_2)$，则 $\frac{1}{F}\sim F(n_2,n_1)$，即 $\frac{1}{F}$ 仍服从 F 分布，只是要交换自由度 .

【例 2】 已知 $X\sim t(n)$，证明 $X^2\sim F(1,n)$.

证 因为 $X\sim t(n)$，由定义知 X 可表示为 $X=\frac{Y_1}{\sqrt{Y_2/n}}$，其中 $Y_1\sim N(0,1)$，$Y_2\sim\chi^2(n)$，且相互独立 . 又 $X^2=\frac{Y_1^2}{Y_2/n}$，注意到 $Y_1^2\sim\chi^2(1)$，由 F 分布的定义知

$$X^2\sim F(1,n).$$

本题解答看似简单，但所学的三个分布都涉及 . 因此了解证明过程中每一步的来龙去脉，有利于熟悉、掌握这三个分布 .

二、几个重要分布的临界值

1. 标准正态分布的临界值

定义 5 设 $X\sim N(0,1)$，对给定的正数 α（$0<\alpha<1$），若存在实数 z_α 满足

$$P\{X>z_\alpha\}=\int_{z_\alpha}^{+\infty}\frac{1}{\sqrt{2\pi}}\mathrm{e}^{-\frac{t^2}{2}}\mathrm{d}t=\alpha, \tag{6-14}$$

则称点 z_α 为标准正态分布 X 的 **α 临界值**（或称**上 α 分位数**），如图 6-4 所示 .

由标准正态分布的性质及定义知 $\Phi(z_\alpha)=1-\alpha$，故若已知 α，可通过反查标准正态分布表，求出 α 临界值 z_α.

如 $\alpha=0.05$，则由 $\Phi(z_\alpha)=1-0.05=0.95$，查表得 $z_{0.05}=1.645$.

当 $0.5<\alpha<1$ 时，由 $\Phi(z_\alpha)=1-\alpha$，表中无法查出，此时查表 $\Phi(z_{1-\alpha})=\alpha$，再由 $z_\alpha=-z_{1-\alpha}$ 可求得临界值 z_α.

如 $\alpha=0.975$，则由 $\Phi(z_{1-0.975})=0.975$，查表得 $z_{1-0.975}=1.96$，故

$$z_{0.975}=-z_{1-0.975}=-1.96.$$

2. χ^2 分布的临界值

定义 6 设 $\chi^2\sim\chi^2(n)$，概率密度为 $f(x)$. 对给定的数 α（$0<\alpha<1$），若存在实数 $\chi_\alpha^2(n)$ 满足

$$P\{\chi^2>\chi_\alpha^2(n)\}=\int_{\chi_\alpha^2(n)}^{+\infty}f(x)\mathrm{d}x=\alpha\,. \tag{6-15}$$

则称数 $\chi_\alpha^2(n)$ 为 χ^2 分布的 **α 临界值**，如图 6-5 所示.

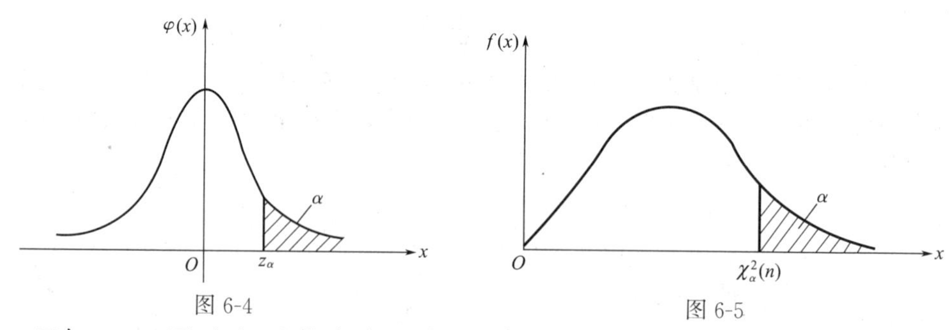

图 6-4　　图 6-5

已知 n,α，通过查 χ^2 分布表可求得 $\chi_\alpha^2(n)$. 如 $\alpha=0.025$，$n=3$，查表得 $\chi_{0.025}^2(3)=9.348$. 附表 4 只给出了自由度 $n\leqslant45$ 时的临界值. 费歇尔曾证明：当 n 充分大时有近似公式

$$\chi_\alpha^2(n)\approx\frac{1}{2}(z_\alpha+\sqrt{2n-1})^2, \tag{6-16}$$

这里 z_α 是标准正态分布的临界值，利用式(6-16) 可以对 $n>45$ 的临界值进行近似计算.

如 $n=60$，$\alpha=0.05$，则

$$\chi_{0.05}^2(60)\approx\frac{1}{2}(1.645+\sqrt{2\times60-1})^2=78.80.$$

【例 3】 已知 $Y\sim\chi^2(10)$. 试确定 c 值，使 $P\{Y>c\}=0.05$.

解 由 χ^2 分布的 α 临界值定义知，通过查表 $n=10$，$\alpha=0.05$ 得

$$c=\chi_{0.05}^2(10)=18.307.$$

3. t 分布的临界值

定义 7 设 $T\sim t(n)$，概率密度为 $f(x)$. 对给定的 α（$0<\alpha<1$）. 若存在实数 $t_\alpha(n)$ 满足

$$P\{T>t_\alpha(n)\}=\int_{t_\alpha(n)}^{+\infty}f(x)\mathrm{d}x=\alpha\,, \tag{6-17}$$

则称点 $t_\alpha(n)$ 为 t 分布的 **α 临界值**，如图 6-6 所示.

已知 n，α，通过查 t 分布表可求得 $t_\alpha(n)$. 如 $n=10$，$\alpha=0.05$，查表得 $t_{0.05}(10)=1.8125$.

注 (1) 类似标准正态分布临界值的性质，对 t 分布亦有 $t_{\alpha}(n)=-t_{1-\alpha}(n)$；

(2) 当 $n>45$ 时附表不够用，此时可用正态分布近似

$$t_{\alpha}(n)\approx z_{\alpha}. \tag{6-18}$$

4. F 分布的临界值

定义 8 设 $F\sim F(n_1,n_2)$，概率密度为 $f(x)$. 对给定的 α ($0<\alpha<1$)，若存在实数 $F_{\alpha}(n_1,n_2)$ 满足

$$P\{F>F_{\alpha}(n_1,n_2)\}=\int_{F_{\alpha}(n_1,n_2)}^{+\infty}f(x)\mathrm{d}x=\alpha, \tag{6-19}$$

则称数 $F_{\alpha}(n_1,n_2)$ 为 F 分布的 **α 临界值**，如图 6-7 所示 .

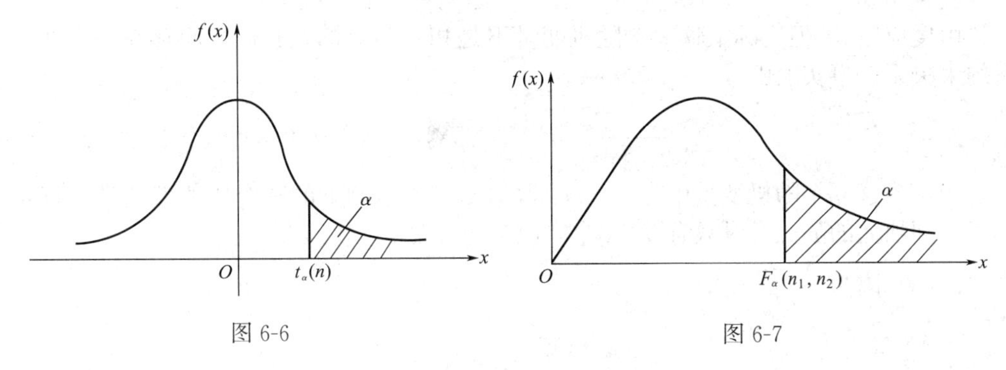

图 6-6　　图 6-7

通过查 F 分布可求出 $F_{\alpha}(n_1,n_2)$. 如 $\alpha=0.05$，$n_1=15$，$n_2=12$，则查表得

$$F_{0.05}(15,12)=2.62.$$

注 表中只列出了 $\alpha=0.1,0.05,0.025,0.01,0.005$ 和 0.001 的情形，由 F 分布的性质

$$F_{1-\alpha}(n_1,n_2)=\frac{1}{F_{\alpha}(n_2,n_1)},$$

还可得到 $\alpha=0.90,0.95,0.975,0.99,0.995$ 和 0.999 的情形 . 如

$$F_{0.95}(12,15)=\frac{1}{F_{0.05}(15,12)}=\frac{1}{2.62}=0.3817.$$

三、抽样分布

下面将讨论正态总体 $X\sim N(\mu,\sigma^2)$ 下样本均值 $\overline{X}$、样本方差 S^2 及某些重要统计量的抽样分布，它们为后续研究奠定了坚实的理论基础 . 这些结论可归纳成如下两个定理 .

定理 3 设 $(X_1,X_2,\cdots,X_n)$ 为来自正态总体 $N(\mu,\sigma^2)$ 的样本，则

(1) $\overline{X}\sim N(\mu,\frac{\sigma^2}{n})$ 或 $\frac{\overline{X}-\mu}{\sigma/\sqrt{n}}\sim N(0,1)$；

(2) $\frac{\sum_{i=1}^{n}(X_i-\mu)^2}{\sigma^2}\sim\chi^2(n)$；

(3) $\frac{(n-1)S^2}{\sigma^2}\sim\chi^2(n-1)$；

(4) 样本均值 $\overline{X}$ 与样本方差 S^2 相互独立；

(5) $\frac{\overline{X}-\mu}{S/\sqrt{n}}\sim t(n-1)$.

证 (1) 综合运用定理 1 并注意到正态随机变量的线性函数仍是正态随机变量以及独立正态变量具有可加性等，即可获得 (1) 的结论.

(2) 本章第三节例 1 已证.

(3)，(4) 的证明较复杂可参阅文献 [2].

这里仅解释一下$\frac{(n-1)S^2}{\sigma^2}$所服从的 χ^2 分布的自由度为什么是 $n-1$? 从表面上看，$\frac{(n-1)S^2}{\sigma^2}=\frac{\sum\limits_{i=1}^{n}(X_i-\overline{X})^2}{\sigma^2}$ 是 n 个随机变量$\frac{X_i-\overline{X}}{\sigma}$($i=1,2,\cdots,n$) 的平方和，自由度应是 n. 但实际上这 n 个随机变量不是相互独立的，它们之间存在一个线性约束关系. 事实上由

$$\sum_{i=1}^{n}\frac{X_i-\overline{X}}{\sigma}=\frac{1}{\sigma}\left(\sum_{i=1}^{n}X_i-n\overline{X}\right)=0$$

表明，当这 n 个随机变量中有 $n-1$ 个取值给定时，剩下的一个取值就被唯一确定了，即独立的随机变量只有 $n-1$ 个，故自由度是 $n-1$.

(5) 因为 $\frac{\overline{X}-\mu}{\sigma/\sqrt{n}}\sim N(0,1)$，而

$$\frac{(n-1)S^2}{\sigma^2}\sim\chi^2(n-1).$$

故由 t 分布的定义知

$$\frac{\overline{X}-\mu}{\sigma/\sqrt{n}}\Bigg/\sqrt{\frac{(n-1)S^2}{\sigma^2(n-1)}}\sim t(n-1),\text{ 即 }\quad\frac{\overline{X}-\mu}{S/\sqrt{n}}\sim t(n-1).$$

定理 4 设 $(X_1,X_2,\cdots,X_{n_1})$ 是取自总体 X 的一个样本，$(Y_1,Y_2,\cdots,Y_{n_2})$ 是取自总体 Y 的一个样本，且这两个样本相互独立，若总体 $X\sim N(\mu_1,\sigma_1^2)$，$Y\sim N(\mu_2,\sigma_2^2)$,则有

(1) $\frac{(\overline{X}-\overline{Y})-(\mu_1-\mu_2)}{\sqrt{\frac{\sigma_1^2}{n_1}+\frac{\sigma_2^2}{n_2}}}\sim N(0,1)$;　　(2) $\frac{S_1^2/\sigma_1^2}{S_2^2/\sigma_2^2}\sim F(n_1-1,n_2-1)$;

(3) 当 $\sigma_1^2=\sigma_2^2=\sigma^2$ 时，有

$$\frac{(\overline{X}-\overline{Y})-(\mu_1-\mu_2)}{S_W\sqrt{\frac{1}{n_1}+\frac{1}{n_2}}}\sim t(n_1+n_2-2).$$

其中

$$\overline{X}=\frac{1}{n_1}\sum_{i=1}^{n_1}X_i,\qquad S_1^2=\frac{1}{n_1-1}\sum_{i=1}^{n_1}(X_i-\overline{X})^2;$$

$$\overline{Y}=\frac{1}{n_2}\sum_{j=1}^{n_2}Y_j,\qquad S_2^2=\frac{1}{n_2-1}\sum_{j=1}^{n_2}(Y_j-\overline{Y})^2;$$

$$S_W^2=\frac{(n_1-1)S_1^2+(n_2-1)S_2^2}{n_1+n_2-2}.$$

证 (1) 由于　$E(\overline{X}-\overline{Y})=E\,\overline{X}-E\,\overline{Y}=\mu_1-\mu_2$,

$$D(\overline{X}-\overline{Y})=D\overline{X}+D\overline{Y}=\frac{\sigma_1^2}{n_1}+\frac{\sigma_2^2}{n_2}.$$

又 $\overline{X}-\overline{Y}$是独立的正态随机变量 $X_1,X_2,\cdots,X_{n_1}$，$Y_1,Y_2,\cdots,Y_{n_2}$ 的线性函数，因此

$$\overline{X}-\overline{Y}\sim N(\mu_1-\mu_2,\frac{\sigma_1^2}{n_1}+\frac{\sigma_2^2}{n_2}).$$

将 $\overline{X}-\overline{Y}$标准化，即可获证．

（2）由定理 3 的（3）的结论知

$$\frac{(n_1-1)S_1^2}{\sigma_1}\sim\chi^2(n_1-1),\quad \frac{(n_2-1)S_2^2}{\sigma_2^2}\sim\chi^2(n_2-1).$$

故运用 F 分布的定义即得结论．

（3）由于

$$\frac{(n_1-1)S_1^2}{\sigma^2}=\frac{1}{\sigma^2}\sum_{i=1}^{n_1}(X_i-\overline{X})^2\sim\chi^2(n_1-1),$$

$$\frac{(n_2-1)S_2^2}{\sigma^2}=\frac{1}{\sigma^2}\sum_{j=1}^{n_2}(Y_j-\overline{Y})^2\sim\chi^2(n_2-1).$$

且两者独立．由 χ^2 分布的可加性得

$$\frac{1}{\sigma^2}\left[\sum_{i=1}^{n_1}(X_i-\overline{X})^2+\sum_{j=1}^{n_2}(Y_j-\overline{Y})^2\right]\sim\chi^2(n_1+n_2-2).$$

又由结论（1），根据 t 分布的定义有

$$\frac{[(\overline{X}-\overline{Y})-(\mu_1-\mu_2)]\Big/\sqrt{\frac{1}{n_1}+\frac{1}{n_2}}\cdot\sigma}{\sqrt{\frac{\left[\sum\limits_{i=1}^{n_1}(X_i-\overline{X})^2+\sum\limits_{i=1}^{n_2}(Y_i-\overline{Y})^2\right]}{\sigma^2}\Big/(n_1+n_2-2)}}=\frac{(\overline{X}-\overline{Y})-(\mu_1-\mu_2)}{S_W\sqrt{\frac{1}{n_1}+\frac{1}{n_2}}}\sim t(n_1+n_2-2).$$

【例 4】 设总体 $X\sim N(3,1)$，$(X_1,X_2,\cdots,X_9)$ 是来自总体 X 的一个样本．试求 $P\{2\leqslant X\leqslant 4\}$以及 $P\{2\leqslant\overline{X}\leqslant 4\}$，并比较说明 X 的分布与 $\overline{X}$ 的分布之间的联系与差异．

解 因为总体 $X\sim N(3,1)$，由定理 3 知 $\overline{X}\sim N\left(3,\frac{1}{9}\right)$. 故

$$P\{2\leqslant X\leqslant 4\}=P\{-1\leqslant X-3\leqslant 1\}=2\Phi(1)-1=0.6826,$$

$$P\{2\leqslant\overline{X}\leqslant 4\}=P\left\{-3\leqslant\frac{\overline{X}-3}{1/3}\leqslant 3\right\}=2\Phi(3)-1=0.9973.$$

$\overline{X}$ 与 X 的数学期望相同，但 $\overline{X}$ 的方差仅为 X 方差的$\frac{1}{n}$. 这就说明均值 $\overline{X}$ 的取值比总体 X 的取值关于数学期望的集中程度要高．从所求的两个概率中明显可看出这一点．特别，当 $n\to\infty$时，$\overline{X}$ 的取值几乎集中在数学期望，实际上这一结论已由大数定律所证明．

【例 5】 研究弹着点与目标中心距离的偏离程度是设计导弹发射装置的重要工作之一．对于一类导弹发射装置，假设弹着点偏离目标中心的距离服从正态分布 $N(\mu,\sigma^2)$，其中 $\sigma^2=100\text{m}^2$．现在进行 25 次发射试验，用 S^2 记这 25 次试验中弹着

点偏离中心的距离的样本方差．试求 S^2 超过 50m^2 的概率．

解 由定理 3 知

$$\frac{(n-1)S^2}{\sigma^2} \sim \chi^2(n-1).$$

于是

$$P\{S^2>50\}=P\left\{\frac{(n-1)S^2}{\sigma^2}>\frac{(n-1)\cdot 50}{\sigma^2}\right\}=P\left\{\chi^2(24)>\frac{24\times 50}{100}\right\}$$
$$=P\{\chi^2(24)>12\}>0.975.$$

故 S^2 超过 50m^2 的概率超过 97.5%.

习　题　六

1. 设 $(X_1,X_2,\cdots,X_n)$ 是取自总体 X 的一个样本．试在下列三种情况下，分别写出样本 $(X_1,X_2,\cdots,X_n)$ 的联合分布律或联合概率密度．

(1) $X\sim B(1,p)$；　　(2) X 服从参数为 λ 的指数分布；

(3) X 服从 $(0,\theta)$ $(\theta>0)$ 上的均匀分布．

2. 设 $X\sim N(\mu,\sigma^2)$，(X_1,X_2,X_3) 为来自总体 X 的一个样本．

(1) 试求样本 (X_1,X_2,X_3) 的联合概率密度和样本均值 $\overline{X}$ 的概率密度函数；

(2) 若 μ 已知，σ^2 未知，试指出 $X_1+X_2+X_3$，$X_2+2\mu$，$\max\{X_1,X_2,X_3\}$，$\sum\limits_{i=1}^{3}\frac{X_i^2}{\sigma^2}$，$\frac{X_3-X_1}{2}$ 中哪些是统计量，哪些不是统计量？

3. 设 $(X_1,X_2,\cdots,X_n)$ 为来自总体 X 的一组样本，作变换 $Y_i=aX_i+b(i=1,2,\cdots,n)$，其中 a,b 为已知常数，试求新样本 $(Y_1,Y_2,\cdots,Y_n)$ 的均值 $\overline{Y}$ 和方差 S_Y^2 分别与原样本的 $\overline{X}$ 和 S_X^2 的关系．

4. 试按第 1 题所列三种情况分别求 $E\overline{X}$，$D\overline{X}$ 与 ES^2．

5. 设从总体 X 中抽取一个容量为 10 的样本，其值为

2.4，4.5，2.0，1.0，1.5，3.4，6.6，5.0，3.5，4.0.

试计算样本均值、样本方差、样本标准差、样本二阶原点矩、样本二阶中心矩．

6. 设 X_1，X_2，$\cdots$，X_{10} 相互独立，且 $X_i\sim N(0,0.3^2)$ $(i=1,2,\cdots,10)$．试求 $P\left\{\sum\limits_{i=1}^{10}X_i^2>1.44\right\}$．

7. 设 $X_1,X_2,\cdots,X_n$ 为相互独立且分别服从正态分布 $N(a_i,\sigma_i^2)$ 的随机变量．设

$$\eta=c_1X_1+c_2X_2+\cdots+c_nX_n.$$

证明：$\eta\sim N\left(\sum\limits_{i=1}^{n}c_ia_i,\sum\limits_{i=1}^{n}c_i^2\sigma_i^2\right)$．特别地，若 $X_i\sim N(\mu,\sigma^2)$ $(i=1,2,\cdots,n)$，则

$$\eta\sim\left(\mu\sum_{i=1}^{n}c_i,\sigma^2\sum_{i=1}^{n}c_i^2\right).$$

8. 设 $(X_1,X_2,\cdots,X_n)$ 是来自正态总体 $N(0,1)$ 的样本．试求统计量 $\frac{1}{m}\left(\sum\limits_{i=1}^{m}X_i\right)^2+\frac{1}{n-m}\left(\sum\limits_{i=m+1}^{n}X_i\right)^2$ $(m<n)$ 的抽样分布．

*9. 设 $(X_1,X_2,\cdots,X_5)$ 是来自正态总体 $N(0,\sigma^2)$ 的一个样本．试证：

(1) 当 $k=\frac{3}{2}$ 时，$k\cdot\frac{(X_1+X_2)^2}{X_3^2+X_4^2+X_5^2}\sim F(1,3)$；

（2）当 $k=\sqrt{\frac{3}{2}}$ 时，$k \cdot \frac{X_1+X_2}{\sqrt{X_3^2+X_4^2+X_5^2}} \sim t(3)$.

10. 设总体 $X \sim N(\mu, \sigma^2)$. 假如要以 99.7%的概率保证偏差 $|\overline{X}-\mu|<0.1$，试问在 $\sigma^2=0.5$ 时，样本容量 n 应取多大?

11. 查表写出 $z_{0.1}$， $z_{0.01}$， $z_{0.001}$.

12. 查表写出 $\chi^2_{0.995}(10)$，$\chi^2_{0.1}(10)$，$\chi^2_{0.01}(10)$，并近似求 $\chi^2_{0.05}(50)$.

13. 设随机变量 $T \sim t(n)$.

（1）试求 $t_{0.99}(12)$，$t_{0.01}(12)$；

（2）若 $n=10$，试求临界值 c，使 $P\{T>c\}=0.95$.

14. 设随机变量 $F \sim F(n_1, n_2)$.

（1）试求 $F_{0.05}(10,7)$，$F_{0.9}(28,2)$ 以及 $F_{0.995}(10,9)$；

（2）当 $n_1=n_2=10$ 时，试求临界值 c，使 $P\{F>c\}=0.05$.

第七章　参数估计

统计推断作为数理统计的基本课题，可分为两大部分：一是本章要讨论的参数估计；二是下一章讨论的假设检验．

参数估计主要面对这样两种情况：一种是总体分布类型已知，需要估计的是其中若干未知参数．如，已知纱线强力这一质量指标 $X \sim N(\mu,\sigma^2)$，但 μ,σ^2 未知需要估计；另一种是分布类型未知，但所关心的只是总体中的某些数字特征．如某火车站上午 9 点至 11 点之间旅客流量 X 是一随机变量，其分布未知，但我们只关心这一时间段的平均客流量和客流量的波动情况，即需估计 X 的数学期望 EX 及方差 DX. 为叙述方便，把上面两种需要估计的量，统称为**待估参数**．由此，本章需要解决的问题是，如何从总体中抽得样本，并借助样本提供的信息对待估参数进行估计．

参数估计就其表达形式也有两种类型：一类是用一个样本函数作为待估参数的估计，称之为**点估计**；第二类是用一个或两个样本函数构成的随机区间，对待估参数作出估计，称之为**区间估计**．

第一节　参数的点估计

本节介绍两种常用的点估计方法——矩估计法和极大似然估计法．

设 θ 为总体 X 分布中的未知参数，为估计参数 θ，就要从总体中抽出样本 $(X_1,X_2,\cdots,X_n)$，以此出发构造一个统计量 $\hat{\theta}(X_1,X_2,\cdots,X_n)$ 来作为 θ 的估计．由于 $\hat{\theta}(X_1,X_2,\cdots,X_n)$ 只依赖于样本，因此，一旦有了样本值，就可以算出统计量 $\hat{\theta}(X_1,X_2,\cdots,X_n)$ 的一个值，从而得到未知参数 θ 的估计值．称统计量 $\hat{\theta}(X_1,X_2,\cdots,X_n)$ 为 θ 的**估计量**；若 $(x_1,x_2,\cdots,x_n)$ 是样本的观察值，称 $\hat{\theta}(x_1,x_2,\cdots,x_n)$ 为 θ 的**估计值**．因为未知参数 θ 和估计 $\hat{\theta}$ 都是实轴上的点，故称此估计为点估计．于是，寻找未知参数 θ 的估计量 $\hat{\theta}(X_1,X_2,\cdots,X_n)$ 或估计值 $\hat{\theta}(x_1,x_2,\cdots,x_n)$，便是点估计要解决的问题．在不发生误会的情况下，通常把待估参数 θ 的估计量和估计值统称为 θ 的**点估计**．

一、矩估计法

矩是反映随机变量特征的最广泛的数字特征．样本取自总体，由大数定律知，当总体的 k 阶矩存在时，样本的 k 阶矩依概率收敛于总体的 k 阶矩．因而很自然地想到用样本矩作为相应总体矩的估计量．如用样本均值 $\overline{X}=\frac{1}{n}\sum\limits_{i=1}^{n}X_i$ 作为总体均值 $\mu=EX$ 的估计量，记为 $\hat{\mu}=\overline{X}$. 这种估计未知参数的方法通常称为**矩估计法**，所得的估计量称为待估参数的**矩估计量**．下面先通过一个简单例子来体会矩估计法．

【例 1】 设总体 X 有分布律

X	1	2	3
p_i	θ^2	$2\theta(1-\theta)$	$(1-\theta)^2$

其中 $\theta\in(0,1)$为待估参数．又设 $(X_1,X_2,\cdots,X_n)$ 为总体 X 的样本，试求 θ 的矩估计量，并就样本值(3,1,2,2,3,2)，求 θ 的估计值．

解 计算总体的数学期望

$$EX=\sum_{i=1}^{3}x_ip_i=1\cdot\theta^2+2\cdot2\theta(1-\theta)+3(1-\theta)^2=3-2\theta,$$

所以，$\theta=\frac{3-EX}{2}$. 由矩估计法知，令 $EX=\overline{X}$，则得待估参数 θ 的矩估计量为

$$\hat{\theta}=\frac{3-\overline{X}}{2}.$$

对给定样本值(3,1,2,2,3,2)，由于$\overline{x}=2.1667$，故 θ 的矩估计值为

$$\hat{\theta}=0.4167.$$

下面给出矩估计法的方法要点．

假设总体 X 中的待估参数有 l 个：$\theta_1,\theta_2,\cdots,\theta_l$. 则

(1) 计算总体 X 的 k 阶原点矩 $\mu_k=EX^k(k=1,2,\cdots,l)$，它们一般都是这 l 个未知参数的函数，记为

$$\mu_k=\mu_k(\theta_1,\theta_2,\cdots,\theta_l),\ k=1,2,\cdots,l. \tag{7-1}$$

(2) 解方程组 (7-1) 得到

$$\theta_k=h_k(\mu_1,\mu_2,\cdots,\mu_l),\ k=1,2,\cdots,l.$$

(3) 用 $\mu_k(k=1,2,\cdots,l)$的估计量 A_k分别代替上式中的 μ_k，即得 θ_k $(k=1,2,\cdots l)$的矩估计量

$$\hat{\theta}_k=h_k(A_1,A_2,\cdots,A_l),\ k=1,2,\cdots,l,$$

其中 $A_k=\frac{1}{n}\sum_{i=1}^{n}X_i^k$为样本 k 阶原点矩．

【例 2】 设总体 X 的均值 $EX=\mu$，方差 $DX=\sigma^2$ 均存在，但未知．试求 μ 及 σ^2 的矩估计量．

解 设 $(X_1,X_2,\cdots,X_n)$ 为来自总体 X 的样本，未知参数是 μ 和 σ^2，可用样本均值 $\overline{X}$ 估计总体均值 EX，用样本二阶原点矩 $\frac{1}{n}\sum_{i=1}^{n}X_i^2$ 估计总体二阶原点矩 EX^2，于是有

$$\begin{cases}\overline{X}=EX,\\ \frac{1}{n}\sum_{i=1}^{n}X_i^2=EX^2.\end{cases}\quad 即\quad \begin{cases}\overline{X}=\mu,\\ \frac{1}{n}\sum_{i=1}^{n}X_i^2=DX+(EX)^2=\sigma^2+\mu^2.\end{cases}$$

解方程组得矩估计量

$$\begin{cases}\hat{\mu}=\overline{X},\\ \hat{\sigma}^2=\dfrac{1}{n}\sum\limits_{i=1}^{n}X_i^2-\overline{X}^2=\dfrac{1}{n}\sum\limits_{i=1}^{n}(X_i-\overline{X})^2=B_2.\end{cases}\tag{7-2}$$

本例说明，总体均值和总体方差的矩估计与总体的分布无关，而且方差 σ^2 作为总体的二阶中心矩，它的矩估计量为样本的二阶中心矩，即 $\hat{\sigma}^2=B_2$. 不仅如此，只要总体的 k 阶中心矩 $\sigma^k=E(X-EX)^k$ 存在，则它的矩估计就是样本的 k 阶中心矩

$$\hat{\sigma}^k=B_k=\frac{1}{n}\sum_{i=1}^{n}(X_i-\overline{X})^k,\quad k=2,3,\cdots.$$

【例 3】 求事件 A 发生概率 p 的矩估计．

解 记事件 A 发生的概率 $P(A)=p$，定义随机变量

$$X=\begin{cases}1,\text{若在一次试验中事件 }A\text{ 发生},\\ 0,\text{若在一次试验中事件 }A\text{ 不发生}.\end{cases}$$

于是 $EX=p$，即所求事件 A 发生的概率等于随机变量 X 的均值．现有样本（X_1，$X_2,\cdots,X_n$），也即是做了 n 次试验，观测到

$$X_i=\begin{cases}1,\text{若在第 }i\text{ 次试验中事件 }A\text{ 发生},\\ 0,\text{若在第 }i\text{ 次试验中事件 }A\text{ 不发生},\end{cases}$$

其中，$i=1,2,\cdots,n$,则由式(7-2) 知，p 的矩估计为

$$\hat{p}=\overline{X}=\frac{1}{n}\sum_{i=1}^{n}X_i.$$

注意到，$\sum\limits_{i=1}^{n}X_i$ 表示事件 A 在 n 次试验中出现的次数，因此 $\overline{X}$ 是事件 A 出现的频率．于是上述结论可表述为：频率是概率的矩估计．

矩估计法从总体的数字特征出发，数学原理简明扼要，操作方便，因而适用面较广．缺点是没有反映总体分布的特征，例如，无论总体 X 服从二项分布还是服从正态分布，但总体均值和方差的矩估计是一样的，显然是不合理的，为改进这一点，下面引进极大似然估计法．

二、极大似然估计

极大似然估计法是由费歇尔（R. A. Fisher）在 1912 年提出，但其思想方法在正态总体的场合可以追溯到高斯 1821 年提出的最小二乘法．该方法至今仍是数理统计中参数估计的最重要的方法．

极大似然估计是建立在极大似然原理基础上的估计方法．其原理是，把已经发生的事件，看作为最可能出现的事件，认为它具有最大的概率并由此作出决断．例如，一车上装有数量相同的两筐苹果．第一筐 90%是“红富士”，10%是“国光”．第二筐 10%是“红富士”，90%是“国光”．在运输中，忽然从车上掉下一个苹果，发现它是“红富士”．此时，如果需要我们估猜它从哪一个筐里掉出来的？我们自然会认为它是从第一筐里掉出的．因为“红富士”在第一筐中所占比例（90%）远大于在第二筐中所占的比例（10%）．即，第一筐掉出“红富士”的概

率远大于第二筐掉出“红富士”的概率．这样的判断不仅有概率论依据，而且与人们的经验也是一致的．这种以概率大小作为判断依据的思路，便是极大似然原理的体现．至于误判的可能也并非绝对不存在，不过那是另外场合需要讨论的问题．

在求参数的极大似然估计时，总假定总体 X 的分布形式已知，但含有一个或几个未知参数．现就离散型随机变量与连续型随机变量两种情形分别加以讨论．

设总体 X 为离散型随机变量，其分布律为

$$P\{X=x_j\}=p(x_j,\theta) \quad (j=1,2,\cdots;\ \theta\in\Theta).$$

其中 θ 是待估参数，Θ 是参数空间．

如果（$X_1,X_2,\cdots,X_n$）为来自总体 X 的样本，其观察值为（$x_1,x_2,\cdots,x_n$），则样本（$X_1,X_2,\cdots,X_n$）的联合分布律为

$$P\{X_1=x_1,X_2=x_2,\cdots,X_n=x_n\}=\prod_{i=1}^{n}p(x_i,\theta).$$

对一组具体的观察值（$x_1,x_2,\cdots,x_n$），它是未知参数 θ 的函数，记为$L(\theta)$. 称

$$L(\theta)=L(x_1,x_2,\cdots,x_n;\theta)=\prod_{i=1}^{n}p(x_i,\theta). \tag{7-3}$$

为 θ 的**似然函数**．显然，似然函数 $L(\theta)$ 也表示样本观察值（$x_1,x_2,\cdots,x_n$）出现的概率．当观察值（$x_1,x_2,\cdots,x_n$）已知时，要用此观测值去估计未知参数 θ，一种直观的想法是，既然观测值（$x_1,x_2,\cdots,x_n$）在一次试验（抽样）中出现，说明该组观测值出现的概率较大，因此哪一个参数 θ 使现在的观测值（$x_1,x_2,\cdots,x_n$）出现的可能性最大，哪个参数可能就是真正的参数．这样的分析就导致了参数估计的另一种方法，即用使似然函数 $L(\theta)$ 达到最大值的点 $\hat{\theta}$ 作为 θ 的估计，这就是所谓的极大似然估计．

类似地，若总体 X 为连续型随机变量，其概率密度函数为 $f(x,\theta)$，则定义似然函数为

$$L(\theta)=L(x_1,x_2,\cdots,x_n;\theta)=\prod_{i=1}^{n}f(x_i,\theta). \tag{7-4}$$

此时，$L(\theta)$ 的值决定了样本($X_1,X_2,\cdots,X_n$）落在其观察值($x_1,x_2,\cdots,x_n$)的一个邻域内的概率的大小（见文献［8］）．于是，按极大似然原理，应选取 θ 的值，使该样本观察值出现的概率最大．

综上所述，极大似然估计就是当样本值($x_1,x_2,\cdots,x_n$）确定后，在 θ 的可能取值范围 Θ 内，选择使似然函数 $L(x_1,\cdots,x_n;\theta)$ 达到最大的参数值 $\hat{\theta}$ 作为参数 θ 的估计值．

定义 1 设($X_1,X_2,\cdots,X_n$）为来自总体 X 的样本，若存在 $\hat{\theta}=\hat{\theta}(x_1,x_2,\cdots,x_n)$，使得

$$L(\hat{\theta})=\max_{\theta\in\Theta}L(\theta).$$

则称 $\hat{\theta}(x_1,x_2,\cdots,x_n)$ 为参数 θ 的**极大似然估计值**，相应的样本函数 $\hat{\theta}(X_1,X_2,\cdots,X_n)$ 称为 θ 的**极大似然估计量**．

求参数 θ 的极大似然估计 $\hat{\theta}$ 的问题，事实上就是求似然函数 $L(\theta)$ 的最大值点问题．当 $L(\theta)$ 关于 θ 可微时，由高等数学知识知道，欲使 $L(\theta)$ 最大，θ 应满足

$$\frac{\mathrm{d}L(\theta)}{\mathrm{d}\theta}=0. \tag{7-5}$$

式(7-5) 称为**似然方程**．注意到 $L(\theta)$ 与 $\ln L(\theta)$ 在同一处取得极值，因此，有时为计算简便，θ 的极大似然估计 $\hat{\theta}$ 也可利用下列方程

$$\frac{\mathrm{d}\ln L(\theta)}{\mathrm{d}\theta}=0 \tag{7-6}$$

求得．式(7-6) 称为**对数似然方程**．

【例 4】 求事件 A 发生概率 p 的极大似然估计．

解 记事件 A 发生的概率 $P(A)=p$，定义随机变量

$$X=\begin{cases}1，若在一次试验中事件 A 发生，\\0，若在一次试验中事件 A 不发生．\end{cases}$$

则 X 服从(0—1)分布[或 $B(1,p)$ 分布]，即 $P\{X=x\}=p^x(1-p)^{1-x}$，$x=0,1$.

设$(X_1,X_2,\cdots,X_n)$ 为总体 X 的样本，$(x_1,x_2,\cdots,x_n)$为样本值，则似然函数为

$$L(p)=P\{X_1=x_1,X_2=x_2,\cdots,X_n=x_n\}=\prod_{i=1}^{n}p^{x_i}(1-p)^{1-x_i}=p^{\sum\limits_{i=1}^{n}x_i}(1-p)^{n-\sum\limits_{i=1}^{n}x_i}.$$

取对数得

$$\ln L(p)=\sum_{i-1}^{n}x_i\cdot\ln p+(n-\sum_{i-1}^{n}x_i)\ln(1-p),$$

令

$$\frac{\mathrm{d}\ln L(p)}{\mathrm{d}p}=\frac{\sum\limits_{i=1}^{n}x_i}{p}-\frac{n-\sum\limits_{i=1}^{n}x_i}{1-p}=0.$$

解此方程，得事件发生概率 p 的极大似然估计值 $\hat{p}=\bar{x}=\dfrac{1}{n}\sum\limits_{i=1}^{n}x_i$，相应的估计量为

$$\hat{p}=\overline{X}=\frac{1}{n}\sum_{i=1}^{n}X_i.$$

这里 $\sum\limits_{i=1}^{n}X_i$仍表示事件 A 在 n 次试验中出现的次数，因此 $\overline{X}$ 是事件 A 出现的频率．于是得到：频率是概率的极大似然估计．

结合例 3 可知，频率既是概率的矩估计又是概率的极大似然估计．这也是在实际中用频率作为概率的近似值的理论依据．例如，当要估计一种产品的合格率 p 时，就是通过随机抽取这种产品 N 件进行检查，若发现其中有 n 件合格品，那么 $\hat{p}=\dfrac{n}{N}$ 就是该产品合格率的估计值．

当未知参数为两个或两个以上时，也可采用极大似然估计法来求其估计量(值)．现简要说明其方法．

设总体分布为 $f(x;\theta_1,\theta_2,\cdots,\theta_k)$[1]，其中 $\theta_1,\theta_2,\cdots,\theta_k$ 为未知参数，则样本 $(X_1,X_2,\cdots,X_n)$ 的似然函数为

$$L(\theta_1,\theta_2,\cdots,\theta_k)=\prod_{i=1}^{n}f(x_i;\theta_1,\theta_2,\cdots,\theta_k),(\theta_1,\theta_2,\cdots,\theta_k)\in\Theta.$$

定义 2 若 $L(\hat{\theta}_1,\hat{\theta}_2,\cdots,\hat{\theta}_k)=\max L(\theta_1,\theta_2,\cdots,\theta_k),(\theta_1,\theta_2,\cdots,\theta_k)\in\Theta$，则称 $\hat{\theta}_1,\hat{\theta}_2,\cdots,\hat{\theta}_k$ 分别是 $\theta_1,\theta_2,\cdots,\theta_k$ 的极大似然估计．

与前分析类似，满足方程组

$$\frac{\partial\ln L(\theta_1,\theta_2,\cdots,\theta_k)}{\partial\theta_i}=0,\ i=1,2,\cdots,k \tag{7-7}$$

的唯一解 $\hat{\theta}_1,\hat{\theta}_2,\cdots,\hat{\theta}_k$，即是所求参数 $\theta_1,\theta_2,\cdots,\theta_k$ 的极大似然估计．

【例 5】 设 $X\sim N(\mu,\sigma^2)$，μ,σ^2 未知，$(x_1,x_2,\cdots,x_n)$ 是总体 X 的样本值．试求 μ,σ^2 的极大似然估计．

解 由于 $f(x;\mu,\sigma^2)=\frac{1}{\sqrt{2\pi}\sigma}e^{-\frac{(x-\mu)^2}{2\sigma^2}}$，故似然函数为

$$L(\mu,\sigma^2)=\prod_{i=1}^{n}f(x_i;\mu,\sigma^2)=\frac{1}{(\sqrt{2\pi})^n\cdot\sigma^n}e^{-\frac{1}{2\sigma^2}\sum_{i=1}^{n}(x_i-\mu)^2}.$$

取对数，得

$$\ln L(\mu,\sigma^2)=-n\ln\sqrt{2\pi}-\frac{n}{2}\ln\sigma^2-\frac{1}{2\sigma^2}\sum_{i=1}^{n}(x_i-\mu)^2.$$

分别对 μ,σ^2 求偏导数，并令其为 0，得

$$\begin{cases}\frac{\partial\ln L(\mu,\sigma^2)}{\partial\mu}=\frac{1}{\sigma^2}\sum_{i=1}^{n}(x_i-\mu)=0, & (7\text{-}8)\\ \frac{\partial\ln L(\mu,\sigma^2)}{\partial\sigma^2}=-\frac{n}{2\sigma^2}+\frac{1}{2\sigma^4}\sum_{i=1}^{n}(x_i-\mu)^2=0. & (7\text{-}9)\end{cases}$$

解式(7-8) 和式(7-9) 组成的方程组得 μ,σ^2 的极大似然估计值为

$$\begin{cases}\hat{\mu}=\frac{1}{n}\sum_{i=1}^{n}x_i=\bar{x},\\ \hat{\sigma}^2=\frac{1}{n}\sum_{i=1}^{n}(x_i-\bar{x})^2=b_2.\end{cases}$$

于是，极大似然估计量为 $\hat{\mu}=\overline{X}$，$\hat{\sigma}^2=B_2$.

【例 6】 设总体 X 有概率密度

$$f(x)=\frac{1}{2\theta}e^{-\frac{|x|}{\theta}},\quad -\infty<x<+\infty.$$

其中 $\theta>0$ 为待估参数．试求 θ 的矩估计及极大似然估计．

解 (1) 矩估计

---

[1] 离散型情形理解为分布律，连续型情形理解为概率密度．

由于 $$EX=\int_{-\infty}^{+\infty}xf(x)\mathrm{d}x=0\quad（被积函数为奇函数），$$
故无法用 $EX=\overline{X}$ 来求出 θ 的矩估计．

但 $$EX^2=\int_{-\infty}^{+\infty}x^2f(x)\mathrm{d}x=2\int_0^{+\infty}\frac{x^2}{2\theta}\mathrm{e}^{-\frac{x}{\theta}}\mathrm{d}x=\theta^2\Gamma(3)=2\theta^2,$$

故由 $EX^2=A_2=\frac{1}{n}\sum\limits_{i=1}^{n}X_i^2$，即
$$2\theta^2=A_2,$$
解得 θ 的矩估计量为 $$\hat{\theta}=\sqrt{\frac{A_2}{2}}.$$

（2）极大似然估计

似然函数 $$L(\theta)=\frac{1}{(2\theta)^n}\mathrm{e}^{-\sum\limits_{i=1}^{n}\frac{|x_i|}{\theta}},$$

于是 $$\ln L(\theta)=-\frac{1}{\theta}\sum_{i=1}^{n}|x_i|-n\ln(2\theta),$$

由 $$\frac{\mathrm{d}\ln L(\theta)}{\mathrm{d}\theta}=\frac{1}{\theta^2}\sum_{i=1}^{n}|x_i|-\frac{n}{\theta}=0.$$

解得 θ 的极大似然估计值为 $\hat{\theta}=\frac{1}{n}\sum\limits_{i=1}^{n}|x_i|$，相应的极大似然估计量为
$$\hat{\theta}=\frac{1}{n}\sum_{i=1}^{n}|X_i|.$$

注 （1）若总体中只含一个参数，一般只涉及一阶矩，通常是从 $EX=\overline{X}(=A_1)$ 出发，即可求得参数的矩估计．但若该方程无效或其中不含所求的参数时，可改用二阶矩估计式方程 $EX^2=A_2$ 来处理（如上例），依次类推．

（2）一个参数用矩估计法和用极大似然估计法所得的估计可能是相同的，如例 2，例 5 中 μ，σ^2 的估计．也可能是不同的，如例 6 中 θ 的估计．出现不同估计时，究竟哪一个为更好？这正是下节要研究的内容．

【例 7】 设总体 X 服从 (θ_1,θ_2) 上的均匀分布，其中 θ_1,θ_2 未知．试求 θ_1,θ_2 的矩估计和极大似然估计．

解 （1）矩估计 由于
$$f(x;\theta_1,\theta_2)=\begin{cases}\dfrac{1}{\theta_2-\theta_1}, & \theta_1<x<\theta_2,\\ 0, & 其它．\end{cases}$$

故 $$EX=\frac{1}{2}(\theta_1+\theta_2),\qquad DX=\frac{1}{12}(\theta_2-\theta_1)^2.$$

于是，
$$\begin{cases}\theta_1+\theta_2=2EX,\\ \theta_2-\theta_1=2\sqrt{3DX},\end{cases}\quad 解之得\begin{cases}\theta_1=EX-\sqrt{3DX},\\ \theta_2=EX+\sqrt{3DX},\end{cases}$$
令 $EX=\overline{X}$，$DX=B_2$，则得到 θ_1,θ_2 的矩估计分别为
$$\hat{\theta}_1=\overline{X}-\sqrt{3B_2},\quad \hat{\theta}_2=\overline{X}+\sqrt{3B_2}.$$

（2）极大似然估计　由题设知，似然函数为

$$L(\theta_1,\theta_2)=\begin{cases}\dfrac{1}{(\theta_2-\theta_1)^n}, & \theta_1<x_i<\theta_2,\\ 0, & \text{其它}.\end{cases}$$

显然，只需在约束条件 $\theta_1<x_i<\theta_2$ 下，求 $L(\theta_1,\theta_2)=\dfrac{1}{(\theta_2-\theta_1)^n}$ 的最值点即可．

但从似然方程组

$$\begin{cases}\dfrac{\partial \ln L_1(\theta_1,\theta_2)}{\partial\theta_1}=\dfrac{n}{(\theta_2-\theta_1)^{n+1}}=0,\\ \dfrac{\partial \ln L_1(\theta_1,\theta_2)}{\partial\theta_2}=\dfrac{n}{(\theta_2-\theta_1)^{n+1}}=0\end{cases}$$

出发，无法解得 θ_1,θ_2 的极大似然估计．于是仍要回到似然函数 $L(\theta_1,\theta_2)$，用似然函数的基本原理去解决问题．

现在是在样本观察值（$x_1,x_2,\cdots,x_n$）已知的前提下，确定 θ_1,θ_2 使 $L(\theta_1,\theta_2)$ 达到最大，于是 θ_1,θ_2 应满足

（1）$\theta_2-\theta_1$ 尽可能小，才能使 $L(\theta_1,\theta_2)$ 尽可能的大；

（2）$\theta_1<x_1,x_2,\cdots,x_n<\theta_2$.

由上分析，可求得 θ_1,θ_2 的极大似然估计值为

$$\hat{\theta}_2=\max\{x_1,x_2,\cdots,x_n\},\quad \hat{\theta}_1=\min\{x_1,x_2,\cdots,x_n\}.$$

于是，极大似然估计量为

$$\hat{\theta}_2=\max\{X_1,X_2,\cdots,X_n\},\quad \hat{\theta}_1=\min\{X_1,X_2,\cdots,X_n\}.$$

极大似然估计法以总体分布已知为前提，虽然方法很繁琐，数学原理也不如矩估计法简明直观，但由于似然函数集中了总体分布较充分的信息，因而得到的估计量较矩估计量有更多的优良性，是目前应用较为广泛的一种估计方法．

第二节　估计量的评选标准

由上节讨论可知，同一参数可能有不同的估计量．因此需要有一个标准去评判其优劣．评判估计量有各种各样的标准，这里介绍三种最常用的评判标准——无偏性、有效性、一致性．

一、无偏性

估计量是随机变量，对于不同的样本值，它有不同的估计值，一个自然的想法是希望这些估计值最好在待估参数真值附近摆动．而判定这种性质的一种有效方法就是计算这个估计量的数学期望是否等于被估计参数本身，这就是所谓无偏性的概念．

定义 3　设 $\hat{\theta}=\hat{\theta}(X_1,X_2,\cdots,X_n)$ 是未知参数 θ 的估计量，若 $E\hat{\theta}=\theta$，则称 $\hat{\theta}$ 是参数 θ 的**无偏估计量**或称估计量 $\hat{\theta}$ 是无偏的，否则称 $\hat{\theta}$ 是参数 θ 的**有偏估计量**．如果 $\hat{\theta}$ 满足 $\hat{E\theta}\neq Q$，但 $\lim\limits_{n\to\infty}E\hat{\theta}=\theta$，则称 $\hat{\theta}$ 为 θ 的**渐近无偏估计量**．

注： 科学技术中 $E\hat{\theta}-\theta$ 通常称为用 $\hat{\theta}$ 估计 θ 的系统误差．无偏估计的实际意义即无系

统误差．

这里我们通过一个例子来说明无偏性的意义．某商店到工厂进 A 商品 N 件，每件价格 a 元，若 A 商品的次品率 θ 的估计为 $\hat{\theta}$，工厂、商店约定：商店付给工厂 $aN(1-\hat{\theta})$ 元．此时，工厂、商店对 $\hat{\theta}$ 与 θ 的偏差会有所计较，若 $\hat{\theta}>\theta$，则工厂会有所损失；如 $\hat{\theta}<\theta$，则商店就要吃亏．然而工厂、商店的合作是一种长期行为，尽管在一次交易中某方可能要有损失，但双方都希望在长期的经营中相互之间互不吃亏．这就要求 $\hat{\theta}$ 为 θ 的无偏估计量．

【例 1】 设总体 X 的期望 $EX=\mu$，方差 $DX=\sigma^2$ 存在，$(X_1, X_2, \cdots, X_n)$ 为来自总体 X 的样本．试证：

(1) $\overline{X}=\frac{1}{n}\sum\limits_{i=1}^{n}X_i$ 为 μ 的无偏估计量；

(2) $S^2=\frac{1}{n-1}\sum\limits_{i=1}^{n}(X_i-\overline{X})^2$ 为 σ^2 的无偏估计量；

(3) $B_2=\frac{1}{n}\sum\limits_{i=1}^{n}(X_i-\overline{X})^2$ 为 σ^2 的有偏估计量．

证 由本章第二节的定理 1 即可获证．

注意，此例告诉我们用 B_2 估计方差 σ^2 有系统误差，而 S^2 没有，所以常用样本方差 S^2 估计总体方差 σ^2．由于 $\lim\limits_{n\to\infty}EB_2=\sigma^2$，因此 B_2 是方差的渐近无偏估计．所以当 n 很大时，S^2 与 B_2 相差不大，实用上也就不加区别，注意到 B_2 是 σ^2 的极大似然估计，由此可知极大似然估计不一定都是无偏估计．

【例 2】 设总体 X 服从 $(0,\theta)$ 上的均匀分布，其中 $\theta>0$ 是未知参数．试求 θ 的矩估计量并考察该估计量是否是无偏的．

解 因为总体服从 $(0,\theta)$ 上的均匀分布，故

$$EX=\frac{\theta}{2}.$$

由 $EX=\overline{X}$，得 θ 的矩估计量为 $\hat{\theta}=2\overline{X}$，因为 $E\hat{\theta}=E(2\overline{X})=2E\overline{X}=2\cdot\frac{\theta}{2}=\theta$，因此矩估计量 $\hat{\theta}=2\overline{X}$ 是 θ 的无偏估计量．

【例 3】 设总体 X 的分布律为 $X\sim\begin{pmatrix}1 & 2 & 3\\ 1-\theta & \theta-\theta^2 & \theta^2\end{pmatrix}$，其中参数 $\theta\in(0,1)$，以 n_i 表示来自总体 X 的简单随机样本（样本容量为 n，$n_1+n_2+n_3=n$）中等于 i 的个数 $(i=1,2,3)$．试求常数 a_1，a_2，a_3 使 $T=\sum\limits_{i=1}^{3}a_in_i$ 为 θ 的无偏估计量，并求 T 的方差．

解 记 $p_1=1-\theta$，$p_2=\theta-\theta^2$，$p_3=\theta^2$，则由题设 $n_i\sim B(n,p_i)$，故 $En_i=np_i$ $(i=1,2,3)$，于是

$$ET=E\left(\sum_{i=1}^{3}a_in_i\right)=\sum_{i=1}^{3}a_iEn_i=n[a_1(1-\theta)+a_2(\theta-\theta^2)+a_3\theta^2].$$

为使 T 为无偏估计量，则应有 $ET=\theta$，即

$$n[a_1(1-\theta)+a_2(\theta-\theta^2)+a_3\theta^2]=\theta.$$

也即

$$a_1=0,\ a_1-a_2=\frac{1}{n},\ a_3-a_2=0,$$

解得 $$a_1=0,\ a_2=a_3=\frac{1}{n}.$$

由于 $$T=n_1\cdot 0+n_2\cdot\frac{1}{n}+n_3\cdot\frac{1}{n}=\frac{n_2+n_3}{n}=\frac{n-n_1}{n}=1-\frac{n_1}{n},$$

故 $$DT=D(1-\frac{n_1}{n})=\frac{Dn_1}{n^2}=\frac{n(1-\theta)\theta}{n^2}=\frac{(1-\theta)\theta}{n}.$$

无偏估计的概率意义是，估计量 $\hat{\theta}$ 作为样本函数，它在历次试验中的观测值总是围绕 θ 真值的两侧摆动．即在 $\hat{\theta}$ 的很多可能的取值中，有大于真值 θ 的，亦有小于真值 θ 的．无偏性只要求平均来说它等于未知参数，即 $E\hat{\theta}=\theta$. 这虽是无偏估计的一个优点，但也有不合理处，因为总误差应累积计算，而不能用相互抵消来度量．这就是说，较合理的估计量还应该要求"$E(\hat{\theta}-\theta)^2$ 越小越优"．注意到当 $\hat{\theta}$ 为 θ 的无偏估计量时，$E(\hat{\theta}-\theta)^2=E(\hat{\theta}-E\theta)^2=D\hat{\theta}$，这就导致了下列有效性的概念．

二、有效性

定义 4 设 $\hat{\theta}=\hat{\theta}(X_1,X_2,\cdots,X_n)$ 与 $\hat{\theta}'=\hat{\theta}'(X_1,X_2,\cdots,X_n)$ 都是 θ 的无偏估计量，若 $D\hat{\theta}<D\hat{\theta}'$，则称 $\hat{\theta}$ 是比 $\hat{\theta}'$ 有效的估计量．如果在 θ 的一切无偏估计量中，$\hat{\theta}$ 的方差达到最小，则称 $\hat{\theta}$ 为 θ 的有效估计量．

【例 4】 已知总体 X 的均值 $EX=\mu$，$(X_1,X_2,\cdots,X_n)$ 是 X 的一个样本．试证：$\overline{X}=\frac{1}{n}\sum_{i=1}^{n}X_i$，$\overline{W}=\sum_{i=1}^{n}\alpha_iX_i$（$\alpha_i\geqslant 0$ 为常数，$\sum_{i=1}^{n}\alpha_i=1$）均是 μ 的无偏估计，但当 α_i 不全相等时，$\overline{X}$ 较 $\overline{W}$ 有效．

证 $\overline{X}$ 的无偏性例 1 已证．又

$$E\overline{W}=\sum_{i=1}^{n}\alpha_iEX_i=\mu\sum_{i=1}^{n}\alpha_i=\mu,$$

因此 $\overline{W}$ 亦是 μ 的无偏估计．而

$$D\overline{X}=\frac{1}{n^2}\sum_{i=1}^{n}(DX_i)=\frac{1}{n}DX,$$

$$D\overline{W}=\sum_{i=1}^{n}\alpha_i^2DX_i=DX\cdot\sum_{i=1}^{n}\alpha_i^2.$$

注意到 $(n-1)\sum_{i=1}^{n}\alpha_i^2>2\sum_{1\leqslant i<j\leqslant n}\alpha_i\alpha_j$（$\alpha_i$ 不全相等），因此

$$\sum_{i=1}^{n}\alpha_i^2>\frac{\sum_{i=1}^{n}\alpha_i^2+2\sum_{1\leqslant i<j\leqslant n}\alpha_i\alpha_j}{n}=\frac{(\sum_{i=1}^{n}\alpha_i)^2}{n}=\frac{1}{n}.$$

于是 $D\overline{W}>D\overline{X}$，即 $\overline{X}$ 较 $\overline{W}$ 有效．

有效性的概率意义是，$\hat{\theta}$，$\hat{\theta}'$ 作为 θ 的无偏估计，它们在历次试验中的观测值总是围绕 θ 真值的两侧摆动，而 $\hat{\theta}$ 较 $\hat{\theta}'$ 有效，是指 $\hat{\theta}$ 在真值 θ 两侧摆动的幅度比 $\hat{\theta}'$ 更小些，即 $\hat{\theta}$ 的观测值较 $\hat{\theta}'$ 更集中在 θ 的真值附近．

我们知道，当使用 $\hat{\theta}(X_1,X_2,\cdots,X_n)$ 来估计未知参数 θ 时，$|\hat{\theta}(X_1,\cdots,X_n)-\theta|$ 也是反映误差的一个较合理的量．当样本容量 n 增大时，即样本所提供的信息越来越多时，一个较优的估计应该使得 $|\hat{\theta}-\theta|$ 趋于 0，这就导致了一致性概念的引入．

三、一致性（相合性）

定义 5 设 $\hat{\theta}(X_1,X_2,\cdots,X_n)$ 是参数 θ 的估计量，如果当 $n\to\infty$ 时，$\hat{\theta}(X_1,X_2,\cdots,X_n)$ 依概率收敛于 θ，即对任意的 $\varepsilon>0$ 有

$$\lim_{n\to\infty}P\{|\hat{\theta}(X_1,X_2,\cdots,X_n)-\theta|<\varepsilon\}=1.$$

则称 $\hat{\theta}(X_1,X_2,\cdots,X_n)$ 为参数 θ 的一致估计量（相合估计量）．

由第六章第二节定理 1 知，样本均值 $\overline{X}$ 是总体均值 μ 的一致估计量；样本方差 S^2 及二阶中心矩 B_2 是总体方差 σ^2 的一致估计量．可以证明，在较弱的条件下，矩估计量与极大似然估计量都具有一致性．

注意到估计量的一致性判别只有当样本容量 n 很大时才能显示出优越性，这在实际中往往难以做到．因此工程实际中往往较多使用无偏性和有效性标准．

第三节　区间估计正态总体参数的区间估计

一、区间估计的概念

用点估计 $\hat{\theta}$ 去估计未知参数 θ，给人们一个明确的数量概念，当然是非常有用的，但它存在很大的缺陷．这是由于 $\hat{\theta}$ 是一个随机变量，它给出的估计值具有随机性，不一定就是未知参数 θ 的真值．而且，即使估计值与真值 θ 相等，我们也无法肯定这种相等．因为我们并不知道真实的 θ 值．因此点估计给出的仅仅是未知参数 θ 的一个近似值，对这个近似值它既没有给出精确程度，也没有给出可靠程度，而区间估计正好弥补了这个缺陷，它是奈曼（Neymann）于 1934 年提出的．

所谓**区间估计**就是以一定的可靠程度，用一个区间去估计某个未知参数 θ 所在的范围．

定义 6 设（$X_1,X_2,\cdots,X_n$）是总体 X 的样本，θ 是总体分布中的一个未知参数，对于给定 α（$0<\alpha<1$），如果统计量 $\underline{\theta}(X_1,X_2,\cdots,X_n)$ 和 $\overline{\theta}(X_1,X_2,\cdots,X_n)$ 满足

$$P\{\underline{\theta}<\theta<\overline{\theta}\}=1-\alpha. \tag{7-10}$$

则称区间（$\underline{\theta},\overline{\theta}$）为参数 θ 的置信度为 $1-\alpha$ 的**置信区间**，$\underline{\theta}$ 和 $\overline{\theta}$ 分别称为**置信下限**和**置信上限**，$1-\alpha$ 称为**置信度**，α 称为**置信水平**．

例如，某人估计本市明天上午 10 时的气温八成在 22～26℃之间，这里（22，26）就是明天上午 10 时气温的置信区间，22 为“置信下限”，26 为“置信上限”，八成（即 80%）就是置信度（可靠程度），而置信水平 $\alpha=1-80\%=0.2$. 不难看出，区间估计的长度度量了该区间估计的精度．区间估计的长度愈长，它的精度也就愈低．例如，若甲估计本市明天上午十时的气温在 22～26℃之间，而乙估计本市明天上午十时的气温在 18～30℃之间，显然，甲的区间估计（22,26）较乙的（18,30）短，因而精度较高．但这个区间短，包含明天上午十时真正气温的可能性就变小，即包含真实气温的概率就小．这个概率就是区间估计的置信度（可靠度）．反之，乙的区间估计的长度长，精度差，但置信度比甲的大．由此可见，在区间估计中总是存在“精度”和“置信度”这样一对矛盾的量，想要精度高，置信度就必然下降，反之亦然．在实际问题中，一般总是在保证一定置信度的前提下，尽可能提高精度．

需要强调的是，置信区间 $(\underline{\theta}(X_1,\cdots,X_n),\ \bar{\theta}(X_1,\cdots,X_n))$ 是一个随机区间，对一个给定的样本值 $(x_1,x_2,\cdots,x_n)$ 就可得到一个确定的置信区间 $(\underline{\theta}(x_1,\cdots,x_n),\ \bar{\theta}(x_1,\cdots,x_n))$，这个区间可能包含未知参数 θ，也可能不包含 θ. 定义中的式（7-10）表示对给定的置信度 $1-\alpha$，置信区间 $(\underline{\theta}(X_1,\cdots,X_n),\ \bar{\theta}(X_1,\cdots,X_n))$ 覆盖未知参数 θ 的概率为 $1-\alpha$. 其直观意义是，对一个待估参数 θ，若重复抽样多次（各次容量均为 n），每次抽样得到的样本值都对应确定的区间 $(\underline{\theta}(x_1,x_2,\cdots,x_n),\ \bar{\theta}(x_1,x_2,\cdots,x_n))$，尽管不能保证每一次的 $(\underline{\theta}(x_1,\cdots,x_n),\ \bar{\theta}(x_1,\cdots,x_n))$ 都能覆盖未知参数 θ，但大约有 $100(1-\alpha)\%$ 次使得 $(\underline{\theta}(x_1,\cdots,x_n),\ \bar{\theta}(x_1,\cdots,x_n))$ 覆盖 θ. 例如取 $\alpha=0.05$，若重复抽样 100 次，得到的 100 个区间，则其中大约有 95 个覆盖真值 θ.

下面给出求置信区间的一般步骤．假设未知参数为 θ，置信度为 $1-\alpha$.

步骤一　寻求一个样本函数

$$Z=Z(X_1,\cdots,X_n;\theta).$$

它包含待估参数 θ，但不含其它未知参数，且要求 Z 的分布已知；

步骤二　对给定的置信度 $1-\alpha$，利用 Z 的已知分布确定两个常数 a,b，使

$$P\{a<Z<b\}=1-\alpha.$$

步骤三　将不等式“$a<Z(X_1,X_2,\cdots,X_n;\theta)<b$”作等价变形，使之成为“$\underline{\theta}(X_1,\cdots,X_n)<\theta<\bar{\theta}(X_1,\cdots,X_n)$”，则 $(\underline{\theta},\bar{\theta})$ 就是置信度为 $1-\alpha$ 的置信区间．

上述步骤的关键是：寻求样本函数 $Z=Z(X_1,\cdots,X_n;\theta)$，它仅包含待估参数 θ，且分布已知．在一般情况下，这绝非易事，但对正态总体的情况，一方面，正态分布的理论和实践都比较成熟（第六章第三节中已有少量涉及）；另一方面，正态分布也是在实际应用中最广泛的分布，所以，下面将用上述方法对正态总体中参数的区间估计作较详细的讨论．

二、单个正态总体参数的区间估计

设总体 $X\sim N(\mu,\sigma^2)$ $(-\infty<\mu<+\infty;\ \sigma>0)$，$(X_1,X_2,\cdots,X_n)$ 是取自总体 X 的一个样本．总体 X 的未知参数可能是 μ，也可能是 σ^2，现分别讨论参数 μ，σ^2 的置信区间的求法，取置信度为 $1-\alpha$.

1. 均值 μ 的置信区间

（1）σ^2 已知　根据上述求参数置信区间的步骤，当 σ^2 已知时，由第六章第三节

定理 3 知

$$\frac{\overline{X}-\mu}{\sigma/\sqrt{n}}\sim N(0,1).$$

它是样本 $X_1,X_2,\cdots,X_n$ 的函数，其分布已知并且恰好包含待估参数 μ. 故取

$$Z=\frac{\overline{X}-\mu}{\sigma/\sqrt{n}}$$

作为估计用的样本函数.

由步骤二，对于给定的置信水平 α，确定常数 a,b 使 $P\{a<Z<b\}=1-\alpha$. 显然满足上式的常数 a,b 不唯一（见图 7-1）. 为方便，通常在满足

$$P\{Z\geqslant b\}=P\{Z\leqslant a\}=\alpha/2 \tag{7-11}$$

下定出 a,b，如图 7-2 所示.

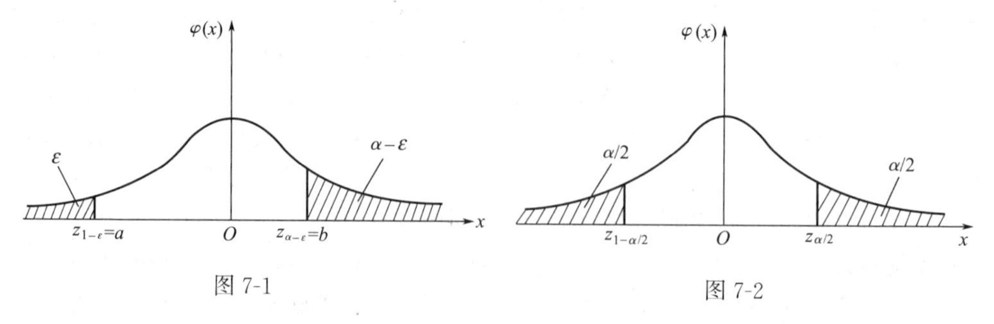

图 7-1　　图 7-2

可以证明，当 Z 的概率密度曲线为单峰对称图形（如正态分布，t 分布等）时，由式(7-11) 决定的 a，b 所得到的置信区间的长度最短；另一方面，即使概率密度曲线为单峰但不对称（如 χ^2分布，F 分布等）时，为了方便也按式(7-11) 来确定 a,b. 这样做在实际中不会带来太大的影响. 于是，由正态分布的 α 临界值定义知，满足式(7-11) 的 a,b 分别为如下两个临界值

$$a=z_{1-\frac{\alpha}{2}},\quad b=z_{\frac{\alpha}{2}}.$$

又由单峰对称性知 $z_{1-\frac{\alpha}{2}}=-z_{\frac{\alpha}{2}}$. 故当 α 已知时，通过查标准正态分布表可求出 $z_{\frac{\alpha}{2}}$. 综上得

$$P\{-z_{\alpha/2}<Z<z_{\alpha/2}\}=P\{-z_{\alpha/2}<\frac{\overline{X}-\mu}{\sigma/\sqrt{n}}<z_{\alpha/2}\}=1-\alpha.$$

解不等式　$-z_{\alpha/2}<\dfrac{\overline{X}-\mu}{\sigma/\sqrt{n}}<z_{\alpha/2}$，得

$$\overline{X}-\frac{\sigma}{\sqrt{n}}z_{\alpha/2}<\mu<\overline{X}+\frac{\sigma}{\sqrt{n}}z_{\alpha/2}.$$

故 μ 的置信度为 $1-\alpha$ 的置信区间为

$$\left(\overline{X}-\frac{\sigma}{\sqrt{n}}z_{\alpha/2},\ \overline{X}+\frac{\sigma}{\sqrt{n}}z_{\alpha/2}\right)，简记为(\overline{X}\pm\frac{\sigma}{\sqrt{n}}z_{\alpha/2}). \tag{7-12}$$

这个区间估计的长度为 $2\dfrac{\sigma}{\sqrt{n}}z_{\alpha/2}$，它刻画了此区间估计的精度. 从这个结果可看出

① 置信度 $1-\alpha$ 愈大，α 就愈小，因而 $z_{\alpha/2}$ 就愈大，此时置信区间的长度就长，

精确度就较低；反之，置信度 $1-\alpha$ 愈小，α 就愈大，因而 $z_{\alpha/2}$ 就小，此时置信区间短，精确度提高．

例如，在式(7-12）中，若已知 $\sigma=1$，$n=16$，如果取 $\alpha=0.05$，查表得 $z_{0.05/2}=z_{0.025}=1.96$. 于是得到 μ 的一个置信度为 0.95 的置信区间

$$(\bar{x}\pm\frac{1}{\sqrt{16}}\times1.96)=(\bar{x}\pm0.49).$$

如果取 $\alpha=0.01$，查表得 $z_{0.01/2}=z_{0.005}=2.57$. 则又可得到 μ 的一个置信度为 0.99 的置信区间

$$(\bar{x}\pm\frac{1}{\sqrt{16}}\times2.57)=(\bar{x}\pm0.64).$$

显然后一个置信度高（99%），但精度降低（置信区间长于前一个）．

② 样本容量 n 越大，区间估计的长度越短，因而精度也就提高，这是符合常理的．因为样本数增加，就意味着从样本中获得的关于 μ 的信息增加了，自然应该构造出比较短的估计区间．

后面求得的置信区间都有类似上述两条特性，不再赘述．

【例 1】 某车间生产滚珠，已知滚珠直径 $X\sim N(\mu,0.04)$．从某天生产的产品中随机抽取 6 个滚珠，测得直径（单位：mm）为

14.7，15.1，14.9，14.8，15.2，15.1.

试在置信水平 $\alpha=0.05$ 下，求该天生产的滚珠平均直径 μ 的置信区间．

解 在 σ^2 已知时，由公式(7-12）知，μ 的置信区间为

$$(\bar{x}\pm\frac{\sigma}{\sqrt{n}}z_{\alpha/2}).$$

这里 $\bar{x}=\sum_{i=1}^{6}x_i=14.97$，$\sigma=0.2$，$n=6$，$z_{0.05/2}=z_{0.025}=1.96$. 因此，$\mu$ 以 95% 为置信度的置信区间上、下限为

$$\bar{x}\pm\frac{0.2}{\sqrt{6}}z_{\alpha/2}=14.97\pm\frac{0.2}{\sqrt{6}}\times1.96=14.97\pm0.16.$$

即可以认为该天生产的滚珠直径 μ 的置信度为 95% 的置信区间是（14.81，15.13）．

这里要说明的是，区间（14.81,15.13）是固定的，不再是随机区间，它要么包含 μ，要么不包含 μ，二者必取其一．因此，从这个意义上讲置信度已没有实际意义．事实上，“置信度为 95%”是指，如果把上述抽样重复多次，构造出多个这样的置信区间，那么它们包含 μ 的概率是 95%. 比方说，若反复抽样 100 次，通过上述方法算得 100 个置信区间，应该大约有 95 个置信区间包含了真值 μ. 因此，置信度实际上是对构造置信区间这种方法的可靠程度的整体评价．

【例 2】 设总体 $X\sim N(\mu,\sigma^2)$，其中 $\sigma^2=4$，μ 未知．X_1，…，X_n 为其样本．①当 $n=16$ 时，试求置信度分别为 0.9 及 0.95 的 μ 的置信区间的长度．②n 多大方能使 μ 的 0.90 的置信区间长度不超过 1? ③n 多大方能使 μ 的 0.95 的置信区间长度不超过 1?

解 ① 记 μ 的置信区间为 Δ，则

$$\Delta=\left(\overline{X}+z_{\alpha/2}\frac{\sigma}{\sqrt{n}}\right)-\left(\overline{X}-z_{\alpha/2}\frac{\sigma}{\sqrt{n}}\right)=2z_{\alpha/2}\frac{\sigma}{\sqrt{n}}.$$

于是当 $1-\alpha=0.9$ 时，$\Delta=2z_{\alpha/2}\frac{\sigma}{\sqrt{n}}=2\times1.65\times\frac{2}{\sqrt{16}}=1.65$；当 $1-\alpha=0.95$ 时，$\Delta=1.96$.

② 欲使 $\Delta\leqslant1$，即 $2z_{\alpha/2}\frac{\sigma}{\sqrt{n}}\leqslant1$，也即 $n\geqslant(2\sigma z_{\alpha/2})^2$，于是当 $1-\alpha=0.9$ 时，$n\geqslant(2\times2\times1.65)^2=43.56$，即样本容量至少为 44.

③ 当 $1-\alpha=0.95$ 时，类似可得 $n\geqslant62$.

注 在样本容量一定的条件下，置信度越高，则置信区间越长，也即估计精度就越低；在置信区间的长度及估计精度不变的条件下，要提高置信度，就必须加大样本的容量 n，以获得总体更多的信息.

(2) σ^2 未知　当 σ^2 未知时，就不能选用样本函数 $\frac{\overline{X}-\mu}{\sigma/\sqrt{n}}$ 了，因为其中不仅含有我们需要的参数 μ，还含量有未知参数 σ. 考虑到 s^2 是 σ^2 的无偏估计，因此在上述样本函数中用 s 代替 σ，由第六章第三节定理 3 知

$$T=\frac{\overline{X}-\mu}{S/\sqrt{n}}\sim t(n-1).$$

据此，确定常数 a,b，使

$$P\{a<T<b\}=P\left\{a<\frac{\overline{X}-\mu}{S/\sqrt{n}}<b\right\}=1-\alpha.$$

注意到 t 分布也是单峰对称的，所以取 $a=t_{1-\alpha/2}(n-1)=-t_{\alpha/2}(n-1)$，$b=t_{\alpha/2}(n-1)$. 解不等式 $-t_{\alpha/2}(n-1)<\frac{\overline{X}-\mu}{S/\sqrt{n}}<t_{\alpha/2}(n-1)$ 得 μ 的置信度为 $1-\alpha$ 的置信区间为

$$\left(\overline{X}-\frac{S}{\sqrt{n}}t_{\alpha/2}(n-1),\overline{X}+\frac{S}{\sqrt{n}}t_{\alpha/2}(n-1)\right)，简记为\left(\overline{X}\pm\frac{S}{\sqrt{n}}t_{\alpha/2}(n-1)\right). \tag{7-13}$$

【例 3】 在例 1 中如果 σ^2 未知，试求该日生产的滚珠平均直径 μ 的置信区间，取置信度 $1-\alpha=0.95$.

解 由公式(7-13) 知，μ 的置信度为 $1-\alpha$ 的置信区间为

$$\left(\overline{X}\pm\frac{S}{\sqrt{n}}t_{\alpha/2}(n-1)\right).$$

又　$\overline{x}=14.97$，$s^2=\frac{1}{5}\sum_{i=1}^{n}(x_i-\overline{x})^2=0.039$，$t_{0.05/2}(5)=t_{0.025}(5)=2.5706$.

所以，μ 的置信度为 95% 的置信区间的上、下限为

$$\overline{x}\pm t_{0.025}(5)\cdot\frac{s}{\sqrt{6}}=14.97\pm0.21.$$

即可以认为该天生产的滚珠的直径μ的置信度为95%的置信区间为（14.76,15.18）.

比较例1当σ^2未知时，由于是用S^2替代σ^2，故对同样的样本及同样的置信度，其置信区间一般变大了（精度降低），这是符合常理的.

2. **方差σ^2的置信区间**

关于σ^2的置信区间也可分为μ已知和μ未知两种情况，但在实际问题中，σ^2未知而μ已知是十分罕见的，所以，我们只在μ未知的条件下讨论σ^2的置信区间. 由第六章第三节定理3知

$$\chi^2=\frac{(n-1)S^2}{\sigma^2}=\frac{\sum_{i=1}^{n}(X_i-\overline{X})^2}{\sigma^2}\sim\chi^2(n-1).$$

故取
$$\chi^2=\frac{\sum_{i=1}^{n}(X_i-\overline{X})^2}{\sigma^2}$$

作为估计用样本函数，并在事先给定的置信水平α下，求待估参数σ^2的置信区间.

类似1的讨论，仍在满足

$$P\{\chi^2\geqslant b\}=P\{\chi^2\leqslant a\}=\alpha/2,$$

即满足$P\{a<\chi^2<b\}=1-\alpha$下确定a，b. 由$\chi^2(n-1)$分布的α临界值定义知，$a=\chi^2_{1-\alpha/2}(n-1)$，$b=\chi^2_{\alpha/2}(n-1)$，如图7-3所示. 于是解不等式

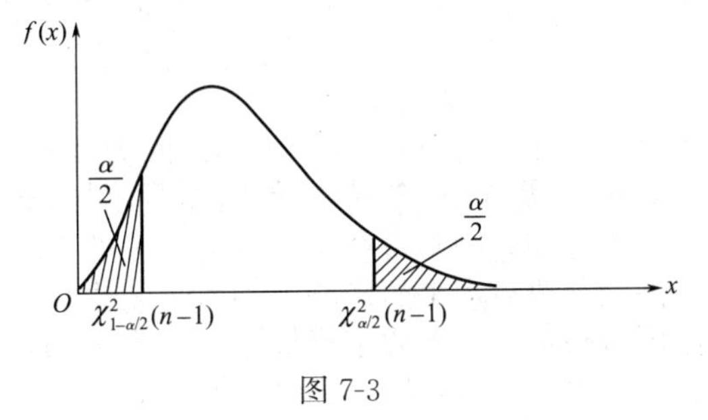

图 7-3

$$\chi^2_{1-\alpha/2}(n-1)<\frac{\sum_{i=1}^{n}(X_i-\overline{X})^2}{\sigma^2}<\chi^2_{\alpha/2}(n-1).$$

得σ^2的置信度为$1-\alpha$的置信区间为

$$\left(\frac{\sum_{i=1}^{n}(X_i-\overline{X})^2}{\chi^2_{\alpha/2}(n-1)},\frac{\sum_{i=1}^{n}(X_i-\overline{X})^2}{\chi^2_{1-\alpha/2}(n-1)}\right)\tag{7-14}$$

或简记为
$$\left(\frac{(n-1)S^2}{\chi^2_{\alpha/2}(n-1)},\frac{(n-1)S^2}{\chi^2_{1-\alpha/2}(n-1)}\right).\tag{7-14$'$}$$

均方差σ的置信区间为

$$\left(\sqrt{\frac{(n-1)S^2}{\chi^2_{\alpha/2}(n-1)}},\sqrt{\frac{(n-1)S^2}{\chi^2_{1-\alpha/2}(n-1)}}\right).\tag{7-15}$$

注 在μ已知的情况下，只需将公式(7-14)中的$\overline{X}$换为μ，自由度$n-1$改为n即可得σ^2的置信度为$1-\alpha$的置信区间为

$$\left(\frac{\sum_{i=1}^{n}(X_i-\mu)^2}{\chi_{\alpha/2}(n)},\frac{\sum_{i=1}^{n}(X_i-\mu)^2}{\chi^2_{1-\alpha/2}(n)}\right).\tag{7-16}$$

【例 4】 电动机由于连续工作时间过长而可能会烧坏．今随机地从某种型号的电动机中选取 9 台，并测试它们在烧坏前的连续工作时间（单位：h），由 9 个测试数据 $x_1,x_2,\cdots,x_9$ 算得

$$\bar{x}=\frac{1}{9}\sum_{i=1}^{9}x_i=39.7,\quad b_2=\frac{1}{9}\sum_{i=1}^{9}(x_i-\bar{x})^2=6.25.$$

假定该种型号的电动机烧坏前连续工作时间 $X\sim N(\mu,\sigma^2)$．取置信度 0.95，试分别求出 μ 与 σ 的置信区间．

解 在 μ,σ^2 均未知的情况下，μ,σ^2 的置信区间的计算公式分别由式(7-13) 及式(7-14) 确定．由于

$$s=\sqrt{\frac{1}{8}\sum_{i=1}^{n}(x_i-\bar{x})^2}=\sqrt{\frac{9}{8}}\cdot\sqrt{b_2}=2.652,$$

$$\alpha=0.05,\quad t_{0.05/2}(8)=2.306,$$

因此 μ 的置信度为 0.95 置信区间为

$$\left(\bar{x}\pm\frac{s}{\sqrt{n}}t_{\alpha/2}(n-1)\right)=\left(39.7\pm\frac{2.652}{\sqrt{9}}\cdot t_{0.025}(8)\right)=(39.7\pm2.04)，即 (37.66,41.74).$$

由 $\chi^2_{0.05/2}(8)=17.54$，$\chi^2_{1-0.05/2}(8)=2.18$，得 σ^2 的置信度为 0.95 的置信区间为

$$\left(\frac{(n-1)s^2}{\chi^2_{\alpha/2}(n-1)},\frac{(n-1)s^2}{\chi^2_{1-\alpha/2}(n-1)}\right)=\left(\frac{8\times2.652^2}{17.54},\frac{8\times2.652^2}{2.18}\right)=(3.21,25.81).$$

于是 σ 的置信度为 0.95 的置信区间为 $(\sqrt{3.21},\sqrt{25.81})=(1.79,5.08)$.

三、两个正态总体参数的区间估计

实际问题中常常会遇到需要同时处理两个正态总体的情况．例如，为了检验某产品工艺改革带来的影响，须对工艺改革前后该产品的某项指标的变化范围和波动幅度进行估计．若假定指标服从正态分布，这就需要对两个正态总体均值差 $\mu_1-\mu_2$ 与方差比 σ_1^2/σ_2^2 进行区间估计．

设总体 $X\sim N(\mu_1,\sigma_1^2)$，$Y\sim N(\mu_2,\sigma_2^2)$，$-\infty<\mu_1,\ \mu_2<+\infty$，$\sigma_1,\sigma_2>0$；$(X_1,X_2,\cdots,X_{n_1})$，$(Y_1,Y_2,\cdots,Y_{n_2})$ 分别是取自相互独立正态总体 X，Y 的样本，运用第六章第三节定理 4 的记号，即

$$\bar{X}=\frac{1}{n_1}\sum_{i=1}^{n_1}X_i,\quad S_1^2=\frac{1}{n_1-1}\sum_{i=1}^{n_1}(X_i-\bar{X})^2;$$

$$\bar{Y}=\frac{1}{n_2}\sum_{j=1}^{n_2}Y_j,\quad S_2^2=\frac{1}{n_2-1}\sum_{j=1}^{n_2}(Y_j-\bar{Y})^2;$$

$$S_W^2=\frac{\sum_{i=1}^{n_1}(X_i-\bar{X})^2+\sum_{j=1}^{n_2}(Y_j-\bar{Y})^2}{n_1+n_2-2}=\frac{(n_1-1)S_1^2+(n_2-1)S_2^2}{n_1+n_2-2}.$$

现分别讨论各种情形下 $\mu_1-\mu_2$ 的置信区间及 σ_1^2/σ_2^2 的置信区间，取置信度为 $1-\alpha$.

1. 两个正态总体均值差 $\mu_1-\mu_2$ 的区间估计

（1）σ_1^2,σ_2^2 均已知　由第六章第三节定理 4 知

$$\frac{(\bar{X}-\bar{Y})-(\mu_1-\mu_2)}{\sqrt{\frac{\sigma_1^2}{n_1}+\frac{\sigma_2^2}{n_2}}}\sim N(0,1),$$

故取
$$Z=\frac{(\overline{X}-\overline{Y})-(\mu_1-\mu_2)}{\sqrt{\frac{\sigma_1^2}{n_1}+\frac{\sigma_2^2}{n_2}}}\sim N(0,1)$$
作为估计用样本函数．再由标准正态分布对称性及临界值定义，确定临界值 $z_{\alpha/2}$ 使
$$P\{|Z|<z_{\alpha/2}\}=1-\alpha.$$
将 Z 代入并解不等式 $|Z|<z_{\alpha/2}$，得
$$P\left\{\overline{X}-\overline{Y}-z_{\alpha/2}\sqrt{\frac{\sigma_1^2}{n_1}+\frac{\sigma_2^2}{n_2}}<\mu_1-\mu_2<\overline{X}-\overline{Y}+z_{\alpha/2}\sqrt{\frac{\sigma_1^2}{n_1}+\frac{\sigma_2^2}{n_2}}\right\}=1-\alpha.$$
从而得 $\mu_1-\mu_2$ 的置信度为 $1-\alpha$ 的置信区间为
$$\left(\overline{X}-\overline{Y}\pm z_{\alpha/2}\sqrt{\frac{\sigma_1^2}{n_1}+\frac{\sigma_2^2}{n_2}}\right). \tag{7-17}$$

【例 5】 设总体 $X\sim N(\mu_1,5^2)$，从中抽取容量为 10 的样本，得样本均值 $\overline{x}=19.8$；又从总体 $Y\sim N(\mu_2,6^2)$ 中抽取容量为 12 的样本，得样本均值 $\overline{y}=24.0$，两总体 X,Y 相互独立．试求 $\mu_1-\mu_2$ 的置信度为 0.9 的置信区间．

解 由于 $n_1=10$，$n_2=12$，$\sigma_1^2=5^2$，$\sigma_2^2=6^2$，$1-\alpha=0.9$，$\alpha=0.1$，查表得 $z_{\alpha/2}=z_{0.05}=1.645$，故由公式(7-17) 得 $\mu_1-\mu_2$ 的置信区间上、下限分别为
$$\overline{X}-\overline{Y}\pm z_{\alpha/2}\sqrt{\frac{\sigma_1^2}{n_1}+\frac{\sigma_2^2}{n_2}}=-4.2\pm3.864.$$
即 $\mu_1-\mu_2$ 的置信度为 90% 的置信区间为 $(-8.06,-0.34)$.

注 若 $\mu_1-\mu_2$ 的置信区间包含零，一般认为实际中两总体均值无显著差别；若 $\mu_1-\mu_2$ 的置信区间的下限大于零，则认为 $\mu_1>\mu_2$；若 $\mu_1-\mu_2$ 的置信区间的上限小于零，则认为 $\mu_1<\mu_2$．本例中，由于置信上限小于零，故可以认为 $\mu_1<\mu_2$.

(2) σ_1^2,σ_2^2 均未知且不相等　在 σ_1^2,σ_2^2 均未知的情况下，当样本容量 n_1,n_2 都很大(一般要求大于 50)，可用样本方差 s_1^2，s_2^2 分别近似代替 σ_1^2，σ_2^2，于是得 $\mu_1-\mu_2$ 的置信度为 $1-\alpha$ 的近似置信区间为
$$\left(\overline{X}-\overline{Y}\pm z_{\alpha/2}\sqrt{\frac{S_1^2}{n_1}+\frac{S_2^2}{n_2}}\right). \tag{7-18}$$

(3) $\sigma_1^2=\sigma_2^2=\sigma^2$ 但 σ^2 未知　由第六章第三节定理 4 知
$$\frac{(\overline{X}-\overline{Y})-(\mu_1-\mu_2)}{S_W\sqrt{\frac{1}{n_1}+\frac{1}{n_2}}}\sim t(n_1+n_2-2)，其中\ S_W=\sqrt{\frac{(n_1-1)S_1^2+(n_2-1)S_2^2}{n_1+n_2-2}},$$
于是取
$$T=\frac{(\overline{X}-\overline{Y})-(\mu_1-\mu_2)}{S_W\sqrt{\frac{1}{n_1}+\frac{1}{n_2}}}\sim t(n_1+n_2-2)$$
为估计用样本函数．又根据 t 分布的对称性，只需查 t 分布表确定 $t_{\alpha/2}(n_1+n_2-2)$，使
$$P\{|T|<t_{\alpha/2}(n_1+n_2-2)\}=1-\alpha,$$
即
$$P\left\{\overline{X}-\overline{Y}-t_{\alpha/2}(n_1+n_2-2)S_W\sqrt{\frac{1}{n_1}+\frac{1}{n_2}}\right.$$

$$<\mu_1-\mu_2<\overline{X}-\overline{Y}+t_{\alpha/2}(n_1+n_2-2)S_W\sqrt{\frac{1}{n_1}+\frac{1}{n_2}}\Bigg\}=1-\alpha.$$

从而得 $\mu_1-\mu_2$ 的置信度为 $1-\alpha$ 的置信区间为

$$\left(\overline{X}-\overline{Y}\pm t_{\alpha/2}(n_1+n_2-2)S_W\sqrt{\frac{1}{n_1}+\frac{1}{n_2}}\right). \tag{7-19}$$

【例 6】 用甲、乙两种电子仪器独立测量两个测地站 A,B 之间的距离（单位：m），用仪器甲独立地测量了 $n_1=10$ 次，由 $X_1,X_2,\cdots,X_{10}$ 算得 $\overline{x}=45479.431$，$s_1=0.0440$；用仪器乙独立测量了 $n_2=15$ 次，由 $Y_1,Y_2,\cdots,Y_{15}$ 算得 $\overline{y}=45479.398$，$s_2=0.0308$. 假定这两种仪器的测量值都服从正态分布，且它们的未知方差相同（即仪器的测量精度相同）. 试求这两种仪器的平均测量值之差的置信度为 99%的置信区间.

解 显然由条件知，本题属 $\sigma_1^2=\sigma_2^2=\sigma^2$ 未知前提下对均值差 $\mu_1-\mu_2$ 的区间估计，故应用公式(7-19) 求置信区间.

由于 $1-\alpha=0.99$，$\alpha=0.01$，$t_{\alpha/2}(n_1+n_2-2)=t_{0.005}(23)=2.8073$，

$$s_W^2=\frac{(n_1-1)s_1^2+(n_2-1)s_2^2}{n_1+n_2-2}=\frac{9\times0.0440^2+14\times0.0308^2}{23}=0.00133.$$

所以 $\mu_1-\mu_2$ 的置信度为 99%的置信区间的上、下限为

$$\overline{X}-\overline{Y}\pm t_{\alpha/2}(n_1+n_2-2)s_W\sqrt{\frac{1}{n_1}+\frac{1}{n_2}}$$

$$=45479.431-45479.398\pm2.8073\times\sqrt{0.00133}\times\sqrt{\frac{1}{10}+\frac{1}{15}}=0.033\pm0.042.$$

即 $\mu_1-\mu_2$ 的置信度为 99%的置信区间为 $(-0.009,0.075)$.

该结果表明：甲、乙两种仪器的测量值之间无显著差异.

2. 两正态总体方差比 σ_1^2/σ_2^2 的区间估计

这里仅讨论总体均值 μ_1,μ_2 为未知的情况，运用第六章第三节定理 4，由于

$$\frac{S_1^2/\sigma_1^2}{S_2^2/\sigma_2^2}\sim F(n_1-1,n_2-1)，故取\quad F=\frac{S_1^2/\sigma_1^2}{S_2^2/\sigma_2^2}.$$

作为估计用样本函数，又由 F 分布的临界值定义，有

$$P\{F_{1-\frac{\alpha}{2}}(n_1-1,n_2-1)<F<F_{\frac{\alpha}{2}}(n_1-1,n_2-1)\}=1-\alpha.$$

将 F 代入，即有

$$P\left\{\frac{S_1^2/S_2^2}{F_{\alpha/2}(n_1-1,n_2-1)}<\frac{\sigma_1^2}{\sigma_2^2}<\frac{S_1^2/S_2^2}{F_{1-\alpha/2}(n_1-1,n_2-1)}\right\}=1-\alpha,$$

从而得 σ_1^2/σ_2^2 的置信度为 $1-\alpha$ 的置信区间为

$$\left(\frac{S_1^2/S_2^2}{F_{\alpha/2}(n_1-1,n_2-1)},\frac{S_1^2/S_2^2}{F_{1-\alpha/2}(n_1-1,n_2-1)}\right). \tag{7-20}$$

注 (1) 若 σ_1^2/σ_2^2 的置信区间包含 1，则不能从这次试验中判定两个总体的波动性谁大谁小；若 σ_1^2/σ_2^2 的置信上限小于 1，则可认为总体 $N(\mu_1,\sigma_1^2)$ 的波动性较总体 $N(\mu_2,\sigma_2^2)$ 的小，反之亦然.

(2) 若 μ_1,μ_2 已知，则只需将式(7-20) 中的 $\overline{X},\overline{Y}$ 换为 μ_1,μ_2，自由度分别换为 n_1,n_2 即可.

【例 7】 在例 6 中，先假定两正态总体的方差相等，来对 $\mu_1-\mu_2$ 作区间估计. 如果事先并不知道这两种电子仪器的测量精度相同（即 $\sigma_1^2=\sigma_2^2$）. 试求 σ_1^2/σ_2^2 这个

未知参数在置信度为 0.90 的置信区间.

解 由公式(7-20)，因为

$$\alpha=0.10,\quad F_{\alpha/2}(n_1-1,n_2-1)=F_{0.05}(9,14)=2.65,$$

$$F_{1-\alpha/2}(n_1-1,n_2-1)=\frac{1}{F_{\alpha/2}(n_2-1,n_1-1)}=\frac{1}{F_{0.05}(14,9)}=0.33^{❶}.$$

所以方差比 σ_1^2/σ_2^2 的置信度为 0.9 的置信区间为

$$\left(\frac{1}{F_{\alpha/2}(n_1-1,n_2-1)}\cdot\frac{s_1^2}{s_2^2},\frac{1}{F_{1-\alpha/2}(n_1-1,n_2-1)}\cdot\frac{s_1^2}{s_2^2}\right)$$

$$=\left(\frac{1}{2.65}\times\frac{0.0440^2}{0.0308^2},\frac{1}{0.33}\times\frac{0.0440^2}{0.0308^2}\right)=(0.77,6.18).$$

由于 1 落在该区间中，故可认为甲、乙两种仪器的测量精度之间没有显著性差异.以这个结论为基础，反过来也进一步肯定了例 6 中的假定“方差相等”是合理的.

通过以上讨论得知，求正态总体下的未知参数的置信区间，关键是确定待估参数所属类型及前提条件，并熟记各种类型下的计算公式.为便于应用，把本节讨论的结果列成表 7-1，供读者需要时查阅.

表 7-1 正态总体未知参数的置信区间

未知参数		估计用样本函数 Z 及其服从的分布	置信区间	单侧置信下限	单侧置信上限
μ	σ^2 已知	$\frac{\overline{X}-\mu}{\sigma/\sqrt{n}}\sim N(0,1)$	$\overline{X}\pm z_{\alpha/2}\cdot\frac{\sigma}{\sqrt{n}}$	$\overline{X}-z_\alpha\cdot\frac{\sigma}{\sqrt{n}}$	$\overline{X}+z_\alpha\cdot\frac{\sigma}{\sqrt{n}}$
	σ^2 未知	$\frac{\overline{X}-\mu}{S/\sqrt{n}}\sim t(n-1)$	$\overline{X}\pm t_{\alpha/2}(n-1)\frac{S}{\sqrt{n}}$	$\overline{X}-t_\alpha(n-1)\frac{S}{\sqrt{n}}$	$\overline{X}+t_\alpha(n-1)\frac{S}{\sqrt{n}}$
σ^2	μ 已知	$\frac{\sum_{i=1}^{n}(X_i-\mu)^2}{\sigma^2}\sim\chi^2(n)$	$\left(\frac{\sum_{i=1}^{n}(X_i-\mu)^2}{\chi^2_{\frac{\alpha}{2}}(n)},\frac{\sum_{i=1}^{n}(X_i-\mu)^2}{\chi^2_{1-\frac{\alpha}{2}}(n)}\right)$	$\frac{\sum_{i=1}^{n}(X_i-\mu)^2}{\chi^2_\alpha(n)}$	$\frac{\sum_{i=1}^{n}(X_i-\mu)^2}{\chi^2_{1-\alpha}(n)}$
	μ 未知	$\frac{(n-1)S^2}{\sigma^2}\sim\chi^2(n-1)$	$\left(\frac{(n-1)S^2}{\chi^2_{\frac{\alpha}{2}}(n-1)},\frac{(n-1)S^2}{\chi^2_{1-\frac{\alpha}{2}}(n-1)}\right)$	$\frac{(n-1)S^2}{\chi^2_\alpha(n-1)}$	$\frac{(n-1)S^2}{\chi^2_{1-\alpha}(n-1)}$
$\mu_1-\mu_2$	σ_1^2,σ_2^2 均已知	$\frac{(\overline{X}-\overline{Y})-(\mu_1-\mu_2)}{\sqrt{\frac{\sigma_1^2}{n_1}+\frac{\sigma_2^2}{n_2}}}\sim N(0,1)$	$(\overline{X}-\overline{Y})\pm z_{\frac{\alpha}{2}}\sqrt{\frac{\sigma_1^2}{n_1}+\frac{\sigma_2^2}{n_2}}$	$\overline{X}-\overline{Y}-z_\alpha\sqrt{\frac{\sigma_1^2}{n_1}+\frac{\sigma_2^2}{n_2}}$	$\overline{X}-\overline{Y}+z_\alpha\sqrt{\frac{\sigma_1^2}{n_1}+\frac{\sigma_2^2}{n_2}}$
	$\sigma_1^2=\sigma_2^2=\sigma^2$ 未知	$\frac{(\overline{X}-\overline{Y})-(\mu_1-\mu_2)}{S_W\sqrt{\frac{1}{n_1}+\frac{1}{n_2}}}\sim t(n_1+n_2-2)$	$(\overline{X}-\overline{Y})\pm t_{\frac{\alpha}{2}}(n_1+n_2-2)\cdot S_W\cdot\sqrt{\frac{1}{n_1}+\frac{1}{n_2}}$	$\overline{X}-\overline{Y}-t_\alpha(n_1+n_2-2)\cdot S_W\cdot\sqrt{\frac{1}{n_1}+\frac{1}{n_2}}$	$\overline{X}-\overline{Y}+t_\alpha(n_1+n_2-2)\cdot S_W\cdot\sqrt{\frac{1}{n_1}+\frac{1}{n_2}}$
$\frac{\sigma_1^2}{\sigma_2^2}$	μ_1,μ_2 未知	$\frac{S_1^2/\sigma_1^2}{S_2^2/\sigma_2^2}\sim F(n_1-1,n_2-1)$	$\left(\frac{S_1^2/S_2^2}{F_{\frac{\alpha}{2}}(n_1-1,n_2-1)},\frac{S_1^2/S_2^2}{F_{1-\frac{\alpha}{2}}(n_1-1,n_2-1)}\right)$	$\frac{S_1^2/S_2^2}{F_\alpha(n_1-1,n_2-1)}$	$\frac{S_1^2/S_2^2}{F_{1-\alpha}(n_1-1,n_2-1)}$

❶ 表中查不到 $F_{0.05}(14,9)$，此处选用最接近的 $F_{0.05}(15,9)$ 来近似.

*第四节　单侧置信区间

对未知参数 θ，前面讨论的区间估计问题，总是在求出置信下限$\underline{\theta}$和置信上限 $\overline{\theta}$ 后，引入 θ 的置信区间（$\underline{\theta}$，$\overline{\theta}$），这就是通常所讲的**双侧置信区间**．但对某些实际问题来说，我们可能仅对置信下限$\underline{\theta}$或置信上限 $\overline{\theta}$ 更感兴趣．例如，对一批灯泡或电子元件的寿命来说，平均寿命当然是越长越好，因此我们关心的是平均寿命 θ 的"下限"（上限可认为是$+\infty$）；与之相反，在考虑产品的废品率 p 时，我们关心的是参数 p 的"上限"（下限可认为是 0），等等诸如此类的问题，这就需要引入单侧置信区间的概念．

定义 7　设总体 X 的未知参数为 θ，若对给定 α（$0<\alpha<1$），由样本（$X_1,X_2,\cdots,X_n$）所确定的统计量$\underline{\theta}=\underline{\theta}$（$X_1,X_2,\cdots,X_n$）满足

$$P\{\theta>\underline{\theta}\}=1-\alpha.$$

则称随机区间（$\underline{\theta},+\infty$）是 θ 的置信度为 $1-\alpha$ 的**单侧置信区间**，$\underline{\theta}$称为**单侧置信区间的下限**．

又若统计量 $\overline{\theta}=\overline{\theta}(X_1,X_2,\cdots,X_n)$ 满足

$$P\{\theta<\overline{\theta}\}=1-\alpha.$$

则称随机区间（$-\infty,\overline{\theta}$）是 θ 的置信度为 $1-\alpha$ 的**单侧置信区间**，$\overline{\theta}$ 称为**单侧置信上限**．

求单侧置信区间的方法基本上与求双侧置信区间的方法相同（见本章第三节步骤一至三），只需将步骤二作一些修改，即在满足

$$P\{Z>a\}=1-\alpha \text{ 或 } P\{Z<b\}=1-\alpha$$

下确定 a,b.

与上节类似的分析知：a 应为 Z 的 $1-\alpha$ 临界值，即 $a=z_{1-\alpha}$；b 为 Z 的 α 临界值，即 $b=z_\alpha$. 然后将不等式"$Z>a$"或"$Z<b$"作等价变形，按要求即可求得 θ 单侧置信上限或下限．

如，设总体 $X\sim N(\mu,\sigma^2)$，μ 为未知参数，σ^2 已知，试求 μ 的置信度为 $1-\alpha$ 的单侧置信下限和单侧置信上限．

取 $Z=\dfrac{\overline{X}-\mu}{\sigma/\sqrt{n}}\sim N(0,1)$，由 $P\{Z>z_{1-\alpha}\}=1-\alpha$，注意到 $z_{1-\alpha}=-z_\alpha$，

即

$$P\left\{\frac{\overline{X}-\mu}{\sigma/\sqrt{n}}>-z_\alpha\right\}=P\left\{\mu<\overline{X}+z_\alpha\cdot\frac{\sigma}{\sqrt{n}}\right\}=1-\alpha.$$

所以 μ 的置信度为 $1-\alpha$ 的单侧置信上限为

$$\overline{X}+z_\alpha\cdot\frac{\sigma}{\sqrt{n}}.$$

又由 $P\{Z<z_\alpha\}=1-\alpha$，即

$$P\left\{\frac{\overline{X}-\mu}{\sigma/\sqrt{n}}<z_\alpha\right\}=P\left\{\mu>\overline{X}-z_\alpha\cdot\frac{\sigma}{\sqrt{n}}\right\}=1-\alpha,$$

故得 μ 的置信度为 $1-\alpha$ 的单侧置信下限为

$$\overline{X}-z_\alpha \cdot \frac{\sigma}{\sqrt{n}}.$$

其余情形可仿此讨论．本章表 7-1 也列出了各种情形下的单侧置信上（下）限，供备查．

【例 1】 从一批电子元件中随机地抽取 5 只作寿命试验，其寿命为(单位：h)：

1050，1100，1120，1250，1280.

若已知这批元件寿命 $X \sim N(\mu,\sigma^2)$. 试在置信度 95%下，求平均寿命 μ 的单侧置信下限和 σ 的单侧置信上限．

解 （1）μ 的单侧置信下限　由于 σ^2 未知，故取

$$T=\frac{\overline{X}-\mu}{S/\sqrt{n}} \sim t(n-1).$$

对给定置信度 $1-\alpha$，有

$$P\left\{\frac{\overline{X}-\mu}{S/\sqrt{n}}<t_\alpha(n-1)\right\}=1-\alpha,$$

即

$$P\left\{\mu>\overline{X}-t_\alpha(n-1)\frac{S}{\sqrt{n}}\right\}=1-\alpha.$$

于是，μ 的置信度为 $1-\alpha$ 的单侧置信下限为

$$\overline{X}-t_\alpha(n-1)\frac{S}{\sqrt{n}}.$$

由所给数据算得，$\bar{x}=1160, s=99.75, n=5, \alpha=0.05$. 查表得 $t_{0.05}(4)=2.14$，从而平均寿命 μ 的置信度为 95%的单侧置信下限为

$$\bar{x}-t_{0.05}(4)\frac{s}{\sqrt{n}}=1064.54.$$

也就是说，在可靠程度 95%下，可以认为该批元件的平均寿命在 1064.54h 以上．

（2）σ 的单侧置信上限　由于 μ 未知，故取

$$\chi^2=\frac{(n-1)S^2}{\sigma^2} \sim \chi^2(n-1).$$

对给定置信度 $1-\alpha$，有

$$P\left\{\frac{(n-1)S^2}{\sigma^2}>\chi_\alpha^2(n-1)\right\}=1-\alpha,$$

即

$$P\left\{\sigma<\sqrt{\frac{(n-1)S^2}{\chi_\alpha^2(n-1)}}\right\}=1-\alpha.$$

于是，σ 的置信度为 $1-\alpha$ 的单侧置信上限为

$$\sqrt{\frac{(n-1)S^2}{\chi_\alpha^2(n-1)}}.$$

查表得 $\chi_{005}^2(4)=9.488$，从而 σ 的置信度为 $1-\alpha=95\%$ 的单侧置信上限为

$$\sqrt{\frac{4 \times 99.75^2}{9.488}}=64.76.$$

也就是说，在可靠程度 95%下，可以认为该批元件寿命的波动性不超过 64.76h.

第五节　非正态总体的区间估计

前两节讨论了正态总体参数的区间估计，但在实际中有时不能判断所研究的随机现象是否服从正态分布或有足够的理由认为它们不服从正态分布，这时就需要借助中心极限定理来求总体均值的近似置信区间．由于这种方法要求样本比较大，因此，该方法也叫大样本方法．

一、非正态总体均值 μ 的区间估计

设总体 X 的均值为 μ，方差为 σ^2，$(X_1, X_2, \cdots, X_n)$ 是取自总体 X 的一个样本．因为这些样本独立同分布，根据中心极限定理，对充分大的 n，下式近似成立

$$\frac{\sum_{i=1}^{n} X_i - n\mu}{\sqrt{n}\sigma} \sim N(0,1). \tag{7-21}$$

因此，当 σ^2 已知时，近似地有

$$P\left\{\left|\frac{\overline{X}-\mu}{\sigma/\sqrt{n}}\right| < z_{\alpha/2}\right\} = 1-\alpha.$$

于是得 μ 的置信度为 $1-\alpha$ 的置信区间是

$$\left(\overline{X} - \frac{\sigma}{\sqrt{n}} z_{\alpha/2}, \overline{X} + \frac{\sigma}{\sqrt{n}} z_{\alpha/2}\right). \tag{7-22}$$

此式从形式上与式(7-12) 完全一样，不同的是这里给出的置信区间是近似的，其近似程度随总体 X 的分布与正态分布的接近程度而定．若 σ^2 未知，用样本标准差 S 来代替 σ，得近似置信区间

$$\left(\overline{X} - \frac{S}{\sqrt{n}} z_{\alpha/2}, \overline{X} + \frac{S}{\sqrt{n}} z_{\alpha/2}\right). \tag{7-23}$$

二、(0—1) 分布中未知概率的区间估计

产品的抽样检查问题是数理统计方法广泛应用的一个重要领域．如果考虑产品的质量以合格与不合格来区分，从一大批产品中随机抽到一个不合格产品，记 $X=1$；抽到合格产品记 $X=0$，于是，可以把这一批产品组成的总体用服从(0—1)分布的随机变量 X 来描述，其中 p 表示该批产品的不合格率，未知．现求 p 的置信度为 $1-\alpha$ 的置信区间．

已知 (0—1) 分布的均值与方差为 $\mu=p$，$\sigma^2=p(1-p)$．现从总体中任抽取容量为 n 的样本 $(X_1, X_2, \cdots, X_n)$，则当 n 较大时，利用式(7-21) 有

$$\frac{\sum_{i=1}^{n} X_i - np}{\sqrt{np(1-p)}} \sim N(0,1).$$

由于 σ^2 也与 p 有关，故不能直接由式(7-21) 求 p 的置信区间．须从不等式

$$\left|\frac{\sum_{i=1}^{n} X_i - np}{\sqrt{np(1-p)}}\right| < z_{\alpha/2}$$

中来解 p. 这样得到的结果计算较繁（参见［9］）. 实际中，当容量 n 较大时，可作如下简化. 由本章第一节例 3，例 4 知道，p 的矩估计和极大似然估计均是 $\hat{p}=\overline{X}$，又 $\sigma=\sqrt{p(1-p)}$. 故此处取 σ 的估计量 $\hat{\sigma}=\sqrt{\overline{X}(1-\overline{X})}$，利用式（7-22）得未知概率 p 的置信度为 $1-\alpha$ 的近似置信区间为

$$\left(\overline{X}-\sqrt{\frac{\overline{X}(1-\overline{X})}{n}}z_{\alpha/2}, \overline{X}+\sqrt{\frac{\overline{X}(1-\overline{X})}{n}}z_{\alpha/2}\right). \tag{7-24}$$

【例 1】 从一大批产品中抽出容量为 100 的样本，得一级品 60 个，求这批产品的一级品率 p 的置信度为 0.95 的置信区间.

解 一级品率 p 是（0—1）分布的参数，由题意有

$$n=100, \ \overline{x}=0.6, \ 1-\alpha=0.95, \ \alpha/2=0.25.$$

查表得 $z_{0.25}=1.96$. 根据公式(7-24) 求得 p 的置信度为 95%的近似置信区间为 (0.504，0.596).

类似的方法还可讨论泊松分布中参数 λ 的置信区间（见习题 24）.

*第六节 综合应用实例

本章是数理统计的基本而又重要的内容之一，下面再通过一些例子的学习以加深对本章内容的理解及应用.

【例 1】 一个罐子里装有白球和黑球，有放回的抽取一个容量为 n 的样本，其中有 k 个白球，求罐子里黑球数与白球数之比 R 的极大似然估计量.

解 设罐子中有白球 x 个，则黑球有 Rx 个，从而罐中共有球 $(R+1)x$ 个. 现从罐中有放回的抽一个球，其为白球的概率为

$$\frac{x}{(R+1)x}=\frac{1}{R+1},$$

为黑球的概率为 $\frac{R}{R+1}$.

从中有放回的抽 n 个球，可视为从两点分布 $B(1,1/(R+1))$ 中抽取一个容量为 n 的样本. 于是，似然函数为

$$L(R)=\left(\frac{1}{1+R}\right)^k\cdot\left(\frac{R}{1+R}\right)^{n-k}=\frac{R^{n-k}}{(1+R)^n}.$$

两边取对数再对 R 求导，并令其为 0，得似然方程

$$\frac{n-k}{R}-\frac{n}{1+R}=0.$$

解此方程得 R 的极大似然估计为 $\hat{R}=\frac{n}{k}-1$.

此题的关键是写出极大似然函数，其结果恰好是抽出样本中黑、白球之比. 这再次验证了极大似然估计的思想，即，未知参数的选取应是该次试验发生的可能性最大.

【例 2】 设总体 X 的概率密度为

$$f(x)=\begin{cases}2e^{-2(x-\theta)}, & x>\theta,\\ 0, & x\leqslant\theta.\end{cases}$$

其中 $\theta>0$ 是未知参数．从总体 X 中抽取样本（$X_1,X_2,\cdots,X_n$），记

$$\hat{\theta}=\min(X_1,X_2,\cdots,X_n).$$

（1）求总体 X 的分布函数 $F(x)$；

（2）求统计量 $\hat{\theta}$ 的分布函数 $F_{\hat{\theta}}(x)$；

（3）如果用 $\hat{\theta}$ 作为 θ 的估计量，讨论它是否具有无偏性．

解　（1）X 的分布函数为

$$F(x)=\int_{-\infty}^{x}f(t)\mathrm{d}t=\begin{cases}1-e^{-2(x-\theta)}, & x>\theta;\\ 0, & x\leqslant\theta.\end{cases}$$

（2）统计量 $\hat{\theta}=\min(X_1,X_2,\cdots,X_n)$的分布函数

$$F_{\hat{\theta}}(x)=1-[1-F(x)]^n=\begin{cases}1-e^{-2n(x-\theta)}, & x>\theta,\\ 0, & x\leqslant\theta.\end{cases}$$

（3）$\hat{\theta}$ 的概率密度

$$f_{\hat{\theta}}(x)=F'_{\hat{\theta}}(x)=\begin{cases}2ne^{-2n(x-\theta)}, & x>\theta,\\ 0, & x\leqslant\theta.\end{cases}$$

由于

$$E\hat{\theta}=\int_{-\infty}^{+\infty}xf_{\hat{\theta}}(x)\mathrm{d}x=\int_{0}^{+\infty}2nxe^{-2n(x-\theta)}\mathrm{d}x=\theta+\frac{1}{2n},$$

所以，$\hat{\theta}$ 不是 θ 的无偏估计．

【例 3】　设总体 X 服从（$0,\theta$）上的均匀分布，其中 $\theta>0$ 是未知参数．如本章第一节例 7 可求得 θ 的矩估计为 $\hat{\theta}_1=2\overline{X}$，而 θ 的极大似然估计为 $\hat{\theta}=\max\{X_1,X_2,\cdots,X_n\}$．

（1）试考察 $\hat{\theta}$ 是否为 θ 的无偏估计；

（2）试证明估计量 $\hat{\theta}_2=\frac{n+1}{n}\hat{\theta}=\frac{n+1}{n}\max\{X_1,X_2,\cdots,X_n\}$是 θ 的无偏估计；

（3）由本章第二节例 2 知 $\hat{\theta}_1$是 θ 的一个无偏估计量，试比较 $\hat{\theta}_1$与 $\hat{\theta}_2$的有效性．

解　（1）对于极大似然估计量 $\hat{\theta}=\max\{X_1,X_2,\cdots,X_n\}$，需要先求 $\hat{\theta}$ 的概率密度，进而再由数学期望的定义求 $E\hat{\theta}$．

因为总体服从（$0,\theta$）上的均匀分布，故其分布函数为

$$F_X(x)=\begin{cases}0, & x\leqslant 0,\\ \dfrac{x}{\theta}, & 0<x<\theta,\\ 1, & x\geqslant\theta.\end{cases}$$

又 X_i 与 X 同分布，故 $\hat{\theta}=\max\{X_1,X_2,\cdots,X_n\}$的分布函数为

$$F(x)=P\{\max\{X_1,X_2,\cdots,X_n\}\leqslant x\}$$

$$=P\{X_1\leqslant x\}\cdot P\{X_2\leqslant x\}\cdots P\{X_n\leqslant x\}=\begin{cases}0, & x\leqslant 0,\\ \dfrac{x^n}{\theta^n}, & 0<x<\theta,\\ 1, & x\geqslant\theta.\end{cases}$$

从而 $\hat{\theta}=\max\{X_1,X_2,\cdots,X_n\}$ 的概率密度为

$$f(x)=[F(x)]'=\begin{cases}\dfrac{nx^{n-1}}{\theta^n}, & 0<x<\theta,\\ 0, & \text{其它}.\end{cases}$$

于是 $$E\hat{\theta}=\int_{-\infty}^{+\infty}xf(x)\mathrm{d}x=\int_0^\theta x\cdot\frac{nx^{n-1}}{\theta^n}\mathrm{d}\theta=\frac{n}{n+1}\theta\neq\theta.$$

即 $\hat{\theta}=\max\{X_1,X_2,\cdots,X_n\}$ 不是 θ 的无偏估计量．

（2）因为 $E(\hat{\theta}_2)=E\left(\dfrac{n+1}{n}\hat{\theta}\right)=\dfrac{n+1}{n}E\hat{\theta}=\theta$，所以 $\hat{\theta}_2$ 是 θ 的无偏估计．

（3）因为总体服从 $(0,\theta)$ 上的均匀分布，所以

$$DX=\frac{\theta^2}{12},$$

于是 $$D\hat{\theta}_1=D(2\overline{X})=4D\overline{X}=\frac{4DX}{n}=\frac{\theta^2}{3n}.$$

又 $$E(\hat{\theta}_2^2)=\int_0^\theta\left(\frac{n+1}{n}x\right)^2\cdot\frac{nx^{n-1}}{\theta^n}\mathrm{d}x=\frac{(n+1)^2}{n(n+2)}\theta^2,$$

因此 $$D\hat{\theta}_2=E(\hat{\theta}_2^2)-(E\hat{\theta}_2)^2=\frac{(n+1)^2}{n(n+2)}\theta^2-\theta^2=\frac{\theta^2}{n(n+2)}.$$

显见，$\hat{\theta}_2=\dfrac{n+1}{n}\max\{X_1,X_2,\cdots,X_n\}$ 作为 θ 的无偏估计比 $\hat{\theta}_1=2\overline{X}$ 更有效．

本题提供了一种把有偏估计量修正成无偏估计量的方法．一般地，如果 $E\hat{\theta}=k\theta+c\neq\theta$（$k\neq 0$），则 $\hat{\theta}=\dfrac{\theta-c}{k}$ 必是 θ 的无偏估计量．样本方差 S^2 正是在样本二阶中心矩 B_2 的基础上修正后得到的总体方差 σ^2 的无偏估计．但要注意，并不是所有的有偏估计都能够修正为无偏估计的．

【例 4】 已知甲、乙两射手命中靶心的概率分别为 0.9 和 0.4，今有一张靶纸上的弹着点表明为 10 枪 6 中，已知这张靶纸肯定为甲、乙中的一射手所射，试判断该靶最可能为谁所射．

解 解本题要利用极大似然法的思想．建立统计模型．记射手射中的概率为 p，则甲、乙射中与否分别服从参数为 $p_1=0.9,p_2=0.4$ 的（0—1）分布．现有样本 $(X_1,X_2,\cdots,X_{10})$，其中 6 个观察值为 1，4 个观察值为 0.

根据本章第一节例 4 的方法，参数 p 的似然函数为

$$L(p)=P\{X_1=x_1,X_2=x_2,\cdots,X_n=x_{10}\}$$

$$=\prod_{i=1}^{10}p^{x_i}(1-p)^{1-x_i}=p^{\sum\limits_{i=1}^{10}x_i}(1-p)^{10-\sum\limits_{i=1}^{10}x_i}.$$

由极大似然原理，p 的选取应使 $L(p)$ 取得最大．参数空间只有两个点

$$\Theta=\{0.9,0.4\}$$

若为甲所射，即 $p=p_1$，则此事件发生的概率为

$$L(p_1)=p_1^{\sum_{i=1}^{10}x_i}(1-p_1)^{10-\sum_{i=1}^{10}x_i}=(0.9)^6\cdot(0.1)^4\approx 0.00005.$$

若为乙所射，即 $p=p_2$，则此事件发生的概率为

$$L(p_2)=p_2^{\sum_{i=1}^{10}x_i}(1-p_2)^{10-\sum_{i=1}^{10}x_i}=(0.4)^6\cdot(0.6)^4\approx 0.0005.$$

由于 $L(p_2)\approx 10L(p_1)$，在参数空间只有两个元素的情况下，概率 $L(p)$ 的最大值在 $p=p_2=0.4$ 处取得，或说 p 的极大似然估计值 $\hat{p}=p_2=0.4$，因此判断该靶最大可能是由乙所射．

【例 5】 假定初生男婴的体重服从正态分布．现随机抽取 12 名新生婴儿，测得其体重（单位：g）为

3100,2520,3000,3000,3600,3160,3560,3320,2880,2600,3400,2540.

试以 95%的置信度估计新生男婴平均体重的置信区间．

解 视全体新生男婴的体重为总体 X，该问题即为在方差 σ^2 未知的情况下求总体 X 的期望 μ 的置信度为 95%的置信区间．由于 $\alpha=0.05$，$n=12$ 查表得

$$t_{\alpha/2}(n-1)=t_{0.25}(11)=2.201.$$

又计算 $\overline{X}=3057,S=\sqrt{\frac{1}{11}\sum_{i=1}^{12}(X_i-3057)^2}=375.3$，利用公式(7-13）得 μ 的置信度为 95%的置信区间是（2820,3300）．

习 题 七

1. 设总体 $X\sim B(n,p)$，其中 n 为正整数，$0<p<1$，且两者都是未知参数．$(X_1,X_2,\cdots,X_n)$ 是总体 X 的一个样本，试求：n 和 p 的矩估计．

2. 设总体 X 具有概率密度函数

$$f(x;\lambda,\theta)=\begin{cases}\lambda e^{-\lambda(x-\theta)}, & x>\theta,\\ 0, & x\leqslant\theta.\end{cases}$$

其中 $\lambda>0$，θ 为未知参数，$(X_1,X_2,\cdots,X_n)$ 是来自总体 X 的样本．试求：θ,λ 的矩估计量．

3. 设总体 $X\sim N(\mu,\sigma^2)$，其中 μ 已知，而 σ^2 未知，$(x_1,x_2,\cdots,x_n)$ 为来自总体的样本值．试求：σ^2 的矩估计及极大似然估计值．

4. 设总体 $X\sim\pi(\lambda)$（泊松分布），$(X_1,X_2,\cdots,X_n)$ 是来自总体的样本．试求：未知参数 λ 的矩估计量和极大似然估计量．

5. 设总体 X 的概率密度为

$$f(x)=\begin{cases}(\theta+1)x^\theta, & 0<x<1,\\ 0, & \text{其它}.\end{cases}$$

其中 $\theta>-1$ 是未知参数，$(X_1,X_2,\cdots,X_n)$ 是来自总体 X 的样本．试求：θ 的矩估计量和极大似然估计量．

6. 设总体 X 服从对数正态分布，其概率密度函数为

$$f(x;\mu,\sigma^2)=\frac{1}{\sqrt{2\pi}\sigma}x^{-1}e^{-\frac{(\ln x-\mu)^2}{2\sigma^2}},$$

其中 $\mu,\sigma^2>0$ 是未知参数，$(X_1,X_2,\cdots,X_n)$ 是来自总体 X 的样本．试求：μ,σ^2 的极大似然

估计量．

7. 设总体 X 的概率密度函数为

$$f(x;\lambda)=\begin{cases}\lambda a x^{a-1}\mathrm{e}^{-\lambda x^{a}}, & x>0,\\ 0, & x\leqslant 0.\end{cases}$$

其中 $\lambda>0$ 未知，$a>0$ 是已知常数，$(x_1, x_2, \cdots, x_n)$ 为来自总体的样本．试求：λ 的极大似然估计值．

8. 设某厂生产的电子元件的寿命 X 服从参数为 λ 的指数分布（$\lambda>0$），其中 λ 未知．今随机地抽取 5 只电子元件进行测试，测得它们的寿命（单位：h）为：518,612,713,388,434. 试求：该厂生产的电子元件的平均寿命的极大似然估计值．

9. 设总体 X 服从$(1,\theta)$ 上的均匀分布．

(1)试求 θ 的矩估计量 $\hat{\theta}$；　　(2)$\hat{\theta}$ 是否为 θ 的无偏估计？

10. 设总体 X 的期望为 μ，方差为 σ^2，而 $(X_1, X_2, \cdots, X_m)$和$(Y_1, Y_2, \cdots, Y_n)$ 是分别取自于总体 X 的样本，证明：统计量

$$S^2=\frac{1}{m+n-2}\left[\sum_{i=1}^{m}(X_i-\overline{X})^2+\sum_{j=1}^{n}(Y_i-\overline{Y})^2\right]$$

是总体方差 σ^2 的无偏估计量．

11. 设(X_1, X_2)是取自正态分布 $N(\mu,1)$ 的一个容量为 2 的样本．试证：下列三个估计量都是 μ 的无偏估计量．

$$\hat{\mu}_1=\frac{2}{3}X_1+\frac{1}{3}X_2,\ \hat{\mu}_2=\frac{1}{4}X_1+\frac{3}{4}X_2,\ \hat{\mu}_3=\frac{1}{2}X_1+\frac{1}{2}X_2.$$

并指出其中哪一个方差最小（即最有效）．

12. 设 $(X_1, X_2, \cdots, X_n)$ 为正态总体 $N(\mu,\sigma^2)$ 的样本，选择适当常数 c，使 $c\sum_{i=1}^{n-1}(X_{i+1}-X_i)^2$ 为 σ^2 的无偏估计．

13. 设某工件的长度 $X\sim N(\mu,16)$，今抽取 9 件测量其长度，得数据如下（单位：mm）

142,138,150,165,156,148,132,135,160.

试求：参数 μ 的置信度为 95％的置信区间．

14. 设某零件的重量 $X\sim N(\mu,\sigma^2)$，现从中抽得容量为 16 的样本，观察到的重量（单位：kg）如下

4.8,4.7,5.0,5.2,4.7,4.9,5.0,5.0,4.6,4.7,5.0,5.1,4.7,4.5,4.9,4.9.

试求平均重量 μ 的区间估计，取置信度为 0.95.

15. 为了估计灯泡使用寿命的均值 μ 及标准差 σ，抽验 10 个灯泡，得到 $\overline{x}=1500\text{h}, s=20\text{h}$，若已知灯泡使用寿命服从正态分布．试求参数 μ 及 σ 的置信度为 0.95 的置信区间．

16. 随机地抽取某种炮弹 9 发做试验，得炮口速度的样本标准差 $s=11\text{m/s}$. 设炮口速度服从正态分布，试求这种炮弹的炮口速度的标准差 σ 的置信度为 0.95 的置信区间．

17. 设超大牵伸纺机所纺的纱的断裂强度服从 $N(\mu_1, 2.18^2)$，普通纺机所纺的纱的断裂强度服从 $N(\mu_2, 1.76^2)$．现对前者抽取容量为 200 的样本，算得 $\overline{x}=5.32$(单位：50g)；对后者抽取容量为 100 的样本，算得 $\overline{y}=5.76$(单位：50g)．试求 $\mu_1-\mu_2$ 的置信度为 0.95 的置信区间．

18. 为了比较甲、乙两类试验田的收获量，随机抽取甲类试验田 8 块，乙类试验田 10 块，测得收获量为（单位：kg）

甲：12.6，10.2，11.7，12.3，11.1，10.5，10.6，12.2；

乙：8.6，7.9，9.3，10.7，11.2，11.4，9.8，9.5，10.1，8.5.

假定这两类试验田的收获量均服从正态分布且方差相同．试求均值差 $\mu_1-\mu_2$ 的置信度为 0.95 的

置信区间．

19．两位化验员独立地对某种聚合物的含氮量用相同的方法各作10次测定，其测定值的样本方差为$s_1^2=0.5419$，$s_2^2=0.6050$．试求总体方差比σ_1^2/σ_2^2的置信度为0.90的置信区间，假定测定值服从正态分布．

20．从二正态总体X，Y中分别抽取容量为16和10的两个样本，算得$\sum_{i=1}^{16}(x_i-\overline{x})^2=380$，$\sum_{i=1}^{10}(y_i-\overline{y})^2=180$．试求方差比$\sigma_1^2/\sigma_2^2$的置信度为0.95的置信区间．

21．对方差σ^2为已知的正态总体来说，试问需抽取容量n为多大的样本，方能使总体均值μ的置信度为$1-\alpha$的置信区间的长度不大于L？

22．某工厂生产的螺杆直径服从正态分布$N(\mu,\sigma^2)$．今随机地从中抽取5支测得直径为（单位：mm）

$$22.3, 21.5, 20.0, 21.8, 21.4.$$

（1）当$\sigma=0.3$时，试求μ的置信度为0.95的置信区间；

（2）当σ未知时，试求μ的置信度为0.95的置信区间；

*（3）当σ未知时，试求μ的置信度为0.95的单侧置信上限和单侧置信下限．

23．某市随机抽取1000个家庭，调查知道其中有228家拥有电脑，试由此对该市拥有电脑家庭的比例p作出区间估计．取置信度为0.95．

24．设总体X服从泊松分布$X\sim\pi(\lambda)$，$(X_1,X_2,\cdots,X_n)$为来自总体X的样本．试推出未知参数λ的置信区间．

第八章 假设检验

上一章介绍了对总体中未知参数的估计方法．本章将讨论统计推断的另一个重要方面——假设检验．出于某种需要，对未知的或不完全明确的总体给出某些假设，用以说明总体可能具备的某种性质，这种假设称为**统计假设**．如正态分布的假设，总体均值μ的假设等．这个假设是否成立，还需要根据样本对提出的假设作出是接受，还是拒绝的决策，这一过程称为**假设检验**．本章主要介绍假设检验的基本思想和常用的检验方法，重点解决正态总体参数的假设检验，对非参数假设检验只作简单介绍．

第一节 假设检验的基本思想

一、假设检验问题的提出

下面先结合例子来说明假设检验的基本思想和方法．

【例 1】 已知某炼铁厂的铁水含碳量X在某种工艺条件下服从正态分布$N(4.55, 0.108^2)$．现改变了工艺条件，为了了解工艺改变后铁水含碳量有无变化，现测试了五炉铁水，测得其含碳量分别为

$$4.28, 4.40, 4.42, 4.35, 4.37.$$

根据以往的经验，总体的方差$\sigma^2=0.108^2$一般不会改变．试问工艺改变后，铁水含碳量的均值有无改变?

显然，这里需要解决的问题是，如何根据样本判断现在冶炼的铁水的含碳量是服从$\mu\neq 4.55$的正态分布呢？还是与过去一样仍然服从$\mu=4.55$的正态分布呢？若是前者，可以认为新工艺对铁水的含碳量有显著的影响；若是后者，则认为新工艺对铁水的含碳量没有显著影响．通常，选择其中之一作为假设后，再利用样本检验假设的真伪．

【例 2】 某自动车床生产了一批轴承，现从该批轴承中随机抽取了 11 只，测得直径（单位：mm）数据为

$$10.41, 10.32, 10.62, 10.18, 10.77, 10.64, 10.82, 10.49, 10.38, 10.59, 10.54.$$

试问轴承的直径X是否服从正态分布?

在本例中，需要关心的问题是总体X是否服从正态分布$N(\mu,\sigma^2)$．如同例 1 那样，选择是或否作为假设，然后利用样本对假设的真伪作出判断．

以上两例都是实际生活中常见的假设检验问题．为方便记，把问题中涉及的假设称为**原假设**或称**待检假设**，一般用H_0表示．而把与原假设对立的断言称为**备择假设**，记为H_1．如例 1，若原假设为H_0：$\mu=\mu_0=4.55$，则备择假设为H_1：$\mu\neq 4.55$．若例 2 的原假设为H_0：X服从正态分布$N(\mu,\sigma^2)$，则备择假设为H_1：X不服从正态分布．当然，在两个假设中用哪一个作为原假设，哪一个作为备择假设，视具体问题的条件和要求而定．在有些问题中，总体分布的类型是已知的，只需要对其中一个或几个未知参数作出假设，这类问题通常称之为参数假设检验，如例 1．而在另一些问

题中，总体的分布完全不知或不确切知道，这时就需要对总体分布作出某种假设，这种问题称为分布假设检验，如例 2.

二、假设检验的基本思想

假设检验的一般提法——在给定备择假设 H_1 下，利用样本对原假设 H_0 作出判断：若拒绝原假设 H_0，那就意味着接受备择假设 H_1；否则，就接受原假设 H_0. 换句话说，假设检验就是要在原假设 H_0 和备择假设 H_1 中作出拒绝哪一个和接受哪一个的判断. 究竟如何作出判断呢？对一个统计假设进行检验的依据是所谓**小概率原理**，即“概率很小的事件在一次试验中是几乎不可能发生”. 例如，在 100 件产品中，有一件次品，随机地从中取出一个产品是次品的事件就是小概率事件. 因为此事件发生的概率 $\alpha=0.01$ 很小，因此，从中任意抽一件产品恰好是次品的事件可认为几乎不可能发生的，如果确实出现了次品，我们就有理由怀疑这“100 件产品中只有一件次品”的真实性. 那么 α 取值多少才算是小概率呢？这就要视实际问题的需要而定，一般取 $\alpha=0.1, 0.05, 0.01$ 等.

为了说明假设检验的基本思想，仍以例 1 为例，首先建立假设

$$H_0: \mu=\mu_0=4.55, \quad H_1: \mu\neq 4.55.$$

其次，从总体中做随机抽样得到一组样本观察值 $(x_1, x_2, \cdots, x_n)$. 注意到 $\overline{X}=\frac{1}{n}\sum_{i=1}^{n}X_i$ 是 μ 的无偏估计量. 因此，若 H_0 正确，则 $\overline{x}=\frac{1}{n}\sum_{i=1}^{n}x_i$ 与 μ_0 的偏差一般不应太大，即 $|\overline{x}-\mu_0|$ 不应太大，若过分大，有理由怀疑 H_0 的正确性而拒绝 H_0. 由于 $Z=\frac{\overline{X}-\mu_0}{\sigma/\sqrt{n}}\sim N(0,1)$，因此，考察 $|\overline{x}-\mu_0|$ 的大小等价于考察 $\frac{|\overline{x}-\mu_0|}{\sigma/\sqrt{n}}$ 的大小，那么如何判断 $\frac{|\overline{x}-\mu_0|}{\sigma/\sqrt{n}}$ 是否偏大呢？具体设想是，对给定的小正数 α，由于事件“$\frac{|\overline{X}-\mu_0|}{\sigma/\sqrt{n}}\geqslant z_{\alpha/2}$”是概率为 α 的小概率事件，即 $P\left\{\frac{|\overline{X}-\mu_0|}{\sigma/\sqrt{n}}\geqslant z_{\alpha/2}\right\}=\alpha$. 因此，当用样本值代入统计量 $Z=\frac{\overline{X}-\mu_0}{\sigma/\sqrt{n}}$ 具体计算得到其观察值 $|z|=\frac{|\overline{x}-\mu_0|}{\sigma/\sqrt{n}}$ 时，若 $|z|\geqslant z_{\alpha/2}$，则说明在一次抽样中，小概率事件居然发生了. 因此依据小概率原理，有理由拒绝 H_0，接受 H_1；若 $|z|<z_{\alpha/2}$，则没有理由拒绝 H_0，只能接受 H_0.

统计量 $Z=\frac{\overline{X}-\mu_0}{\sigma/\sqrt{n}}$ 称为**检验统计量**. 当检验统计量取某个区域 C 中的值时，就拒绝 H_0，则称 C 为 H_0 的**拒绝域**，拒绝域的边界点称为**临界值**. 如例 1 中拒绝域为 $|z|\geqslant z_{\alpha/2}$，临界值为 $z=-z_{\alpha/2}$ 和 $z=z_{\alpha/2}$（见图 8-1）.

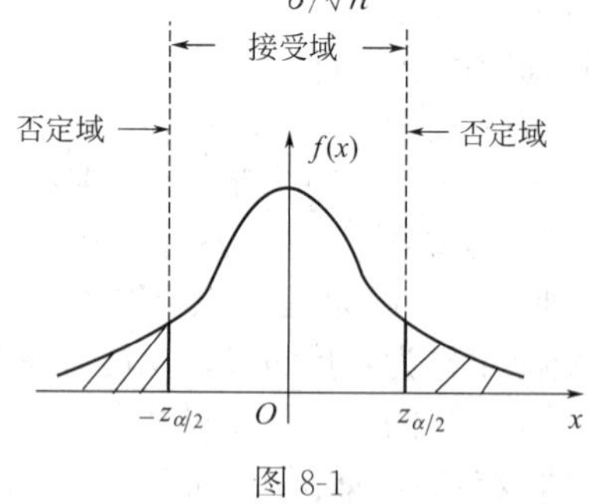

图 8-1

将上述判断过程加以概括，可得到参数假设检验的一般步骤，即

（1）根据所讨论的实际问题建立原假设 H_0 及备择假设 H_1；

（2）选择合适的检验统计量 Z，并确定其

分布；

(3) 对预先给定的小概率 $\alpha>0$，由 α 确定临界值 $z_{\alpha/2}$；

(4) 由样本值具体计算统计量 Z 的观察值 z，并进行判断：若 $|z|\geqslant z_{\alpha/2}$，则拒绝 H_0，接受 H_1；若 $|z|<z_{\alpha/2}$，则接受 H_0.

现在，来解决例 1 提出的问题，即

(1) 建立假设 H_0：$\mu=\mu_0=4.55$，H_1：$\mu\neq 4.55$；

(2) 选择检验用统计量 $Z=\dfrac{\overline{X}-\mu_0}{\sigma/\sqrt{n}}\sim N(0,1)$；

(3) 对于给定的小正数 α，如 $\alpha=0.05$，查标准正态分布表得到临界值 $z_{\alpha/2}=z_{0.025}=1.96$；

(4) 具体计算：这里 $n=5$，$\overline{x}=4.364$，$\sigma^2=0.108^2$，故 Z 的观察值

$$z=\frac{\overline{x}-\mu_0}{\sigma/\sqrt{n}}=\frac{4.364-4.55}{0.108/\sqrt{5}}=-3.9.$$

(5) 判断：因为 $|z|=3.9>1.96$，所以拒绝 H_0，接受 H_1，即认为新工艺改变了铁水的平均含碳量.

三、假设检验中的两类错误

在假设检验中，所有的判断是依据一个样本来作出的，采用的原则是小概率原理. 由于样本的随机性，同时小概率事件也并非一定不会发生，因此在进行判断时，我们还是有可能犯错误，归纳起来，可能犯以下两类错误.

第Ⅰ类错误 当原假设 H_0 为真时，却作出拒绝 H_0 的判断，通常称之为**弃真错误**，由于样本的随机性，犯这类错误的可能性是不可避免的. 若将犯这一类错误的概率记为 α，则有 $P\{$拒绝 $H_0|H_0$ 为真$\}=\alpha$.

第Ⅱ类错误 当原假设 H_0 不成立时，却作出接受 H_0 的决定，这类错误称之为**取伪错误**，这类错误同样是不可避免的. 若将犯这类错误的概率记为 β，则有 $P\{$接受 $H_0 \mid H_0$ 为假$\}=\beta$.

自然，我们希望一个假设检验所作的判断犯这两类错误的概率都很小. 事实上，在样本容量 n 固定的情况下，这一点是办不到的. 因为理论上已经证明，当 α 减小时，β 就增大；反之，当 β 减小时，α 就增大.

那么，如何处理这一问题呢？事实上，在处理实际问题中，对原假设 H_0，都是在经过充分考虑的情况下建立的，或者认为犯弃真错误会造成严重的后果. 例如，原假设是前人工作的结晶，具有稳定性，从经验看，没有条件发生变化，是不会轻易被否定的，如果因犯第Ⅰ类错误而被否定，往往会造成很大的损失. 因此，在 H_0 与 H_1 之间，主观上往往倾向于保护 H_0，即 H_0 确实成立时，作出拒绝 H_0 的概率应是一个很小的正数 α，也就是将犯弃真错误的概率限制在事先给定的 α 范围内，这类假设检验通常称为显著性假设检验，小正数 α 称为**检验水平**或称**显著性水平**.

需要注意的是，这里的“拒绝”和“接受”的含义，它反映的是决策者在所面对的样本证据及相应的检验水平 α 下，对命题 H_0 所采取的一种态度. “拒绝”并不是意味着在逻辑上证明了命题 H_0 是错误的，而只是表明试验结果与命题 H_0 有显著差异；“接受”也不能从逻辑上说明命题 H_0 的正确性，而是表明试验结果与命题 H_0 没有显著差异.

第二节　正态总体下未知参数的假设检验

在上述假设检验的一般步骤中，第二步是最关键的，即寻找合适的检验统计量．这在一般情况下是很难得到的，而对正态总体而言，则相对就容易得多，它完全类似于上一章讨论置信区间时所选用的样本函数．本节主要介绍在正态总体下未知参数的假设检验方法．

一、单个正态总体情形

设（$X_1,X_2,\cdots,X_n$）是总体 X 的一个样本，$X\sim N(\mu,\sigma^2)$，记

$$\overline{X}=\frac{1}{n}\sum_{i=1}^{n}X_i,\quad S^2=\frac{1}{n-1}\sum_{i=1}^{n}(X_i-\overline{X})^2.$$

1. 均值 μ 的检验

原假设 H_0：$\mu=\mu_0$，备择假设 H_1：$\mu\neq\mu_0$.

（1）σ^2已知　由上节的讨论可知，在 H_0 成立的条件下，选用检验统计量

$$Z=\frac{\overline{X}-\mu_0}{\sigma/\sqrt{n}}\sim N(0,1).\tag{8-1}$$

对给定的显著性水平 α，查正态分布表得临界值 $z_{\alpha/2}$，再由样本的具体观察值计算统计量 Z 的观察值 $z=\dfrac{\overline{x}-\mu_0}{\sigma/\sqrt{n}}$，并与 $z_{\alpha/2}$ 比较，若 $|z|\geqslant z_{\alpha/2}$，则拒绝 H_0，接受 H_1；若 $|z|<z_{\alpha/2}$，则接受 H_0. 这种检验通常称为 **Z 检验法**．

【例 1】　设某车床生产的纽扣的直径 X 服从正态分布，根据以往的经验，当车床工作正常时，生产的纽扣的平均直径 $\mu_0=26$mm，方差 $\sigma^2=2.6^2$. 某天开机一段时间后，为检验车床工作是否正常，随机地从刚生产的纽扣中抽检了 100 粒，测得 $\overline{x}=26.56$. 假定方差没有什么变化．试分别在 $\alpha_1=0.05$，$\alpha_2=0.01$ 下，检验该车床工作是否正常？

解　建立假设 H_0：$\mu=\mu_0=26$，H_1：$\mu\neq\mu_0$.

由 $\alpha_1=0.05$ 及 $\alpha_2=0.01$，查正态分布表，得临界值 $z_{\alpha_1/2}=z_{0.025}=1.96$，$z_{\alpha_2/2}=z_{0.005}=2.58$. 而 $|z|=\dfrac{|\overline{x}-\mu_0|}{\sigma/\sqrt{n}}=\dfrac{|26.56-26|}{2.6/\sqrt{100}}=2.15$. 因此，$|z|=2.15>1.96$. 但 $|z|=2.15<2.58$，故在检验水平 $\alpha_1=0.05$ 下，应当拒绝 H_0，接受 H_1，即认为该天车床工作不正常；而在检验水平 $\alpha_2=0.01$ 下，应当接受 H_0，即认为该天车床工作是正常的．

上例说明，对于同一个问题，同一个样本，由于检验水平不一样，可能得出完全相反的结论．因此，在实际应用中，如何合理地选择检验水平是非常重要的．

（2）σ^2未知　由于 σ^2 未知，因此，不能用式(8-1) 中的 Z 作为检验统计量，但如果注意到样本方差 $S^2=\dfrac{1}{n-1}\sum\limits_{i=1}^{n}(X_i-\overline{X})^2$ 是 σ^2 的无偏估计，自然会想到用 S^2 代替 σ^2，由第六章第三节定理 3 知，在 H_0 成立的条件下，有统计量

$$T=\frac{\overline{X}-\mu_0}{S/\sqrt{n}}\sim t(n-1).\tag{8-2}$$

于是，对给定的显著性水平 $\alpha>0$，查 t 分布表可得临界值 $t_{\alpha/2}(n-1)$，使 $P\{|T|\geqslant t_{\alpha/2}(n-1)\}=\alpha$ 成立．再由样本值具体计算统计量 T 的观察值 $t=\frac{\overline{x}-\mu_0}{s/\sqrt{n}}$，并与 $t_{\alpha/2}(n-1)$ 比较，若 $|t|\geqslant t_{\alpha/2}(n-1)$，则拒绝 H_0，接受 H_1；若 $|t|<t_{\alpha/2}(n-1)$，则接受 H_0. 这种检验法也称 **T 检验法**．

【例 2】 设某次参加概率统计课程考试的学生成绩服从正态分布，从中随机地抽取 36 位学生的成绩，算得平均成绩为 66.5 分，标准差为 15 分，问在显著性水平 0.05 下，是否可以认为这次考试全体学生的平均成绩为 70 分?

解 设该次考试的学生成绩为 X，则 $X\sim N(\mu,\sigma^2)$，把从 X 中抽取的容量为 n 的样本均值记为 $\overline{x}$，样本标准差记为 s，本题是在显著性水平 $\alpha=0.05$ 下检验假设

$$H_0:\mu=\mu_0=70,\quad H_1:\mu\neq\mu_0=70.$$

由于 σ^2 未知，因此应选择检验统计量

$$T=\frac{\overline{X}-\mu_0}{s/\sqrt{n}}\sim t(n-1).$$

由检验水平 $\alpha=0.05$，查 t 分布表，得临界值 $t_{0.025}(36-1)=2.0301$，又由 $n=36$，$\overline{x}=66.5$，$s=15$，算得统计量 T 的观察值

$$|t|=\frac{|66.5-70|}{15}\sqrt{36}=1.4<2.0301.$$

因此，接受假设 H_0：$\mu=70$，即在显著性水平 0.05 下，可以认为这次考试全体学生的平均成绩为 70 分．

2. 方差 σ^2 的检验

设总体 $X\sim N(\mu,\sigma^2)$，μ,σ^2 均未知，$(X_1,X_2,\cdots,X_n)$ 来自总体 X 的样本，要求进行的检验假设（设显著性水平为 $\alpha>0$）为

原假设 H_0：$\sigma^2=\sigma_0^2$，备择假设 H_1：$\sigma^2\neq\sigma_0^2$，其中 σ_0^2 为已知常数．

由于 $S^2=\frac{1}{n-1}\sum\limits_{i=1}^{n}(X_i-\overline{X})^2$ 是 σ^2 的无偏估计，由第六章第三节定理 3 知当 H_0 为真时，统计量

$$\chi^2=\frac{\sum\limits_{i=1}^{n}(X_i-\overline{X})^2}{\sigma_0^2}=\frac{(n-1)S^2}{\sigma_0^2}\sim\chi^2(n-1).\tag{8-3}$$

对给定的检验水平 $\alpha>0$，由 χ^2 分布表求得临界值 $\chi^2_{\alpha/2}(n-1)$ 及 $\chi^2_{1-\frac{\alpha}{2}}(n-1)$ 使

$$P\{\chi^2\geqslant\chi^2_{\alpha/2}(n-1)\}=P\{\chi^2\leqslant\chi^2_{1-\frac{\alpha}{2}}(n-1)\}=\frac{\alpha}{2}.$$

再由样本值 $(x_1,x_2,\cdots,x_n)$ 具体计算统计量 χ^2 的观察值 $\chi^2=\frac{(n-1)s^2}{\sigma_0^2}$，若 $\chi^2\geqslant\chi^2_{\alpha/2}(n-1)$ 或 $\chi^2\leqslant\chi^2_{1-\frac{\alpha}{2}}(n-1)$，则拒绝 H_0，接受 H_1；若 $\chi^2_{1-\frac{\alpha}{2}}(n-1)<\chi^2<\chi^2_{\alpha/2}(n-1)$，则接受 H_0（参阅图 7-3）．这种检验法称为 **χ^2 检验法**．

【例 3】 设某种晶体管的寿命（单位：h）$X\sim N(\mu,\sigma^2)$，其中 μ,σ^2 未知．现检测了 16 只晶体管，其寿命如下

159,280,101,212,224,279,179,264,222,362,168,250,149,260,485,170.

试问晶体管寿命的方差是否等于 100^2 （$\alpha=0.05$）？

解 依题意，假设 H_0：$\sigma^2=100^2$，H_1：$\sigma^2\neq100^2$，选取检验统计量

$$\chi^2=\frac{(n-1)S^2}{\sigma_0^2}\sim\chi^2(n-1).$$

由检验水平 $\alpha=0.05$，查 χ^2 分布表得临界值 $\chi^2_{\alpha/2}(n-1)=\chi^2_{0.025}(15)=27.488$，$\chi^2_{1-\frac{\alpha}{2}}(n-1)=\chi^2_{0.975}(15)=6.262$. 又据样本值算得 $s^2=92.4038^2$，故

$$\chi^2=\frac{(n-1)s^2}{\sigma_0^2}=\frac{15\times92.4038^2}{100^2}=12.81.$$

因为 $6.262<12.81<27.488$，所以，应接受 H_0，即可以认为晶体管寿命的方差与 100^2 无显著差异．

3. 假设检验与置信区间的联系

细心的读者可能发现，这里用的检验统计量与第七章第三节所用的样本函数是一致的，为什么呢？事实上，这不是偶然的，两者之间存在非常紧密联系，现简要叙述如下．

设 $X_1,X_2,\cdots,X_n$ 是一个来自总体 $N(\mu,\sigma^2)$ 的样本，$x_1,x_2,\cdots,x_n$ 是相应的样本值．下面就 σ 未知场合关于 μ 的假设检验问题与置信区间问题讨论它们的联系，其它情况有类似的结论．

当 σ^2 未知时，μ 的置信度为 $1-\alpha$ 的置信区间为

$$\left(\overline{X}-\frac{S}{\sqrt{n}}t_{\alpha/2}(n-1),\ \overline{X}+\frac{S}{\sqrt{n}}t_{\alpha/2}(n-1)\right),\tag{8-4}$$

则
$$P\left\{\overline{X}-\frac{S}{\sqrt{n}}t_{\alpha/2}(n-1)<\mu<\overline{X}+\frac{S}{\sqrt{n}}t_{\alpha/2}(n-1)\right\}=1-\alpha.$$

考虑检验水平为 α 的 μ 假设检验

$$H_0:\ \mu=\mu_0,\ H_1:\ \mu\neq\mu_0,\tag{8-5}$$

则接受域为 $|t|=\left|\dfrac{\overline{X}-\mu}{\sigma/\sqrt{n}}\right|<t_{\frac{\alpha}{2}}(n-1)$，满足

$$P\left\{|t|=\left|\frac{\overline{X}-\mu}{\sigma/\sqrt{n}}\right|<t_{\frac{\alpha}{2}}(n-1)\right\}=1-\alpha.$$

即
$$P\left\{\overline{X}-\frac{S}{\sqrt{n}}t_{\alpha/2}(n-1)<t<\overline{X}+\frac{S}{\sqrt{n}}t_{\alpha/2}(n-1)\right\}=1-\alpha.$$

而
$$P\left\{t\leqslant\overline{X}-\frac{S}{\sqrt{n}}t_{\alpha/2}(n-1)\cup t\geqslant\overline{X}+\frac{S}{\sqrt{n}}t_{\alpha/2}(n-1)\right\}=\alpha.$$

这就是说，当我们要检验假设式（8-5）时，可以先求出置信度 $1-\alpha$ 的置信区间式（8-4），然后考虑 μ_0 是否落入区间（8-4）内，若 μ_0 落入区间（8-4）内，则接受 H_0；若 μ_0 没有落入区间（8-4）内，则否定 H_0，接受 H_1．

反之，对于未知参数 μ，考虑显著性水平为 α 的假设检验问题

$$H_0:\ \mu=\mu_0,\ H_1:\ \mu\neq\mu_0,$$

由于它的接受域为 $|t|=\left|\dfrac{\overline{X}-\mu}{\sigma/\sqrt{n}}\right|<t_{\frac{\alpha}{2}}(n-1)$，即

$$\overline{X}-\frac{S}{\sqrt{n}}t_{\alpha/2}(n-1)<\mu_0<\overline{X}+\frac{S}{\sqrt{n}}t_{\alpha/2}(n-1),$$

且

$$P\left\{\overline{X}-\frac{S}{\sqrt{n}}t_{\alpha/2}(n-1)<\mu<\overline{X}+\frac{S}{\sqrt{n}}t_{\alpha/2}(n-1)\right\}=1-\alpha.$$

因此，$\left(\overline{X}-\frac{S}{\sqrt{n}}t_{\alpha/2}(n-1),\overline{X}+\frac{S}{\sqrt{n}}t_{\alpha/2}(n-1)\right)$就是未知参数$\mu$的置信度为$1-\alpha$的置信区间．也就是说，为求出未知参数$\mu$的置信度为$1-\alpha$的置信区间，我们可以先求出显著性水平为$\alpha$假设检验问题$H_0$：$\mu=\mu_0$，$H_1$：$\mu\neq\mu_0$的接受域$\overline{X}-\frac{S}{\sqrt{n}}t_{\alpha/2}(n-1)<\mu_0<\overline{X}+\frac{S}{\sqrt{n}}t_{\alpha/2}(n-1)$，那么$\left(\overline{X}-\frac{S}{\sqrt{n}}t_{\alpha/2}(n-1),\overline{X}+\frac{S}{\sqrt{n}}t_{\alpha/2}(n-1)\right)$就是未知参数$\mu$的置信度为$1-\alpha$的置信区间．

【例4】 设总体$X\sim N(\mu,1)$，μ未知，$n=16$，且已知$\overline{x}=5.2$. 试用置信区间法考察μ与5.5有无显著差异（取显著性水平$\alpha=0.05$）．

解 建立假设：H_0：$\mu=\mu_0=5.5$，H_1：$\mu\neq\mu_0$.

先计算μ的置信度为$1-\alpha=0.95$的置信区间，由于$\overline{x}=5.2$，$n=16$，$z_{\alpha/2}=z_{0.025}=1.96$，故有

$$\overline{x}\pm\frac{\sigma}{\sqrt{n}}z_{\alpha/2}=5.2\pm\frac{1}{\sqrt{16}}\times1.96=5.2\pm0.49，即(4.71,5.69).$$

由于$\mu_0=5.5\in(4.71,5.69)$，故应接受H_0，也即μ与5.5无显著差异．

二、两个正态总体的情形

在实际应用中，常常遇到两正态总体参数的比较问题，如两个车间生产的灯泡寿命是否相同；两批电子元件的电阻是否有差别；两台机床加工零件的精度是否有差异等等．一般都可归纳为两正态总体参数的假设检验．

设$(X_1,X_2,\cdots,X_{n_1})$是取自正态总体X的一个样本，$(Y_1,Y_2,\cdots,Y_{n_2})$是取自正态总体Y的一个样本，且$X\sim N(\mu_1,\sigma_1^2)$，$Y\sim N(\mu_2,\sigma_2^2)$. 为方便起见，记

$$\overline{X}=\frac{1}{n_1}\sum_{i=1}^{n_1}X_i,\quad S_1^2=\frac{1}{n_1-1}\sum_{i=1}^{n_1}(X_i-\overline{X})^2,$$

$$\overline{Y}=\frac{1}{n_2}\sum_{j=1}^{n_2}Y_j,\quad S_2^2=\frac{1}{n_2-1}\sum_{j=1}^{n_2}(Y_j-\overline{Y})^2.$$

且$(X_1,X_2,\cdots,X_{n_1})$与$(Y_1,Y_2,\cdots,Y_{n_2})$相互独立．

在两个正态总体下，经常考虑的问题是两正态总体的均值差$\mu_1-\mu_2$和它们的方差比$\frac{\sigma_1^2}{\sigma_2^2}$的变化．下面分别讨论这两种情况．

1. 均值差$\mu_1-\mu_2$的检验

原假设$H_0:\mu_1-\mu_2=\delta$，备择假设H_1：$\mu_1-\mu_2\neq\delta$（其中δ为已知常数）．

（1）σ_1,σ_2已知　在H_0成立的条件下，由第六章定理4知，可取统计量

$$Z=\frac{(\overline{X}-\overline{Y})-\delta}{\sqrt{\frac{\sigma_1^2}{n_1}+\frac{\sigma_2^2}{n_2}}}\sim N(0,1) \tag{8-6}$$

故对给定的显著性水平 α，查正态分布表得临界值 $z_{\alpha/2}$，再由样本的具体观察值计算统计量 Z 的观察值 $z=\dfrac{(\bar{x}-\bar{y})-\delta}{\sqrt{\dfrac{\sigma_1^2}{n_1}+\dfrac{\sigma_2^2}{n_2}}}$，并与 $z_{\alpha/2}$ 比较，若 $|z|\geqslant z_{\alpha/2}$，则拒绝 H_0，接受 H_1；若 $|z|<z_{\alpha/2}$，则接受 H_0.

（2）σ_1^2,σ_2^2 均未知且不相等　在 σ_1^2,σ_2^2 均未知的情况下，当样本容量 n_1,n_2 都很大（实用上约大于 50），可用样本方差 s_1^2,s_2^2 分别近似代替 σ_1^2,σ_2^2，得到下述近似分布

$$Z=\frac{(\bar{X}-\bar{Y})-\delta}{\sqrt{\dfrac{S_1^2}{n_1}+\dfrac{S_2^2}{n_2}}}\sim N(0,1). \tag{8-7}$$

故对给定的显著性水平 α，查正态分布表得临界值 $z_{\alpha/2}$，再由样本的具体观察值计算统计量 Z 的观察值 $z=\dfrac{(\bar{x}-\bar{y})-\delta}{\sqrt{\dfrac{s_1^2}{n_1}+\dfrac{s_2^2}{n_2}}}$，并与 $z_{\alpha/2}$ 比较，若 $|z|\geqslant z_{\alpha/2}$，则拒绝 H_0，接受 H_1；若 $|z|<z_{\alpha/2}$，则接受 H_0.

（3）$\sigma_1^2=\sigma_2^2=\sigma^2$ 但 σ^2 未知　由第六章定理 4 知，在 H_0 成立的条件下，有统计量

$$T=\frac{(\bar{X}-\bar{Y})-(\mu_1-\mu_2)}{S_W\cdot\sqrt{\dfrac{1}{n_1}+\dfrac{1}{n_2}}}\sim t(n_1+n_2-2), \tag{8-8}$$

其中
$$S_W^2=\frac{(n_1-1)S_1^2+(n_2-1)S_2^2}{n_1+n_2-2}.$$

对给定显著性水平 $\alpha>0$，可查 t 分布表求得临界值 $t_{\alpha/2}(n_1+n_2-2)$. 再由样本值具体计算统计量 T 的观察值 $t=\dfrac{(\bar{x}-\bar{y})-\delta}{s_w\cdot\sqrt{\dfrac{1}{n_1}+\dfrac{1}{n_2}}}$，并与 $t_{\alpha/2}(n_1+n_2-2)$ 比较，若 $|t|\geqslant t_{\alpha/2}(n_1+n_2-2)$，则拒绝 H_0，接受 H_1；若 $|t|<t_{\alpha/2}(n_1+n_2-2)$，则接受 H_0.

注　关于均值差的检验问题的拒绝域可在表 8-1 中查到．常用的是 $\delta=0$ 的情形，这时假设也可简写为

原假设 H_0：$\mu_1=\mu_2$，备择假设 H_1：$\mu_1\neq\mu_2$.

【例 5】　假设 A 厂生产的灯泡的使用寿命 $X\sim N(\mu_1,95^2)$，B 厂生产的灯泡的使用寿命 $Y\sim N(\mu_2,120^2)$. 在两厂产品中各抽取了 100 只和 75 只样本，测得灯泡的平均寿命分别为 1180h 和 1220h. 试问甲、乙两厂生产的灯泡的平均使用寿命有无显著差异（$\alpha=0.05$）？

解　这是考察甲、乙两厂生产的灯泡的平均使用寿命有无显著差异问题，故需要检验的假设 H_0：$\mu_1=\mu_2$，H_1：$\mu_1\neq\mu_2$. 由于两总体的方差已知，故选用检验统计量为

$$Z=\frac{\bar{X}-\bar{Y}}{\sqrt{\dfrac{\sigma_1^2}{n_1}+\dfrac{\sigma_2^2}{n_2}}}\sim N(0,1).$$

对给定的检验水平 $\alpha=0.05$，查正态分布表得临界值 $z_{\alpha/2}=z_{0.025}=1.96$. 又由题设知 $\bar{x}=1180$，$\bar{y}=1220$，$\sigma_1^2=95^2$，$\sigma_2^2=120^2$，

$$|z|=\left|\frac{1180-1220}{\sqrt{\frac{95^2}{100}+\frac{120^2}{75}}}\right|=2.38.$$

由于 $2.38>1.96$，故否定 H_0，接受 H_1，即可以认为甲、乙两厂生产的灯泡的平均使用寿命有显著差异.

【例 6】 从甲、乙两煤矿各抽样数次，测得其含灰率（%）如下

甲矿：24.3，20.8，23.7，21.3，17.4；　乙矿：18.2，16.9，20.2，16.7.

假设各煤矿含灰率都服从正态分布且方差相等. 试问甲、乙两煤矿含灰率有无显著差异（$\alpha=0.05$）?

解 这是考察两总体均值差异的显著性，这里 $\delta=0$，故建立

$$H_0: \mu_1=\mu_2, \quad H_1: \mu_1\neq\mu_2.$$

由于两总体的方差未知且相等，故选用检验统计量为

$$T=\frac{\bar{X}-\bar{Y}}{\sqrt{\frac{(n_1-1)S_1^2+(n_2-1)S_2^2}{n_1+n_2-2}}\sqrt{\frac{1}{n_1}+\frac{1}{n_2}}}\sim t(n_1+n_2-2).$$

对给定的检验水平 $\alpha=0.05$，查 t 分布表得临界值

$$t_{\alpha/2}(n_1+n_2-2)=t_{0.025}(7)=2.365.$$

又由样本观察值算得 $\bar{x}=21.5$，$\bar{y}=18$，$s_1^2=7.505$，$s_2^2=2.5933$，

$$s_w^2=\frac{(5-1)\times7.505+(4-1)\times2.5933}{5+4-2}=5.40,$$

$$t=\frac{\bar{x}-\bar{y}}{s_w\sqrt{\frac{1}{n_1}+\frac{1}{n_2}}}=\frac{21.5-18}{\sqrt{5.40}\cdot\sqrt{\frac{1}{5}+\frac{1}{4}}}=2.245.$$

由于 $2.245<2.365$，故接受 H_0，即可以认为两煤矿的含灰率无显著差异. 注意到 2.245 与临界值 2.365 比较接近，为慎重起见，最好再抽样一次，并适当增加样本容量，重新进行一次计算再作决断.

2. 方差比 $\frac{\sigma_1^2}{\sigma_2^2}$ 的检验

设（$X_1,X_2,\cdots,X_{n_1}$）来自总体 $N(\mu_1,\sigma_1^2)$的样本，（$Y_1,Y_2,\cdots,Y_{n_2}$）是来自总体 $N(\mu_2,\sigma_2^2)$的样本，且两样本相互独立，其它记号同前，并设 $\mu_1,\mu_2,\sigma_1^2,\sigma_2^2$ 均未知. 注意到 $\frac{\sigma_1^2}{\sigma_2^2}=1$ 等价于 $\sigma_1^2=\sigma_2^2$，故有

原假设 H_0：$\sigma_1^2=\sigma_2^2$，备择假设 H_1：$\sigma_1^2\neq\sigma_2^2$.

由第六章第三节定理 3 知

$$\frac{(n_1-1)S_1^2}{\sigma_1^2}\sim\chi^2(n_1-1), \quad \frac{(n_2-1)S_2^2}{\sigma_2^2}\sim\chi^2(n_2-1)$$

且相互独立，故由第六章第二节中 F 变量的定义可知

$$F=\frac{\frac{(n_1-1)S_1^2}{\sigma_1^2}/(n_1-1)}{\frac{(n_2-1)S_2^2}{\sigma_2^2}/(n_2-1)}=\frac{\sigma_2^2}{\sigma_1^2}\cdot\frac{S_1^2}{S_2^2}\sim F(n_1-1,n_2-1).$$

因此，当 H_0 成立时，即 $\sigma_1^2=\sigma_2^2$，有

$$F=\frac{S_1^2}{S_2^2}\sim F(n_1-1,n_2-1) \tag{8-9}$$

作为检验统计量，对给定的正数 $\alpha>0$，由 $P\{F\geqslant F_{\alpha/2}(n_1-1,n_2-1)\}=\alpha/2$ 及 $P\{F\leqslant F_{1-\alpha/2}(n_1-1,n_2-1)\}=\alpha/2$可得临界值 $F_{\alpha/2}(n_1-1,n_2-1)$和 $F_{1-\alpha/2}(n_1-1,n_2-1)$. 再由样本值具体计算统计量 F 的观察值 $f=\frac{s_1^2}{s_2^2}$，并与临界值相比较，若 $f\geqslant F_{\alpha/2}(n_1-1,n_2-1)$或 $f\leqslant F_{1-\alpha/2}(n_1-1,n_2-1)$，则拒绝 H_0，接受 H_1；若 $F_{1-\alpha/2}(n_1-1,n_2-1)<f<F_{\alpha/2}(n_1-1,n_2-1)$，则接受 H_0. 这种检验法称为 **F 检验法**.

【例 7】 在针织品漂白工艺过程中，要考察温度对针织品断裂强力（主要质量指标）的影响．为了比较 70℃与 80℃的影响有无差别，在这两个温度下，分别重复做了 10 次试验，得数据如下（单位：kg/cm²）

70℃时的强力：85.6,85.9,85.7,85.7,85.8,85.7,86.0,85.5,85.5,85.4;

80℃时的强力：86.2,85.7,86.5,86.0,85.7,85.8,86.3,86.0,86.0,85.8.

问在 70℃时的强力与 80℃时的强力是否有显著差别（断裂强力可认为服从正态分布，$\alpha=0.05$)?

解 依题意为两总体方差未知时均值的检验．考虑到题设中未提及未知方差是否相等，故全部检验要分两步进行：第 1 步运用 F 检验法检验 (1) $H_0^{(1)}:\sigma_1^2=\sigma_2^2$，$H_1^{(1)}:\sigma_1^2\neq\sigma_2^2$，在 (1) 被接受的情况下，转下一步检验；第 2 步运用 T 检验法检验 (2) $H_0^{(2)}:\mu_1=\mu_2$，$H_1^{(2)}:\mu_1\neq\mu_2$.

首先计算有关数据：$n_1=10$，$\bar{x}=85.68$，$s_1^2=0.0351$；$n_2=10$，$\bar{y}=86$，$s_2^2=0.0711$.

(1) 关于方差的检验　待验假设 $H_0^{(1)}:\sigma_1^2=\sigma_2^2$，$H_1^{(1)}:\sigma_1^2\neq\sigma_2^2$.

题设中 μ_1,μ_2 未知，故选用检验统计量

$$F=\frac{S_1^2}{S_2^2}\sim F(n_1-1,n_2-1).$$

由 $\alpha=0.05$ 得临界值

$$F_{0.975}(9,9)=\frac{1}{F_{0.025}(9,9)}=\frac{1}{4.03}=0.25,\ F_{0.025}(9,9)=4.03.$$

而统计量的观察值为 $f=\frac{s_1^2}{s_2^2}=\frac{0.0351}{0.0711}=0.49$.

因为 $F_{0.975}(9,9)<f<F_{0.025}(9,9)$，故考虑接受 $H_0^{(1)}$，即认为两总体方差无显著差异．下面转入第 2 步检验．

(2) 关于均值的检验　待验假设 $H_0^{(2)}:\mu_1=\mu_2$，$H_0^{(2)}:\mu_1\neq\mu_2$.

由（1）的检验可知，两总体方差未知且可以认为是相等的，故选用统计量

$$T=\frac{\overline{X}-\overline{Y}}{\sqrt{\frac{(n_1-1)S_1^2+(n_2-1)S_2^2}{n_1+n_2-2}}\sqrt{\frac{1}{n_1}+\frac{1}{n_2}}}\sim t(n_1+n_2-2).$$

由 $\alpha=0.05$ 得临界值 $t_{\alpha/2}(n_1+n_2-2)=t_{0.025}(18)=2.10$，将$\overline{x},\overline{y},s_1^2,s_2^2$代入统计量得观测值为

$$t=\frac{85.68-86}{\sqrt{\frac{(10-1)\times 0.0351+(10-1)\times 0.0711}{10+10-2}}\sqrt{\frac{1}{10}+\frac{1}{10}}}=-3.11.$$

因$|t|=3.11>t_{0.025}(18)=2.10$，故拒绝 $H_0^{(2)}$，即可以认为温度对针织品强力有显著影响．

第三节　单侧假设检验

以上介绍的假设检验，归纳起来为下面两种形式，即

（1）原假设 H_0：$\theta=\theta_0$，备择假设 H_1：$\theta\neq\theta_0$，其中 θ_0 为某一常数．

（2）原假设 H_0：$\theta_1=\theta_2$，备择假设 H_1：$\theta_1\neq\theta_2$，其中 θ_1,θ_2 分别为两相互独立的总体 X 与 Y 的参数．

这类假设的共同特点是，将检验统计量的观察值与临界值比较，无论是偏大还是偏小，都应否定 H_0，接受 H_1. 因此，通常也称为**双侧(边) 假设检验**．但在某些实际问题中，例如，对于设备、元件的寿命来说，寿命越长越好，而产品的废品率当然越低越好，同时均方差越小也是我们所希望的．因此，在实际应用中，除了上述的双侧假设检验之外，还有许多其它形式的假设检验问题，如下所示．

（3）原假设 H_0：$\theta\geqslant\theta_0$（或 $\theta\leqslant\theta_0$），备择假设 H_1：$\theta<\theta_0$（或 $\theta>\theta_0$），其中 θ 为总体 X 的未知参数，θ_0 为一常数．

（4）原假设 H_0：$\theta_1\geqslant\theta_2$（或 $\theta_1\leqslant\theta_2$），备择假设 H_1：$\theta_1<\theta_2$（或 $\theta_1>\theta_2$），其中 θ_1,θ_2 为相互独立的总体 X 与 Y 的未知参数．

（3），（4）两种统计假设，常称之为**单侧(边) 假设**，相应的假设检验称为**单侧假设检验**．

下面通过例子来说明单侧假设检验的思想和方法．

【例 1】 某厂生产的电子元件的寿命（单位：h）$X\sim N(\mu,\sigma^2)$，其中 μ,σ^2 未知．但据以往的经验，电子元件的寿命一直稳定在 $\mu_0=200$h，现该厂对生产工艺作了某些改进，为了了解技术革新的效果，从刚生产的电子元件中任意抽取 16 只，测得寿命如下

199,280,191,232,224,279,179,254,222,192,168,250,189,260,285,170.

试问：生产工艺改进后，在检验水平 $\alpha=0.05$ 下是否可以认为电子元件的平均寿命有了显著的提高？

解　显然，该问题是要判断新产品的寿命是否服从 $\mu>200$h 的正态分布．由此，建立假设

原假设 H_0：$\mu\leqslant\mu_0=200$，备择假设 H_1：$\mu>200$.

下面先对这种假设给出一般的检验方法，而后解决本问题．分两种情况讨论．

（1）当 $\mu=\mu_0$ 时，由于 σ^2 未知，取统计量

$$T=\frac{\overline{X}-\mu_0}{S/\sqrt{n}}\sim t(n-1).$$

因此，对给定的小正数 $\alpha>0$，由 $P\{T\geqslant t_\alpha(n-1)\}=\alpha$ 得临界值 $t_\alpha(n-1)$（图 6-6）．显然，$\left\{\frac{\overline{X}-\mu_0}{S/\sqrt{n}}\geqslant t_\alpha(n-1)\right\}$ 是概率为 α 的小概率事件或 $t\geqslant t_\alpha(n-1)$ 是 H_0 的拒绝域．

（2）当 $\mu<\mu_0$ 时，应当考察 $T'=\frac{\overline{X}-\mu}{S/\sqrt{n}}\sim t(n-1)$，但由于 μ 未知，故仍取统计量

$$T=\frac{\overline{X}-\mu_0}{S/\sqrt{n}}$$

作为检验统计量．由于 $\frac{\overline{X}-\mu_0}{S/\sqrt{n}}<\frac{\overline{X}-\mu}{S/\sqrt{n}}$，因而有

$$\left\{\frac{\overline{X}-\mu_0}{S/\sqrt{n}}\geqslant t_\alpha(n-1)\right\}\subseteq\left\{\frac{\overline{X}-\mu}{S/\sqrt{n}}\geqslant t_\alpha(n-1)\right\}.$$

于是
$$P\left\{\frac{\overline{X}-\mu_0}{S/\sqrt{n}}\geqslant t_\alpha(n-1)\right\}\leqslant P\left\{\frac{\overline{X}-\mu}{S/\sqrt{n}}\geqslant t_\alpha(n-1)\right\}=\alpha,$$

即 $\left\{\frac{\overline{X}-\mu_0}{S/\sqrt{n}}\geqslant t_\alpha(n-1)\right\}$ 是概率更小的事件．因此如果统计量 T 的观察值 $t=\frac{\overline{x}-\mu_0}{s/\sqrt{n}}\geqslant t_\alpha(n-1)$，则应拒绝 H_0，否则就接受 H_0.

综合上述两种情况，对于假设检验问题 H_0：$\mu\leqslant\mu_0$，H_1：$\mu>\mu_0$，只要由样本值计算统计量 T 的观察值 $t\geqslant t_\alpha(n-1)$，就应当拒绝 H_0，接受 H_1；否则就接受 H_0. 下面来解决例 1.

由样本观察值具体计算得 $\overline{x}=223.375$，$s=40.707$. 由 $\alpha=0.05$ 查 t 分布表得临界值 $t_\alpha(n-1)=t_{0.05}(15)=1.7351$.

因为 $t=\frac{\overline{x}-\mu_0}{s/\sqrt{n}}=\frac{223.375-200}{40.707/\sqrt{16}}=2.297>t_{0.05}(15)=1.7351$. 所以，应拒绝 H_0，接受 H_1，即认为经过工艺改进后，电子元件的平均寿命有了显著的提高．

由本例可知，单侧假设检验与双侧假设检验所采用的检验统计量是相同的，差别在拒绝域上，双侧假设检验的拒绝域（否定域）分散在接受域的两侧，而单侧假设检验的拒绝域在接受域的一侧（参阅图 8-2）．

值得注意的是，本例所讨论的检验方法具有一般的意义，即对于 Z 检验法、T 检验法、χ^2 检验法、F 检验法等都是可行的（具体形式及拒绝域见表 8-1），下面再举几个单侧检验的例子，读者可从中领会单侧检验的思想．

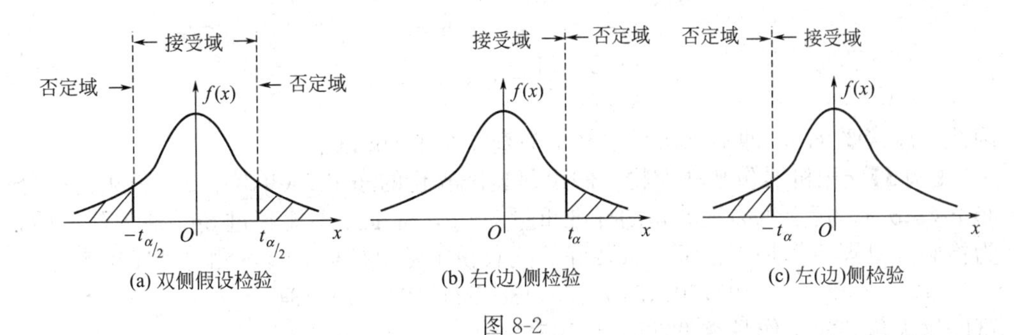

(a) 双侧假设检验　(b) 右(边)侧检验　(c) 左(边)侧检验

图 8-2

表 8-1　正态总体均值、方差的检验法（显著性水平为 α）

方法与类型						检验用统计量及其所服从的分布	备择假设与拒绝域	
检验方法	被检验参数	适用范围及其相应条件			原假设 H_0		备择假设 H_1	拒绝域
Z检验法	总体均值	一总体	σ^2 已知	双侧	$\mu=\mu_0$	$Z=\dfrac{\overline{X}-\mu_0}{\sigma/\sqrt{n}}\sim N(0,1)$	$\mu\neq\mu_0$	$\lvert z\rvert\geqslant z_{\alpha/2}$
				单侧	$\mu\leqslant\mu_0$		$\mu>\mu_0$	$z\geqslant z_\alpha$
					$\mu\geqslant\mu_0$		$\mu<\mu_0$	$z\leqslant -z_\alpha$
		两总体	σ_1^2，σ_2^2 已知	双侧	$\mu_1-\mu_2=\delta$	$Z=\dfrac{(\overline{X}-\overline{Y})-\delta}{\sqrt{\dfrac{\sigma_1^2}{n_1}+\dfrac{\sigma_2^2}{n_2}}}\sim N(0,1)$	$\mu_1-\mu_2\neq\delta$	$\lvert z\rvert\geqslant z_{\alpha/2}$
				单侧	$\mu_1-\mu_2\leqslant\delta$		$\mu_1-\mu_2>\delta$	$z\geqslant z_\alpha$
					$\mu_1-\mu_2\geqslant\delta$		$\mu_1-\mu_2<\delta$	$z\leqslant -z_\alpha$
T检验法		一总体	σ^2 未知	双侧	$\mu=\mu_0$	$T=\dfrac{\overline{X}-\mu_0}{S/\sqrt{n}}\sim t(n-1)$	$\mu\neq\mu_0$	$\lvert t\rvert\geqslant t_{\alpha/2}(n-1)$
				单侧	$\mu\leqslant\mu_0$		$\mu>\mu_0$	$t\geqslant t_\alpha(n-1)$
					$\mu\geqslant\mu_0$		$\mu<\mu_0$	$t\leqslant -t_\alpha(n-1)$
		两总体	σ_1^2，σ_2^2 未知但相等	双侧	$\mu_1-\mu_2=\delta$	$T=\dfrac{(\overline{X}-\overline{Y})-\delta}{S_W\sqrt{\dfrac{1}{n_1}+\dfrac{1}{n_2}}}\sim t(k)$ 其中 $k=n_1+n_2-2$，$S_W^2=\dfrac{(n_1-1)S_1^2+(n_2-1)S_2^2}{n_1+n_2-2}$	$\mu_1-\mu_2\neq\delta$	$\lvert t\rvert\geqslant t_{\alpha/2}(k)$
				单侧	$\mu_1-\mu_2\leqslant\delta$		$\mu_1-\mu_2>\delta$	$t\geqslant t_\alpha(k)$
					$\mu_1-\mu_2\geqslant\delta$		$\mu_1-\mu_2<\delta$	$t\leqslant -t_\alpha(k)$
χ^2检验法	总体方差	一总体	μ 未知	双侧	$\sigma^2=\sigma_0^2$	$\chi^2=\dfrac{(n-1)\ S^2}{\sigma_0^2}\sim\chi^2\ (n-1)$	$\sigma^2\neq\sigma_0^2$	$\chi^2\geqslant\chi^2_{\frac{\alpha}{2}}(n-1)$ 或 $\chi^2\leqslant\chi^2_{1-\alpha/2}(n-1)$
				单侧	$\sigma^2\leqslant\sigma_0^2$		$\sigma^2>\sigma_0^2$	$\chi^2\geqslant\chi^2_\alpha(n-1)$
					$\sigma^2\geqslant\sigma_0^2$		$\sigma^2<\sigma_0^2$	$\chi^2\leqslant\chi^2_{1-\alpha}(n-1)$
F检验法		两总体	μ_1，μ_2 未知	双侧	$\sigma_1^2=\sigma_2^2$	$F=\dfrac{S_1^2}{S_2^2}\sim F(k_1,\ k_2)$ $(k_1=n_1-1,k_2=n_2-1)$	$\sigma_1^2\neq\sigma_2^2$	$f\geqslant F_{\frac{\alpha}{2}}(k_1,k_2)$ 或 $f\leqslant F_{1-\alpha/2}(k_1,k_2)$
				单侧	$\sigma_1^2\leqslant\sigma_2^2$		$\sigma_1^2>\sigma_2^2$	$f\geqslant F_\alpha(k_1,k_2)$
					$\sigma_1^2\geqslant\sigma_2^2$		$\sigma_1^2<\sigma_2^2$	$f\leqslant F_{1-\alpha}(k_1,k_2)$

【例 2】 设在一批木材中抽出 36 根，测其小头直径，得样本平均值 $\overline{x}=14.2$cm. 已知均方差 $\sigma=3.2$cm. 试问在检验水平 $\alpha=0.05$ 下，是否可以认为该批木材的平均小头直径为 14cm 以上？

解 这是一个单侧检验问题．待检假设 H_0：$\mu\leqslant 14$，H_1：$\mu>14$.

已知 $\sigma^2=3.2^2$，$n=36$，$\overline{x}=14.2$，由 $\alpha=0.05$ 查正态分布表得临界值

$$z_\alpha = z_{0.05} = 1.645.$$

而
$$z = \frac{14.2-14}{3.2/\sqrt{36}} = 0.375 < 1.645.$$

因此，应接受 H_0，即不能认为木材小头直径在 14cm 以上．

【例 3】 用机器包装洗衣粉，假设每袋洗衣粉的净重 X(单位：g) 服从正态分布 $N(\mu, \sigma^2)$，规定每袋洗衣粉的标准重量 500g，标准差不能超过 8g. 某天开工后，为检验其机器工作是否正常，从装好的洗衣粉中随机抽取 9 袋，测得其净重为

$$497, 507, 510, 475, 488, 524, 491, 515, 484.$$

试问这天包装机工作是否正常($\alpha = 0.05$)?

解 依题设，需检验假设

$$H_0: \mu = \mu_0 = 500, \ H_1: \mu \neq 500 \text{ 及 } H_0': \sigma^2 \leqslant 8^2, \ H_1': \sigma^2 > 8^2.$$

(1) 检验假设 $H_0: \mu = \mu_0 = 500$，$H_1: \mu \neq 500$.

由于 σ^2 未知，应选择检验统计量 $T = \dfrac{\overline{X} - 500}{S/\sqrt{n}} \sim t(n-1)$．由 $\alpha = 0.05$ 查 t 分布表得临界值 $t_{\alpha/2}(n-1) = t_{0.025}(8) = 2.306$，由样本观察值具体计算，得

$$\overline{x} = 499, \ s = 16.03, \ t = \frac{\overline{x} - 500}{s/\sqrt{n}} = \frac{499-500}{16.03/\sqrt{9}} = -0.187.$$

因为 $|t| = 0.187 < 2.306$，故可以认为平均每袋洗衣粉的净重为 500g，即机器包装没有产生系统误差．

(2) 检验假设 $H_0': \sigma^2 \leqslant 8^2$，$H_1': \sigma^2 > 8^2$.

这是方差的单侧检验问题，选取检验统计量 $\chi^2 = \dfrac{(n-1)S^2}{8^2} \sim \chi^2(n-1)$，由 $\alpha = 0.05$，查 χ^2 分布表得临界值 $\chi^2_\alpha(n-1) = \chi^2_{0.05}(8) = 15.5$. 而

$$\chi^2 = \frac{(n-1)s^2}{8^2} = \frac{(9-1) \times 16.03^2}{8^2} = 32.12 > 15.5.$$

故拒绝 H_0'，接受 H_1'，即认为其标准差已超过 8g. 即包装机工作虽然没有系统误差，但是不够稳定．因此，在显著性水平 $\alpha = 0.05$ 可以认定该天包装机工作不够正常．

【例 4】 甲、乙两个铸造厂生产同一种铸件．假设两厂铸件的重量都服从正态分布，测得重量如下 (单位：kg)

甲厂：93.3, 92.1, 94.7, 90.1, 95.6, 90.0, 94.7；

乙厂：95.6, 94.9, 96.2, 95.1, 95.8, 96.3.

试问乙厂铸件重量的方差是否显著比甲厂的小 ($\alpha = 0.05$)?

解 设甲、乙两厂铸件的重量分别为随机变量 X, Y，由题设 $X \sim N(\mu_1, \sigma_1^2)$，$Y \sim N(\mu_2, \sigma_2^2)$. 由题设知需要检验假设

$$H_0: \sigma_1^2 \leqslant \sigma_2^2, \ H_1: \sigma_1^2 > \sigma_2^2.$$

题设中 μ_1，μ_2 未知，故检验用统计量为

$$F = \frac{S_1^2}{S_2^2} \sim F(n_1 - 1, n_2 - 1).$$

由样本值算得 $\overline{x} = 92.9$，$\overline{y} = 95.7$，$s_1^2 = 5.136$，$s_2^2 = 0.326$. 将上述数据代入 F 得统计量观察值 f 为

$$f=\frac{s_1^2}{s_2^2}=\frac{5.136}{0.326}=15.75.$$

又 $\alpha=0.05$，$n_1=7$，$n_2=6$，因此查 F 分布表得临界值 $F_\alpha(n_1-1,n_2-1)=F_{0.05}(6,5)=4.95$. 因 $f=15.75>F_{0.05}(6,5)=4.95$，故拒绝 H_0，接受 H_1，即可以认为乙厂铸件重量的方差比甲厂的小 .

【例 5】 为了了解某种添加剂对预制板的承载力有无提高作用 . 现用原方法（无添加剂）及新方法（添加该种添加剂）各浇制了 10 块预制板，其承载数据（单位：kg/cm^2）如下

原方法：78.1,72.4,76.2,74.3,77.4,78.4,76.0,75.5,76.7,77.3;

新方法：79.1,81.0,77.3,79.1,80.0,79.1,79.1,77.3,80.2,82.1.

设两种方法所得的预制板的承载力均服从正态分布 . 试问新方法能否提高预制板的承载力（取 $\alpha=0.05$）?

解 用 X,Y 分别表示两种方法下预制板的承载力 . 依题设，$X\sim N(\mu_1,\sigma_1^2)$，$Y\sim N(\mu_2,\sigma_2^2)$. 因不知 σ_1^2，σ_2^2 是否相等，故首先应检验假设

$$H_0: \sigma_1^2=\sigma_2^2,\ H_1: \sigma_1^2\neq\sigma_2^2.$$

由本章第二节的式(8-7) 知应选择检验统计量 $F=\frac{S_1^2}{S_2^2}\sim F(n_1-1,n_2-1)$.

由 $\alpha=0.05$，查 F 分布表得临界值

$$F_{\alpha/2}(n_1-1,n_2-1)=F_{0.025}(9,9)=4.03,$$

及 $F_{1-\alpha/2}(n_1-1,n_2-1)=F_{0.975}(9,9)=\frac{1}{F_{0.025}(9,9)}=\frac{1}{4.03}=0.25.$

由样本观察值具体计算，得

$$s_1^2=3.325,\ s_2^2=2.225,\ f=\frac{s_1^2}{s_2}=\frac{3.325}{2.225}=1.49.$$

因为 $0.25<1.49<4.03$. 故应接受 H_0，即可以认为两种方法的方差无显著差异，即认为 $\sigma_1^2=\sigma_2^2$.

其次在 $\sigma_1^2=\sigma_2^2$ 的前提下，检验假设 H_0'：$\mu_1\geq\mu_2$，H_1'：$\mu_1<\mu_2$.

由于两总体方差相等，因此可选择检验统计量

$$T=\frac{\overline{X}-\overline{Y}}{S_W\sqrt{\frac{1}{n_1}+\frac{1}{n_2}}}\sim t(n_1+n_2-2).$$

由 $\alpha=0.05$，查 t 分布表得临界值 $t_\alpha(n_1+n_2-2)=t_{0.05}(18)=1.734$.

又 $\overline{x}=76.23$，$\overline{y}=79.43$，

$$s_w=\sqrt{\frac{(n_1-1)s_1^2+(n_2-1)s_2^2}{n_1+n_2-2}}=\sqrt{\frac{9\times3.325+9\times2.225}{10+10-2}}=\sqrt{2.775},$$

故

$$t=\frac{\overline{x}-\overline{y}}{s_w\sqrt{\frac{1}{n_1}+\frac{1}{n_2}}}=\frac{76.23-79.43}{\sqrt{2.775}\sqrt{\frac{1}{10}+\frac{1}{10}}}=-4.295.$$

由于 $-4.295<-1.734$，所以应拒绝 H_0'，即认为加进添加剂生产的预制板承载力有明显提高 .

第四节　总体分布的假设检验

前面的讨论都是在已知总体分布类型的条件下进行的．但有些时候，事先并不知道或不确切知道总体服从什么样的分布，这就需要在对样本数据进行粗略分析的基础上，对总体的分布作出某种假设．由于这里检验的对象不是总体的参数，故称为非参数检验，也称分布检验．

分布检验的方法很多，本节仅对由英国统计学家皮尔逊（K. pearson）于 1900 年引入的 χ^2 拟合优度检验法作简单介绍，更多的分布检验法可以参阅文献［1］．

设未知总体 X 的分布函数为 $F(x)$，而 $F_0(x)$ 是已知的分布函数，需要检验假设

$$H_0: F(x)=F_0(x), \quad H_1: F(x)\neq F_0(x).^{❶} \tag{8-10}$$

若总体为离散型，则式(8-8) 相当于

$$H_0：总体\ X\ 的分布律为\ P\{X=x_i\}=p_i, \quad i=1,2,\cdots. \tag{8-11}$$

若总体为连续型，则式(8-8) 相当于

$$H_0：总体\ X\ 的概率密度为\ f(x)\ . \tag{8-12}$$

至于分布律或概率密度的具体形式，可以根据实际问题的特点以及对样本数据的初步分析来推测，然后再用本节介绍的 χ^2 拟合优度检验法来检验 H_0 是否成立．

在用 χ^2 拟合优度检验法检验 H_0 时，若在假设 H_0 下，$F_0(x)$ 的形式已知，但其参数值未知，这里首先要用极大似然估计法估计 $F_0(x)$ 中的未知参数，然后再作检验．

χ^2 拟合优度检验的基本思想如下．

首先，在数轴上选取 $k-1$ 个分点：$a_1,a_2,\cdots,a_{k-1}$．将实数轴分为 k 个区间：$I_j=(a_{j-1}, a_j]$，$j=1,2,\cdots,k$．　其中 $a_0=-\infty$，$a_k=+\infty$.

其次，记 $P\{a_{j-1}<X\leqslant a_j\}=p_j$（或 $\hat{p}_j$❷）．当 H_0 成立时，p_j（或 $\hat{p}_j$）$=F_0(a_j)-F_0(a_{j-1})$．记 n_j 为样本（$x_1,x_2,\cdots,x_n$）中第 i 个样本值 x_i 落入 $I_j=(a_{j-1}, a_j]$中的个数，由于 x_i 是否落在 I_j 中相当于做一次伯努利试验．因此 n_j 服从二项分布 $B(n,p_j)$［或 $B(n,\hat{p}_j)$］，由大数定律知，$\dfrac{n_j}{n}\xrightarrow{P}p_j(\hat{p}_j)$（$j=1,2,\cdots,k$)．因此，当 H_0 成立时，$\left|\dfrac{n_j}{n}-p_j(\hat{p}_j)\right|$应较小，等价地，$\chi^2=\sum\limits_{j=1}^{k}c_j\left(\dfrac{n_j}{n}-p_j\right)^2$（或 $\chi^2=\sum\limits_{j=1}^{k}c_j\left(\dfrac{n_j}{n}-\hat{p}_j\right)^2$）（$c_j>0$）应当较小．而当 χ^2 较大时，应拒绝 H_0，基于这种想法，皮尔逊选取 $c_j=\dfrac{n}{p_j}\left(或\ c_j=\dfrac{n}{\hat{p}_j}\right)(j=1,2,\cdots,k)$，并给出了以下定理．

---

❶ 在这里备择假设 H_1 可以不必写出．

❷ 这里 $\hat{p}_j$ 表示未知参数 $\hat{p}_j$ 的极大似然估计值，下同．

定理 1　若 n 充分大（$n \geqslant 50$），则当 H_0 为真时（无论 H_0 中的分布属于什么分布），统计量

$$\chi^2 = \sum_{j=1}^{k} \frac{n}{p_j}\left(\frac{n_j}{n} - p_j\right)^2 = \sum_{j=1}^{k} \frac{(n_j - np_j)^2}{np_j}$$

或
$$\chi^2 = \sum_{j=1}^{k} \frac{(n_j - n\hat{p}_j)^2}{n\hat{p}_j} \tag{8-13}$$

近似地服从自由度为 $k-r-1$ 的 χ^2 分布，即 $\chi^2 \sim \chi^2(k-r-1)$，其中 r 是被估计的未知参数的个数．

综上分析可知，如果 H_0 成立，则统计量 χ^2 的观察值 χ^2 应当较小．因此，若在原假设 H_0 下算得式(8-13) 有 $\chi^2 \geqslant \chi^2_\alpha(k-r-1)$，则应当拒绝 H_0，否则就接受 H_0．

使用 χ^2 拟合优度检验时，如何将（$-\infty,+\infty$）分组是很重要的，一般要求样本容量较大（n 至少为 50，最好在 100 以上），最好能满足 $np_j(\hat{p}_j) \geqslant 5$（否则进行适当并组），$j=1,2,\cdots,k$. 在进行 χ^2 拟合优度检验时，若分组的组数较多时，为方便起见，通常将计算结果列成表格，一般称之为 χ^2 检验表．

下面通过实例的具体演算来介绍 χ^2 拟合优度检验法检验总体分布的具体步骤．

【例 1】　检查了一本书的 100 页，记录各页中的印刷错误数，其结果如下

错误个数 n_i	0	1	2	3	4	5	6	$\geqslant 7$
含 n_i 个错误的页数	36	40	19	2	0	2	1	0

问能否认为一页的印刷错误个数服从泊松分布（取 $\alpha=0.05$）？

解　这是总体分布的检验问题．

首先由题意提出假设　H_0：$P\{x=i\}=\dfrac{e^{-\lambda}\lambda^i}{i!}$ $(i=0,1,2,\cdots)$，其次，由极大似然估计法估计其中的未知参数 λ，$\hat{\lambda}=\bar{x}=1$. 然后，列表计算统计量观测值 χ^2（见表 8-2）：

表 8-2　χ^2 检验表

错误个数 n_i	含 n_i 个错误的页数	$\hat{p}_i$	$n\hat{p}_i$	$(n_i-n\hat{p}_i)^2$	$\dfrac{(n_i-n\hat{p}_i)^2}{n\hat{p}_i}$
0	36	0.368	36.8	0.64	0.0174
1	40	0.368	36.8	10.24	0.278
2	19	0.184	18.4	0.36	0.0196
3	2	0.061	6.1	9（并组）	1.125
4	0	0.015	1.5		
5	2	0.0031	0.31		
6	1	0.00051	0.051		
$\geqslant 7$	0	0.00039	0.039		
$\sum$	100	1			1.44

由 $\alpha=0.05$ 得到临界值 $\chi_{\alpha}^{2}(4-1-1)=\chi_{0.05}^{2}(2)=5.991>1.44$，因此接受 H_0，即可以认为该书的一页上的错误数服从泊松分布．

【例 2】 为研究混凝土抗压强度 X 的分布，现将 200 件混凝土制件的抗压强度以分组的形式列表如下：

压强区间/(kg/cm²)	(190,200]	(200,210]	(210,220]	(220,230]	(230,240]	(240,250]
频数 n_j	10	26	56	64	30	14

其中 $n=\sum_{j=1}^{6}n_j=200$. 试在显著性水平 $\alpha=0.05$ 下检验上述数据是否服从正态分布？

解 假设 H_0：X 服从正态分布 $N(\mu,\sigma^2)$，即 X 的概率密度为

$$f(x)=\frac{1}{\sqrt{2\pi}\sigma}\mathrm{e}^{-\frac{(x-\mu)^2}{2\sigma^2}}\quad(-\infty<x<+\infty).$$

因在 H_0 中未给出 μ,σ^2 的数值，需先估计 μ,σ^2. 由极大似然估计法得 μ,σ^2 的估计值分别为

$$\hat{\mu}=\frac{1}{200}\sum_{j=1}^{6}n_jx_j\ ❶=\bar{x}=221\ (\mathrm{kg/cm^2}),$$

$$\hat{\sigma}^2=\frac{1}{200}\sum_{j=1}^{6}n_j(x_j-\bar{x})^2=152,\quad 即\ \sigma=12.33\,(\mathrm{kg/cm^2}).$$

亦即，原假设 H_0 可写成 $X\sim N(221,12.33^2)$．计算每个区间的理论概率值

$$\hat{p}_j=\hat{P}\{a_{j-1}<X\leqslant a_j\}=\Phi\left(\frac{a_j-221}{12.33}\right)-\Phi\left(\frac{a_{j-1}-221}{12.33}\right),\ j=1,2,\cdots,6.$$

为了计算出统计量 χ^2 的值，将需要进行的计算列表如下（表 8-3）．

表 8-3 χ^2 检验表

压强区间 $(a_{j-1},a_j]$	频数 n_j	概率 $\hat{p}_j$	$n\hat{p}_j$	$(n_j-n\hat{p}_j)^2$	$\frac{(n_j-n\hat{p}_j)^2}{n\hat{p}_j}$
(−∞, 200]	10	0.045	9	1	0.11
(200, 210]	26	0.142	28.4	5.76	0.20
(210, 220]	56	0.281	56.2	0.04	0.00
(220, 230]	64	0.299	59.8	17.64	0.29
(230, 240]	30	0.171	34.2	17.64	0.52
(240, +∞]	14	0.062	12.4	2.56	0.21
$\sum$		1.00	200		1.33

因为 $\chi_{0.05}^{2}(k-r-1)=\chi_{0.05}^{2}(6-2-1)=\chi_{0.05}^{2}(3)=7.815>1.33$，故在检验水平 $\alpha=0.5$ 下应接受 H_0，即可以认为混凝土制件的抗压强度的分布服从正态分布．

习 题 八

1. 已知某炼铁厂铁水含碳量服从正态分布 $N(4.55,0.108^2)$. 现在测定了 9 炉铁水，其平均

❶ x_j 以组中值 $\frac{a_{j-1}+a_j}{2}$ 代替．

含碳量为 4.484. 如果认为方差没有变化，那么是否可认为现在生产的铁水平均含碳量仍为 4.55（取 $\alpha=0.05$）?

2. 某车间用一台包装机包装葡萄糖．包得的袋装糖重是一个随机变量，它服从正态分布．当机器工作正常时，其均值为 500g，标准差为 15g. 某日开工后为检验包装机工作是否正常，随机地抽取它所包装的糖 9 袋，称得净重为（单位：g）：

$$497,506,518,524,498,511,520,515,512.$$

根据以往的经验，标准差一般不会改变．现问在检验水平 $\alpha=0.05$ 下，该日包装机工作是否正常?

3. 已知某零件在产品组合中是主要部件，其长度（单位：cm）$X\sim N(\mu,\sigma^2)$，μ 为待检参数，其标准值 $\mu_0=32.05$，$\sigma^2=1.1^2$ 为已知．现从中抽查 6 件，测得它们的长度为：

$$32.46,\ 29.76,31.44,\ 30.20,\ 31.57,31.33.$$

试分别就 $\alpha_1=0.05$ 及 $\alpha_2=0.01$ 检验该批零件的长度是否符合产品组合要求．

4. 已知某一试验，其温度服从正态分布 $N(\mu,\sigma^2)$．现在测量了温度的 5 个值为

$$1250,\ 1265,1260,1275,1245.$$

问是否可以认为 $\mu=1277$（$\alpha=0.05$）?

5. 从一批灯泡中抽取 50 个灯泡的随机样本，算得样本均值 $\overline{x}=1900$h，样本标准差 $s=490$h，假定灯泡的寿命服从正态分布．试以 $\alpha=1\%$ 的检验水平检验该批灯泡的平均使用寿命是否为 2000h?

6. 正常人的脉搏平均为 72 次/min，现某区医生测得 10 例慢性四乙基铅中毒患者的脉搏（次/min）如下：

$$54,67,78,68,70,66,70,67,65,69.$$

已知四乙基铅中毒者的脉搏服从正态分布，试问：四乙基铅中毒患者和正常人的脉搏有无显著差异（取 $\alpha=0.05$）?

7. 随机地从一批铁钉中抽取 16 枚，测得它们的长度（单位：cm）如下：

2.14,2.10,2.13,2.15,2.13,2.12,2.13,2.10,2.15,2.12,2.14,2.10,2.13,2.11,2.14,2.11.

设铁钉的长度服从正态分布 $N(\mu,\sigma^2)$．试问：能否相信该批铁钉的平均长度为 2.13cm（$\alpha=0.01$）?

8. 某监测站对某条河流的溶解氧（DO）的浓度（单位：mg/L）记录了 30 个数据，算得：$\overline{x}=2.52$，$s=2.05$. 已知这条河流每日 DO 的浓度服从正态分布．试问：在检验水平 $\alpha=0.05$ 下是否可以认为该河流的 DO 平均浓度等于其公布的数值 2.7?

9. 某种导线的电阻服从正态分布 $N(\mu,0.005^2)$. 今从新生产的一批导线中抽取 9 根，测其电阻，得 $s=0.08$. 对于 $\alpha=0.05$，能否认为这批导线电阻的标准差仍为 0.005?

10. 某厂计划投资 1 万元的广告费以提高某种糖果的销售量，一商店经理认为此项计划可使平均每周销售量达到 450kg. 实现此项计划一个月后调查了 17 家商店，算得平均销售量 $\overline{x}=418$kg，标准差为 84kg. 试问在检验水平 $\alpha=0.05$ 下可否认为此项计划达到了该商店经理的预计效果?

11. 某厂生产的某种型号的电池，其寿命长期以来服从方差 $\sigma^2=5000$（h^2）的正态分布，现有一批该种电池，从它的生产情况来看，寿命的波动性有所改变，现随机取 26 只电池，测出其寿命的样本方差 $s^2=9200$（h^2）．试问根据这一数据能否推断这批电池的寿命的波动性较以往有显著的变化（取 $\alpha=0.02$）?

12. 某厂从甲、乙两个车间生产的灯泡中分别取出 50 只、60 只，并相应测得平均寿命为 1282h 和 1208h，样本的标准差为 80h 和 90h，在给定水平 $\alpha=0.05$ 下是否可以认为两个车间生产的灯泡平均寿命相同?

13. 在 10 个相同的地块上对甲、乙两种玉米进行品比试验，得如下资料（单位：kg）

甲：951,966,1008,1082,983；　　乙：730,864,742,774,990.

假定玉米的产量服从正态分布．试在 $\alpha=0.05$ 水平下，检验两种玉米的产量有无显著差异？

14. 在漂白工艺中为了观察温度对针织品断裂强力的影响，现在两种不同温度下分别作了 8 次试验，测得断裂强力数据如下（单位：kg）

70℃：20.5,18.8,19.8,20.9,21.5,19.5,21.0,21.2；

80℃：17.7,20.3,20.0,18.8,19.0,20.1,20.2,19.1.

试判断两种温度下针织品断裂强力有无显著差异（断裂强力可认为服从正态分布，取 $\alpha=0.05$）？

15. 某电子元件的寿命（单位：h）$X\sim N(\mu,\sigma^2)$，其中 μ,σ^2 未知．现测得 16 只元件，其寿命如下

159,280,101,212,224,279,179,264,222,362,168,250,149,260,485,170.

问据此是否可以认为该批电子元件的平均寿命大于 255h（$\alpha=0.05$）？

16. 为了考察某种催化剂对生成物浓度（单位：%）的影响，组织下列试验，乙车间按原有的方法继续生产，甲车间在原来基础上添加该种催化剂再生产．抽样并对数据加工后，予以汇总如下

甲车间样本数据（x）：$n_1=17,\bar{x}=23.8,s_1^2=3.49$；

乙车间样本数据（y）：$n_2=14,\bar{y}=22.3,s_2^2=7.50$.

又假定甲、乙两车间生产的生成物浓度均服从正态分布，且假定它们的方差相等．试问甲车间在添加催化剂后生成物的浓度是否显著高于乙车间的生成物浓度（取 $\alpha=0.05$）？

17. 某工厂生产一种活塞，其直径服从正态分布 $N(\mu,\sigma^2)$ 且直径方差的标准值 $\sigma^2=0.0004$. 现对生产工艺作了某些改进，为考察新工艺的效果，现从新工艺生产的产品中抽取 25 个，测得新活塞的方差 $s^2=0.0006336(\mathrm{cm}^2)$. 试问新工艺生产活塞直径的波动性是否显著地小于原有的水平（取 $\alpha=0.05$）？

18. 甲、乙两个铸造厂生产同一种铸件，假设两厂铸件的重量都服从正态分布．现随机抽得若干样本，测得重量如下（单位：kg）

甲厂：93.3,92.1,94.7,90.1,95.6,90.0,94.7；

乙厂：95.6,94.9,96.2,95.1,95.8,96.3.

问乙厂铸件重量的方差是否比甲厂的小（$\alpha=0.05$）？

19. 某车间生产建筑钢筋，其强度服从正态分布．现对生产工艺作了某些改进，抽取了 7 炉作强度检验，其结果为（单位：$\mathrm{kg/mm^2}$）

56.0,48.0,49.0,54 .0,49.5,57.0,52.5.

试问生产工艺改进后生产的钢筋强度是否明显高于 $\mu_0=50\mathrm{kg/mm^2}$（取 $\alpha=0.05$）？

20. 某人在铀的试验中每隔一固定时间观察 1 次，共观察了 100 次．观察到的 α 粒子数目如下表

α 粒子数（j）	0	1	2	3	4	5	6	7	8	9	10	11
观察次数（n_j）	1	5	13	15	17	20	11	12	2	1	2	1

试问铀的放射规律是否服从泊松分布（$\alpha=0.05$）？

21. 随机地抽取了 2004 年 2 月份新生儿（男）50 名，测得体重如下（单位：g）

2980,3160,3100,3460,2740,3060,3700,3460,3500,1600,

2520,3100,3700,3340,3540,3700,3460,2500,2600,3280,

2940,2960,3320,2880,3300,2900,3120,3120,2980,4600,

3400,3800,3480,2780,2900,3740,3220,3340,2420,2940,

3060,2500,3280,3580,3400,3300,3100,2980,2680,3640.

试在显著性水平 $\alpha=0.05$ 检验新生儿（男）体重是否服从正态分布？

第九章　方差分析与回归分析

方差分析与回归分析是数理统计中极具应用价值的统计分析方法，前者是定性研究当试验条件变化时，对试验结果影响的显著性；后者则是定量地建立一个随机变量与一个或多个非随机变量的相关关系．限于篇幅，本章仅对其中最基本部分作简要介绍．

第一节　单因素方差分析

一、单因素试验

在科学试验和生产实践中，影响一事物的因素往往有很多．例如，在化工生产中，原料成分、剂量、投料顺序、催化剂、反应温度、压力、时间、机器设备及操作人员技术水平等因素对产品都会有影响，每一因素的改变都有可能影响产品的数量和质量．有的因素影响大些，有的因素影响小些．我们需要了解在这么多的因素中，哪些因素对产品的产量、质量有显著影响．为此，需要进行试验，然后对试验结果进行分析．方差分析就是鉴别各因素效应的一种有效的统计分析方法．它是20世纪20年代由英国统计学家费歇尔（R. A. Fisher）首先使用到农业试验中．后来发现这种方法的应用范围十分广阔，可以成功地应用在科技领域的许多方面．

为方便起见，这里将试验中将要考察的指标称为**试验指标**，影响试验指标的条件统称为**因素**，一般用$A,B,C,\cdots$等表示，因素在试验中所处的不同状态称为**水平**．例如，因素A的r个不同水平用$A_1,A_2,\cdots,A_r$表示．如果试验中，只有一个因素在变更其水平，则称为**单因素试验**；如果有多于一个因素在改变，则称为**多因素试验**．下面通过例题来说明问题的提法．

【例1】 为考察3种不同的机器对生产规格相同的铝合金薄板的差异，现每种机器随机测量五种不同规格铝合金薄板，测得数据如下表所示．

机器	1	2	3
厚度/mm	2.36	2.57	2.58
	2.38	2.53	2.64
	2.48	2.55	2.59
	2.45	2.54	2.67
	2.43	2.61	2.62

这里试验的指标是铝合金薄板的厚度，机器为因素，不同的3台机器就是机器这个因素的3个水平．如果假定除了机器这一因素之外，其它条件都相同，这是一个单因素试验．这里需要研究的问题是，各台机器所生产的铝合金薄板的厚度有无显著差异，即机器这一因素对指标有无显著的影响．

【例2】 三名工人分别在四种不同的机器上生产同一种零件，每人在每台机器

上工作 3 天，其日产量如下表所示

工人(A)		A_1	A_2	A_3
机器(B)	B_1	15,15,17	19,19,16	16,18,21
	B_2	17,17,17	18,15,15	19,22,22
	B_3	15,17,16	18,17,16	18,18,18
	B_4	18,20,22	15,16,17	17,17,17

在本例中，试验指标是零件的日产量，工人和机器都是因素，它们分别有 3 个、4 个水平．这是一个双因素试验．试验的目的在于考察不同的工人在不同的机器上生产零件的日产量有无显著差异．

本节仅限于讨论单因素试验的方差分析．设因素 A 有 r 个水平 $A_1,A_2,\cdots,A_r$，在每个水平 $A_i(i=1,2,\cdots,r)$ 下，进行 $n_i(n_i\geqslant2)$ 次独立试验，整理试验结果如表 9-1 所示．

表 9-1

试验结果		试验批号						样本和	样本均值
		1	2	…	j	…	n_i		
因素水平	1	X_{11}	X_{12}	…	X_{1j}	…	X_{1n_1}	T_1	$\overline{X}_1$
	2	X_{21}	X_{22}	…	X_{2j}	…	X_{2n_2}	T_2	$\overline{X}_2$
	⋮	⋮	⋮	⋮	⋮	⋮	⋮	⋮	⋮
	i	X_{i1}	X_{i2}	…	X_{ij}	…	X_{in_i}	T_i	$\overline{X}_i$
	⋮	⋮	⋮	⋮	⋮	⋮	⋮	⋮	⋮
	r	X_{r1}	X_{r2}	…	X_{rj}	…	X_{rn_r}	T_r	$\overline{X}_r$

其中 X_{ij} 表示在水平 A_i 下进行第 j 次试验的结果（$j=1,2,\cdots,n_i,i=1,2,\cdots,r$）．记全部试验次数为 $n=n_1+n_2+\cdots+n_r=\sum\limits_{i=1}^{r}n_i$，则各水平下试验结果的平均及总平均为

$$\overline{X}_i=\frac{1}{n_i}\sum_{j=1}^{n_i}X_{ij},\quad T_i=\sum_{j=1}^{n_i}X_{ij}=n_i\overline{X}_i\ (i=1,2,\cdots,r), \tag{9-1}$$

$$\overline{X}=\frac{1}{n}\sum_{i=1}^{r}\sum_{j=1}^{n_i}X_{ij},\quad T=\sum_{i=1}^{r}\sum_{j=1}^{n_i}X_{ij}=n\overline{X}. \tag{9-2}$$

二、方差分析的统计假设

假定各个水平 $A_i(i=1,2,\cdots,r)$ 下样本（$X_{i1},X_{i2},\cdots,X_{in_i}$）来自具有相同方差 σ^2，均值为 $\mu_i(i=1,2,\cdots,r)$ 的正态总体 $N(\mu_i,\sigma^2)$．其中 μ_i,σ^2 未知，并假定不同水平 A_i 下的样本之间相互独立．

为了便于讨论，引入记号 $\mu=\frac{1}{n}\sum\limits_{i=1}^{r}n_i\mu_i$，其称为**理论总平均**；$\delta_i=\mu_i-\mu$（$i=1,2,\cdots,r$），称为在水平 A_i 下的**效应**．

又因为 $X_{ij}\sim N(\mu_i,\sigma^2)$，所以 $X_{ij}-\mu_i\sim N(0,\sigma^2)$，故 $X_{ij}-\mu_i$ 可以看成是随机误差，若记 $X_{ij}-\mu_i=\varepsilon_{ij}$，则 $\varepsilon_{ij}\sim N(0,\sigma^2)$，

且
$$\begin{cases}X_{ij}=\mu_i+\varepsilon_{ij}=\mu+\delta_i+\varepsilon_{ij},\\ \varepsilon_{ij}\sim N(0,\sigma^2),\\ \text{各 }\varepsilon_{ij}\text{ 独立}.\end{cases} \tag{9-3}$$

其中 $i=1,2,\cdots,r$； $j=1,2,\cdots,n_i$； $\mu_i(i=1,2,\cdots,r)$与 σ^2 均为未知参数．式(9-3)称为单因素方差分析模型．

如果所考虑的因素 A 对试验没有显著影响，则试验的全部结果 X_{ij} 应当来自同一正态总体 $N(\mu,\sigma^2)$．因此，从假设检验的角度看，单因素方差分析的任务就是检验 r 个总体 $N(\mu_i,\sigma^2)(i=1,2,\cdots,r)$ 的均值是否相等，即检验假设

$$H_0: \mu_1=\mu_2=\cdots=\mu_r, \ H_1: \mu_1,\mu_2,\cdots,\mu_r\text{不全相等}. \tag{9-4}$$

如果 H_0 成立，那么可以认为 r 个总体间无差异，而样本观察值 $x_{ij}(i=1,2,\cdots,r;j=1,2,\cdots,n_i)$ 可视为来自同一正态总体 $N(\mu,\sigma^2)$，各个 x_{ij} 的差异是由于随机因素引起的；若 H_0 不成立，那么 x_{ij} 间的差异除了随机波动引起差异之外，还应包含由于因素 A 水平改变所产生的差异．

三、离差平方和的分解

为了导出假设检验式(9-4)的检验统计量，下面从平方和的分解着手．

引入平方和

$$S_T=\sum_{i=1}^{r}\sum_{j=1}^{n_i}(X_{ij}-\overline{X})^2, \tag{9-5}$$

其中 $\overline{X}=\dfrac{1}{n}\sum_{i=1}^{r}\sum_{j=1}^{n_i}X_{ij}$ 是所有数据的**总平均**，S_T 反映了所有数据对总平均的离差平方和．因此，S_T 又称**离差平方和**．现对 S_T 进行分解，将由于因素 A 的不同水平作用所产生的差异与随机波动的差异分开．

$$\begin{aligned}S_T&=\sum_{i=1}^{r}\sum_{j=1}^{n_i}(X_{ij}-\overline{X})^2=\sum_{i=1}^{r}\sum_{j=1}^{n_i}[(X_{ij}-\overline{X_i})+(\overline{X_i}-\overline{X})]^2\\&=\sum_{i=1}^{r}\sum_{j=1}^{n_i}(X_{ij}-\overline{X_i})^2+2\sum_{i=1}^{r}\sum_{j=1}^{n_i}(X_{ij}-\overline{X_i})(\overline{X_i}-\overline{X})+\sum_{i=1}^{r}\sum_{j=1}^{n_i}(\overline{X_i}-\overline{X})^2.\end{aligned}$$

注意到上式交叉项（第 2 项）

$$2\sum_{i=1}^{r}\sum_{j=1}^{n_i}(X_{ij}-\overline{X_i})(\overline{X_i}-\overline{X})=2\sum_{i=1}^{r}(\overline{X_i}-\overline{X})\cdot\sum_{j=1}^{n_i}(X_{ij}-\overline{X_i})=0.$$

于是 $S_T=\sum_{i=1}^{r}\sum_{j=1}^{n_i}(X_{ij}-\overline{X_i})^2+\sum_{i=1}^{r}\sum_{j=1}^{n_i}(\overline{X_i}-\overline{X})^2.$

令
$$S_E=\sum_{i=1}^{r}\sum_{j=1}^{n_i}(X_{ij}-\overline{X_i})^2, \tag{9-6}$$

$$S_A=\sum_{i=1}^{r}\sum_{j=1}^{n_i}(\overline{X_i}-\overline{X})^2=\sum_{i=1}^{r}n_i(\overline{X_i}-\overline{X})^2=\sum_{i=1}^{r}n_i\,\overline{X_i}^2-n\overline{X}^2. \tag{9-7}$$

则 $S_T=S_E+S_A$.

上述 S_E 的各项$(X_{ij}-\overline{X_i})^2$表示在水平 A_i 下，样本观察值与样本均值的差异，这是由随机误差引起的，通常称为**误差平方和**，也称为组内偏差平方和．

而 S_A 的各项$n_i(\overline{X}_i-\overline{X})^2$表示在水平 A_i 下的样本均值与样本总平均的差异，这是由于水平 A_i 以及随机误差引起的，通常称为因素 A 的**效应平方和**，也称为组

间偏差平方和．这样，初步达到了分辨两类误差的目的．

四、检验统计量

为了进一步获得用于检验 H_0 的统计量，先来研究 S_E 与 S_A 的统计特性．

注意到 $X_{ij} \sim N(\mu_i, \sigma^2)$，因此，$\dfrac{\sum\limits_{j=1}^{n_i}(X_{ij}-\overline{X}_i)^2}{\sigma^2} \sim \chi^2(n_i-1)$，$i=1,2,\cdots,r$. 而

$$S_E=\sum_{i=1}^{r}\sum_{j=1}^{n_i}(X_{ij}-\overline{X}_i)^2=\sum_{j=1}^{n_1}(X_{1j}-\overline{X}_1)^2+\sum_{j=1}^{n_2}(X_{2j}-\overline{X}_2)^2+\cdots+\sum_{j=1}^{n_r}(X_{rj}-\overline{X}_r)^2,$$

又各 X_{ij} 独立，因此上式各平方和也独立，故由 χ^2 分布的可加性知

$$\frac{S_E}{\sigma^2} \sim \chi^2(\sum_{i=1}^{r}(n_i-1)), \quad 即 \frac{S_E}{\sigma^2} \sim \chi^2(n-r). \tag{9-8}$$

由上式还顺便得到了 S_E 的自由度为 $n-r$，且有 $E(S_E)=(n-r)\sigma^2$，即 $E\left(\dfrac{S_E}{n-r}\right)=\sigma^2$，由此还得到了 σ^2 的一个无偏估计量（无论 H_0 是否成立），即

$$\hat{\sigma}^2=\frac{S_E}{n-r}. \tag{9-9}$$

下面再讨论 S_A，由于 $X_{ij} \sim N(\mu_i, \sigma^2)$ 且相互独立，因此，$\overline{X}_i \sim N(\mu_i, \dfrac{\sigma^2}{n_i})$，$\overline{X} \sim N(\mu, \dfrac{\sigma^2}{n})$，于是

$$\begin{aligned}E(S_A)&=E(\sum_{i=1}^{r}n_i\overline{X}_i^{\,2}-n\overline{X}^2)=\sum_{i=1}^{r}n_iE\overline{X}_i^{\,2}-nE\overline{X}^2\\&=\sum_{i=1}^{r}n_i[D\overline{X}_i+(E\overline{X}_i)^2]-n[D\overline{X}+(E\overline{X})^2]=\sum_{i=1}^{r}n_i\left[\frac{\sigma^2}{n_i}+\mu_i^2\right]-n\left[\frac{\sigma^2}{n}+\mu^2\right]\\&=\sum_{i=1}^{r}[\sigma^2+n_i(\mu+\delta_i)^2]-\sigma^2-n\mu^2=(r-1)\sigma^2+2\mu\sum_{i=1}^{r}n_i\delta_i+\sum_{i=1}^{r}n_i\delta_i^{\,2}.\end{aligned}$$

易知 $\sum\limits_{i=1}^{r}n_i\delta_i=0$，故有

$$E(S_A)=(r-1)\sigma^2+\sum_{i=1}^{r}n_i\delta_i^{\,2}. \tag{9-10}$$

进一步地证明还可以得到 S_A 与 S_E 独立，且当 H_0 为真时（$\delta_i=0;i=1,2,\cdots,r$），

$$\frac{S_A}{\sigma^2} \sim \chi^2(r-1). \tag{9-11}$$

于是 S_A 的自由度为 $r-1$，且 $E(S_A)=(r-1)\sigma^2$，即在 H_0 为真时，统计量 $\dfrac{S_A}{r-1}$ 也是 σ^2 的无偏估计量．

由式(9-8) 及式(9-11) 知，统计量 $F=\dfrac{S_A/(r-1)}{S_E/(n-r)}$ 的分子与分母独立．分母 $\dfrac{S_E}{n-r}$ 与 H_0 无关，且总是 σ^2 的无偏估计量．而分子 $\dfrac{S_A}{r-1}$ 只有当 H_0 为真时才是 σ^2 的

无偏估计量．当 H_0 不真时，由式(9-10) 显示$\frac{S_A}{r-1}$值与 σ^2 相比有偏大趋势．由此可知检验问题式(9-4) 的拒绝域具有形式

$$F=\frac{S_A/(r-1)}{S_E/(n-r)}\geqslant k,$$

其中临界值 k 由显著性水平 α 确定．由于当 H_0 为真时

$$F=\frac{S_A/(r-1)}{S_E/(n-r)}=\frac{(S_A/\sigma^2)/(r-1)}{(S_E/\sigma^2)/(n-r)}\sim F(r-1,n-r). \tag{9-12}$$

所以，临界值取 $k=F_\alpha(r-1,n-r)$，即若由样本观察值算得统计量 $F=\frac{S_A/(r-1)}{S_E/(n-r)}$之值 f 有 $f\geqslant F_\alpha(r-1,n-r)$成立，则应当拒绝 H_0，否则就接受 H_0.

为方便起见，将上述分析的主要结果列成表 9-2 的形式，称为单因素试验方差分析表．

表 9-2　单因素试验方差分析表

方差来源	平方和	自由度	均方误差	方差比	F 临界值
因素 A	S_A	$r-1$	$\overline{S}_A=\frac{S_A}{r-1}$	$F=\frac{\overline{S}_A}{\overline{S}_E}$	$F_\alpha(r-1,n-r)$
误　差	S_E	$n-r$	$\overline{S}_e=\frac{S_E}{n-r}$		
总　和	S_T	$n-1$			

在进行方差计算时，常常要进行大量的计算，实际中，为简化计算，常可以按以下简便公式来计算 S_T,S_A 和 S_E. 记 $T_i=\sum_{j=1}^{n_i}X_{ij}$,$i=1,2,\cdots,r$,$T=\sum_{i=1}^{r}\sum_{j=1}^{n_i}X_{ij}$ ，则有

$$S_T=\sum_{i=1}^{r}\sum_{j=1}^{n_i}X_{ij}{}^2-n\overline{X}^2=\sum_{i=1}^{r}\sum_{j=1}^{n_i}X_{ij}{}^2-\frac{T^2}{n},$$

$$S_A=\sum_{i=1}^{r}n_i\overline{X}_i{}^2-n\overline{X}^2=\sum_{i=1}^{r}\frac{T_i{}^2}{n_i}-\frac{T^2}{n},$$

$$S_E=S_T-S_A\ .$$

【例 3】 为寻求适应本地区的高产小麦品种，今选了五种不同的小麦品种进行试验，每一品种分别在条件相同四块试验田试种，试验结果（亩产）如表 9-3（单位：kg）所示．若小麦的亩产量服从正态分布，且假定不同品种的产量的方差相等．试考察不同品种的平均亩产是否有显著差异（$\alpha=0.05$）?

表 9-3

田块＼品种	A_1	A_2	A_3	A_4	A_5
1	812.30	759.5	678.08	643.3	705.2
2	790.0	737.7	680.0	608.5	710.1
3	806.0	721.1	689.3	689.3	721.4
4	810.0	720.4	677.2	645.2	698.6

解 本题因素（小麦品种）A 有 5 个水平 $r=5$. 重复试验的次数 $n_1=n_2=n_3=n_4=n_5=4$, $n=\sum_{i=1}^{5} n_i=20$，假定品种 A_i 下的亩产量服从正态分布 $N(\mu_i,\sigma^2)$，$i=1,2,\cdots,5$. 依题意建立假设

H_0：$\mu_1=\mu_2=\mu_3=\mu_4=\mu_5$，$H_1$：$\mu_1,\mu_2,\mu_3,\mu_4,\mu_5$不全相等．

由观察结果算得

$$T_1=3218.3,\quad T_2=2938.7,\quad T_3=2724.58,$$

$$T_4=2586.3,\quad T_5=2835.3,\quad T=\sum_{i=1}^{5} T_i=14303.18,$$

$$S_T=\sum_{i=1}^{5}\sum_{j=1}^{4} x_{ij}^2-\frac{T^2}{20}=10291131-\frac{1}{20}\times(14303.18)^2=62082.75,$$

$$S_A=\sum_{i=1}^{5}\frac{T_i^2}{4}-\frac{T^2}{20}=10286156-\frac{1}{20}\times(14303.18)^2=57107.73,$$

$$S_E=S_T-S_A=62082.75-57107.73=4975.02.$$

S_T,S_A,S_E 的自由度分别为 $n-1=19$，$r-1=4$，$n-r=15$，得方差分析如表9-4所示．

表 9-4

方差来源	平方和	自由度	均方误差	F 比
因素 A	57107.73	4	14276.93	$f=43.05$
误　差	4975.02	15	331.67	
总　和	62082.75	19		

因 $F_\alpha(r-1,n-r)=F_{0.05}(4,15)=3.06<f$. 故拒绝 H_0，亦即不同的小麦品种对亩产量有显著影响．

【例 4】 为考察温度对某化学反应生成物浓度的影响，今列出 4 种温度：A_1,A_2,A_3,A_4 下该化学反应生成物浓度（单位:%）数据如下

温度 A_1：20，21，40，33，27；　温度 A_2：15，18，17，16，26；

温度 A_3：18，19，22；　温度 A_4：20，18，15，22，19.

试问温度对生成物浓度的影响是否显著（取 $\alpha=0.05$)?

解 本例的因素是温度，共有 4 个水平 $r=4$，重复试验次数为 $n_1=n_2=5$，$n_3=3$，$n_4=5$，$n=\sum_{i=1}^{4} n_i=18$．假定温度 A_i 下的生成物浓度 X_i服从独立同方差的正态分布 $N(\mu_i,\sigma^2)$，$i=1,2,3,4$. 依题设，需检验假设

H_0：$\mu_1=\mu_2=\mu_3=\mu_4$；H_1：μ_1,μ_2,μ_3,μ_4不全相等．

由样本观察值算得

$$T_1=141,\quad T_2=92,\quad T_3=59,\quad T_4=94,\quad T=\sum_{i=1}^{4} T_i=386,$$

$$S_T=\sum_{i=1}^{4}\sum_{j=1}^{n_i} x_{ij}^2-\frac{T^2}{18}=8992-\frac{1}{18}\times(386)^2=714.444,$$

$$S_A=\sum_{i=1}^{4}\frac{T_i^2}{4}-\frac{T^2}{18}=8596.533-\frac{1}{18}\times(386)^2=318.978,$$

$$S_E = S_T - S_A = 395.466.$$

S_T, S_A, S_E 的自由度分别为 $n-1=17$，$r-1=3$，$n-r=14$，得方差分析如表 9-5 所示．

表 9-5

方差来源	平方和	自由度	均方误差	F 比
因素 A	318.978	3	106.326	$f=3.754$
误　差	395.466	14	28.248	
总　和	714.44	17		

因 $F_\alpha(r-1,n-r)=F_{0.05}(3,14)=3.34<f=3.754$. 故拒绝 H_0，即可以认为不同的温度对该化学反应生成物浓度有显著影响．

第二节　双因素方差分析

在某些实际问题中，影响某指标的因素不止一个而是多个时，要分析因素的作用，就要进行多因素的方差分析．例如，上一节例 2 中，要同时考察不同的工人和不同的机器对产品产量是否有显著影响．这里就涉及工人和机器这样两个因素．多因素的方差分析与单因素的方差分析其基本思想是一致的，不同之处就在于各因素不但对试验指标起作用，而且各因素不同水平的搭配也对试验指标起作用．统计学上把多因素不同水平搭配对试验指标的影响称为**交互作用**．交互作用的效应只有在有重复的试验中才能分析出来．

限于篇幅，这里仅就双因素试验的方差分析进行讨论，分为无重复和等重复试验两种情况来讨论．对无重复试验只需要检验两个因素对试验结果有无显著影响；对等重复试验还要考察两个因素的交互作用对试验结果有无显著影响．

一、双因素无重复试验的方差分析

双因素方差分析的目的，是要检验两个因素对试验结果有无影响．因素 A 取 r 个水平 $A_1,A_2,\cdots,A_r$，因素 B 取 s 个水平 $B_1,B_2,\cdots,B_s$，在(A_i,B_j) 水平组合下的试验结果独立地服从同方差的正态分布 $N(\mu_{ij},\sigma^2)$，$i=1,2,\cdots,r,j=1,2,\cdots,s.$ 为研究方便，引入下述记号

$$\mu_{i\cdot}=\frac{1}{s}\sum_{j=1}^{s}\mu_{ij},\quad \mu_{\cdot j}=\frac{1}{r}\sum_{i=1}^{r}\mu_{ij},\quad \mu=\frac{1}{rs}\sum_{i=1}^{r}\sum_{j=1}^{s}\mu_{ij},$$

$$\alpha_i=\mu_{i\cdot}-\mu,\quad \beta_j=\mu_{\cdot j}-\mu,\quad i=1,2,\cdots,r,\quad j=1,2,\cdots,s.$$

其中，μ 为理论总平均，α_i 为因素 A 的第 i 个水平的效应，β_j 为因素 B 的第 j 个水平的效应．显然有关系式 $\sum\limits_{i=1}^{r}\alpha_i=0$，$\sum\limits_{j=1}^{s}\beta_j=0$．

在试验中，对每一因素组合（A_i,B_j）都可取一个容量为 n_{ij} 的样本（$i=1,2,\cdots,r;j=1,2,\cdots,s$）．

先讨论最简单的情形 $n_{ij}=1$，即每一因素组合仅做一次试验，记试验结果为 X_{ij}，则 $X_{ij}\sim N(\mu_{ij},\sigma^2)$（$i=1,2,\cdots,r;j=1,2,\cdots,s$). 且各 X_{ij} 独立．记

$$\overline{X}_{i\cdot}=\frac{1}{s}\sum_{j=1}^{s}X_{ij},\quad \overline{X}_{\cdot j}=\frac{1}{r}\sum_{i=1}^{r}X_{ij},\quad \overline{X}=\frac{1}{rs}\sum_{i=1}^{r}\sum_{j=1}^{s}X_{ij}.$$

为判断因素 A 对指标影响是否显著，就要检验下列假设

$$H_{0A}:\ \mu_{1j}=\mu_{2j}=\cdots=\mu_{rj}=\mu_{\cdot j},$$

$$H_{1A}:\ \mu_{1j},\mu_{2j},\cdots,\mu_{rj}\text{ 不全相等},\ j=1,2,\cdots,s.$$

这是因为，如果因素 A 的影响不显著，从 r 个总体 $N(\mu_{ij},\sigma^2)$ $(i=1,2,\cdots,r)$选出的 r 个样本 $X_{1j},X_{2j},\cdots,X_{rj}$ 可以看作来自同一个总体 $N(\mu_{\cdot j},\sigma^2)$，也就是 H_{0A}成立.

为判断因素 B 对指标的影响是否显著，就要检验下列假设

$$H_{0B}:\ \mu_{i1}=\mu_{i2}=\cdots=\mu_{is}=\mu_{i\cdot},$$

$$H_{1B}:\ \mu_{i1},\mu_{i2},\cdots,\mu_{is}\quad\text{不全相等},\ i=1,2,\cdots,r.$$

类似于单因素方差分析，将离差平方总和进行分解，从中将由因素 A,B 及随机波动产生的差异分开，并进行比较讨论.

$$\begin{aligned}S_T &= \sum_{i=1}^{r}\sum_{j=1}^{s}(X_{ij}-\overline{X})^2=\sum_{i=1}^{r}\sum_{j=1}^{s}[(X_{ij}-\overline{X}_{i\cdot}-\overline{X}_{\cdot j}+\overline{X})+(\overline{X}_{i\cdot}-\overline{X})+(\overline{X}_{\cdot j}-\overline{X})]^2\\ &=\sum_{i=1}^{r}\sum_{j=1}^{s}(X_{ij}-\overline{X}_{i\cdot}-\overline{X}_{\cdot j}+\overline{X})^2+s\sum_{i=1}^{r}(\overline{X}_{i\cdot}-\overline{X})^2+r\sum_{j=1}^{s}(\overline{X}_{\cdot j}-\overline{X})^2+\\ &\quad 2\sum_{i=1}^{r}\sum_{j=1}^{s}(X_{ij}-\overline{X}_{i\cdot}-\overline{X}_{\cdot j}+\overline{X})(\overline{X}_{i\cdot}-\overline{X})+2\sum_{i=1}^{r}\sum_{j=1}^{s}(\overline{X}_{i\cdot}-\overline{X})(\overline{X}_{\cdot j}-\overline{X})+\\ &\quad 2\sum_{i=1}^{r}\sum_{j=1}^{s}(X_{ij}-\overline{X}_{i\cdot}-\overline{X}_{\cdot j}+\overline{X})(\overline{X}_{\cdot j}-\overline{X}).\end{aligned}$$

注意到上式右端的三个交叉项乘积的和均为零，故有

$$S_T=S_E+S_A+S_B.$$

其中 $S_E=\sum_{i=1}^{r}\sum_{j=1}^{s}(X_{ij}-X_{i\cdot}-\overline{X}_{\cdot j}+\overline{X})^2$ 反映了除去因素 A,B 效应后，样本观察值与样本均值的差异，这是由随机波动引起的，称为**误差平方和**.

$S_A=s\sum_{i=1}^{r}(\overline{X}_{i\cdot}-\overline{X})^2$ 反映了在因素 A 下的样本均值与样本总平均值的差异，称为**因素 A 的效应平方和**.

$S_B=r\sum_{j=1}^{s}(\overline{X}_{\cdot j}-\overline{X})^2$ 反映了在因素 B 下的样本均值与样本总平均的差异，称为**因素 B 的效应平方和**.

可以证明，无论 H_{0A}，H_{0B}是否成立，均有

$$\frac{S_E}{\sigma^2}\sim\chi^2((r-1)(s-1)). \tag{9-13}$$

即 S_E 的自由度为$(r-1)(s-1)$. 而

$$E(S_A)=(r-1)\sigma^2+s\sum_{i=1}^{r}\alpha_i^2,\quad E(S_B)=(s-1)\sigma^2+r\sum_{j=1}^{s}\beta_j^2.$$

且当 H_{0A},H_{0B}都成立时，有

$$\frac{S_A}{\sigma^2}\sim\chi^2(r-1),\qquad \frac{S_B}{\sigma^2}\sim\chi^2(s-1). \tag{9-14}$$

即 S_A,S_B 的自由度分别为 $r-1$ 和 $s-1$.

由于各 X_{ij} 相互独立，因此易推得 S_E, S_A, S_B 也相互独立．因此，在 H_{0A}, H_{0B} 均成立时有

$$F_A=\frac{S_A/(r-1)}{S_E/(r-1)(s-1)}\sim F[(r-1),(r-1)(s-1)],$$

$$F_B=\frac{S_B/(s-1)}{S_E(r-1)(s-1)}\sim F[(s-1),(r-1)(s-1)].$$

与单因素的方差分析类似，对给定的检验水平 α. 由样本值算得统计量 $F_A=\frac{S_A/(r-1)}{S_E/(r-1)(s-1)}$ 的观测值 f_A，若 $f_A\geqslant F_\alpha[(r-1),(r-1)(s-1)]$，则应拒绝 H_{0A}，接受 H_{1A}，否则就接受 H_{0A}.

由样本值算得统计量 $F_B=\frac{S_B/(s-1)}{S_e/(r-1)(s-1)}$ 的观测值 f_B，若 $f_B\geqslant F_\alpha[(s-1),(r-1)(s-1)]$，则应拒绝 H_{0B}，接受 H_{1B}，否则就接受 H_{0B}.

类似于单因素的方差分析，可将上述分析结果列成表 9-6 形式，称为双因素不重复试验方差分析表．

表 9-6　双因素不重复试验方差分析表

方差来源	平方和	自由度	均方误差	F 比
因素 A	S_A	$r-1$	$\overline{S}_A=\frac{S_A}{r-1}$	$F_A=\frac{\overline{S}_A}{\overline{S}_E}$
因素 B	S_B	$s-1$	$\overline{S}_B=\frac{S_B}{s-1}$	$F_B=\frac{\overline{S}_B}{\overline{S}_E}$
误差	S_E	$(r-1)(s-1)$	$\overline{S}_E=\frac{S_E}{(r-1)(s-1)}$	
总和	S_T	$rs-1$		

为简化计算，引进下列记号和公式

$$T_{i\cdot}=\sum_{j=1}^{s}X_{ij},\quad T_{\cdot j}=\sum_{i=1}^{r}X_{ij},\quad T=\sum_{i=1}^{r}\sum_{j=1}^{s}X_{ij},\quad i=1,2,\cdots,r,j=1,2,\cdots,s.$$

$$S_T=\sum_{i=1}^{r}\sum_{j=1}^{s}X_{ij}^2-\frac{T^2}{rs},\quad S_A=\frac{1}{s}\sum_{i=1}^{r}T_{i\cdot}^2-\frac{T^2}{rs},\quad S_B=\frac{1}{r}\sum_{j=1}^{s}T_{\cdot j}^2-\frac{T^2}{rs},$$

$$S_E=S_T-S_A-S_B.$$

【例 1】 为了考察蒸馏水的 pH 值和硫酸铜溶液浓度对化验血清中白蛋白与球蛋白的影响，现对蒸馏水的 pH 值（因素 A）与硫酸铜溶液浓度（因素 B）分别进行 4 个水平和 3 个水平的试验，其结果如下表所示．

B \ A	A_1	A_2	A_3	A_4
B_1	3.5	2.6	2.0	1.4
B_2	2.3	2.0	1.5	0.8
B_3	2.0	1.9	1.2	0.3

若假定蒸馏水的 pH 值及硫酸铜溶液的浓度均服从正态分布，且方差相等．试在检验水平 $\alpha=0.05$ 下，检验两个因素对测量白蛋白与球蛋白是否有显著影响．

解　这里 $r=4$，$s=3$，$rs=12$. 设 $X_{ij}\sim N(\mu_{ij},\sigma^2)$，则依题意，需要检验假设

$$H_{0A}:\ \mu_{1j}=\mu_{2j}=\mu_{3j}=\mu_{4j}=\mu_{\cdot j},$$

H_{1A}：$\mu_{1j},\mu_{2j},\mu_{3j},\mu_{4j}$不全相等，$j=1,2,3$；

H_{0B}：$\mu_{i1}=\mu_{i2}=\mu_{i3}=\mu_{i\cdot}$，

H_{1B}：$\mu_{i1},\mu_{i2},\mu_{i3}$，不全相等，$i=1,2,3,4$.

由样本观察值计算结果如下

$$T_{1\cdot}=7.8,\quad T_{2\cdot}=6.5,\quad T_{3\cdot}=4.7,\quad T_{4\cdot}=2.5,$$

$$T_{\cdot1}=9.5,\quad T_{\cdot2}=6.6,\quad T_{\cdot3}=5.4,$$

$$T=\sum_{i=1}^{4}\sum_{j=1}^{3}x_{ij}=21.50,$$

$$S_T=\sum_{i=1}^{4}\sum_{j=1}^{3}x_{ij}^2-\frac{T^2}{3\times4}=46.29-\frac{1}{12}\times21.5^2=7.77,$$

$$S_A=\frac{1}{3}\sum_{i=1}^{4}T_{i\cdot}^2-\frac{T^2}{3\times4}=43.81-\frac{1}{12}\times21.5^2=5.29,$$

$$S_B=\frac{1}{4}\sum_{j=1}^{3}T_{\cdot j}^2-\frac{T^2}{3\times4}=40.74-\frac{1}{12}\times21.5^2=2.22,$$

$$S_E=S_T-S_A-S_B=0.26.$$

由此可得，方差分析如表 9-7 所示.

表 9-7

方差来源	平方和	自由度	均方差	F 比
因素 A	5.29	3	1.76	$f_A=44.00$
因素 B	2.22	2	1.11	$f_B=27.75$
误　差	0.26	6	0.04	
总　和	7.77	11		

因 $\alpha=0.05$，查 F 分布表得临界值 $F_\alpha[r-1,(r-1)(s-1)]=F_{0.05}(3,6)=4.76$，$F_\alpha[s-1,(r-1)(s-1)]=F_{0.05}(2,6)=5.14$. 由于 $f_A>F_{0.05}(3,6)=4.76$，$f_B>F_{0.05}(2,6)=5.14$. 因此，应当拒绝 H_{0A} 及 H_{0B}，即认为蒸馏水的 pH 值和硫酸铜溶液的浓度对测量血清中白蛋白和球蛋白均有显著影响. 由此可见，在试验中，为了获得正确的试验结果，需要同时对这两个因素严格控制.

二、双因素等重复试验的方差分析

设试验指标受因素 A,B 的作用，因素 A 有 r 个水平 $A_1,A_2,\cdots,A_r$，因素 B 有 s 个水平 $B_1,B_2,\cdots,B_s$. 若因素 A,B 的每对组合 (A_i,B_j)，$i=1,2,\cdots,r,j=1,2,\cdots,s$ 都作 k $(k\geqslant2)$ 次试验，则称该试验为双因素等重复试验，其试验结果记为 X_{ijl} $(i=1,2,\cdots,r,j=1,2,\cdots,s,l=1,2,\cdots,k)$. 假设 X_{ijl} 相互独立且服从同方差的正态分布，即：$X_{ijl}\sim N(\mu_{ij},\sigma^2)$ $(i=1,2,\cdots,r;j=1,2,\cdots,s;l=1,2,\cdots,k)$. 记

$$\overline{X}=\frac{1}{rsk}\sum_{i=1}^{r}\sum_{j=1}^{s}\sum_{l=1}^{k}X_{ijl},\quad \overline{X}_{ij\cdot}=\frac{1}{k}\sum_{l=1}^{k}X_{ijl},$$

$$\overline{X}_{i\cdot\cdot}=\frac{1}{sk}\sum_{j=1}^{s}\sum_{l=1}^{k}X_{ijl},\quad \overline{X}_{\cdot j\cdot}=\frac{1}{rk}\sum_{i=1}^{r}\sum_{l=1}^{k}X_{ijl}.$$

类似上一小节的讨论，将总离差平方和进行分解．即

$$\begin{aligned}S_T&=\sum_{i=1}^{r}\sum_{j=1}^{s}\sum_{l=1}^{k}(X_{ijl}-\overline{X})^2\\&=\sum_{i=1}^{r}\sum_{j=1}^{s}\sum_{l=1}^{k}[(X_{ijl}-\overline{X}_{ij\cdot})+(\overline{X}_{i\cdot\cdot}-\overline{X})+(\overline{X}_{\cdot j\cdot}-\overline{X})+\\&\quad(\overline{X}_{ij\cdot}-\overline{X}_{i\cdot\cdot}-\overline{X}_{\cdot j\cdot}+\overline{X})]^2\\&\xlongequal{\text{因各交叉项乘积的和均为零}}\sum_{i=1}^{r}\sum_{j=1}^{s}\sum_{l=1}^{k}(X_{ijl}-\overline{X}_{ij\cdot})^2+sk\sum_{i=1}^{r}(\overline{X}_{i\cdot\cdot}-\overline{X})^2+\\&\quad rk\sum_{j=1}^{s}(\overline{X}_{\cdot j\cdot}-\overline{X})^2+k\sum_{i=1}^{r}\sum_{j=1}^{s}(\overline{X}_{ij\cdot}-\overline{X}_{i\cdot\cdot}-X_{\cdot j\cdot}+\overline{X})^2.\end{aligned}$$

因此有 $S_T=S_E+S_A+S_B+S_{A\times B}$，其中

$$S_E=\sum_{i=1}^{r}\sum_{j=1}^{s}\sum_{l=1}^{k}(X_{ijl}-\overline{X}_{ij\cdot})^2 \tag{9-15}$$

反映了试验中随机误差对指标的影响，仍称为误差平方和．

$$S_A=sk\sum_{i=1}^{r}(\overline{X}_{i\cdot\cdot}-\overline{X})^2 \tag{9-16}$$

反映了因素 A 对试验指标的影响，称为因素 A 的效应平方和．

$$S_B=rk\sum_{j=1}^{s}(\overline{X}_{\cdot j\cdot}-\overline{X})^2 \tag{9-17}$$

反映了因素 B 对试验指标的影响，称为因素 B 的效应平方和．

$$S_{A\times B}=k\sum_{i=1}^{r}\sum_{j=1}^{s}(\overline{X}_{ij\cdot}-\overline{X}_{i\cdot\cdot}-X_{\cdot j\cdot}+\overline{X})^2 \tag{9-18}$$

反映了因素 A 和因素 B 的交互作用对试验指标的影响，称为**因素 A,B 交互效应平方和**．

经过较为复杂的数学推导，可以证明在一定条件下（参阅文献［2］）：

（1）$S_T,S_E,S_A,S_B,S_{A\times B}$ 的自由度依次为 $rsk-1$，$rs(k-1)$，$r-1$，$s-1$，$(r-1)(s-1)$；

（2）对给定的显著性水平 α，若统计量 $F_A=\dfrac{S_A/(r-1)}{S_E/[rs(k-1)]}$ 的观察值 $f_A\geqslant F_\alpha[r-1,rs(k-1)]$，则称因素 A 对试验指标的影响显著，否则，就称因素 A 对试验指标的影响不显著；

（3）若统计量 $F_B=\dfrac{S_B/(s-1)}{S_E/[rs(k-1)]}$ 的观察值 $f_B\geqslant F_\alpha[(s-1),rs(k-1)]$，则称因素 B 对试验指标的影响显著，否则，就称因素 B 时试验指标的影响不显著；

（4）若统计量 $F_{A\times B}=\dfrac{S_{A\times B}/(r-1)(s-1)}{S_E/[rs(k-1)]}$ 的观察值 $f_{A\times B}\geqslant F_\alpha[(r-1)(s-1),rs(k-1)]$，则认为 A,B 的交互作用对试验指标的影响显著，否则认为 A，B 的交

互作用对试验指标的影响不显著．

上述讨论结果可汇总为下列的双因素等重复试验方差分析表（表 9-8）．

表 9-8　双因素等重复试验方差分析表

方差来源	平方和	自由度	均方误差	F 比
因素 A	S_A	$r-1$	$\overline{S}_A=\dfrac{S_A}{r-1}$	$F_A=\dfrac{\overline{S}_A}{\overline{S}_E}$
因素 B	S_B	$s-1$	$\overline{S}_B=\dfrac{S_B}{s-1}$	$F_A=\dfrac{\overline{S}_B}{\overline{S}_E}$
交互作用	$S_{A\times B}$	$(r-1)(s-1)$	$\overline{S}_{A\times B}=\dfrac{S_{A\times B}}{(r-1)(s-1)}$	$F_{A\times B}=\dfrac{\overline{S}_{A\times B}}{\overline{S}_E}$
误　差	S_E	$rs(k-1)$	$\overline{S}_E=\dfrac{S_E}{rs(k-1)}$	
总　和	S_T	$rsk-1$		

具体计算时，可以使用下列简便公式，记

$$T_{\cdots}=\sum_{i=1}^{r}\sum_{j=1}^{s}\sum_{l=1}^{k}X_{ijl},\quad T_{ij\cdot}=\sum_{l=1}^{k}X_{ijl}\quad(i=1,2,\cdots,r;j=1,2,\cdots,s);$$

$$T_{i\cdot\cdot}=\sum_{j=1}^{s}\sum_{l=1}^{k}X_{ijl}\quad(i=1,2,\cdots,r),\quad T_{\cdot j\cdot}=\sum_{i=1}^{r}\sum_{l=1}^{k}X_{ijl}\quad(j=1,2,\cdots,s).$$

则

$$S_T=\sum_{i=1}^{r}\sum_{j=1}^{s}\sum_{l=1}^{k}X_{ijl}^2-\frac{T_{\cdots}^2}{rsk},\qquad S_A=\frac{1}{sk}\sum_{i=1}^{r}T_{i\cdot\cdot}^2-\frac{T_{\cdots}^2}{rsk},$$

$$S_B=\frac{1}{rk}\sum_{j=1}^{s}T_{\cdot j\cdot}^2-\frac{T_{\cdots}^2}{rsk},\qquad S_{A\times B}=\left(\frac{1}{k}\sum_{i=1}^{r}\sum_{j=1}^{s}T_{ij\cdot}^2-\frac{T_{\cdots}^2}{rsk}\right)-S_A-S_B,$$

$$S_E=S_T-S_A-S_B-S_{A\times B}.$$

【例 2】 某化工厂生产中为了提高产品的得率，选了四种不同的温度和三种不同的浓度做试验，在同一温度与浓度的组合下各做两次试验，其得率如下表所示．试在显著性水平 $\alpha=0.05$ 下，检验不同的温度、不同的浓度以及它们间交互作用对得率有无显著影响．

浓度(B)		B_1	B_2	B_3
温度 A	A_1	58.2,52.6 (110.8)	56.2,41.2 (97.4)	65.3,60.8 (126.1)
	A_2	49.1,42.8 (91.9)	54.1,50.5 (104.6)	51.6,48.4 (100.0)
	A_3	60.1,58.3 (118.4)	70.9,73.2 (144.1)	39.2,40.7 (79.9)
	A_4	75.8,71.5 (147.3)	58.2,51.0 (109.2)	48.7,41.4 (90.1)

解　利用样本观察值计算所需各项数据（其中 $T_{ij\cdot}=\sum\limits_{l=1}^{2}x_{ijl}$ 的计算结果见表中括号内的数字），这里 $r=4$，$s=3$，$k=2$.

因为　$T_{1\cdot\cdot}=334.3$，$T_{2\cdot\cdot}=296.5$，$T_{3\cdot\cdot}=342.4$，$T_{4\cdot\cdot}=346.6$，

$T_{\cdot1\cdot}=468.4$，$T_{\cdot2\cdot}=455.3$，$T_{\cdot3\cdot}=396.1$，$T_{\cdots}=1319.8$，

故 $S_T=\sum_{i=1}^{4}\sum_{j=1}^{3}\sum_{l=1}^{2}x_{ijl}^2-\frac{T_{\cdots}^2}{rsk}$

$=(58.2^2+52.6^2+\cdots+48.7^2+41.4^2)-\frac{1}{24}\times1319.8^2=2638.2983.$

同理 $S_A=\frac{1}{6}(334.3^2+296.5^2+342.4^2+346.6^2)-\frac{1}{24}\times1319.8^2=261.6750,$

$S_B=\frac{1}{8}(468.4^2+455.3^2+396.1^2)-\frac{1}{24}\times1319.8^2=370.9808,$

$S_{A\times B}=\frac{1}{2}(110.8^2+91.9^2+\cdots+90.1^2)-$

$\frac{1}{24}\times1319.8^2-261.6750-370.9808=1768.6925,$

$S_E=S_T-S_A-S_B-S_{A\times B}=236.9500.$

将上述结果列入方差分析表 9-9.

表 9-9

方差来源	平方和	自由度	均方误差	F 比
因素 A(温度)	261.6750	3	87.2250	$f_A=4.42$
因素 B(浓度)	370.9808	2	185.4904	$f_B=9.39$
交互作用 $A\times B$	1768.6925	6	294.7821	$f_{A\times B}=14.93$
误　差	236.9500	12	19.7458	—
总　和	2638.2983	23	—	—

由于 $F_\alpha[(r-1),rs(k-1)]=F_{0.05}(3,12)=3.49<f_A,$

$F_\alpha[(s-1),rs(k-1)]=F_{0.05}(2,12)=3.89<f_B,$

$F_\alpha[(r-1)(s-1),rs(k-1)]=F_{0.05}(6,12)=3.00<f_{A\times B}.$

故认为不同的温度或不同的浓度对产品的得率都有显著差异，并且温度与浓度的交互作用对产品的得率也有显著影响. 如果深入分析一下 F 比，还可发现，温度和浓度的交互作用对产品的得率的影响最为显著，其次是浓度对产品得率的影响. 因此，如何合理地搭配因素 A 与 B，使得试验指标达到最优，在实际中有着广泛的应用.

第三节　一元线性回归及其显著性检验

前面讨论的方差分析是考察因素对试验指标影响的显著性，而在有些问题中还需要了解指标随因素改变的变化规律，也就是寻找指标与因素之间的定量表达式.

早在 19 世纪，英国生物学家兼统计学家高尔顿在研究父与子身高的遗传问题时，观察了 1078 对父与子，用 x 表示身高，y 表示成年儿子的身高，发现将（x，y）视作平面坐标系上的坐标点时，这 1078 个点基本上一条直线附近，并求出了该直线的方程（单位：英寸，1 英寸＝2.54cm）为

$$\hat{y}=33.73+0.516x,$$

这表明：

（1）父亲身高每增加一个单位，其儿子的身高平均增加 0.516 个单位；

(2) 高个子父辈有生高个子儿子的趋势，但是一群高个子父辈的儿子们的平均身高要低于他们父辈的平均身高，例如，$x=80$，那么 $\hat{y}=75.01$，低于父辈的平均身高；

(3) 低个子父辈的儿子们虽为低个子，但是他们的平均身高要比他们的父辈高一些，例如，$x=60$，那么 $\hat{y}=64.69$，高于父辈的平均身高．

这便是子代的平均身高有向中心回归的意思，使得一段时间内人的身高相对稳定．之后这种回归分析的思想渗透到了数理统计的其它分支中．随着计算机的发展，各种统计软件包的出现，回归分析的应用就越来越广泛．

回归分析处理的是变量与变量间的关系．在现实世界中，我们常常会遇到多个变量同处于一个过程之中，它们之间存在着相互联系、相互制约的关系．这些关系大致可以分为两类：一类是确定性关系，它的之间的联系可以用一个函数 $f(x)$ 来表示．例如电压 V、电阻 R 与电流强度 I 之间有关系式 $V=IR$；质量为 m 的质点受力 F 作用产生的加速度 $a=\dfrac{F}{m}$；圆的面积 S 与圆的半径 R 之间有关系：$S=\pi R^2$，等．另一类是统计关系或称相关关系．即变量之间虽然存在着某种关系，但从一个（或一组）变量的每一确定值，却不能求出另一变量的值．例如人们的身高 X 与体重 Y 之间关系，某种商品的销售量 Y 与商品的价格 X 之间的关系，某种农作物的产量与施肥量、气候、农药之间的关系等．其特点是它们之间的关系是不能用一个确定的函数关系表达出来．但大量的试验表明，这种不确定的关系，具有统计规律性，如何借助函数关系表达它们之间的统计规律性就是回归分析的研究内容，具体地说，回归分析就是寻找这类具有不完全确定关系的变量间的数学关系式并进行统计推断的方法．

一、回归模型

设随机变量 y 与 x 之间存在着相关关系，这里 x 是可控变量，如身高、价格、温度等，换句话说，可以随意指定 x 的 n 个值 $x_1,x_2,\cdots,x_n$. 因此，完全可以将 x 看成一个普通变量而不是一个随机变量．本章只讨论这种情况．

由于 y 与 x 之间不存在完全确定的函数关系，因此必须把随机波动产生的影响考虑在内．也就是说 y 可以看作两部分叠加而成，一部分是随 x 的变化而变化，记为 $f(x)$，另一部分是由随机因素引起的，记为 ε. 即有

$$y=f(x)+\varepsilon, \tag{9-19}$$

其中 $f(x)$随 x 确定而确定，是 x 的普通函数，又称**回归函数**．事实上，进一步还可以证明（见文献［1］）$f(x)$就是随机变量 y 在 x 处均值．ε 是随机误差，一般来讲，它服从 $N(0,\sigma^2)$分布．也就是有

$$\varepsilon\sim N(0,\sigma^2),\quad y\sim N(f(x),\sigma^2).$$

二、一元线性回归

为了研究 y 与 x 之间的关系，进行 n 次独立试验，实测数据对为(x_1,y_1)，$(x_2,y_2),\cdots,(x_n,y_n)$. 其中 x_i是可控变量 x 的指定值，y_i是当 $x=x_i$时随机变量 y 的对应实测值．

将实测点$(x_i,y_i)(i=1,2,\cdots,n)$画在直角坐标平面上，这样得到的图形通常称

为**散点图**（见图 9-1）.

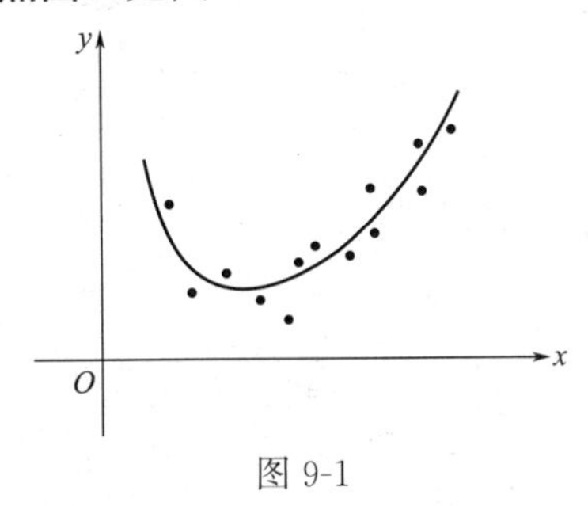

图 9-1

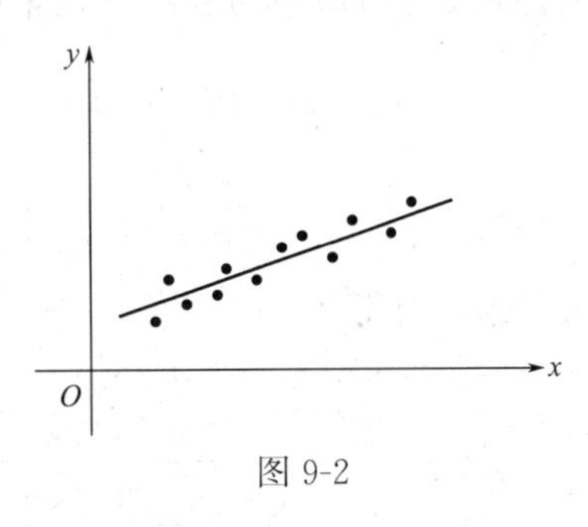

图 9-2

如果图中的散点大致分布在一条直线附近（见图 9-2），就可以认为 y 与 x 的具有关系

$$y=a+bx+\varepsilon. \tag{9-20}$$

如果略去随机项，得到

$$\hat{y}=a+bx. \tag{9-21}$$

在 y 的上方加"ˆ"是为了区别于 y 的实测值.

我们把满足式(9-20) 的回归模型称为**一元线性回归模型**，而式(9-21) 表示的直线方程，称为 y 对 x 的**回归方程**（或称**经验方程**），其中 a,b 称为**回归系数**. 对于给定的 x，由回归方程(9-21)得到的 $\hat{y}$ 值，称为 y 的**回归值**（在不同场合也称其为拟合值、预测值）. 下面运用**最小二乘法**确定式(9-21) 中待定的回归系数 a,b.

取一个容量 n 的样本(x_i,y_i)，$y_i=a+bx_i+\varepsilon_i(i=1,2,\cdots,n)$，其中 $\varepsilon_1,\varepsilon_2,\cdots,\varepsilon_n$满足：

(1) $\varepsilon_i\sim N(0,\sigma^2)$，$i=1,2,\cdots,n$；

(2) ε_1，ε_2，…，ε_n相互独立.

若令 $\hat{y}=a+bx$ 中的 x 取 x_i时，记 y 的对应值为 $\hat{y}_i(i=1,2,\cdots,n)$. 这里需要解决的问题是，寻找合适的 a,b 使实测值 y_i与理论值 $\hat{y}_i$的偏差达到最小. 为此，引入偏差平方$(y_i-\hat{y}_i)^2$，即用 $[y_i-(a+bx_i)]^2$ 来描述实测点(x_i,y_i)与回归直线 $\hat{y}=a+bx$ 之间的偏差. 即有目标函数

$$L(a,b)=\sum_{i=1}^{n}[y_i-(a+bx_i)]^2 .$$

$L(a,b)$实际上就是在 n 个点(x_i,y_i)上，实测值 y_i与理论值 $\hat{y}_i$的偏差平方和. 我们的目的是在使 $L(a,b)$达到最小的条件下求出 a,b 的估计量，记作 $\hat{a},\hat{b}$. 这种使偏差平方和为最小的处理问题的方法就称为**最小二乘法**，也称**最小二乘估计法**. 所求得的 $\hat{a},\hat{b}$，称为待定参数 a,b 的**最小二乘估计**.

令
$$\begin{cases}\dfrac{\partial L}{\partial a}=-2\displaystyle\sum_{i=1}^{n}[y_i-(a+bx_i)]=0,\\[2ex]\dfrac{\partial L}{\partial b}=-2\displaystyle\sum_{i=1}^{n}[y_i-(a+bx_i)]x_i=0.\end{cases}$$

整理后得到关于 a,b 的方程组（通常称为**正规方程组**）：

$$\begin{cases} na+\left(\sum_{i=1}^{n} x_i\right)b=\sum_{i=1}^{n} y_i, \\ \left(\sum_{i=1}^{n} x_i\right)a+\left(\sum_{i=1}^{n} x_i^2\right)b=\sum_{i=1}^{n} x_i y_i. \end{cases}$$

解此方程组，可得

$$\begin{cases} b=\dfrac{\sum_{i=1}^{n} x_i y_i-\dfrac{1}{n}\left(\sum_{i=1}^{n} x_i\right)\left(\sum_{i=1}^{n} y_i\right)}{\sum_{i=1}^{n} x_i^2-\dfrac{1}{n}\left(\sum_{i=1}^{n} x_i\right)^2}=\dfrac{\sum_{i=1}^{n}(x_i-\overline{x})(y_i-\overline{y})}{\sum_{i=1}^{n}(x_i-\overline{x})^2}, \\ a=\left(\dfrac{1}{n}\sum_{i=1}^{n} y_i\right)-b\left(\dfrac{1}{n}\sum_{i=1}^{n} x_i\right)=\overline{y}-b\overline{x}. \end{cases}$$

其中 $\overline{x}=\dfrac{1}{n}\sum_{i=1}^{n} x_i,\ \overline{y}=\dfrac{1}{n}\sum_{i=1}^{n} y_i$.

若记 $S_{xy}=\sum_{i=1}^{n}(x_i-\overline{x})(y_i-\overline{y})=\sum_{i=1}^{n} x_i y_i-n\overline{x}\,\overline{y}$,

$$S_{xx}=\sum_{i=1}^{n}(x_i-\overline{x})^2=\sum_{i=1}^{n} x_i^2-n\overline{x}^2.$$

则 a,b 的估计值可简记为

$$\hat{b}=\frac{S_{xy}}{S_{xx}},\ \hat{a}=\overline{y}-\hat{b}\,\overline{x}. \tag{9-22}$$

可以证明，所得的 $\hat{a},\hat{b}$，确实使 $L(a,b)$ 达到最小值，于是，所求的一元线性回归方程为

$$\hat{y}=\hat{a}+\hat{b}x \quad 或 \quad \hat{y}=\overline{y}+\hat{b}(x-\overline{x}). \tag{9-23}$$

【例 1】 以家庭为单位，为研究某商品的价格（元）对商品的需求量（kg）的影响，现测得一组数据如下

价格 x_i/元	1	2	2	2.3	2.5	2.6	2.8	3	3.3	3.5
需求量 y_i/kg	5	3.5	3	2.7	2.4	2.5	2	1.5	1.2	1.2

试求 y 关于 x 的线性回归方程 .

解 从这 10 对数据的散点图（图 9-3）可以看出，所有的点大致分布在一条直

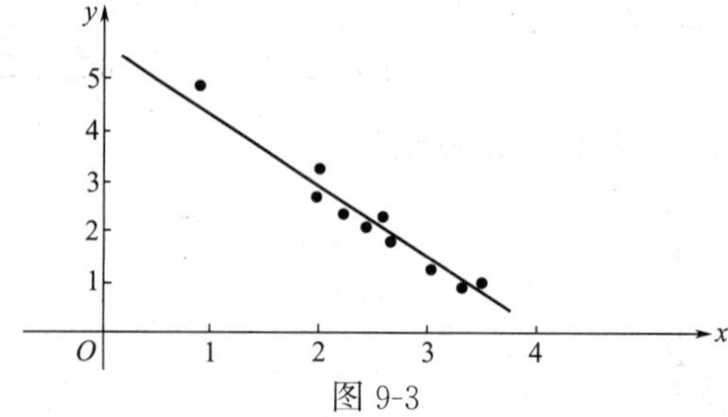

图 9-3

线附近，因此可设 y 对 x 的回归方程为 $\hat{y}=\hat{a}+\hat{b}x$.

为了计算 $\hat{a}$,$\hat{b}$，列出回归分析表（表 9-10）如下

表 9-10[1]

序号	1	2	3	4	5	6	7	8	9	10	Σ
x_i	1	2	2	2.3	2.5	2.6	2.8	3	3.3	3.5	25
y_i	5	3.5	3	2.7	2.4	2.5	2	1.5	1.2	1.2	25
x_iy_i	5	7	6	6.21	6	6.5	5.6	4.5	3.96	4.2	54.97
x_i^2	1	4	4	5.29	6.25	6.76	7.84	9	10.89	12.25	67.28
y_i^2	25	12.25	9	7.29	5.76	6.25	4	2.25	1.44	1.44	74.68

$$S_{xx}=67.28-10\times\left(\frac{1}{10}\times 25\right)^2=4.78,$$

$$S_{xy}=54.97-10\times\left(\frac{1}{10}\times 25\right)\times\left(\frac{1}{10}\times 25\right)=-7.53.$$

因此
$$\hat{b}=\frac{S_{xy}}{S_{xx}}=\frac{-7.53}{4.78}=-1.575,$$

$$\hat{a}=\overline{y}-\hat{b}\,\overline{x}=\frac{1}{10}\times 25-(-1.575)\times\left(\frac{1}{10}\times 25\right)=6.4375.$$

于是，所求的回归方程为

$$\hat{y}=6.4375-1.575x.$$

三、线性回归方程的显著性检验

用最小二乘法求回归直线并不需要事先假定 y 与 x 一定具有线性相关关系，事实上，就方法本身而言，对任意一组数据都可由式(9-22) 形式上求出一个线性方程，描述 y 与 x 间的关系，但是，这样的表达式可能毫无实际意义．因此，在按最小二乘法求得 y 与 x 间线性关系式之后，必须对它的线性相关性作出检验，只有经过检验并达到显著性要求的回归方程才有实用价值．

若线性假设 $y=a+bx+\varepsilon$ 符合实际，则 b 不应为零，因为若 $b=0$，则 y 就不依赖 x 了．因此，需要检验假设

$$H_0:b=0，H_1:b\neq 0. \tag{9-24}$$

对 H_0 检验有 t 检验法、F 检验法和相关系数检验法，其中 t 检验法和 F 检验法本质是相同的，这里仅讨论后者．

为了寻找检验统计量，设法将 y 受 x 的线性影响与随机波动引起的差异分开，将**偏差平方和** S_{yy} 加以分解．

1. 偏差平方和分解式

偏差平方和 $S_{yy}=\sum_{i=1}^{n}(y_i-\overline{y})^2=\sum_{i=1}^{n}y_i^2-n\overline{y}^2$ 的分解为

$$S_{yy}=\sum_{i=1}^{n}(y_i-\overline{y})^2=\sum_{i=1}^{n}[(y_i-\hat{y}_i)+(\hat{y}_i-\overline{y})]^2$$

---

[1] 1. $\sum_{i=1}^{n}y_i^2$ 的值下面要用到；

2. 如果能充分利用计算器上的统计键的功能，可以不必写出中间过程．

$$=\sum_{i=1}^{n}(y_i-\hat{y}_i)^2+2\sum_{i=1}^{n}(y_i-\hat{y}_i)(\hat{y}_i-\bar{y})+\sum_{i=1}^{n}(\hat{y}_i-\bar{y})^2 .$$

易知 $\sum_{i=1}^{n}(y_i-\hat{y}_i)(\hat{y}_i-\bar{y})=0$，故偏差平方和 S_{yy} 可写成

$$S_{yy}=S_{残}+S_{回},$$

其中 $S_{残}=\sum_{i=1}^{n}(y_i-\hat{y}_i)^2$ 表示了实测值与理论值的偏差程度，它是由随机误差引起的，因此也称为**残差平方和**．并且可以证明$\frac{S_{残}}{\sigma^2}\sim\chi^2(n-2)$，于是 $E\left(\frac{S_{残}}{\sigma^2}\right)=n-2$，因此，$\hat{\sigma}^2=\frac{S_{残}}{n-2}$是 σ^2 的无偏估计量．

$S_{回}=\sum_{i=1}^{n}(\hat{y}_i-\bar{y})^2$ 表示了诸回归值对于其均值 $\bar{y}$ 的偏差程度，这个偏差是由线性回归函数引起的，因此也称为**回归平方和**．

沿用上面的记号，便有

$$S_{回}=\sum_{i=1}^{n}(\hat{y}_i-\bar{y})^2=\sum_{i=1}^{n}[(\hat{a}+\hat{b}x_i)-(\hat{a}+\hat{b}\bar{x})]^2$$

$$=\hat{b}^2\sum_{i=1}^{n}(x_i-\bar{x})^2=\hat{b}^2S_{xx}=\frac{S_{xy}^2}{S_{xx}},$$

$$S_{残}=\sum_{i=1}^{n}(y_i-\hat{y}_i)^2=S_{yy}-S_{回}=S_{yy}-\frac{S_{xy}^2}{S_{xx}}.$$

2. 相关性的 F 检验法

当 H_0 为真时，$\frac{S_{回}}{S_{残}}$应较小，因为 y 的取值与 x 无关，因此产生的偏差主要是由随机误差产生的．而当 H_1 正确时，$\frac{S_{回}}{S_{残}}$应较大，也就是说，产生的偏差主要是由回归函数产生的，而 $S_{残}$起的作用很小，此时的线性回归模型符合实际情况．

经过较为复杂的数学推导(参阅文献[3])，得到检验统计量

$$F=\frac{S_{回}}{S_{残}/(n-2)}\sim F(1,n-2)\ . \qquad (9\text{-}25)$$

故对给定显著性水平 α，查表得临界值 $F_\alpha(1,n-2)$．若由样本值算得统计量 $F=\frac{S_{回}}{S_{残}/(n-2)}$的观察值 $f\geqslant F_\alpha(1,n-2)$，则应拒绝 H_0，即认为 y 关于 x 的线性回归效果显著．否则，接受 H_0，即认为 y 关于 x 的线性回归效果不显著．

3. 相关系数检验法

由第四章知，相关系数的大小可以表示两个随机变量线性关系的密切程度，对于线性回归方程中的变量 x 与 y，其样本的相关系数为

$$R=\frac{\sum_{i=1}^{n}(x_i-\bar{x})(y_i-\bar{y})}{\sqrt{\sum_{i=1}^{n}(x_i-\bar{x})^2\sum_{i=1}^{n}(y_i-\bar{y})^2}}=\frac{S_{xy}}{\sqrt{S_{xx}S_{yy}}}. \qquad (9\text{-}26)$$

对给定的显著性水平 α，查相关系数表得 $r_\alpha(n-2)$，根据试验数据 (x_1, y_1)，(x_2, y_2)，…，(x_n, y_n) 计算 R 的 r 值，当时 $|r| \geqslant r_\alpha(n-2)$，拒绝 H_0，即回归效果显著，否则接受 H_0，即回归效果不显著．

【例 2】 在显著性水平 $\alpha=0.05$ 下，检验例 1 得到的线性回归方程的显著性．

解 沿用例 1 的结果

$$S_{xx}=4.78, \quad S_{xy}=-7.53, \quad S_{yy}=74.68-10\times\left(\frac{1}{10}\times 25\right)^2=12.18.$$

（1）F 检验 由于

$$S_{回}=\frac{S_{xy}^2}{S_{xx}}=\frac{(-7.53)^2}{4.78}=11.86, S_{残}=S_{yy}-S_{回}=12.18-11.86=0.32,$$

故
$$f=\frac{S_{回}}{S_{残}/(n-2)}=\frac{11.86}{0.32/(10-2)}=296.5.$$

又由 $\alpha=0.05$ 得 $F_\alpha(1, n-2)=F_{0.05}(1, 8)=5.32$，由于 $F_{0.05}(1, 8)=5.32<296.5=f$，所以拒绝 H_0，即可以认为商品的销售量与商品的价格确实存在着线性关系，而且线性回归效果显著．

（2）相关系数检验

$$r=\frac{S_{xy}}{\sqrt{S_{xx}S_{yy}}}=\frac{-7.53}{\sqrt{4.78\times 12.18}}=-0.987.$$

由 $\alpha=0.05$ 查相关系数表，得 $r_\alpha(n-2)=r_{0.05}(8)=0.632$，由于 $|r|>r_{0.05}(8)$，所以线性回归效果显著．

但是值得注意的是，即使经检验后，接受 H_0：$b=0$，即认为 y 对 x 的线性关系不显著时，也并不意味着 y 与 x 就不相关．事实上，线性回归效果不显著可能有如下几种情形：

（1）影响 y 取值的，除了 x 外，还有其它不可忽略的因素；

（2）y 与 x 的关系不是线性的，但存在着其它相关关系；

（3）y 与 x 确实不存在相关关系．

因此，需要作进一步的分析、研究．

四、预测

回归方程的一个重要应用是，对给定的点 $x=x_0$ 能对随机变量 y 的取值 y_0 进行估计，即所谓的**预测问题**．估计有两种方式——点估计和区间估计．

y_0 的点估计就是回归值 $\hat{y}_0=\hat{a}+\hat{b}x_0$，工程上叫做**预测值**．$y$ 的观察值 y_0 与预测值 y_0 之差称为预测误差．例如 x 表示时间，y 表示天气温度，就是天气预报．但在实际应用中，对 y_0 的预测通常采用在一定置信度下的区间估计．下面求在置信度为 $1-\alpha$ 下 y_0 的置信区间．

由于
$$\hat{b}=\frac{S_{xy}}{S_{xx}}=\frac{\sum_{i=1}^{n}(x_i-\bar{x})(y_i-\bar{y})}{S_{xx}}$$
$$=\frac{\sum_{i=1}^{n}(x_i-\bar{x})y_i-\sum_{i=1}^{n}(x_i-\bar{x})\bar{y}}{S_{xx}}=\frac{\sum_{i=1}^{n}(x_i-\bar{x})y_i}{S_{xx}}.$$

故有 $$\hat{y}_0=\hat{a}+\hat{b}x_0=(\bar{y}-\hat{b}\bar{x})+\hat{b}x_0$$

$$=\bar{y}+\hat{b}(x_0-\bar{x})=\bar{y}+\frac{\sum_{i=1}^{n}(x_i-\bar{x})y_i}{S_{xx}}(x_0-\bar{x})$$

$$=\sum_{i=1}^{n}\left[\frac{1}{n}+\frac{(x_0-\bar{x})(x_i-\bar{x})}{S_{xx}}\right]y_i .$$

由于 $y_i\sim N(a+bx_i,\sigma^2)(i=1,2,\cdots,n)$，$y_0\sim N(a+bx_0,\sigma^2)$，且 $y_0,y_1,y_2,\cdots,y_n$ 相互独立．因此，$\hat{y}_0-y_0$ 也服从正态分布．注意到 $\sum_{i=1}^{n}(x_i-\bar{x})=0$，故

$$E(\hat{y}-y_0)=E(\hat{y}_0)-E(y_0)=\sum_{i=1}^{n}\left[\frac{1}{n}+\frac{(x_0-\bar{x})(x_i-\bar{x})}{S_{xx}}\right]Ey_i-Ey_0$$

$$=\sum_{i=1}^{n}\left[\frac{1}{n}+\frac{(x_0-\bar{x})(x_i-\bar{x})}{S_{xx}}\right](a+bx_i)-(a+bx_0)$$

$$=a+b\bar{x}+(x_0-\bar{x})\sum_{i=1}^{n}(x_i-\bar{x})\cdot\frac{bx_i}{S_{xx}}-a-bx_0$$

$$=b(\bar{x}-x_0)+(x_0-\bar{x})b=0 .$$

类似地推导，可得到

$$D(\hat{y}_0-y_0)=\left[1+\frac{1}{n}+\frac{(x_0-\bar{x})^2}{S_{xx}}\right]\sigma^2.$$

故 $$\hat{y}_0-y_0\sim N\left\{0,\left[1+\frac{1}{n}+\frac{(x_0-\bar{x})^2}{S_{xx}}\right]\sigma^2\right\},$$

亦即 $$\frac{\hat{y}_0-y_0}{\sigma\sqrt{1+\frac{1}{n}+\frac{(x_0-\bar{x})^2}{S_{xx}}}}\sim N(0,1).$$

由于 σ^2 未知，用 $\hat{\sigma}^2=\frac{S_{残}}{n-2}$ 代替 σ^2，而 $\frac{S_{残}}{\sigma^2}\sim\chi^2(n-2)$，即

$$\frac{(n-2)\hat{\sigma}^2}{\sigma^2}\sim\chi^2(n-2).$$

因此 $$T=\frac{\hat{y}_0-y_0}{\hat{\sigma}\sqrt{1+\frac{1}{n}+\frac{(x_0-\bar{x})^2}{S_{xx}}}}\sim t(n-2).$$

若置信度为 $1-\alpha$，则由

$$P\left\{\frac{|\hat{y}_0-y_0|}{\hat{\sigma}\sqrt{1+\frac{1}{n}+\frac{(x_0-\bar{x})^2}{S_{xx}}}}\leqslant t_{\alpha/2}(n-2)\right\}=1-\alpha$$

或 $P\left\{\hat{y}_0-t_{\frac{\alpha}{2}}(n-2)\hat{\sigma}\sqrt{1+\frac{1}{n}+\frac{(x_0-\bar{x})^2}{S_{xx}}}<y_0<\hat{y}_0+t_{\frac{\alpha}{2}}(n-2)\hat{\sigma}\sqrt{1+\frac{1}{n}+\frac{(x_0-\bar{x})^2}{S_{xx}}}\right\}=1-\alpha.$

可得到 y_0 的置信度为 $1-\alpha$ 的双侧置信区间为

$$\left(\hat{y}_0-t_{\frac{\alpha}{2}}(n-2)\hat{\sigma}\sqrt{1+\frac{1}{n}+\frac{(x_0-\bar{x})^2}{S_{xx}}},\ \hat{y}_0+t_{\frac{\alpha}{2}}(n-2)\hat{\sigma}\sqrt{1+\frac{1}{n}+\frac{(x_0-\bar{x})^2}{S_{xx}}}\right).$$

【例 3】（续例 2）试求例 1 中在价格 $x_0=2.75$ 元时，商品的需求量 y_0 的预测区间．取 $1-\alpha=0.95$.

解 $\hat{y}_0=[6.4375-1.575x]_{x_0=2.75}=2.106$,

$\hat{\sigma}=\sqrt{\frac{S_{残}}{n-2}}=\sqrt{\frac{0.32}{10-2}}=0.2$，$t_{\alpha/2}(n-2)=t_{0.025}(8)=2.306$,

$$t_{\alpha/2}(n-2)\hat{\sigma}\sqrt{1+\frac{1}{n}+\frac{(x_0-\bar{x})^2}{S_{xx}}}=2.306\times0.2\times\sqrt{1+\frac{1}{10}+\frac{(2.75-2.5)^2}{4.78}}$$
$$=0.487.$$

因此，y_0 的预测区间为（$2.106-0.487$，$2.106+0.487$），即（1.619,2.593）．

五、控制问题

所谓控制问题实际上是预测问题的反问题，即如果给定 y_1, y_2，若要使观察值 y 以至少 $1-\alpha$ 的置信度落在区间（y_1, y_2）内，那么自变量 x 应控制在什么范围内？这里仅就 n 较大时的近似计算为例．对一般的情形，也可类似地进行讨论．

当 n 较大，而 x_0 取值又在 $\bar{x}$ 附近时，有 $1+\frac{1}{n}+\frac{(x_0-\bar{x})^2}{S_{xx}}\approx1$，所以可近似地认为

$$\hat{y}_0-y_0\sim N(0,\sigma^2).$$

由于 σ^2 未知，由于 $\frac{S_{残}}{\sigma^2}\sim\chi^2(n-2)$，故 $\hat{\sigma}^2=\frac{S_{残}}{n-2}$ 是 σ^2 无偏估计量，因此可用 $\hat{\sigma}^2$ 代替 σ^2，即近似有 $\hat{y}_0-y_0\sim N(0,\hat{\sigma}^2)$．对于置信度 $1-\alpha$，利用正态分布性质，有

$$P\{\hat{y}_0-\hat{\sigma},z_{\alpha/2}<y_0<\hat{y}_0+\hat{\sigma},z_{\alpha/2}\}\approx1-\alpha,$$

所以对给定 y_1, y_2 要控制 y 落在区间（y_1, y_2）内只要通过方程组

$$\begin{cases}y_1=\hat{a}+\hat{b}x_1-\hat{\sigma}z_{\alpha/2},\\ y_2=\hat{a}+\hat{b}x_2+\hat{\sigma}z_{\alpha/2},\end{cases}\tag{9-27}$$

分别求出 x_1, x_2，就可以确定值 x 的控制范围，如图 9-4 所示．

【例 4】（续例 3） 现欲以置信度 $1-\alpha=0.95$ 使需求量控制在 2.5～2.9 之间，问商品价格 x 应控制在什么范围？

解 因为 $\hat{a}=6.4375$，$\hat{b}=-1.575$，$\hat{\sigma}=\sqrt{\frac{S_{残}}{n-2}}=\sqrt{\frac{0.32}{8}}=0.2$,

又 $1-\alpha=0.95$，故 $z_{\alpha/2}=z_{0.025}=1.96$，$y_1=2.5, y_2=2.9$. 代入式（9-27）可解得

$x_1=2.25, x_2=2.75$，即要使需求量以置信度 $1-\alpha=0.95$ 控制在 2.5～2.9 之

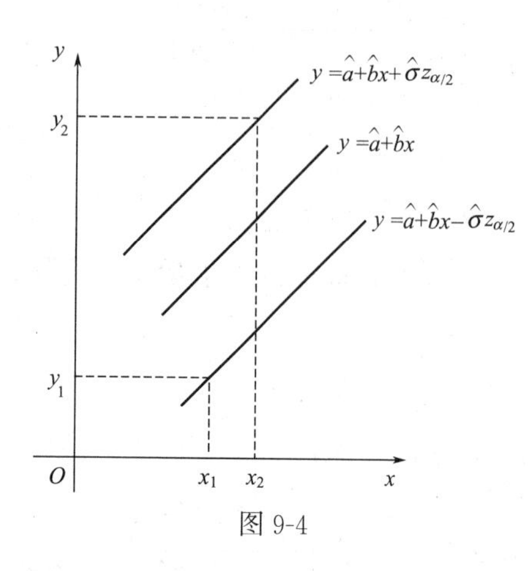

图 9-4

间，商品价格 x 应控制在 2.25～2.75.

六、可线性化的非线性回归问题

如果由观察数据画出的散点图或经验表明两个变量之间的统计相关关系不是线性情形，就不能沿用已有结果．例如，细菌的繁殖，植物的生长等在各时刻的总量 y 与时间 t 就是与指数关系 $y=ke^{\lambda t}$ 紧密相连的．这类问题在实际中还有很多，其统计相关关系的回归方程一般来说是难于计算的，但有些问题是可以通过变量代换转化成线性回归的情形得到解决．表 9-11 列出几种常用曲线的方程、图形及变换公式等，供使用时参考．

表 9-11　常用曲线简表

曲线类型	参考图形	变换公式	变换结果
(1) 双曲线型 $\hat{y}=a+\dfrac{b}{x}$ $(a>0)$	$b>0$；$b<0$	$u=\dfrac{1}{x}$	$\hat{y}=a+bu$
(2) 指数曲线型 $\hat{y}=ce^{bx}$ $(c>0)$	$b>0$；$b<0$	$v=\ln y$ $a=\ln c$	$\hat{v}=a+bx$
(3) 负指数曲线型 $\hat{y}=ce^{\frac{b}{x}}\ (c>0)$	$b>0$；$b<0$	$v=\ln y$ $u=\dfrac{1}{x}$ $a=\ln c$	$\hat{v}=a+bu$
(4) 幂函数型 $\hat{y}=cx^{b}$ $(c>0)$	$b>1$，$b=1$，$0<b<1$；$-1<b<0$，$b=-1$，$b<-1$	$v=\ln y$ $u=\ln x$ $a=\ln c$	$\hat{v}=a+bu$

续表

曲线类型	参考图形	变换公式	变换结果
(5)S 曲线型 $\hat{y}=\dfrac{1}{a+be^{-x}}$	$a>0$	$v=\dfrac{1}{y}$ $u=e^{-x}$	$\hat{v}=a+bu$
(6) 对数型 $\hat{y}=a+b\ln x$ $(x>0;a>0)$	$b>0$　　$b<0$	$u=\ln x$	$\hat{y}=a+bu$

使用次数(x_i)	2	3	4	5	6	7	8	9	10	11	12	13	14	15	16
增大容积(y_i)	6.42	8.20	9.58	9.50	9.70	10.00	9.93	9.99	10.49	10.59	10.60	10.80	10.60	10.90	10.76

【例 5】 盛钢水的钢包，由于钢水对耐火材料的浸蚀，容积将逐渐增大，以 x 表示钢包的使用次数，y 表示钢包增大的容积，试根据下列实测数据，求 y 对 x 的回归方程．

解 首先，由实测数据作出散点图（见图 9-5）．这些点分布在一条曲线附近，由图可以看到，刚开始时，浸蚀速度较快，随着使用次数的增加，浸蚀速度减慢，曲线逐渐接近于水平．显然，按线性回归处理是不适合的，为此，选用负指数型曲线

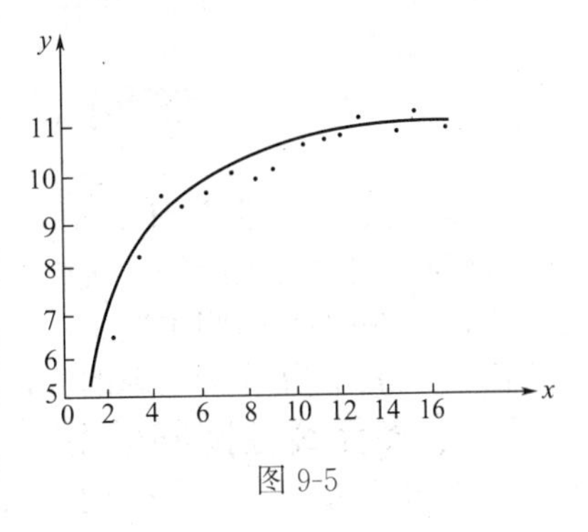

图 9-5

$$\hat{y}=ce^{\frac{b}{x}}\quad (c>0),$$

对式 $y=ce^{\frac{b}{x}}$ 两边取对数，得 $\ln y=\ln c+b\dfrac{1}{x}$．引入变换 $u=\ln y$，$v=\dfrac{1}{x}$，$a=\ln c$，则可以将上式转化为线性情形

$$\hat{u}=a+bv.$$

现将数据作相应的变换，其变换结果如下表所示．

$v_i=1/x_i$	0.5000	0.3333	0.2500	0.2000	0.1667	0.1429	0.1250	0.1111
$u_i=\ln y_i$	1.8594	2.1041	2.2597	2.2513	2.2721	2.3026	2.2956	2.3016
$v_i=1/x_i$	0.1000	0.0909	0.0833	0.0769	0.0714	0.0667	0.0625	—
$u_i=\ln y_i$	2.3504	2.3599	2.3609	2.3795	2.3609	2.3888	2.3758	—

计算有关数据如下

$$n=15,\quad \bar{v}=0.16,\quad \bar{u}=2.28,\quad \sum_{i=1}^{15} v_i = 2.3807,$$

$$\sum_{i=1}^{15} u_i = 34.2226,\quad \sum_{i=1}^{15} v_i u_i = 5.2022,\quad \sum_{i=1}^{15} v_i^2 = 0.5843.$$

则 $$S_{vv} = \sum_{i=1}^{15} v_i^2 - \frac{1}{15}\left(\sum_{i=1}^{n} v_i\right)^2 = 0.5843 - \frac{1}{15}\times(2.3807)^2 = 0.2065,$$

$$S_{vu} = \sum_{i=1}^{15} v_i u_i - \frac{1}{15}\left(\sum_{i=1}^{15} v_i\right)\left(\sum_{i=1}^{15} u_i\right) = -0.2294.$$

于是 $$\hat{b}=\frac{S_{vu}}{S_{vv}}=\frac{-0.2294}{0.2065}=-1.111,$$

$$\hat{a}=\bar{u}-\hat{b}\bar{v}=2.28-(-1.111)\times0.16=2.4578.$$

又 $\hat{a}=\ln\hat{c}$，因此，$\hat{c}=e^{\hat{a}}=e^{2.4578}=11.6791$，
故所求的回归方程为

$$\hat{y}=11.6791e^{-\frac{1.111}{x}}.$$

在解决非线性回归问题时，确定选用何种类型的曲线，进行何种变量替换是很重要的．前者一般根据散点图的特征并运用有关专业知识进行分析，后者要使得变量替换后能转化为线性回归问题．

*第四节　多元线性回归简介

实际问题中，常常还会遇到一个随机变量 y 与多个普通变量 $x_1,x_2,\cdots,x_k$ $(k>1)$间的相关关系问题．研究变量 y 与 $x_1,x_2,\cdots,x_k$ 之间的定量关系的问题称为多元回归．在多元回归中这里仅讨论多元线性回归的情形，多元线性回归是一元线性回归的推广，其分析处理的方法类似于一元线性回归．

一、多元线性回归模型

设随机变量 y 与 k 个普通变量 $x_1,x_2,\cdots,x_k$ 线性关系式为

$$y=a_0+a_1x_1+a_2x_2+\cdots+a_kx_k+\varepsilon\quad (k\geqslant 2). \tag{9-28}$$

其中 ε 是随机项，服从正态分布，即 $\varepsilon\sim N(0,\sigma^2)$，而 $a_0,a_1,\cdots,a_k,\sigma^2$ 都是与 $x_1,x_2,\cdots,x_k$ 无关的未知参数．

设 $(x_{11},x_{12},\cdots,x_{1k};y_1),(x_{21},x_{22},\cdots,x_{2k};y_2),\cdots,(x_{n1},x_{n2},\cdots,x_{nk};y_n)$ 是一个容量为 n 的样本．类似于一元线性回归的讨论，用最小二乘法来估计参数．即取 $\hat{a}_0,\hat{a}_1,\cdots,\hat{a}_k$ 使得当 $a_0=\hat{a}_0,a_1=\hat{a}_1,\cdots,a_k=\hat{a}_k$ 时，目标函数

$$L(a_0,a_1,\cdots,a_k) = \sum_{i=1}^{n}[y_i-(a_0+a_1x_{i1}+\cdots+a_kx_{ik})]^2$$
$$= \sum_{i=1}^{n}(y_i-a_0-a_1x_{i1}-\cdots-a_kx_{ik})^2$$

达到最小．

计算 $L=L(a_0,a_1,\cdots,a_k)$ 关于 $a_0,a_1,\cdots,a_k$ 的偏导数，并令它们等于零．得

$$\frac{\partial L}{\partial a_0} = -2\sum_{i=1}^{n}(y_i - a_0 - a_1 x_{i1} - \cdots - a_k x_{ik}) = 0,$$

$$\frac{\partial L}{\partial a_j} = -2\sum_{i=1}^{n}(y_i - a_0 - a_1 x_{i1} - \cdots - a_k x_{ik})x_{ij} = 0,\ j = 1,2,\cdots,k.$$

整理后可得

$$\begin{cases} na_0 + a_1\sum_{i=1}^{n}x_{i1} + a_2\sum_{i=1}^{n}x_{i2} + \cdots + a_k\sum_{i=1}^{n}x_{ik} = \sum_{i=1}^{n}y_i, \\ a_0\sum_{i=1}^{n}x_{i1} + a_1\sum_{i=1}^{n}x_{i2}^2 + a_2\sum_{i=1}^{n}x_{i1}x_{i2} + \cdots + a_k\sum_{i=1}^{n}x_{i1}x_{ik} = \sum_{i=1}^{n}x_{i1}y_i, \\ \cdots\cdots\cdots\cdots\cdots\cdots\cdots\cdots\cdots\cdots\cdots\cdots \\ a_0\sum_{i=1}^{n}x_{ik} + a_1\sum_{i=1}^{n}x_{ik}x_{i1} + a_2\sum_{i=1}^{n}x_{ik}x_{i2} + \cdots + a_k\sum_{i=1}^{n}x_{ik}^2 = \sum_{i=1}^{n}x_{ik}y_i. \end{cases} \tag{9-29}$$

式(9-29) 称为**正规方程组**．为了讨论方便计，用矩阵来表示上述正规方程组．为此，引入矩阵

$$X = \begin{bmatrix} 1 & x_{11} & x_{12} & \cdots & x_{1k} \\ 1 & x_{21} & x_{22} & \cdots & x_{2k} \\ \cdots & \cdots & \cdots & \cdots & \cdots \\ 1 & x_{n1} & x_{n2} & \cdots & x_{nk} \end{bmatrix},\quad Y = \begin{bmatrix} y_1 \\ y_2 \\ \vdots \\ y_n \end{bmatrix},\quad A = \begin{bmatrix} a_0 \\ a_1 \\ \vdots \\ a_k \end{bmatrix}.$$

则上述正规方程组可以写成

$$X^{\mathrm{T}}XA = X^{\mathrm{T}}Y, \tag{9-30}$$

其中 X^{T} 表示 X 的转置矩阵．如果矩阵 X 满秩，则矩阵 $X^{\mathrm{T}}X$ 的逆矩阵 $(X^{\mathrm{T}}X)^{-1}$ 存在，正规方程组有唯一解．且解为

$$\hat{A} = \begin{bmatrix} \hat{a}_0 \\ \hat{a}_1 \\ \vdots \\ \hat{a}_k \end{bmatrix} = (X^{\mathrm{T}}X)^{-1}(X^{\mathrm{T}}Y). \tag{9-31}$$

其解就是待定参数 $a_0, a_1, \cdots, a_k$ 的最小二乘估计 $\hat{a}_0, \hat{a}_1, \cdots, \hat{a}_k$．于是 y 关于 $x_1, x_2, \cdots, x_k$ 的线性回归方程为

$$\hat{y} = \hat{a}_0 + \hat{a}_1 x_1 + \cdots + \hat{a}_k x_k. \tag{9-32}$$

通常情况下，多元线性回归的计算相当复杂．与一元线性回归类似，这里不加证明给出几个常用的结论（需要进一步了解的读者可参阅文献［3］）．

（1）记 $\bar{x}_j = \frac{1}{n}\sum_{i=1}^{n}x_{ij}, j = 1,2,\cdots,k$；$\bar{y} = \frac{1}{n}\sum_{i=1}^{n}y_i$，则

$$\bar{y} = \hat{a}_0 + \hat{a}_1\bar{x}_1 + \cdots + \hat{a}_k\bar{x}_k. \tag{9-33}$$

（2）记 $l_{jm} = \sum_{i=1}^{n}(x_{ij} - \bar{x}_j)(x_{im} - \bar{x}_m) = \sum_{i=1}^{n}x_{ij}x_{im} - \frac{1}{n}\left(\sum_{i=1}^{n}x_{ij}\right)\left(\sum_{i=1}^{n}x_{im}\right)$ $(j, m = 1,2,\cdots,k)$，

$$l_{jy}=\sum_{i=1}^{n}(x_{ij}-\overline{x}_j)(y_i-\overline{y})=\sum_{i=1}^{n}x_{ij}y_i-\frac{1}{n}\left(\sum_{i=1}^{n}x_{ij}\right)\left(\sum_{i=1}^{n}y_i\right)$$

$(j=1,2,\cdots,k)$,

$$l_{yy}=\sum_{i=1}^{n}(y_i-\overline{y})^2,\quad L=\begin{bmatrix} l_{11} & l_{12} & \cdots & l_{1k} \\ l_{21} & l_{22} & \cdots & l_{2k} \\ \cdots & \cdots & \cdots & \cdots \\ l_{k1} & l_{k2} & \cdots & l_{kk} \end{bmatrix}.$$

则由 $L\begin{bmatrix}\hat{a}_1\\ \hat{a}_2\\ \vdots\\ \hat{a}_k\end{bmatrix}=\begin{bmatrix}l_{1y}\\ l_{2y}\\ \vdots\\ l_{ky}\end{bmatrix}$，可解得 $\hat{a}_1,\hat{a}_2,\cdots,\hat{a}_k$，然后再由式(9-33) 解得

$$\hat{a}_0=\overline{y}-\hat{a}_1\overline{x}_1-\hat{a}_2\overline{x}_2-\cdots-\hat{a}_k\overline{x}_k.$$

(3) $\hat{a}_j$ 是 a_j 的无偏估计量($j=1,2,\cdots,k$) .

(4) 统计量 $\dfrac{1}{n-k-1}\sum_{i=1}^{n}(y_i-\hat{y}_i)^2$ 是 σ^2 的一个无偏估量 .

记 $\hat{\sigma}^2=\dfrac{1}{n-k-1}\sum_{i=1}^{n}(y_i-\hat{y}_i)^2$，则 $E(\hat{\sigma}^2)=\sigma^2$，且

$$\hat{\sigma}^2=\frac{l_{yy}-\sum_{i=1}^{n}\hat{a}_i l_{iy}}{n-k-1}.$$

【例 1】 在平炉炼钢中，由于矿石与炉气的氧化作用，铁水的总含碳量在不断降低 . 一炉钢在冶炼初期总的去碳量 y 与所加的两种矿石的量 x_1（单位：槽），x_2（单位：槽）及熔化时间 x_3（单位：10min）有关 . 为研究它们之间的关系，现测得 16 组数据如下表所示 .

序号	1	2	3	4	5	6	7	8	9	10	11	12	13	14	15	16
x_1	2	12	6	0	3	16	9	0	9	12	5	0	4	5	4	3
x_2	18	3	5	23	14	0	0	17	6	7	12	20	14	8	10	17
x_3	50	43	39	55	51	48	40	47	39	47	37	45	36	100	45	64
y	4. 33	5. 55	3. 88	4. 95	5. 66	3. 22	4. 68	2. 61	2. 71	5. 13	4. 45	4. 52	2. 38	5. 44	4. 71	5. 36

试就上述数据给出 y 对 x_1,x_2,x_3 的线性回归方程，并求出 σ^2 的估计 .

解 设 y 关于 x_1,x_2,x_3 的回归方程为 $\hat{y}=\hat{a}_0+\hat{a}_1x_1+\hat{a}_2x_2+\hat{a}_3x_3$，由样本观察值，计算有关数据得

$$\overline{x_1}=\frac{1}{16}\sum_{i=1}^{16}x_{1i}=5.625,\ \overline{x_2}=\frac{1}{16}\sum_{i=1}^{16}x_{2i}=10.875,$$

$$\overline{x_3}=\frac{1}{16}\sum_{i=1}^{16}x_{3i}=49.125,\ \overline{y}=\frac{1}{16}\sum_{i=1}^{16}y_i=4.34875,$$

$$l_{11}=\sum_{i=1}^{16}x_{1i}x_{1i}-16(\overline{x_1})^2=339.75,\ l_{22}=\sum_{i=1}^{16}x_{2i}x_{2i}-16\,\overline{x_2}\cdot\overline{x_2}=757.75,$$

$$l_{33}=\sum_{i=1}^{16}x_{3i}x_{3i}-16\,\overline{x_3}\cdot\overline{x_3}=3537.75,$$

$$l_{12}=l_{21}=\sum_{i=1}^{16}x_{1i}x_{2i}-16\,\overline{x_1}\cdot\overline{x_2}=-449.75,$$

$$l_{13}=l_{31}=\sum_{i=1}^{16}x_{1i}x_{3i}-16\,\overline{x_1}\cdot\overline{x_3}=-174.25,$$

$$l_{23}=l_{32}=\sum_{i=1}^{16}x_{2i}x_{3i}-16\,\overline{x_2}\cdot\overline{x_3}=203.25,$$

$$l_{1y}=\sum_{i=1}^{16}x_{1i}y_i-16\,\overline{x_1}\cdot\overline{y}=-2.3875,\quad l_{2y}=\sum_{i=1}^{16}x_{2i}y_i-16\,\overline{x_2}\cdot\overline{y}=5.7975,$$

$$l_{3y}=\sum_{i=1}^{16}x_{3i}y_i-16\,\overline{x_3}\cdot\overline{y}=113.2125,$$

$$l_{yy}=\sum_{i=1}^{16}(y_i-\overline{y})^2=17.7064.$$

故有方程组

$$\begin{cases}339.75a_1-449.75a_2-174.25a_3=-2.3875\\-449.75a_1+757.75a_2+203.25a_3=5.7975\\-174.25a_1+203.25a_2+3537.75a_3=113.2125\end{cases}$$

解得

$$\hat{a}_1=0.03851,\ \hat{a}_2=0.02175,\ \hat{a}_3=0.03265,$$

$$\hat{a}_0=\overline{y}-\hat{a}_1\overline{x_1}-\hat{a}_2\overline{x_2}-\hat{a}_3\overline{x_3}=2.29167.$$

于是，y 关于 x_1,x_2,x_3 的回归方程为

$$\hat{y}=2.29167+0.03851x_1+0.02175x_2+0.03265x_3.$$

$$\hat{\sigma}^2=\frac{1}{n-k-1}(l_{yy}-\hat{a}_1l_{1y}-\hat{a}_2l_{2y}-a_{13}l_{3y})$$

$$=\frac{1}{12}[17.7064-0.03851\times(-2.3875)-0.02175\times5.7975-0.03265\times113.2125]$$

$$=1.1647.$$

二、多项式回归

利用多元线性回归的方法还能解决在实际中经常遇到的一种特殊回归——**多项式回归**，即随机变量 y 与变量 x 的回归模型为

$$y=a_0+a_1x+a_2x^2+\cdots+a_kx^k+\varepsilon.$$

其中回归函数是 x 的 k 次多项式，随机项 $\varepsilon\sim N(0,\sigma^2)$. 这事实上是一元回归问题，这种特殊的一元非线性回归，可以通过简单的变量代换转化为多元线性回归．即令

$$x_1=x,\ x_2=x^2,\cdots,x_k=x^k,$$

则

$$y=a_0+a_1x_1+a_2x_2+\cdots+a_kx_k+\varepsilon.$$

其中回归系数的计算可用前面的方法．

【例 2】 在某种药材的萃取中，得到某有效成分的浓度 y(%)与时间t(min)的数据如下表所示．

t_i	2	3	4	5	6	7	8	9	10	11
y_i	5.6	8.0	10.4	12.8	15.3	17.8	19.9	21.4	22.4	23.2

若假定 y 对 t 的回归模型为抛物线型，即 $y=a_0+a_1t+a_2t^2+\varepsilon$，$\varepsilon\sim N(0,\sigma^2)$. 试求回归方程.

解 令 $x_1=t$，$x_2=t^2$，则相应的数据变换表为

x_1	2	3	4	5	6	7	8	9	10	11
x_2	4	9	16	25	36	49	64	81	100	121
y	5.6	8.0	10.4	12.8	15.3	17.8	19.9	21.4	22.4	23.2

计算正规方程组的系数

$$n=10,\qquad \sum_{i=1}^{10}x_{i1}=65,\qquad \sum_{i=1}^{10}x_{i2}=505,$$

$$\sum_{i=1}^{10}x_{i1}x_{i2}=4355,\qquad \sum_{i=1}^{10}x_{i1}^2=505,\qquad \sum_{i=1}^{10}x_{i2}^2=39973,$$

$$\sum_{i=1}^{n}y_i=156.8,\qquad \sum_{i=1}^{n}x_{i1}y_i=1188.2,\qquad \sum_{i=1}^{10}x_{i2}y_i=10058.$$

因此据式(9-29)，有正规方程组

$$\begin{cases}10a_0+65a_1+505a_2=156.8,\\65a_0+505a_1+4355a_2=1188.2,\\505a_0+4355a_1+39973a_2=10058.\end{cases}\quad 解得\begin{cases}\hat{a}_0=-1.33,\\\hat{a}_1=3.46,\\\hat{a}_2=-0.11.\end{cases}$$

因此 y 对 t 的回归方程为 $\hat{y}=-1.33+3.46t-0.11t^2$.

三、多元线性回归模型的检验

类似于一元线性回归，模型式(9-28) 往往仅是一种假定，为了考察这一假定是否符合实际，还需要检验假设

$$H_0:b_1=b_2=\cdots=b_k=0,\ H_1:b_i\ 不全为零. \tag{9-34}$$

为寻找检验统计量，仍采用偏差平方和分解的方法.

将总偏差平方和 $S_{yy}=\sum_{i=1}^{n}(y_i-\bar{y})^2$ 分解成残差平方和 $S_{残}=\sum_{i=1}^{n}(y_i-\hat{y}_i)^2$ 与回归平方和 $S_{回}=\sum_{i=1}^{n}(\hat{y}_i-\bar{y})^2$ 之和（见文献 [2]）. 即

$$S_{yy}=S_{残}+S_{回}.$$

进一步的证明可知，在 H_0 成立的条件下，有

$$\frac{S_{残}}{\sigma^2}\sim\chi^2(n-k-1),\qquad \frac{S_{回}}{\sigma^2}\sim\chi^2(k),$$

且两者相互独立. 故有统计量

$$F=\frac{S_{回}/k}{S_{残}/(n-k-1)}\sim F(k,n-k-1). \tag{9-35}$$

类似于一元线性回归分析，对给定的小概率 $\alpha(0<\alpha<1)$，查 F 分布表确定临界值 $F_\alpha(k,n-k-1)$，并与由样本值计算出统计量 F 的观察值 f 比较，如果 $f\geqslant$

$F_\alpha(k,n-k-1)$，则拒绝 H_0，接受 H_1，即可以认为线性回归效果显著．否则，接受 H_0，即认为 y 与 $x_1,x_2,\cdots,x_k$ 的线性回归效果不显著．

具体计算时，一般采用下述简便算法(见文献[3])，即

$$S_{yy}=\sum_{i=1}^{n}(y_i-\overline{y})^2=\sum_{i=1}^{n}y_i^2-n\overline{y}^2,$$

$$S_{回}=\sum_{i=1}^{n}(\hat{y}_i-\overline{y})^2=\hat{a}_1 l_{1y}+\hat{a}_2 l_{2y}+\cdots+\hat{a}_k l_{ky},$$

$$S_{残}=S_{yy}-S_{回}.$$

【例 3】 对上述例 1 和例 2 的结果在显著性水平 $\alpha=0.05$ 下检验回归效果是否显著．

解 (1) $S_{yy}=l_{yy}=17.7064$，

$S_{回}=0.03851\times(-2.3875)+0.02175\times5.7975+0.03265\times113.2125=3.7305$，

$S_{残}=S_{yy}-S_{回}=13.9759$.

因
$$f=\frac{3.7305/3}{13.9759/(16-3-1)}=1.0677.$$

而 $\alpha=0.05$ 时，临界值

$$F_{0.05}(3,12)=3.49>f.$$

故接受 H_0，因此可以认为回归效果并不显著．

(2) 因 $S_{yy}=\sum_{i=1}^{10}y_i^2-n\overline{y}^2=2812.26-\frac{1}{10}\times156.8^2=353.636$，

$$l_{1y}=\sum_{i=1}^{10}x_{i1}y_i-\frac{1}{10}\left(\sum_{i=1}^{10}x_{i1}\right)\left(\sum_{i=1}^{10}y_i\right)=1188.2-\frac{1}{10}\times65\times156.8=169.0,$$

$$l_{2y}=\sum_{i=1}^{10}x_{i2}y_i-\frac{1}{10}\left(\sum_{i=1}^{10}x_{i2}\right)\left(\sum_{i=1}^{10}y_i\right)=10058-\frac{1}{10}\times505\times156.8=2139.6,$$

$S_{回}=3.46\times169.0-0.11\times2139.6=349.384$，

$S_{残}=S_{yy}-S_{回}=4.252$，

因此
$$f=\frac{349.348/2}{4.252/7}=287.56.$$

而 $\alpha=0.05$ 时，临界值 $F_{0.05}(2,7)=4.74<287.56$，故拒绝 H_0，即认为回归效果显著．

当然，与一元线性回归一样，多元线性回归同样存在着在给定点($x_{01},x_{02},\cdots,x_{0k}$)处对应 y 的预测问题．限于篇幅，这里不再赘述．

最后，需要指出的是，在实际问题中，与 y 有关的因素往往很多，例如，某种商品的需求量和该商品的价格、消费者的收入、当地的消费水平、代用品的价格等均有关，如果将它们均取作自变量，则得到的回归模型将非常复杂，计算工作量也十分惊人，因此，必须学会分析，分析哪些变量对 y 的影响大，哪些变量对 y 的影响小，将一些影响较小的自变量剔除，不仅使回归方程简洁，便于应用，且能明确哪些因素（即自变量）的改变对 y 有显著影响，有关这方面的内容，有兴趣的读者可阅读有关参考书籍．另外，在实际应用中，对于繁琐的计算通常可借助已有的一些数学软件（如 Mathematica，Matlab，SAS 等）来实现．

习 题 九

1. 一批由同一种原料织成的布，用不同的印染工艺处理，然后进行缩水率试验．假设采用 5 种不同的工艺，每种工艺处理 4 块布样，测得缩水率的百分数如下表所示．

缩水率/%		试验批号			
		1	2	3	4
因 素（印染工艺）	A_1	4.3	7.8	3.2	6.5
	A_2	6.1	7.3	4.2	4.1
	A_3	4.3	8.7	7.2	10.1
	A_4	6.5	8.3	8.6	8.2
	A_5	9.5	8.8	11.4	7.8

若布的缩水率服从正态分布，不同工艺处理的布的缩水率方差相等．试考察不同工艺对布的缩水率有无显著影响（取 $\alpha=5\%$）？

2. 设有三台机器，用来生产同规格的铝合金薄板，为了了解不同机器生产的铝合金薄板的厚度有无显著差异，现在每台机器生产的铝合金薄板中抽检五块，数据如下表所示（单位：千分之一厘米）．

厚 度		试验序号				
		1	2	3	4	5
机器 A	A_1	0.236	0.238	0.248	0.245	0.243
	A_2	0.257	0.253	0.255	0.254	0.261
	A_3	0.258	0.264	0.259	0.267	0.262

假定铝合金薄板的厚度服从正态分布，且方差相等．试在检验水平 $\alpha=0.05$ 下，分析不同机器生产的铝合金薄板的厚度有无显著差异？

3. 某粮食加工厂用 4 种不同的方法储藏粮食，在一段时间后，分别抽样化验，测得含水率（%）如下表所示．

含水率/%		试验序号				
		1	2	3	4	5
因素 A	A_1	5.8	7.4	7.1	—	—
	A_2	7.3	8.3	7.6	8.4	8.3
	A_3	7.9	9.0	—	—	—
	A_4	8.1	6.4	7.0	—	—

试问不同的储藏方法对粮食的含水率的影响是否显著（取 $\alpha=0.05$）？假定粮食的含水率服从正态分布且方差相等．

4. 为了了解 3 种不同配比的饲料对仔猪生长影响的差异，对 3 种不同品种的仔猪各选 3 头进行试验，分别测得其 3 个月间体重的增加量如下表所示．

体重增加量		因 素 B（品种）		
		B_1	B_2	B_3
因素 A（饲料）	A_1	51	56	45
	A_2	53	57	49
	A_3	52	58	47

假定仔猪的体重增加量服从正态分布，且方差相等．试分析不同饲料与不同品种对猪的生长有

无显著差异（取 $\alpha=0.05$）．

5. 某化工厂为了提高产品的得率（%），选了三种不同的浓度，四种不同的温度做试验．在同一浓度与温度组合下各做两次试验，其得率数据如下表所示．

产品的得率/%		因素 B（温度）			
		B_1	B_2	B_3	B_4
因素 A（浓度）	A_1	14,10	11,11	13,9	10,12
	A_2	9,7	10,8	7,11	6,10
	A_3	5,11	13,14	12,13	14,10

试在 $\alpha=0.05$ 的显著性水平下，检验不同浓度、不同温度以及它们间交互作用对产品的得率是否有显著影响?

6. 研究某一化学反应过程，温度 x(℃) 对产品得率 y(%) 的影响，现测得若干数据如下表所示．

温度 x/℃	100	110	120	130	140	150	160	170	180	190
得率 y/%	45	51	54	61	66	70	74	78	85	89

设对于给定的 x,y 为正态变量，且方差与 x 无关．(1) 画出散点图；(2) 试求线性回归方程 $\hat{y}=\hat{a}+\hat{b}x$；(3) 检验线性回归的合理性（取 $\alpha=0.05$）；(4) 若回归效果显著，试求 $x=135$ 处 y 的置信度为 0.95 的预测区间．

7. 为了考察钢的抗拉强度 y 与硬度 x 之间的相关关系．现做了 20 次试验，其结果如下表所示．

x	277	257	255	278	306	268	285	286	272	285	286	269	246	255	253	255	269	297	257	250
y	103.0	99.5	93.0	105.0	110.0	98.0	103.5	103.0	104.0	103.0	108.0	100.0	96.5	92.0	94.0	94.0	99.0	109.0	95.5	91.0

设对于给定的 x,y 为正态变量且方差与 x 无关．(1) 试求线性回归方程：$\hat{y}=\hat{a}+\hat{b}x$；(2) 试在显著性水平 $\alpha=0.05$ 下检验线性回归的合理性；(3) 试求 σ^2 的估计．

8. 有人认为，企业的利润水平和它的研究费用存在着近似的线性关系．下表所列的资料能否证实这种判断（$\alpha=0.05$）?

时间(年份)	1986	1988	1990	1992	1994	1996	1998	2000
研究费用/万元	0.5	0.4	0.7	1.1	1.6	1.8	1.9	2.2
企业利润/万元	3.5	4.6	5.0	6.4	8.3	8.9	9.0	9.5

9. 下表是 1957 年美国旧轿车价格的调查资料，今以 x 表示轿车的使用年数，y 表示相应的价格，试求 y 关于 x 的回归方程．

使用年数 x	1	2	3	4	5	6	7	8	9	10
价格 y/美元	2651	1943	1494	1087	765	538	484	290	226	204

*10. 某种水泥凝固时释放的热量 y（cal/g，1cal=4.1840J）与 3 种化学成分（单位:%）x_1,x_2,x_3 有关．现将观测的 13 组数据列于下表．

x_1/%	7	1	11	11	7	11	3	1	2	21	1	11	10
x_2/%	26	29	56	31	52	55	71	31	54	47	40	66	68
x_3/%	60	52	60	47	33	22	6	44	22	26	34	12	12
y/(cal/g)	78.5	74.3	104.3	87.6	95.9	109.2	102.7	72.5	93.1	115.9	83.8	113.3	109.4

试求 y 对 x_1,x_2,x_3 的线性回归方程，并作回归检验（$\alpha=0.05$）．

*11. 一种合金在某种添加剂的不同浓度 x(%) 下，合金的延伸系数 y 有变化，为了研究这

种关系，现进行16次试验，数据如下．

x	34	36	37	38	39	39	39	40	40	41	42	43	43	45	47	48
y	1.30	1.00	0.73	0.90	0.81	0.70	0.60	0.50	0.44	0.56	0.30	0.42	0.35	0.40	0.41	0.61

（1）作出散点图；（2）以 $\hat{y}=a_0+a_1x+a_2x^2$ 为回归方程，确定其系数 a_0, a_1, a_2.

附录一　SAS 统计软件简介

SAS 是美国 SAS 软件研究所研制的一套大型集成应用软件系统，具有完备的数据存取、数据管理、数据分析和数据展现功能．其创始产品——统计分析系统部分，由于具有强大的数据分析能力，一直居于统计软件界的权威地位．目前，SAS 的应用非常广泛，在政府行政管理、科研、教育、生产和金融等诸多领域都发挥着重要作用．

SAS 系统是一个模块化的集成软件系统，SAS/BASE 模块是 SAS 的基本部分．此外，还有用于统计分析的 SAS/STAT 模块，用于高级绘图的 SAS/GRAPH 模块，用于矩阵计算的 SAS/IML 模块，用于运筹学和线性规划的 SAS/OR 模块，用于经济预测和时间序列分析的 SAS/ETS 模块等．为了让大家对 SAS 系统的使用有一个基本的了解，本附录将简单介绍 SAS 系统的一些基本知识，并结合本门课程以 SAS9.0 版本简要介绍方差分析和回归分析的 SAS 实现．

一、SAS 系统的启动和程序的运行

（一）SAS 系统的启动和退出

Windows 环境下 SAS 系统的启动和退出都是非常容易的．在桌面双击 SAS 的快捷图标或从 Windows 程序菜单中选择 SAS→The SAS System for Windows9.0，即可启动 SAS 系统，进入 SAS 应用工作空间，如图 M-1 所示．

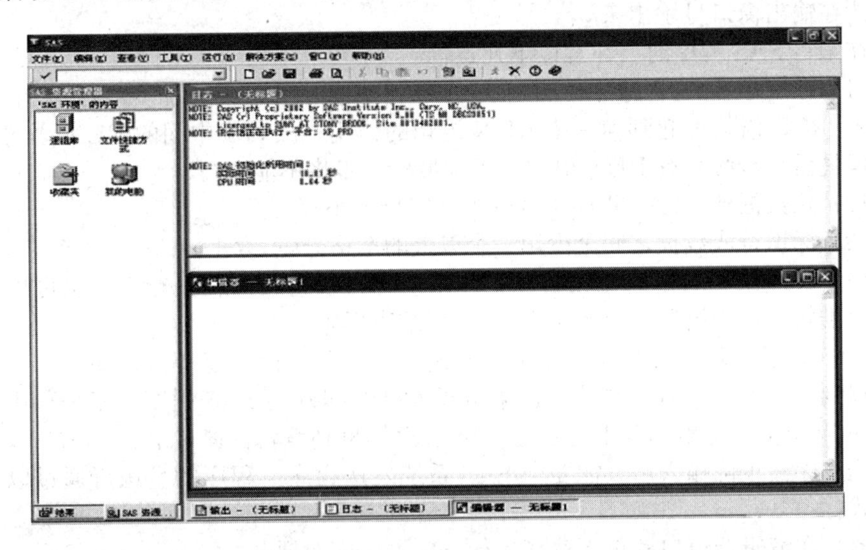

图 M-1　初始进入 SAS 系统时的 SAS 应用工作空间

启动 SAS 系统后，通常显示 SAS 系统的四个窗口，分别为：编辑器窗口、日志窗口、输出窗口、SAS 资源管理器/结果窗口．编辑器窗口用来输入和编辑 SAS 程序；日志窗口用来记录用户程序的执行历史，包括发现的错误（一般用红字显

示)、程序执行完成情况和执行所需时间等；输出窗口显示 SAS 程序执行后输出的结果；SAS 资源管理器用来管理 SAS 数据集以及本地其它文件，结果窗口用来显示 SAS 程序输出结果的目录．

要退出 SAS 系统，只要在文件菜单中选退出或关闭 SAS 的主窗口即可．

（二）SAS 程序的编辑与运行

在 SAS 系统中，数据处理或科学计算大体可分为两个步骤．第一步，将数据读入 SAS 系统，建立 SAS 数据集．这一程序步称为 DATA 步（数据步），以 DATA 语句开始，以 RUN 语句结束．第二步，调用 SAS 过程处理分析数据集中的数据．这一程序步称为 PROC（过程步），以 PROC 语句开始，以 RUN 语句结束．以下举一个 SAS 程序的例子．

```
data example;
input s$  x y z;
cards;
a 1 2 3
b 4 5 6
c 7 8 9
;
run;
proc  print; run;
```

该程序通过 DATA 步建立一个包含四个变量 s,x,y,z，三个观测的数据集 example. 其中 s 是字符型变量，x,y,z 是数值型变量．PROC 步的功能是将数据集中的观测在输出窗口显示出来．

在编写 SAS 程序时要注意以下几点：

（1）在一个 SAS 程序中，可有多个 DATA 步或多个 PROC 步，后一个 DATA 或 PROC 语句可起到前一步 RUN 语句的作用，故两步中间的 RUN 语句可省略，但最后一步必须有 RUN 语句，否则最后一步将不能运行；

（2）除数据外，SAS 程序不区分英文字母大小写；

（3）标识符或数据之间至少用一个以上的空格分隔；

（4）SAS 语句的书写比较自由，一条语句可以连续写在几行中，也可以一行写几个语句，每个语句一定要用“;”作为结束标志．

SAS 程序的编辑至少有三种输入方式：一是在编辑器窗口直接输入；二是将光标移到编辑器窗口后用文件下拉菜单读入已经编好的 SAS 程序；三是利用剪贴板把在 WORD、记事本等中写好的 SAS 程序拷贝到编辑器窗口中．

当程序被正确输入后，需要向 SAS 系统发送程序．程序的发送可通过以下两种方式：

（1）在编辑器窗口菜单下选择运行→单击提交选项；

（2）单击工具栏的提交工具箱（即有小人奔跑形象的图标）．

二、SAS 编程基础

（一）SAS 语法基础

1. SAS 变量

描述给定特征的数据集的集合构成变量（variable）. 在 SAS 数据集中，每一个观测值是由各个变量的数据值构成的.

SAS 变量名可多至 8 个字符，第一个字符必须是字母或者是下划线，后面的字符可以是字母、数字或下划线. 空格和特殊字符（如 $，@，#）不允许在 SAS 变量名中使用. SAS 系统保留一定的名称作为特殊的变量名，这些名称以下划线开始和结尾，如 _ROW_ 和 _TYPE_ 等.

SAS 变量有两种类型，数值变量和字符变量. 字符变量在变量名后面加“$”来表示. 除了类型外，SAS 变量还有长度、输入格式、输出格式和标记等. 另外，一组类型相同的变量可以简化表示，如 X1，X2，…，Xn 可简写为 X1—Xn. 变量的缺失值在 SAS 中用“.”来表示.

2. SAS 常数

SAS 常数用来表示固定的值，在 SAS 系统中常用三种类型的常数：数值常数，字符常数，日期、时间或日期时间常数.

数值常数就是出现在 SAS 语句里的数字，其书写和用法与其它高级语言的使用基本相同，如 5，−0.57，1.2E5，1.89E−9 等.

字符常数是由单引号括起来的 1 到 200 个字符组成，如‘China’.

日期、时间和日期时间常数需用单引号括起来，后面加 D（日期），T（时间）或 DT（日期时间），如‘1JAN2007’D，‘9：25’T，‘18FEB2007：9：25：30’DT.

3. SAS 运算符

SAS 运算符主要包括算术运算符、比较运算符和逻辑运算符，这些运算符与其它计算机语言非常相似或相近.

算术运算符：**（乘方）　*（乘）　/（除）　+（加）　−（减）

比较运算符：

=或 EQ	（等于）	^=或 NE	（不等于）
>或 GT	（大于）	<或 LT	（小于）
>=或 GE	（大于或等于）	<=或 LE	（小于或等于）
IN	（属于）		

如　if x<y then c=8;　　else c=10;

也可写成　c=8*（x<y）+10*（x>=y）;

逻辑运算符：

& AND（与）　　| OR（或）　　^ NOT（非）

4. SAS 函数

SAS 函数是 SAS 系统中编好的子程序，它对若干个参数进行计算后返回一个结果值. 其一般形式为

函数名（参数）　或　函数名（参数，参数，……）

其中，参数是 SAS 常数或 SAS 变量. 当变量多于一个时，之间用“,”分开，或者

函数名（of　var1 var2 …varn）

函数名（of　var1 −varn）

如 sqrt（x），sum（x，y，z），sum（of x y z），min（sum（of x1-x10），100），probt（x，df，nc）（T 分布分布函数，df—自由度，nc—非中心参数）

注意

（1）SAS 函数作为表达式或表达式的一部分用于 DATA 步的编程语句中及一些统计过程中；

（2）在任何可用 SAS 表达式的地方都可以用 SAS 函数．

SAS 系统提供十七类，共 178 个标准函数．以下给出几个常用 SAS 函数

abs（x）：计算 x 的绝对值；

sin（x）：计算 x 的正弦值；

exp（x）：计算 e 的 x 次幂；

log（x）：计算 x 的自然对数；

log2（x）：计算底为 2 的 x 的对数；

finv（p，ndf，ddf，nc）：计算 F（ndf，ddf，nc）分布的 p 分位数；

sum（of x1—xn）或 sum（x1，x2，…，xn）：求 x1，x2，…，xn 的和．

5. SAS 表达式

SAS 表达式是由一系列运算符与运算对象连接而成的，它被执行后产生一个运算结果．运算对象可以是常数、变量和函数．如

x+7，　sin（x），　x+log（x），x>10，A=B

（二）SAS 程序的数据步（DATA 步）

数据必须以 SAS 数据集的格式存放才能被 SAS 过程处理．因此，运用 SAS 系统进行数据处理，必须首先创建 SAS 数据集．下面主要介绍利用 SAS 数据步（DATA 步）创建 SAS 数据文件．

1. 利用 DATA 步创建 SAS 数据集

DATA 步是用 DATA 语句开始的一组 SAS 语句，如

```
data as;
input s$ x y z;
cards;
A 1 2 3
B 4 5 6
;
run;
```

以上这些语句组成 DATA 步．提交后，SAS 系统自动创建一个数据集名为 as 的 SAS 数据集，它包含 4 个变量，分别为 s，x，y，z 和 2 个观测．

DATA 步的一般形式为：

```
data 语句;
input 语句;
[用于 DATA 步的其它语句;]
cards;
数据行
;
```

语句说明

(1) DATA语句表示DATA步的开始，并给出所建立的一个或多个数据集的名字．数据集名由句号隔开的两部分构成，前一部分为库标记，它标识数据集被存储的位置．句号后为数据集名字，如：data user．student. 其中库标记 work 为临时库标记，可省略．如 data class1 class2，这种数据集为临时数据集，退出 SAS 系统后，临时数据集即被清除．其它库标记为永久库标记，相应的数据集在退出 SAS 系统后将被保留．

用户一旦建立了某一数据集，在退出 SAS 前可调用各种 SAS 过程对数据进行分析和计算，不必再重新建立该数据集．另外在 SAS 系统中同时存在多个数据集，处理某一数据集的数据时，应指出该数据集的名字，否则只处理最后建立的数据集，即当前数据集．

(2) INPUT 语句用来描述输入的数据，对每个变量给出名字、类型及格式．

数据类型有两种：字符型和数值型．字符型变量需在变量名后加＄．数据输入的格式有自由式、列式、格式和命名式四种．下面只介绍简单且使用方便的自由式．它只需将变量名简单的列在 input 后面，各变量间使用空格间隔，如：input name＄ age;．输入的数据必须以空格隔开，变量的顺序和它们的数据值在数据行中的顺序一致．如果要在一行读入多个观测值，应使用续行符@@. 例如：

```
data a;
input x y@@;
cards;
3 2.9 5.8 4 3.9 4.7
;
```

输出结果为：

```
x   y
3   2.9
5.8  4
3.9  4.7
```

(3) CARDS 语句标志着 DATA 步中数据行的开始．通常在 CARDS 语句后的数据直到数据结束之前不能有分号，数据输入完后必须另起一行加分号“;”，表示数据输入完毕．

注 如果要在数据行中输入特殊字符，需把 cards 改为 cards4，并把“;”改为 4 格分号“;;;;”．

2. DATA 步中常用语句

SAS 系统提供了一些语句对变量或观测进行加工处理．在 DATA 步建立一个 SAS 数据集之后，可以用 SAS 语句修改数据、选择观测子集、对数据加工处理等．

只用于 DATA 步的 SAS 语句共有 56 个，四大类，即文件操作语句、运行语句、控制语句和信息语句．

(1) LABEL 语句　由于变量名不能超过 8 个字符，通常不能完全表达变量的意思．如用 h 表示身高，w 表示体重．在输出时常希望把变量的意思表达完全，可

以使用LABEL语句给变量一个标签．其语句格式为

LABEL　变量名1＝‘标签1’　变量名2＝‘标签2’　…；

LABEL语句放在INPUT语句的后面，标签长可达40个字符，并且可以用中文．如

LABEL　h＝‘height’　w＝‘weight’；

（2）赋值语句　一般格式为：变量名＝表达式；

赋值语句将表达式计算的结果赋给变量（variable）．表达式中的变量必须已被赋值，否则作为缺省值处理．

如：y＝sqrt（x）；x＝sum（y，z）；c＝8*（x＜y）＋（x＞＝y）．

（3）KEEP和DROP语句　在DATA步中，KEEP和DROP语句用来规定哪些变量被包含或哪些变量不被包含在正被创建的SAS数据集中．该语句用于正被创建的所有SAS数据集，而且出现在任何地方其作用相同．其一般格式为

KEEP（或DROP）　变量列表；

例如，以下程序仅保留了姓名和总分在score数据集中．

```
data   score ;
input name$  maths chinese english;
total=sum(maths, chinese, english);
keep name total;(或 drop maths chinese english;)
cards;
wangwei   78   89   98
zhangli   95   87   89
; run;
```

（4）IF语句　在SAS语言中，使用IF语句进行条件判断．这里仅介绍IF-THEN语句和IF-THEN/ELSE语句．

在DATA步中，如果只对满足指定条件的观测值执行一条语句，可使用IF-THEN语句．其一般格式为

IF 条件 THEN　语句；

执行时，SAS系统首先计算IF后面的条件，如果计算结果为非0，认为条件成立，则执行THEN后面的语句．例如 if　total＞＝230　then　y＝total；

IF-THEN/ELSE语句用于择一情况，即当条件非0时执行THEN后面的语句，反之执行ELSE后面的语句．其一般格式为

IF 条件 THEN 语句；ELSE　语句；

例如 if year＝‘2007’then color＝‘red’；else color＝‘blue’；

（5）DO语句　DO语句规定，在DO后面直到END语句之前的这些SAS语句作为一个单元被执行．下面只介绍常用的简单DO语句和循环DO语句．

简单DO语句常用在IF-THEN/ELSE语句中，用来执行当IF条件成立时的一组语句．在IF条件不成立时，跳出这组语句去执行其它SAS语句．其一般格式为

DO；一些 SAS 语句； END；

例如
```
if x>10 then do;
   y=x*10;  z=y*5;
   end;
```

如果 DO 语句需反复地执行某一部分 SAS 语句，则要用循环 DO 语句．这个反复执行的 SAS 语句部分称为循环体，夹在 DO 语句和 END 语句之间．循环执行的次数一般由一个循环控制变量进行控制．其一般格式为

do 循环控制变量=初值 to 终值 [by 增量]；
循环体；
end；

例如，以下程序利用循环语句和随机正态函数产生参数为 5 的 χ^2 随机数50 个．

```
data chisq;
drop i j z;
do i =1 to 50 by 1;y=0;
    do j=1 to 5; z=normal(0); y=y+z* z; end;
output;
end;
```

(6) OUTPUT 语句　OUTPUT 语句规定 SAS 系统输出当前的观测到指定的 SAS 数据集中．其一般格式为

OUTPUT [数据集名表]；

这里，数据集名表是在 DATA 步语句中出现的数据集名，当前观测就写入这个数据集中．该语句可给出多个数据集的名字，当不给出数据集名字时，当前的观测值被写到正建立的所有数据集中．

若要在一个数据步中建立多个数据集，除了要用 DATA 语句指出多个数据集名外，还要用 OUTPUT 语句将不同的值输入不同的数据集．

例如，把满足 total>=240 的观测输出到数据集 class1 中，其它的输出到数据集 class2 中．

```
data class1 class2;
input name $ chinese maths english@@;
total=chinese+maths+english;
if total>=240 then output class1; else output class2;
cards;
a 82 78 69 b 90 78 89 c 79 86 98
;
```

(7) SET 语句　SET 语句从一个或几个已经存在的 SAS 数据集中读取观测形成一个新的 SAS 数据集．其一般格式为

SET data1 … datan；

例如，要统计原数据集 score 中每位同学的总成绩和平均成绩，并仍存放在原数据集中．

data score；

set score；　total＝maths＋chinese＋englishi；ave＝total/3；run；

把三个班同学的成绩 class1，class2，class3 垂直连接成一个数据集 class，SAS 程序为

data class；　set class1 class2 class3；　run；

3. 读入其它格式的数据文件

除了通过数据步创建数据集的方法，SAS 还提供了一些方式来读入其它格式的数据文件．6.11 版本以上的 SAS 可以利用文件菜单上的导入数据命令将其它格式的数据文件导入 SAS 系统，创建 SAS 自己的数据集．可以导入的数据文件格式有：dBase 数据库、EXCEL 工作表、LOTUS 的数据库、纯文本的数据文件等．

以下简单叙述导入的步骤，假如有一个 EXCEL 数据库文件 math，已经存放在"e:\user"下，要导入创建 SAS 数据集 work. math.

（1）选择文件菜单上的导入数据，弹出一个 Select Import Type 对话框；

（2）选择导入的数据格式，从下拉式菜单上选择 EXCEL 格式，单击 NEXT 按钮，弹出 Connect to MS Excel 对话框；

（3）给出数据文件的位置和文件名，在对话框中键入 e:\user\example，或点 BROWSE 直接从上面选择文件，选好后单击 OK 按钮，进入 Select Table 对话框；

（4）选择 EXCEL 文件中数据存放的数据表，点击 NEXT，弹出 Select library and member 对话框；

（5）指定要创建的数据集的名字和存放的数据库名，先在左面的对话框选择数据库名 WORK（临时库），在 libary 对话框键入库名字，在 member 对话框键入数据集的名字 math（此名可任意起），选择完后，单击 FINISH 按钮，就完成了此次操作．

（三）SAS 程序的过程步（PROC 步）

通俗地讲，SAS 的过程步就是已经编好了的用于数据整理和统计计算的计算机程序．过程步总是以一个 PROC 语句开始，后面紧跟着过程步名，用以区分不同的程序步．表 M-1 是一些常用的过程的步名及其功能．

表 M-1　常用过程步名及其功能

过程步名	功　能	过程步名	功　能
SORT	将指定的数据集按指定变量排序	ANOVA	对指定的变量做方差分析
PRINT	将数据集中的数据列表输出	NPAR1WAY	对指定的变量做非参数检验
MEANS	对指定的数值变量进行简单的统计描述	REG	对指定的变量做回归分析
FREQ	对指定的分类变量进行简单的统计描述	CORR	对指定的变量做相关分析
TTEST	对指定的变量做 t 检验	GPLOT	绘制高分辨率的统计图

1. PROC 步的基本语句

(1) PROC 语句　一般格式为　PROC　SAS 过程名 [选项];

PROC 语句的功能是指定所调用的过程以及该过程的若干选项．最常用的选项为“DATA=数据集”，即指出所处理的数据集名，如缺省则处理当前数据集．

例如，用 PRINT 过程打印输出数据集 score 的内容．

```
proc print data=score;
```

(2) VAR 语句　一般格式为　VAR 变量列表;

该语句指定想要分析的某些变量，如缺省则默认分析全部数值型变量．

例如　var weight height;

(3) BY 语句　一般格式为　BY 变量名;

该语句表示过程按给出的变量进行分组并分析，所分析的数据集应首先按该变量进行排序．

例如，假定数据集 class 已按 sex 排序，则程序 proc print data=class ; by sex; run; 提交后将产生男、女分开输出的列表．

(4) OUTPUT 语句　一般格式为　OUTPUT [OUT=数据集名] [KEYWORD=名字];

该语句给出用该过程产生的输出数据集的信息．“OUT=数据集名”规定产生的输出数据集的名字，如缺省，SAS 系统自动按 DATAn 命名；“KEYWORD=名字”规定在这个新数据集中同关键词相联系的输出变量的名字，关键词随着不同的过程而变化．

例如：proc means; var x; output out=aa mean=meanx; run;

此例用过程 means 计算变量 x 的均值．关键词 mean=规定变量 x 的均值的变量名为 mean x.

2. 几个常用 SAS 过程举例

建立 SAS 数据集 sample，先对变量 height 按降序排列，再对 weight 按升序排列，生成数据集 paixu；并且把数据集 paixu 中的变量 name，height，weight 打印输出．

SAS 程序如下

```
data sample;
input name $ sex $ age height weight@@;
cards;
Gail m 14 64.3 90  Alice f 13 56.5 84  Karen f 13 56.3 77
Becka m 12 65.33 98
;
proc sort out=paixu;
by descending height weight;
run;
proc print data=paixu; var name height weight;
title '按身高和体重排序'; run;
```

程序说明

(1) 第一个 PROC 语句表示调用 SORT 过程对数据集 sample 排序，产生数据集 paixu；

（2）BY 语句规定排序的变量，可以有多个．这里首先对变量 height 按降序（在变量前加关键词 descending），然后再对变量 weight 按升序排列（前面的关键词 ascending 可省略）；

（3）第二个 PROC 语句调用 PRINT（打印输出）过程，将数据集 paixu 中的变量 name，height，weight 打印输出．

（4）TITLE 语句给出输出结果的标题．

程序运行结果如下

按身高和体重排序

Obs	name	height	weight
1	Becka	65.33	98
2	Gail	64.30	90
3	Alice	56.50	84
4	Karen	56.30	77

三、方差分析和回归分析的 SAS 程序

（一）方差分析

SAS/STAT 模块的 ANOVA 过程主要用于处理平衡试验的方差分析和重复测量的方差分析，也可以用于多个变量的对比试验．所谓平衡试验是指各组观测次数相等的试验设计，不平衡试验设计不能使用 ANOVA 过程来处理，而应该使用 GLM 过程．

ANOVA 过程的一般格式为

```
PROC ANOVA[选项];          ⎫
CLASS 分类变量名串;         ⎬ 必需的语句且须按顺序出现
MODEL 因变量=因素名串[/选项];⎭
BY 分组变量名串;            ⎫
FREQ 变量名;               ⎪
MEANS 因素名串[/选项];      ⎬ 可以选择使用
TEST [H—因素名串] E=因素;   ⎭
```

1. 单因素方差分析

【例 1】 为寻求适应本地区的高产小麦品种，今选了 5 种不同的小麦品种进行试验，每一品种分别在条件相同的 4 块试验田试种，试验结果（亩产）如表 M-2（单位：kg）所示．

若小麦的亩产量服从正态分布，且假定不同品种产量的方差相等，试考察不同品种的亩产量是否存在显著差异．

SAS 程序如下

```
data wheat;
input type $   yield@@;
label   type='小麦品种' yield='小麦亩产量';
```

```
cards;
A1 812.30   A1 790.0   A1 806.0   A1 810.0
A2 759.5    A2 737.7   A2 721.1   A2 720.4
A3 678.08   A3 680.0   A3 689.3   A3 677.2
A4 643.3    A4 608.5   A4 689.3   A4 645.2
A5 705.2    A5 710.1   A5 721.4   A5 698.6
;
proc anova;
class type;
model yield=type;
run;
```

表 M-2

田块＼品种	A1	A2	A3	A4	A5
1	812.30	759.5	678.08	643.3	705.2
2	790.0	737.7	680.0	608.5	710.1
3	806.0	721.1	689.3	689.3	721.4
4	810.0	720.4	677.2	645.2	698.6

程序说明

（1）首先利用 DATA 步创建了一个名为 wheat 的 SAS 数据集，其中包含 type 和 yield 两个变量；

（2）程序的第二部分利用所建数据集通过 ANOVA 过程进行方差分析．其中 CLASS 语句说明使用变量 type 作为分类变量；MODEL 语句给出了方差分析的模型结构，即说明因变量和要考察的影响因变量的因素，这里因变量为 yield，因素为 type. 就本例来说，该语句要求就五种小麦品种进行方差分析，即检验五种品种的亩产量是否存在显著差异．

程序运行主要结果：

输出 1　五种小麦品种产量数据方差分析结果

```
                         The ANOVA Procedure
Dependent Variable: yield
                                                    Sum of
Source                DF      Squares     Mean Square    F Value     Pr > F
Model                  4   57107.72848    14276.93212      43.05     <.0001
Error                 15    4975.02230      331.66815
Corrected Total       19   62082.75078
          R-Square     Coeff Var     Root MSE     yield Mean
          0.919865     2.546533      18.21176     715.1590
Source                DF     Anova SS     Mean Square    F Value     Pr > F
Type                   4   57107.72848    14276.93212      43.05     <.0001
```

输出结果由两部分构成，前半部分是方差分析表，包括方差来源（source）、自由度（DF）、平方和（Squares）、均方（Mean Square）、F 检验值（F Value）以及对应的概率（Pr>F）．后半部分是检验结果的一些总结，这部分除了有 F 检验值及其对应的概率外，还有一些其它统计量，如 R^2 值、变异系数、均方误差的平方根、平均产量．在单因素方差分析中，要判断因素各水平间是否有显著差异，只需要看 F 检验值及其对应的概率．在本例中，F=43.5，其对应的概率 p<0.0001，因而可以得出结论：在 0.05 的检验水平下，五个品种小麦平均亩产量有显著差异．

【例 2】 一名证券经纪人，收集了某年三个行业不同上市公司的股票每股净收益资料，如表 M-3 所示．

表 M-3

行业类型	每股净收益									
计算机	3.94	2.76	8.95	3.23	3.04	4.69	4.52	5.05	—	—
医　药	2.89	1.65	2.59	1.09	−1.70	2.30	−3.10	—	—	—
公　用	−2.26	0.66	2.22	1.77	−0.15	2.10	2.89	1.12	−3.21	2.11

若假设每股净收益服从正态分布，且方差相同．试在检验水平 0.05 下，判断三个不同行业的公司的每股净收益是否有显著差异？

SAS 程序如下

```
data stock;
input type $ neps@@;
cards;
jsj  3.94  jsj  2.76  jsj  8.95  jsj  3.23  jsj  3.04  jsj  4.69
jsj  1.52  jsj  5.05  che  0.89  chc  1.65  che  2.59  che  1.09
che  −1.70  che  2.30  che  −3.10  public  −2.26  public  0.66
public  2.22  public  1.77  public  −0.15  public  2.10
public −2.89  public  1.12  public  −3.21  public  2.11
;
proc glm;  class type;  model  neps=type;  run;
```

程序说明

（1）由于本例题数据为非均衡数据，故采用 GLM 过程进行方差分析；

（2）CLASS 语句说明使用 type 作为分类变量；

（3）MODEL 语句说明 neps 为因变量，type 为影响因素．

程序运行主要结果

输出 2　三个不同行业每股净收益方差分析结果

```
                              The GLM Procedure
Dependent Variable: neps
                                                  Sum of
Source              DF     Squares        Mean Square     F Value       Pr > F
Model                2     77.3147211     38.6573606      7.78          0.0028
Error               22     109.3835029    4.9719774
Corrected Total     24     186.6982240
  R-Square       Coeff Var      Root MSE        neps Mean
  0.414116       138.0848       2.229793        1.614800
Source              DF     Type Ⅰ SS       Mean Square       F Value     Pr > F
type                 2     77.31472114     38.65736057       7.78        0.0028
Source              DF     Type Ⅲ SS       Mean Square       F Value     Pr > F
type                 2     77.31472114     38.65736057       7.78        0.0028
```

输出结果后半部分给出了一些常见统计量值以及由系统自动产生的两种计算平方和的方法 Type Ⅰ SS 和 Type Ⅲ SS. 一般来说，选择前者要求数据应是平衡数据，而且各因素效应有一定的顺序；而后者则没有这个要求，特别是数据不要求是均衡的，各因素效应与因素在模型中的排列顺序也没有关系．但值得注意的是，选择 Type Ⅲ SS 计算出的各因素平方和之和有时不等于总离差平方和，而 Type Ⅰ SS 则不会出现此类情况．在本例中两者是一致的，而且检验的 F 值为 7.78，对应的概率为 0.0028，小于给定的检验水平 0.05. 因此可以得出下列结论：三个行业股票每股净收益的均值存在显著差异．

2. 双因素方差分析

（1）双因素无重复试验的方差分析

【例 3】 某汽车销售商欲了解三种品牌的汽车 X,Y,Z 和四种标号（A，B，C，D）的汽油对汽油消耗量的影响情况．在三种品牌的汽车中随机抽出三辆，分别使用四种标号的汽油在同样的公路上行驶 1h，然后测量各自的油耗量，结果如表 M-4 所示．

表 M-4

汽油 / 汽车	A	B	C	D
X	21.8	22.4	20.6	23.1
Y	31.3	34.2	30.6	33.7
Z	23.1	27.3	26.1	28.6

若假定正态分布和方差相等两个条件都满足，试在检验水平 0.01 下，检验两个因素对汽车的油耗量是否有显著影响．

SAS 程序如下

```
data cars;
  do car='X','Y','Z';
     do gas='A','B','C','D';
     input consume@@;output;
     end;
  end;
```

```
cards;
21.8   22.4   20.6   23.1
31.3   34.2   30.6   33.7
23.1   27.3   26.1   28.6
;
proc anova;class car gas;
model consume=car gas;
run;
```

程序说明

① DATA 步利用双重循环语句创建了一个名为 cars 的 SAS 数据集．一般来说，对于双因素无重复试验数据都可以用双循环语句来输入数据；

② CLASS 语句说明使用 car 和 gas 两个变量作为分类变量；

③ MODEL 语句说明 consume 为因变量，car 和 gas 为影响因素．

程序运行主要结果

输出 3　汽车汽油消耗量方差分析结果

```
                              The ANOVA Procedure
Dependent Variable: consume
Source                  DF      Squares       Mean Square    F Value     Pr > F
Model                    5    243.1750000     48.6350000      36.82      0.0002
Error                    6      7.9250000      1.3208333
Corrected Total         11    251.1000000
        R-Square        Coeff Var      Root MSE        consume Mean
        0.968439        4.272398       1.149275        26.90000
Source              DF       Anova SS        Mean Square       F Value     Pr > F
car                  2      21.7950000      110.8975000        83.96      <.0001
gas                  3      21.3800000        7.1266667         5.40      0.0386
```

由以上方差分析表可知，因素汽车品牌（car）的 F 检验值为 83.96，对应的概率 $p<0.0001$；因素汽油标号（gas）的 F 检验值为 5.40，其对应的概率为 0.0386. 因此在 0.01 的检验水平下，汽车品牌对汽油的消耗有显著影响，但汽油标号对汽油消耗没有显著影响．

（2）双因素等重复试验的方差分析

【例 4】 某化工厂生产中为了提高产品的得率，选了 4 种不同的温度和三种不同的浓度做试验，在同一温度与浓度的组合下做两次试验，其得率如表 M-5 所示．试在检验水平 0.05 下，检验不同的温度，不同的浓度以及它们间交互作用对得率有无显著影响．

表 M-5

浓度(B)		B1	B2	B3
温度 A	A1	58.2，52.6	56.2，41.2	65.3，60.8
	A2	49.1，42.8	54.1，50.5	51.6，48.4
	A3	60.1，58.3	70.9，73.2	39.2，40.7
	A4	75.8，71.5	58.2，51.0	48.7，41.4

SAS 程序如下

```
data chemical;
  do a=1 to 4;
    do b=1 to 3;
      do rep=1 to 2;
        input value @@; output;
        end;
    end;
  end;
cards;
58.2 52.6 56.2 41.2 65.3 60.8
49.1 42.8 54.1 50.5 51.6 48.4
60.1 58.3 70.9 73.2 39.2 40.7
75.8 71.5 58.2 51.0 48.7 41.4
;
proc anova data=chemical;
class a b;
model value=a b a*b;
run;
```

程序说明　model 语句中的 a*b 是指 a,b 的交互效应.

程序运行主要结果

输出 4　某化工厂产品得率的方差分析结果

The ANOVA Procedure

Dependent Variable: value

Source	DF	Squares	Mean Square	F Value	Pr > F
Model	11	2401.348333	218.304394	11.06	0.0001
Error	12	236.950000	19.745833		
Corrected Total	23	2638.298333			

R-Square	Coeff Var	Root MSE	value Mean
0.910188	8.080549	4.443628	54.99167

Source	DF	Anova SS	Mean Square	F Value	Pr > F
a	3	261.675000	87.225000	4.42	0.0260
b	2	370.980833	185.490417	9.39	0.0035
a*b	6	1768.692500	294.782083	14.93	<.0001

由以上方差分析表可知，因素 a（温度）的 F 检验值为 4.42，对应的概率为 0.0260，因素 b（浓度）的 F 检验值为 9.39，对应概率为 0.0035；交互效应

a * b的 F 检验值为 14.93，对应的概率 $p<0.0001$. 因此在 0.01 的检验水平下温度对产品的得率没有显著影响，浓度、温度与浓度的交互作用对产品的得率有显著影响.

(二) 回归分析

SAS 系统提供了多个回归分析过程，例如线性回归、非线性回归、二次响应面回归、病态数据回归、Logistic 回归等. 其中，SAS/STAT 模块的 REG 过程是用途最广泛的一种. 它的主要功能有

(1) 可以对任意多个变量建立线性回归模型，还可以对参数进行线性约束，建立具有线性约束的线性回归方程；

(2) 提供了 9 种变量选元的方法；

(3) 可以对变量之间进行各种形式的假设检验，包括常见的 t 检验、F 检验和 D. W. 检验等；

(4) 可以输出参数的估计值及贝塔系数、因变量的预测值、置信限、残差和标准化残差等各种常用统计量；

(5) 可通过 PLOT 语句对输入数据或由回归分析产生的统计量绘图；

(6) 可进行回归模型的诊断，如共线性诊断、强影响点诊断、自相关性诊断等；

REG 过程的一般格式

```
PROC REG[选项串];                       } 拟合模型必需的语句
MODEL 因变量名=自变量名[/选项];         }
BY 分组变量名;                          }
FREQ 变量名;                            }
WEIGHT 权变量名;                        } 可以选择使用
ID 变量名;                              }
VAR 变量名;                             }
ADD 变量名;                                             }
DELETE 变量名;                                          }
OUTPUT OUT=数据集名 KEYWORD=关键词名;                   } 出现在 MODEL 语句之后，且可交互使用
PLOT 图形指令串[/选项];                                 }
TEST 等式 1[,等式 2,…/选项];                            }
```

1. 一元线性回归模型举例

【例 5】 某保险公司为对收入 25000 元及其以下的家庭考察其收入与户主生命保险额之间的关系，随机抽取了 12 个家庭进行调查，调查数据如表 M-6 所示.

表 M-6

保险额/千元	32	40	50	20	22	35	55	45	28	22	24	30
收入/千元	14	19	23	12	9	15	22	25	15	10	12	16

试求保险额 y 关于收入 x 的线性回归方程，并求在收入 $x_0=34000$ 元时，保险额 y_0 的预测值和 0.95 预测区间 .

SAS 程序如下

```
data insuranc;
input y   x@@;
cards;
32 14 40 19 50 23 20 12 22 9 35 15 55 22
45 25 28 15 22 10 24 12 30 16 . 34
;
proc gplot;
plot   y * x/vaxis=20 to 60 by 10 haxis=9 to 25 by 1;
symbol v=star i=rl w=2;
run;
proc reg;
model y=x ;
model y=x/noint p cli;
run;
```

程序说明

(1) GPLOT 过程绘制保险额与收入的散点图；

(2) PLOT 语句用来规定作图变量（垂直变量 y 和水平变量 x)，选项 vaxis 和 haxis 定义坐标轴的刻度标记；

(3) SYMBOL 语句用来规定散点的符号为 star（星号)，散点之间的连接方式为 rl（拟合回归线)，连线的线宽为 2；

(4) 第一个 MODEL 语句说明模型中的因变量和自变量，本例中因变量为 y，自变量为 x；

(5) 第二个 MODEL 语句中选项 noint 说明拟合一个过原点的回归模型；选项 p 说明由输入数据和估计模型计算出因变量的预测值；cli 说明输出每个个别值的 95%置信上、下限，当规定了 cli 时，p 可以省略；

(6) 要计算收入为 34000 元时保险额的预测值，只要在最后一组观测中给出自变量 x 的值 34，因变量用缺省值“.”来表示即可 .

程序运行主要结果

输出结果的第一部分为保险额和收入的散点图，见图 M-2. 由散点图可以看出，两变量间具有明显的线性关系，因此可以构建一元线性回归模型 $y=\alpha+\beta x+\varepsilon$.

输出结果的第二部分为 REG 过程的第一个 MODEL 语句，即上述一元线性回

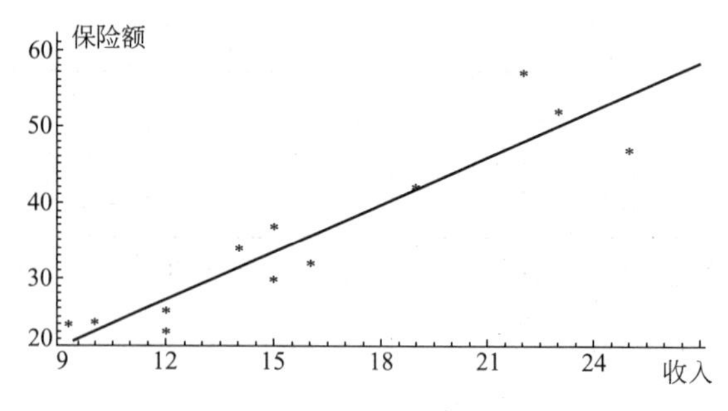

图 M-2　保险额与收入的散点图

归模型的相关输出结果．

输出 5（A）　收入与保险额的线性回归（含截距项）

The REG Procedure

Model：MODEL1

Dependent Variable：y

Analysis of Variance

Source	DF	Sum of Squares	Mean Square	F Value	Pr > F
Model	1	1273.34228	1273.34228	57.99	<.0001
Error	10	219.57438	21.95744		
Corrected Total	11	1492.91667			

Root MSE	4.68588	R-Square	0.8529
Dependent Mean	33.58333	Adj R-Sq	0.8382
Coeff Var	13.95298		

Parameter Estimates

Variable	DF	Parameter Estimate	Standard Error	t Value	Pr > |t|
Intercept	1	0.50951	4.54891	0.11	0.9130
x	1	2.06711	0.27145	7.62	<.0001

上述输出结果的上半部分为收入对保险额回归结果的方差分析表．其中 F 检验值为 57.99，其对应概率 $p<0.0001$，小于检验水平 0.05，说明两变量线性关系显著，即用上述一元线性回归模型拟合合适．

中间部分给出拟合精度的指标 Root MSE 为 4.68588，拟合优度 R^2 和调整的 R^2 分别为 0.8529 和 0.8382，表明保险额的变差有 83.82%可由收入来解释，因此，可认为方程拟合比较充分．

最下面部分给出模型参数估计及参数与 0 是否有显著差异的 T 检验．其中参数 α（即 Intercept）的估计值为 0.50951，其对应的概率为 0.9130，大于显著性水平 0.05，故 α 与 0 无显著差异；β 的估计值为 2.06711，对应概率 $p<0.0001$，故 β 显著不为 0.

由于 α 与 0 无显著差异，所以第二个 MODEL 语句拟合不包含截距项的线性回归模型，并计算每个观测的预测值．

输出 5（B） 收入对保险额的线性回归（不含截距项）

Model：MODEL2

Dependent Variable：y

NOTE：No intercept in model. R-Square is redefined.

Analysis of Variance

Source	DF	Sum of Squares	Mean Square	F Value	Pr>F
Model	1	14807	14807	740.86	<.0001
Error	11	219.84985	19.98635		
Uncorrected Total	12	15027			

Root MSE	4.47061	R-Square	0.9854
Dependent Mean	33.58333	Adj R-Sq	0.9840
Coeff Var	13.31199		

Parameter Estimates

Variable	DF	Parameter Estimate	Standard Error	t Value	Pr>|t|
x	1	2.09614	0.07701	27.22	<.0001

以上输出结果给出了不含截距项的线性回归结果．F 检验值为 740.86，对应概率 $p<0.0001$，说明回归方程显著，即用不含截距项的线性回归模型也是合适的．Root MSE 为 4.47061，拟合优度 R^2 和调整的 R^2 分别为 0.9854 和 0.9840，方程拟合充分．比较两模型的 F 值、Root MSE、R^2 可以看出，不含截距项的线性回归模型都优于含截距项的线性回归模型．因此选择不含截距项的线性回归模型，得到如下的回归方程

$$y=2.09614\cdot x.$$

输出 5（C） 不含截距项线性回归模型的预测结果

Output Statistics

Obs	Dependent Variable	Predicted Value	Std Error Mean Predict	95% CL Predict		Residual
1	32.0000	29.3460	1.0782	19.2242	39.4678	2.6540
2	40.0000	39.8267	1.4632	29.4733	50.1801	0.1733
3	50.0000	48.2113	1.7712	37.6274	58.7952	1.7887
4	20.0000	25.1537	0.9241	15.1059	35.2015	−5.1537
5	22.0000	18.8653	0.6931	8.9080	28.8226	3.1347
6	35.0000	31.4421	1.1552	21.2792	41.6051	3.5579
7	55.0000	46.1151	1.6942	35.5925	56.6378	8.8849
8	45.0000	52.4036	1.9253	41.6902	63.1170	−7.4036
9	28.0000	31.4421	1.1552	21.2792	41.6051	−3.4421
10	22.0000	20.9614	0.7701	10.9768	30.9461	1.0386
11	24.0000	25.1537	0.9241	15.1059	35.2015	−1.1537
12	30.0000	33.5383	1.2322	23.3316	43.7449	−3.5383
13	.	71.2688	2.6184	59.8657	82.6720	.

以上输出结果给出因变量值、预测值、预测值的标准差、预测值的 95%置信

上、下限和残差．当户主收入为34000元时，保险额的预测值为71268.8元，其95%的置信区间为（59865.7,82672）．

2. 可线性化的一元线性回归模型举例

【例6】 盛钢水的钢包，由于钢水对耐火材料的侵蚀，容积将逐渐增大，以x表示钢包的使用次数，y表示钢包增大的容积，试根据下列实验数据（表M-7），求y对x的回归方程．

表M-7

x	2	3	4	5	6	7	8	9	10	11	12	13	14	15	16
y	6.42	8.20	9.58	9.50	9.70	10.00	9.93	9.99	10.49	10.59	10.60	10.80	10.60	10.90	10.76

SAS程序如下

```
data steel;
input x y@@;
u=log(y); v=1/x;
cards;
2 6.42   3 8.20   4 9.58   5 9.50   6 9.70   7 10.00   8 9.93   9 9.99
10 10.49   11 10.59   12 10.60   13 10.80   14 10.60   15 10.90   16 10.76
;
proc gplot;
plot y*x/vaxis=5 to 12   haxis=0 to 18 by 3;
symbol v=star w=2;run;
proc reg;
model u=v;
run;
```

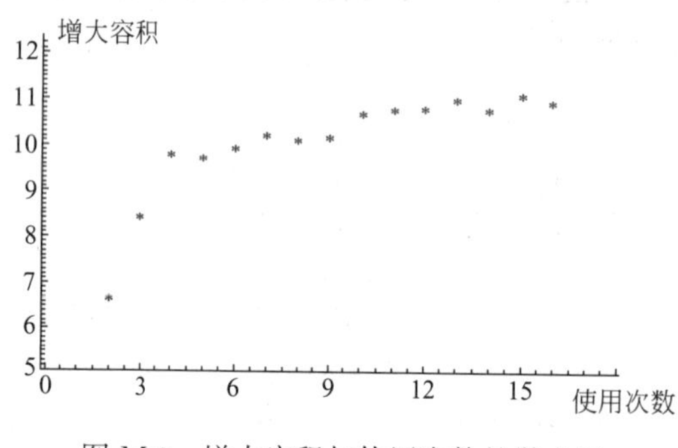

图M-3 增大容积与使用次数的散点图

程序说明

DATA步中的赋值语句u=log(y)，计算y的自然对数lny；赋值语句v=1/x计算x的倒数．

程序运行主要结果

输出结果的第一部分为由GPLOT过程绘制的y和x的散点图，由散点图M-3可以看出，两者之间不是线性的，应为非线性函数关系．由散点图形状，可假定回归模型的形式为负指数型函数，即可假定回归模型形式为

$$y=ce^{\frac{b}{x}+\varepsilon} \quad (c>0).$$

上述假定模型是可线性化的非线性回归模型，故作变量代换$u=\ln y$，$v=\frac{1}{x}$，转化为关于变量u和v的线性回归模型$u=\alpha+\beta v+\varepsilon$，其中$\alpha=\ln\varepsilon$，$\beta=b$．程序输出结果的第二部分给出REG过程给出的关于变量u和v的线性回归结果．

输出 6　钢包使用次数和增大的容积负指数型函数下的回归结果

```
                              The REG Procedure
Model: MODEL1
Dependent Variable: u
                           Analysis of Variance
                                  Sum of          Mean
  Source                  DF      Squares         Square          F Value      Pr>F
  Model                    1      0.25472         0.25472         303.19       <.0001
  Error                   13      0.01092         0.00084014
  Corrected Total         14      0.26564
  Root MSE              0.02899            R-Square         0.9589
  Dependent Mean        2.28150            Adj R-Sq         0.9557
  Coeff Var             1.27044
                        Parameter Estimates
                          Parameter        Standard
  Variable       DF       Estimate         Error            t Value          Pr>|t|
  Intercept       1       2.45778          0.01259          195.22           <.0001
  v               1       -1.11067         0.06379          -17.41           <.0001
```

由上输出结果可知，F 检验值为 303.19，对应概率 $p<0.0001$，说明变量 u 和 v 之间的线性关系显著．调整的 $R^2=0.9557$，方程拟合较好．参数显著性检验的 T 值分别为 195.22 和 −17.41，对应概率 p 都小于 0.0001，说明截距项和斜率都显著不为 0．故可得到关于 u 和 v 的线性回归方程为（保留 4 位小数）$u=2.45778-1.11067v$.

因此，所求回归方程为　$\ln y=2.45778-1.11067/x$，

即
$$y=11.6789\cdot e^{-\frac{1.11067}{x}}.$$

3. 多元线性回归模型举例

【例 7】 某大型家具厂过去两年中引进了 14 种新产品．市场调查部需要测定头一年的销售额与某个适当的自变量之间的关系，作为今后制定推销计划和广告计划之用．调查人员建立了一个名为“顾客知悉率”的变量，用产品问世后 3 个月内听说过这种产品的顾客的百分比来测量，调查数据如表 M-8 所示．

表 M-8

产　品	A	B	C	D	E	F	G	H	I	J	K	L	M	N
销售额/千元	82	46	17	21	112	105	65	55	80	43	79	24	30	11
顾客知悉率	50	45	15	15	70	75	60	40	60	25	50	20	30	5
广告费/千元	1.8	1.2	0.4	0.5	2.5	2.5	1.5	1.2	1.6	1.0	1.5	0.7	1.0	0.8
价格/元	7.3	5.1	4.2	3.4	10.0	9.8	7.9	5.8	7.0	4.7	6.9	3.8	5.6	2.8

试建立产品销售额与顾客知悉率、广告费、价格的线性回归方程．

SAS 程序如下

```
data quantity;
input sales ads expend price@@;
label sales='销售额' ads='顾客知悉率' expend='广告费' price='价格';
cards;
```

```
82  50  1.8  7.3  46   45  1.2  5.1   17   15  0.4  4.2
21  15  0.5  3.4  112  70  2.5  10.0  105  75  2.5  9.8
65  60  1.5  7.9  55   40  1.2  5.8   80   60  1.6  7.0
43  25  1.0  4.7  79   50  1.5  6.9   24   20  0.7  3.8
30  30  1.0  5.6  11   5   0.8  2.8
;
proc reg;
model sales=ads expend price;
model sales=ads expend price/selection=stepwise;
run;
```

程序说明

(1) 第一个 MODEL 语句说明因变量为 sales，自变量为 ads，expend，price，即建立包含所有自变量的回归模型；

(2) MODEL 语句中的选项 selection=stepwise 表示采用逐步回归法选择自变量.

程序运行主要结果

输出结果的第一部分为第一个 model 语句的输出结果.

输出 7 (A)　包含所有自变量的线性回归结果

```
The REG Procedure
Model: MODEL1
Dependent Variable: sales
                          Analysis of Variance
                          Sum of          Mean
Source           DF       Squares         Square        F Value     Pr>F
Model            3        13489           4496.17777    70.53       <.0001
Error            10       637.46669       63.74667
Corrected Total  13       14126
    Root MSE              7.98415       R-Square     0.9549
    Dependent Mean        55.00000      Adj R-Sq     0.9413
    Coeff Var             14.51664
                         Parameter Estimates
                          Parameter       Standard
Variable         DF       Estimate        Error         t Value     Pr>|t|
Intercept        1        -11.17610       9.26649       -1.21       0.2555
ads              1        0.51183         0.36063       1.42        0.1862
expend           1        26.47415        11.01791      2.40        0.0371
price            1        1.87438         4.30936       0.43        0.6728
```

由以上输出结果可知，F 值为 70.53，对应概率 $p<0.0001$，在 0.05 的检验水平下，回归方程显著. 调整的 $R^2=0.9413$，回归方程的拟合情况较好. 由参数估计结果，可以得到回归方程如下

$$sales=-11.17610+0.51183\cdot ads+26.47415\cdot expend+1.87438\cdot price$$

T 值	(−1.21)	(0.1862)	(0.0371)	(0.6728)
对应概率	(0.2555)	(0.1862)	(0.0371)	(0.6728)

$$R^2=0.9413,\quad MSE=63.74667.$$

由以上 T 检验可知，在 0.05 的显著性水平下，除了 expend 系数显著，其它都不显著．因此，需考虑在三个自变量中选择比较重要的变量作为回归模型的自变量，即进行自变量选择．第二个 model 语句采用了实践中常用的逐步回归（stepwise）法选择自变量．其输出结果如下

输出 7（B） 含截距项的逐步回归结果

Model：MODEL2
Dependent Variable：sales
Stepwise Selection：Step 1
Variable expend Entered：R-Square = 0.9296 and C(p) = 5.6096

Analysis of Variance

Source	DF	Sum of Squares	Mean Square	F Value	Pr>F
Model	1	13131	13131	158.35	<.0001
Error	12	995.05755	82.92146		
Corrected Total	13	14126			

Variable	Parameter Estimate	Standard Error	Type Ⅱ SS	F Value	Pr>F
Intercept	−8.17626	5.57920	178.08687	2.15	0.1685
expend	48.59712	3.86186	13131	158.35	<.0001

Stepwise Selection：Step 2
Variable ads Entered：R-Square = 0.9540 and C(p) = 2.1892

Analysis of Variance

Source	DF	Sum of Squares	Mean Square	F Value	Pr>F
Model	2	13476	6738.23668	114.11	<.0001
Error	11	649.52664	59.04788		
Corrected Total	13	14126			

Variable	Parameter Estimate	Standard Error	Type Ⅱ SS	F Value	Pr>F
Intercept	−7.75388	4.71128	159.94234	2.71	0.1280
ads	0.61801	0.25548	345.53091	5.85	0.0341
expend	29.25646	8.63386	678.01273	11.48	0.0061

以上逐步回归结果表明，第一步，变量 expend 被加入到模型中；第二步变量 ads 被选入模型中．得到以下回归方程

$$sales = -7.75388 + 0.61801 \cdot ads + 29.25646 \cdot expend$$

T 值　　(2.71)　　　(5.85)　　　(11.48)

对应概率(0.1280)　　(0.0341)　　　(0.0061)

$$R^2 = 0.9540 \quad MSE = 59.04788$$

比较以上两个回归方程，无论从方程的拟合优度、拟合精度 MSE 还是回归参数的显著性方面比较，第二个回归方程都要优于第一个回归方程．

附录二　随机实验

众所周知，概率论与数理统计是一门应用广泛且实验性很强的随机数学学科，以往我们只是通过不断演练书上一个又一个的习题来了解和掌握该学科的原理和方法，这些对于想进一步探索随机数学现象的人显然是不够的．

做实验是探索随机数学现象的一个较好方法，它是研究、发现、困惑、最终理解的过程，有时也是寻找解决某些问题的捷径，从而提出更多的问题，给出更多可能性的过程．当你克服困难有了新的想法和发现时，那种愉悦的心情是不言而喻的．随着计算机的发展以及相应数学软件的迅速普及，为我们实现这一愿望提供了保证．用计算机做实验主要是通过计算机模拟或仿真来进行，计算机模拟实验现在已成为一种重要的实验方法，它是分析、研究和设计各种系统的重要手段．比如，由于禁止核试验条约的限制，对核武器的研究只能通过计算机模拟（仿真）来进行；要投资建设一个大型企业，需分析它建成后的经济和社会效益，不能用建起来再看的方法，常用计算机模拟来分析评价等．

概率论与数理统计的许多原理和方法是有趣的，有些结论与人们的通常想象有差异，而用严格的数学方法证明这些结论有时是困难的且难以理解．有许多问题我们可借助于已有的数学软件（如 SAS，Matlab，Mathematica 等）或通过设计算法并编制程序来模拟实验，对结果进行分析研究，观察出现的现象，努力发现与所研究问题相关的一些数据中反映出的规律性，给出你的猜想，并与有关原理进行对照，通过数学上的分析及可能的数学证明，给出支持该猜想的论证，从而使我们能更深入地理解和掌握这些原理和方法．

一、实验步骤

1. 实验内容

根据实际问题或你感兴趣的内容提出，并用数学语言描述该问题．

2. 实验的目的

在进行实验前，首先要根据问题的性质、要求，提出本次实验的目的，主要是通过实验，你希望了解概率论与数理统计的什么原理和方法，希望观察到什么现象，要解决什么问题等．

3. 实验的策略或设计

（1）为完成上述实验目的，需要用到哪些概率论与数理统计的原理和方法，并进行适当的推导．

（2）在实验手段上，根据情况可选择数学软件包或通过编制程序来完成实验，当然也可把两者结合起来完成实验．

（3）根据问题的性质，设计好适合计算机模拟的方法或算法，有时对所设计的方法还需进行适当的证明，以确认所用的模拟方法能否达到实验目的．

4. 实验结果及分析

（1）仔细组织所得数据，尽可能清楚地描述实验是怎样完成的，同时将不重要的东西略去．

（2）思考一下如何表示结果，在必要的地方尽可能有效地利用表格、图形来表示所得的结果．

（3）对所得结果或观察到的现象进行分析，从中发现了什么规律，哪些规律反映了现象的本质，并根据分析提出猜想．

（4）用所学原理和方法论证猜想，用实验结果检验你的猜想．

（5）如有可能，对实验的条件进行一些改变，观察会出现什么现象？与预期的结果是否有差异，是什么原因引起的？

5. 实验报告

写报告是明细和整理思路的一个绝好机会，根据上面的讨论全面完整地描述实验的全过程，并可选择你所感兴趣的问题进行较深入地讨论．另一方面，所写的报告应让未做过实验的读者理解．

二、实验实例

1. 实验内容

第一章第二节例 3，足球比赛奖金分配问题．

2. 实验目的

平均分配对甲欠公平，全归甲则对乙欠公平，合理的分法是按一定的比例分配而甲拿大头．一种看似合理的分法是按已胜场次分，即甲拿 2/3，乙拿 1/3，这种分法合理吗？

本实验的目的就是要拿出一个合理的分配方案；掌握使用相关软件或编程通过概率统计定义计算概率的方法．

3. 实验策略或设计

利用概率的统计定义计算概率．具体做法是，在甲已两胜一负的基础上，在计算机上编程模拟两队以后的比赛，计算两队应得的奖金．连续模拟 1000 次、5000 次（或更多），计算两队每次的平均奖金，这就是甲乙两队应得的奖金．

也可用数学软件来做这个实验．

4. 实验结果及分析

通过模拟 1000 次、5000 次的结果，可以发现基本稳定在甲得 3/4、乙得 1/4（5000 次的结果更好一些），这与第一章第二节例 3 理论计算的结果是一致的．通过实验，加深对概率的统计定义的理解，了解频率与概率之间的差异．另一方面，也否决了前述看似合理的奖金分配方案，充分说明利用概率原理解决实际问题的必要性和有效性．

三、实验练习

（1）仿真实验掷硬币 100 次、1000 次、10000 次、1000000 次，计算事件 $A=$“正面朝上”的频数，频率，并求与概率 0.5 的差，观察其规律性．

（2）在计算机上模拟同时掷三颗骰子，比较在一次试验中掷出的点数之和为 9 与和为 10 这两个事件哪个更容易发生？

（3）利用概率的古典定义计算并用计算机仿真在抛掷一对骰子的试验中，哪一种点数和出现的概率最大？

（4）试用计算机模拟蒙特卡罗试验，确定 π 的近似值．方法是利用计算机产生

单位正方形 $[0,1]\times[0,1]$ 内的 n 组随机点 $P(x,y)$，求 P 点落在以（0,0）为圆心且内切单位正方形的$\frac{1}{4}$单位圆内的概率的近似值．

① 取不同的 n 做上面的试验，并以此计算 π 的近似值；

② 观察 n 的大小变化对所得结果精度的影响．

（5）设 p 是区间 $[0,1]$ 内任一实数，在区间 $[0,1]$ 取随机数 λ，则 $\lambda<p$ 的概率应等于 p，取 $n=100$，1000，10000 个这样的随机数 λ，计算 $\lambda<p$ 的次数 m，观察 m/n 是否接近于 p.

（6）用计算机模拟以下问题（二项分布），即将一枚硬币抛掷 n 次，求正面向上恰好发生 k 次（$k<n$）的概率．观察其结果是否与理论值接近？当 n 很大时，试与 Poisson 分布值进行对比．

（7）从区间 $[0,1]$ 中取出 n 个随机数 t_1，t_2，…，t_n. 计算

$$X=\frac{t_1+t_2+\cdots+t_n-0.5n}{\sqrt{n}}.$$

这称为一次试验，考察 X 的分布情况．

（8）在问题 7 中，用 χ^2 检验 X 是否服从正态分布．

（9）取 $x_i=10+h\times i$，$h=0.1\times rand$ ()，$i=1,2,\cdots,100$. 用公式 $y=1+x+0.1\times rand$ () 产生对应的 y_i，试求 y 关于 x 的线性回归方程，并检验回归效果是否显著（取 $\alpha=0.05$）．其中 $rand$ () 为随机函数．

附录三 常用概率分布表

分 布	参 数	分布律或概率密度	数学期望	方 差
退化分布(单点分布)	x_0 常数，$q=1-p$	$P\{X=x_0\}=1$	x_0	0
0—1 分布(两点分布)	$0<p<1$	$P\{X=0\}=q$，$P\{X=1\}=p$	p	pq
二项分布 $B(n,p)$	$0<p<1$，n 正整数	$P\{X=k\}=C_n^k p^k q^{n-k}$，$k=0,1,\cdots,n$	np	npq
巴斯卡分布(负二项分布)	$0<p\leqslant 1$，$q=1-p,r\geqslant 1$	$P\{X=k\}=C_{k-1}^{r-1} p^r q^{k-r}$，$k=r,r+1,\cdots$	$\dfrac{r}{p}$	$\dfrac{rq}{p^2}$
泊松分布 $\pi(\lambda)$	$\lambda>0$	$P\{X=k\}=\dfrac{\lambda^k}{k!}e^{-\lambda},k=0,1,2,\cdots$	λ	λ
几何分布 $g(p)$	$0<p<1$，$q=1-p$	$P\{X=k\}=pq^{k-1},k=1,2,\cdots$	$\dfrac{1}{p}$	$\dfrac{q}{p^2}$
超几何分布 $H(n,N,M)$	n,N,M 正整数	$P\{X=k\}=C_M^k C_{N-M}^{n-k}/C_N^n$，$k=0,1,\cdots,\min(n,M)$	$\dfrac{nM}{N}$	$\dfrac{nM}{N}\left(1-\dfrac{M}{N}\right)\dfrac{N-n}{N-1}$
均匀分布 $U[a,b]$	$a<b$	$f(x)=\begin{cases}\dfrac{1}{b-a}, & a\leqslant x\leqslant b,\\ 0, & 其它.\end{cases}$	$\dfrac{a+b}{2}$	$\dfrac{(b-a)^2}{12}$
正态分布 $N(\mu,\sigma^2)$	$\mu,\sigma>0$	$f(x)=\dfrac{1}{\sqrt{2\pi}\sigma}e^{-\frac{(x-\mu)^2}{2\sigma^2}}$	μ	σ^2
指数分布 $E(\lambda)$	$\lambda>0$	$f(x)=\begin{cases}\lambda e^{-\lambda x}, & x\geqslant 0,\\ 0, & x<0.\end{cases}$	$\dfrac{1}{\lambda}$	$\dfrac{1}{\lambda^2}$

续表

分　布	参　数	分布律或概率密度	数学期望	方　差
Γ 分布 $\Gamma(\alpha,\beta)$	$\alpha>0$，$\beta>0$	$f(x)=\begin{cases}\dfrac{\beta^{\alpha}}{\Gamma(\alpha)}x^{\alpha-1}\mathrm{e}^{-\beta x}, & x>0,\\ 0, & x\leqslant 0.\end{cases}$	$\dfrac{\alpha}{\beta}$	$\dfrac{\alpha}{\beta^2}$
柯西分布	$\mu,\lambda>0$	$f(x)=\dfrac{1}{\pi}\dfrac{\lambda}{\lambda^2+(x-\mu)^2}$	不存在	不存在
拉普拉斯分布	$\mu,\lambda>0$	$f(x)=\dfrac{1}{2\lambda}\mathrm{e}^{-\frac{\lvert x-\mu\rvert}{\lambda}}$	μ	$2\lambda^2$
对数正态分布	$\mu,\sigma^2>0$	$f(x)=\begin{cases}\dfrac{1}{\sigma x\sqrt{2\pi}}\mathrm{e}^{-\frac{(\ln x-\mu)^2}{2\sigma^2}}, & x>0,\\ 0, & x\leqslant 0.\end{cases}$	$\mathrm{e}^{\mu+\frac{\sigma^2}{2}}$	$\mathrm{e}^{2\mu+\sigma^2}(\mathrm{e}^{\sigma^2}-1)$
瑞利分布	$\sigma>0$	$f(x)=\begin{cases}\dfrac{x}{\sigma^2}\mathrm{e}^{-\frac{x^2}{2\sigma^2}}, & x>0,\\ 0, & x\leqslant 0.\end{cases}$	$\sqrt{\dfrac{\pi}{2}}\sigma$	$\dfrac{4-\pi}{2}\sigma$
χ^2 分布 $\chi^2(n)$	n 正整数	$f(x)=\begin{cases}\dfrac{1}{2^{\frac{n}{2}}\Gamma\left(\frac{n}{2}\right)}x^{\frac{n}{2}-1}\mathrm{e}^{-\frac{x}{2}}, & x>0,\\ 0, & x\leqslant 0.\end{cases}$	n	$2n$
t 分布 $t(n)$	n 正整数	$f(x)=\dfrac{\Gamma\left(\frac{n+1}{2}\right)}{\sqrt{n\pi}\Gamma\left(\frac{n}{2}\right)}(1+\dfrac{x^2}{n})^{-\frac{n+1}{2}}$	$0(n>1)$	$\dfrac{n}{n-2}(n>2)$
F 分布 $F(n_1,n_2)$	n_1,n_2 正整数	$f(x)=\begin{cases}\dfrac{\Gamma\left(\frac{n_1+n_2}{2}\right)}{\Gamma\left(\frac{n_1}{2}\right)\Gamma\left(\frac{n_2}{2}\right)}\left(\dfrac{n_1}{n_2}\right)^{\frac{n_2}{2}}\\ x^{\frac{n_2-1}{2}}\left(1+\dfrac{n_1}{n_2}x\right)^{-\frac{n_1+n_2}{2}}, & x>0,\\ 0, & x\leqslant 0.\end{cases}$	$\dfrac{n_2}{n_2-2}$ $(n_2>2)$	$\dfrac{2n_2^2(n_1+n_2-2)}{n_1(n_2-2)^2(n_2-4)}$ $(n_2>4)$

附表 1　泊松分布表

$$P\{X=m\}=\frac{\lambda^k}{m!}e^{-\lambda}$$

m \ λ	0.1	0.2	0.3	0.4	0.5	0.6	0.7	0.8
0	0.904837	0.818731	0.740818	0.676320	0.606531	0.548812	0.496585	0.449329
1	0.090484	0.163746	0.222245	0.268128	0.303265	0.329287	0.347610	0.359463
2	0.004524	0.016375	0.033337	0.053626	0.075816	0.098786	0.121663	0.143785
3	0.000151	0.001092	0.003334	0.007150	0.012636	0.019757	0.028388	0.038343
4	0.000004	0.000055	0.000250	0.000715	0.001580	0.002964	0.004968	0.007669
5		0.000002	0.000015	0.000057	0.000158	0.000356	0.000696	0.001227
6			0.000001	0.000004	0.000013	0.000036	0.000081	0.000164
7					0.000001	0.000003	0.000008	0.000019
8							0.000001	0.000002
9								
10								
11								
12								
13								
14								
15								
16								
17								

m \ λ	0.9	1.0	1.5	2.0	2.5	3.0	3.5	4.0
0	0.406570	0.367879	0.223130	0.135335	0.082085	0.049787	0.030197	0.018316
1	0.35913	0.367879	0.334695	0.270671	0.205212	0.149361	0.105691	0.073263
2	0.164661	0.183940	0.251021	0.270671	0.256516	0.224042	0.184959	0.146525
3	0.049398	0.061313	0.125510	0.180447	0.213763	0.224042	0.215785	0.195367
4	0.011115	0.015328	0.047067	0.090224	0.133602	0.168031	0.188812	0.195367
5	0.002001	0.003066	0.014120	0.036089	0.066801	0.100819	0.132169	0.156293
6	0.000300	0.000511	0.003530	0.012030	0.027834	0.050409	0.077098	0.104196
7	0.000039	0.000073	0.000756	0.003437	0.009941	0.021604	0.038549	0.059540
8	0.000004	0.000009	0.000142	0.000859	0.003106	0.008102	0.016865	0.029770
9		0.000001	0.000024	0.000191	0.000863	0.002701	0.006559	0.013231
10			0.00004	0.000038	0.000216	0.000810	0.002296	0.005292
11				0.000007	0.000049	0.000221	0.000730	0.001925
12				0.000001	0.000010	0.000055	0.000213	0.000642
13					0.000002	0.000013	0.000057	0.000197
14						0.000002	0.000014	0.000056
15						0.000001	0.000003	0.000015
16							0.000001	0.000004
17								0.000001

附表 1(续)

m \ λ	4.5	5.0	5.5	6.0	6.5	7.0	7.5	8.0
0	0.011109	0.006738	0.004087	0.002479	0.001503	0.0000912	0.000553	0.000335
1	0.049990	0.033690	0.022477	0.014873	0.009773	0.006383	0.004148	0.002684
2	0.112479	0.084224	0.061812	0.044618	0.031760	0.022341	0.015556	0.010735
3	0.168718	0.140374	0.113323	0.089235	0.068814	0.052129	0.038888	0.028626
4	0.189808	0.175467	0.155819	0.133853	0.111822	0.091226	0.072917	0.057252
5	0.170827	0.175467	0.171001	0.160623	0.145369	0.127717	0.109374	0.091604
6	0.128120	0.146223	0.157117	0.160623	0.157483	0.149003	0.136719	0.122138
7	0.082363	0.104445	0.123449	0.137677	0.146234	0.149003	0.146484	0.139587
8	0.046329	0.065278	0.084872	0.103258	0.118815	0.130377	0.137328	0.139587
9	0.023165	0.036266	0.051866	0.068838	0.085811	0.101405	0.114441	0.124077
10	0.010424	0.018133	0.028526	0.041303	0.055777	0.070983	0.085830	0.099262
11	0.004264	0.008242	0.014263	0.022529	0.032959	0.045171	0.058521	0.072190
12	0.001599	0.003434	0.006537	0.011264	0.017853	0.026350	0.036575	0.048127
13	0.0000554	0.001321	0.002766	0.005199	0.008927	0.014188	0.02101	0.029616
14	0.000178	0.000427	0.001086	0.002228	0.004144	0.007094	0.011305	0.016924
15	0.000053	0.000157	0.000399	0.000891	0.001796	0.003311	0.005652	0.009026
16	0.000015	0.000049	0.000137	0.000334	0.000730	0.001448	0.002649	0.004513
17	0.000004	0.000014	0.000044	0.000118	0.000279	0.000596	0.001169	0.002124
18	0.000001	0.000004	0.000014	0.000039	0.000100	0.000232	0.000487	0.000944
19		0.00001	0.000004	0.000012	0.000035	0.000085	0.000192	0.000397
20			0.00001	0.000004	0.000011	0.000030	0.000072	0.000159
21				0.00001	0.000004	0.00010	0.00026	0.000061
22					0.000001	0.000003	0.000009	0.000022
23						0.000001	0.000003	0.000008
24							0.000001	0.000003
25								0.000001
26								
27								
28								
29								

附表 1(续)

m \ λ	8.5	9.0	9.5	10.0	m \ λ	20	m \ λ	30
0	0.000203	0.000123	0.000075	0.000045	5	0.0001	12	0.0001
1	0.001730	0.001111	0.000711	0.000454	6	0.0002	13	0.0002
2	0.007350	0.004998	0.003378	0.002270	7	0.0005	14	0.0005
3	0.020826	0.014994	0.01696	0.007567	8	0.0013	15	0.0010
4	0.44255	0.033737	0.025403	0.018917	9	0.0029	16	0.0019
5	0.075233	0.060727	0.048265	0.037833	10	0.0058	17	0.0034
6	0.106581	0.091090	0.076421	0.063055	11	0.0106	18	0.0057
7	0.129419	0.117116	0.103714	0.090079	12	0.0176	19	0.0089
8	0.137508	0.131756	0.123160	0.112599	13	0.0271	20	0.0134
9	0.129869	0.131756	0.130003	0.125110	14	0.0382	21	0.0192
10	0.110303	0.118580	0.122502	0.125110	15	0.0517	22	0.0261
11	0.085300	0.097020	0.106662	0.113736	16	0.0646	23	0.0341
12	0.060421	0.072765	0.084440	0.094780	17	0.0760	24	0.0426
13	0.039506	0.050376	0.061706	0.072908	18	0.0814	25	0.0571
14	0.023986	0.032384	0.041872	0.052077	19	0.0888	26	0.0590
15	0.013592	0.019431	0.026519	0.034718	20	0.0888	27	0.0655
16	0.007220	0.010930	0.015746	0.021699	21	0.0846	28	0.0702
17	0.003611	0.005786	0.008799	0.012764	22	0.0767	29	0.0726
18	0.001705	0.002893	0.004644	0.007091	23	0.0669	30	0.0726
19	0.000762	0.001370	0.002322	0.003732	24	0.0557	31	0.703
20	0.000324	0.000617	0.001103	0.001866	24	0.0446	32	0.0659
21	0.000132	0.000264	0.000433	0.008989	26	0.0343	33	0.0599
22	0.000050	0.000108	0.000216	0.000404	27	0.0254	34	0.0529
23	0.000019	0.000042	0.00089	0.000176	28	0.0182	35	0.0453
24	0.000007	0.000016	0.000025	0.000073	29	0.0125	36	0.0378
25	0.000002	0.000006	0.000014	0.000029	30	0.0083	37	0.0306
26	0.000001	0.000002	0.000004	0.000011	31	0.0054	38	0.0242
27		0.000001	0.000002	0.000004	32	0.0034	39	0.0186
28			0.000001	0.000001	33	0.0020	40	0.0139
29				0.000001	34	0.0012	41	0.0102
							42	0.0073
							43	0.0501
					35	0.0007	44	0.0035
					36	0.0004	45	0.0023
					37	0.0002	46	0.0015
					38	0.0001	47	0.0010
					39	0.0001	48	0.0006

附表 2　标准正态分布表

$$\Phi(x)=\int_{-\infty}^{x}\frac{1}{\sqrt{2\pi}}e^{-\frac{u^2}{2}}\,du=P\{X\leqslant x\}$$

x	0.00	0.01	0.02	0.03	0.04	0.05	0.06	0.07	0.08	0.09
0.0	0.5000	0.5040	0.5080	0.5120	0.5160	0.5199	0.5239	0.5279	0.5319	0.5359
0.1	0.5398	0.5438	0.5478	0.5517	0.5557	0.5596	0.5636	0.5675	0.5714	0.5753
0.2	0.5793	0.5832	0.5871	0.5910	0.5948	0.5987	0.6026	0.6064	0.6103	0.6141
0.3	0.6179	0.6217	0.6255	0.6293	0.6331	0.6368	0.6406	0.6443	0.6480	0.6517
0.4	0.6554	0.6591	0.6628	0.6664	0.6700	0.6736	0.6772	0.6808	0.6844	0.6879
0.5	0.6915	0.6950	0.6985	0.7019	0.7054	0.7088	0.7123	0.7157	0.7190	0.7224
0.6	0.7257	0.7291	0.7324	0.7357	0.7389	0.7422	0.7454	0.7486	0.7517	0.7549
0.7	0.7580	0.7611	0.7642	0.7673	0.7703	0.7734	0.7764	0.7794	0.7823	0.7582
0.8	0.7881	0.7910	0.7939	0.7967	0.7995	0.8023	0.8051	0.8078	0.8106	0.8133
0.9	0.8159	0.8186	0.8212	0.8238	0.8264	0.8289	0.8315	0.8340	0.8365	0.8389
1.0	0.8413	0.8438	0.8461	0.8485	0.8508	0.8531	0.8554	0.8577	0.8599	0.8621
1.1	0.8643	0.8665	0.8686	0.8708	0.8729	0.8749	0.8770	0.8790	0.8810	0.8830
1.2	0.8849	0.8869	0.8888	0.8907	0.8925	0.8944	0.8962	0.8980	0.8997	0.9015
1.3	0.9032	0.9049	0.9066	0.9082	0.9099	0.9115	0.9131	0.9147	0.9162	0.9177
1.4	0.9192	0.9207	0.9222	0.9236	0.9251	0.9265	0.9278	0.9292	0.9306	0.9319
1.5	0.9332	0.9345	0.9357	0.9370	0.9382	0.9394	0.9406	0.9418	0.9430	0.9441
1.6	0.9452	0.9463	0.9474	0.9484	0.9495	0.9505	0.9515	0.9525	0.9535	0.9545
1.7	0.9554	0.9564	0.9573	0.9582	0.9591	0.9599	0.9608	0.9616	0.9625	0.9633
1.8	0.9641	0.9648	0.9656	0.9664	0.9671	0.9678	0.9686	0.9693	0.9700	0.9706
1.9	0.9713	0.9719	0.9726	0.9732	0.9738	0.9744	0.9750	0.9756	0.9762	0.9767
2.0	0.9772	0.9778	0.9783	0.9788	0.9793	0.9798	0.9803	0.9808	0.9812	0.9817
2.1	0.9821	0.9826	0.9830	0.9834	0.9838	0.9842	0.9846	0.9850	0.9854	0.9857
2.2	0.9861	0.9864	0.9868	0.9871	0.9874	0.9878	0.9881	0.9884	0.9887	0.9890
2.3	0.9893	0.9896	0.9898	0.9901	0.9904	0.9906	0.9909	0.9911	0.9913	0.9916
2.4	0.9918	0.9920	0.9922	0.9925	0.9927	0.9929	0.9931	0.9932	0.9934	0.9936
2.5	0.9938	0.9940	0.9941	0.9943	0.9945	0.9946	0.9948	0.9949	0.9951	0.9952
2.6	0.9953	0.9955	0.9956	0.9957	0.9959	0.9960	0.9961	0.9962	0.9963	0.9964
2.7	0.9965	0.9966	0.9967	0.9968	0.9969	0.9970	0.9971	0.9972	0.9973	0.9974
2.8	0.9974	0.9975	0.9976	0.9977	0.9977	0.9978	0.9979	0.9979	0.9980	0.9981
2.9	0.9981	0.9982	0.9982	0.9983	0.9984	0.9984	0.9985	0.9985	0.9986	0.9986
3.0	0.9987	0.9990	0.9993	0.9995	0.9997	0.9998	0.9998	0.9999	0.9999	1.0000

注：表中末行系函数值 $\Phi(3.0)$，$\Phi(3.1)$，…，$\Phi(3.9)$.

附表3　t分布表

$$P\{t(n)>t_\alpha(n)\}=\alpha$$

n	α=0.25	0.10	0.05	0.025	0.01	0.005
1	1.0000	3.0777	6.3138	12.7062	31.8207	63.6574
2	0.8165	1.8856	2.9200	4.3027	6.9646	9.9248
3	0.7649	1.6377	2.3534	3.1824	4.5407	5.8409
4	0.7407	0.5332	2.1318	2.7764	3.7469	4.6041
5	0.7267	1.4759	2.0150	2.5706	3.3649	4.0322
6	0.7176	1.4398	1.9432	2.4469	3.1427	3.7074
7	0.7111	1.4149	1.8946	2.3646	2.9980	3.4995
8	0.7064	1.3968	1.8595	2.3060	2.8965	3.3554
9	0.7027	1.3830	1.8331	2.2622	2.8214	3.2498
10	0.6998	1.3722	1.8125	2.2281	2.7638	3.1693
11	0.6974	1.3634	1.7959	2.2010	2.7181	3.1058
12	0.6955	1.3562	1.7823	2.1788	2.6810	3.0545
13	0.6938	1.3502	1.7709	2.1604	2.6503	3.0123
14	0.6924	1.3450	1.7613	2.1448	2.6245	2.9768
15	0.6912	1.3406	1.7531	2.1315	2.6025	2.9467
16	0.6901	1.3368	1.7459	2.1199	2.5835	2.9208
17	0.6892	1.3334	1.7396	2.1098	2.5669	2.8982
18	0.6884	1.3304	1.7341	2.1009	2.5524	2.8784
19	0.6876	1.3277	1.7291	2.0930	2.5395	2.8609
20	0.6870	1.3253	1.7247	2.0860	2.5280	2.8453
21	0.6864	1.3232	1.7207	2.0796	2.5177	2.8314
22	0.6858	1.3212	1.7171	2.0739	2.5083	2.8188
23	0.6853	1.3195	1.7139	2.0687	2.4999	2.8073
24	0.6848	1.3178	1.7109	2.0639	2.4922	2.7969
25	0.6844	1.3163	1.7081	2.0595	2.4851	2.7874
26	0.6840	1.3150	1.7056	2.0555	2.4786	2.7787
27	0.6837	1.3137	1.7033	2.0518	2.4727	2.7707
28	0.6834	1.3125	1.7011	2.0484	2.4641	2.7633
29	0.6830	1.3114	1.6991	2.0452	2.4620	2.7564
30	0.6828	1.3104	1.6973	2.0423	2.4573	2.7500
31	0.6825	1.3095	1.6955	2.0395	2.4528	2.7440
32	0.6822	1.3086	1.6939	2.0369	2.4487	2.7385
33	0.6820	1.3077	1.6924	2.0345	2.4448	2.7333
34	0.6818	1.3070	1.6909	2.0322	2.4411	2.7284
35	0.6816	1.3062	1.6896	2.0301	2.4377	2.7238
36	0.6814	1.3055	1.6883	2.0281	2.4345	2.7195
37	0.6812	1.3049	1.6871	2.0262	2.4314	2.7154
38	0.6810	1.3042	1.6860	2.0244	2.4286	2.7116
39	0.6808	1.3036	1.6849	2.0227	2.4258	2.7079
40	0.6807	1.3031	1.6839	2.0211	2.4233	2.7045
41	0.6805	1.3025	1.6829	2.0195	2.4208	2.7012
42	0.6804	1.3020	1.6820	2.0181	2.4185	2.6981
43	0.6802	1.3016	1.6811	2.0167	2.4163	2.6951
44	0.6801	1.3011	1.6802	2.0154	2.4141	2.6923
45	0.6800	1.3006	1.6794	2.0141	2.4121	2.6896

附表 4　χ^2 分布表

$$P\{\chi^2(n)>\chi_\alpha^2(n)\}=\alpha$$

n	α=0.995	0.99	0.975	0.95	0.90	0.75
1	—	—	0.001	0.004	0.016	0.102
2	0.010	0.020	0.051	0.103	0.211	0.575
3	0.072	0.115	0.216	0.352	0.584	1.213
4	0.207	0.297	0.484	0.711	1.064	1.923
5	0.412	0.554	0.831	1.145	1.610	2.675
6	0.676	0.872	1.237	1.635	2.204	3.455
7	0.989	1.239	1.690	2.167	2.833	4.255
8	1.344	1.646	2.180	2.733	3.490	5.071
9	1.735	2.088	2.700	3.325	4.168	5.899
10	2.156	2.558	3.247	3.940	4.865	6.737
11	2.603	3.053	3.816	4.575	5.578	7.584
12	3.074	3.571	4.404	5.226	6.304	8.438
13	3.565	4.107	5.009	5.892	7.042	9.299
14	4.075	4.660	5.629	6.571	7.790	10.165
15	4.601	5.229	6.262	7.261	8.547	11.037
16	5.142	5.812	6.908	7.962	9.312	11.912
17	5.697	6.408	7.564	8.672	10.085	12.792
18	6.265	7.015	8.231	9.390	10.865	13.675
19	6.844	7.633	8.907	10.117	11.651	14.562
20	7.434	8.260	9.591	10.851	12.443	15.452
21	8.034	8.897	10.283	11.591	13.240	16.344
22	8.643	9.542	10.982	12.338	14.042	17.240
23	9.260	10.196	11.689	13.091	14.848	18.137
24	9.886	10.856	12.401	13.848	15.659	19.037
25	10.520	11.524	13.120	14.611	16.473	19.939
26	11.160	12.198	13.844	15.379	17.292	20.843
27	11.808	12.879	14.573	16.151	18.114	21.749
28	12.461	13.565	15.308	16.928	18.939	22.657
29	13.121	14.257	16.047	17.708	19.768	23.567
30	13.787	14.954	16.791	18.493	20.599	24.478
31	14.458	15.655	17.539	19.281	21.434	25.390
32	15.134	16.362	18.291	20.072	22.271	26.304
33	15.815	17.074	19.047	20.867	23.110	27.219
34	16.501	17.789	19.806	21.664	23.952	28.186
35	17.192	18.509	20.569	22.465	24.797	29.054
36	17.887	19.233	21.336	23.269	25.643	29.973
37	18.586	19.960	22.106	24.075	26.492	30.893
38	19.289	20.691	22.878	24.884	27.343	31.815
39	19.996	21.426	23.654	25.695	28.196	32.737
40	20.707	22.164	24.433	26.509	29.051	33.660
41	21.421	22.906	25.215	27.326	29.907	34.585
42	22.138	23.650	25.999	28.144	30.765	35.510
43	22.859	24.398	26.785	28.965	31.625	36.436
44	23.584	25.148	27.575	29.787	32.487	37.363
45	24.311	25.901	28.366	30.612	33.350	38.291

附表 4(续)

n	$\alpha=0.25$	0.10	0.05	0.025	0.01	0.005
1	1.323	2.706	3.841	5.024	6.635	7.879
2	2.773	4.605	5.991	7.378	9.210	10.597
3	4.108	6.251	7.815	9.348	11.345	12.838
4	5.385	7.779	9.488	11.143	13.277	14.860
5	6.626	9.236	11.071	12.833	15.086	16.750
6	7.841	10.645	12.592	14.449	16.812	18.548
7	9.037	12.017	14.067	16.013	18.475	20.278
8	10.219	13.362	15.507	17.535	20.090	21.955
9	11.389	14.684	16.919	19.023	21.666	23.589
10	12.549	15.987	18.307	20.483	23.209	25.188
11	13.701	17.275	19.675	21.920	24.725	26.757
12	14.845	18.549	21.026	23.337	26.217	28.299
13	15.984	19.812	22.362	24.736	27.688	29.819
14	17.117	21.064	23.685	26.119	29.141	31.319
15	18.245	22.307	24.996	27.488	30.578	32.801
16	19.369	23.542	26.296	28.845	32.000	34.267
17	20.489	24.769	27.587	30.191	33.409	35.718
18	21.605	25.989	28.869	31.526	34.805	37.156
19	22.718	27.204	30.144	32.852	36.191	38.582
20	23.828	28.412	31.410	34.170	37.566	39.997
21	24.935	29.615	32.671	35.479	38.932	41.401
22	26.039	30.813	33.924	36.781	40.289	42.796
23	27.141	32.007	35.172	38.076	41.638	44.181
24	28.241	33.196	36.415	39.364	42.980	45.559
25	29.339	34.382	37.652	40.646	44.314	46.928
26	30.435	35.563	38.885	41.923	45.642	48.290
27	31.528	36.741	40.113	43.194	46.963	49.645
28	32.620	37.916	41.337	44.461	48.278	50.993
29	33.711	39.087	42.557	45.722	49.588	52.336
30	34.800	40.256	43.773	46.979	50.892	53.672
31	35.887	41.422	44.985	48.232	52.191	55.003
32	36.973	42.585	46.194	49.480	53.486	56.328
33	38.058	43.745	47.400	50.725	54.776	57.648
34	39.141	44.903	48.602	51.966	56.061	58.964
35	40.223	46.059	49.802	53.203	57.342	60.275
36	41.304	47.212	50.998	54.437	58.619	61.581
37	42.383	48.363	52.192	55.668	59.892	62.883
38	43.462	49.513	53.384	56.896	61.162	64.181
39	44.539	50.660	54.572	58.120	62.428	65.476
40	45.616	51.805	55.758	59.342	63.691	66.766
41	46.692	52.949	56.942	60.561	64.950	68.053
42	47.766	54.090	58.124	61.777	66.206	69.336
43	48.840	55.230	59.304	62.990	67.459	70.616
44	49.913	56.369	60.481	64.201	68.710	71.893
45	50.985	57.505	61.656	35.410	69.957	73.166

附表 5 F 分布表

$P\{F(n_1,n_2)>F_\alpha(n_1,n_2)\}=\alpha$

$\alpha=0.10$

n_2 \ n_1	1	2	3	4	5	6	7	8	9	10	12	15	20	24	30	40	60	120	∞
1	39.86	49.50	53.59	55.83	57.24	58.20	58.91	59.44	59.86	60.19	60.71	61.22	61.74	62.00	62.26	62.53	62.79	63.06	63.33
2	8.53	9.00	9.16	9.24	9.29	9.33	9.35	9.37	9.38	9.39	9.41	9.42	9.44	9.45	9.46	9.47	9.47	9.48	9.49
3	5.54	5.46	5.39	5.34	5.31	5.28	5.27	5.25	5.24	5.23	5.22	5.20	5.18	5.18	5.17	5.16	5.15	5.14	5.13
4	4.54	4.32	4.19	4.11	4.05	4.01	3.98	3.95	3.94	3.92	3.90	3.87	3.84	3.83	3.82	3.80	3.79	3.78	3.76
5	4.06	3.78	3.62	3.52	3.45	3.40	3.37	3.34	3.32	3.30	3.27	3.24	3.21	3.19	3.17	3.16	3.14	3.12	3.10
6	3.78	3.46	3.29	3.18	3.11	3.05	3.01	2.98	2.96	2.94	2.90	2.87	2.84	2.82	2.80	2.78	2.76	2.74	2.72
7	3.59	3.26	3.07	2.96	2.88	2.83	2.78	2.75	2.72	2.70	2.67	2.63	2.59	2.58	2.56	2.54	2.51	2.49	2.47
8	3.46	3.11	2.92	2.81	2.73	2.67	2.62	2.59	2.56	2.54	2.50	2.46	2.42	2.40	2.38	2.36	2.34	2.32	2.29
9	3.36	3.01	2.81	2.69	2.61	2.55	2.51	2.47	2.44	2.42	2.38	2.34	2.30	2.28	2.25	2.23	2.21	2.18	2.16
10	3.29	2.92	2.73	2.61	2.52	2.46	2.41	2.38	2.35	2.32	2.28	2.24	2.20	2.18	2.16	2.13	2.11	2.08	2.06
11	3.23	2.86	2.66	2.54	2.45	2.39	2.34	2.30	2.27	2.25	2.21	2.17	2.12	2.10	2.08	2.05	2.03	2.00	1.97
12	3.18	2.81	2.61	2.48	2.39	2.33	2.28	2.24	2.21	2.19	2.15	2.10	2.06	2.04	2.01	1.99	1.96	1.93	1.90
13	3.14	2.76	2.56	2.43	2.35	2.28	2.23	2.20	2.16	2.14	2.10	2.05	2.01	1.98	1.96	1.93	1.90	1.88	1.85
14	3.10	2.73	2.52	2.39	2.31	2.24	2.19	2.15	2.12	2.10	2.05	2.01	1.96	1.94	1.91	1.89	1.86	1.83	1.80
15	3.07	2.70	2.49	2.36	2.27	2.21	2.16	2.12	2.09	2.06	2.02	1.97	1.92	1.90	1.87	1.85	1.82	1.79	1.76
16	3.05	2.67	2.46	2.33	2.24	2.18	2.13	2.09	2.06	2.03	1.99	1.94	1.89	1.87	1.84	1.81	1.78	1.75	1.72
17	3.03	2.64	2.44	2.31	2.22	2.15	2.10	2.06	2.03	2.00	1.96	1.91	1.86	1.84	1.81	1.78	1.75	1.72	1.69
18	3.01	2.62	2.42	2.29	2.20	2.13	2.08	2.04	2.00	1.98	1.93	1.89	1.84	1.81	1.78	1.75	1.72	1.69	1.66
19	2.99	2.61	2.40	2.27	2.18	2.11	2.06	2.02	1.98	1.96	1.91	1.86	1.81	1.79	1.76	1.73	1.70	1.67	1.63
20	2.97	2.59	2.38	2.25	2.16	2.09	2.04	2.00	1.96	1.94	1.89	1.84	1.79	1.77	1.74	1.71	1.68	1.64	1.61
21	2.96	2.57	2.36	2.23	2.14	2.08	2.02	1.98	1.95	1.92	1.87	1.83	1.78	1.75	1.72	1.69	1.66	1.62	1.59
22	2.95	2.56	2.35	2.22	2.13	2.06	2.01	1.97	1.93	1.90	1.86	1.81	1.76	1.73	1.70	1.67	1.64	1.60	1.57
23	2.94	2.55	2.34	2.21	2.11	1.05	1.99	1.95	1.92	1.89	1.84	1.80	1.74	1.72	1.69	1.66	1.62	1.59	1.55
24	2.93	2.54	2.33	2.19	2.10	2.04	1.98	1.94	1.91	1.88	1.83	1.78	1.73	1.70	1.67	1.64	1.61	1.57	1.53
25	2.92	2.53	2.32	2.18	2.09	2.02	1.97	1.93	1.89	1.87	1.82	1.77	1.72	1.69	1.66	1.63	1.59	1.56	1.52
26	2.91	2.52	2.31	2.17	2.08	2.01	1.96	1.92	1.88	1.86	1.81	1.76	1.71	1.68	1.65	1.61	1.58	1.54	1.50
27	2.90	2.51	2.30	2.17	2.07	2.00	1.95	1.91	1.87	1.85	1.80	1.75	1.70	1.67	1.64	1.60	1.57	1.53	1.49
28	2.89	2.50	2.29	2.16	2.06	2.00	1.94	1.90	1.87	1.84	1.79	1.74	1.69	1.66	1.63	1.59	1.56	1.52	1.48
29	2.89	2.50	2.28	2.15	2.06	1.99	1.93	1.89	1.86	1.83	1.78	1.73	1.68	1.65	1.62	1.58	1.55	1.51	1.47
30	2.88	2.49	2.28	2.14	2.05	1.98	1.93	1.88	1.85	1.82	1.77	1.72	1.67	1.64	1.61	1.57	1.54	1.50	1.46
40	2.84	2.44	2.23	2.09	2.00	1.93	1.87	1.83	1.79	1.76	1.71	1.66	1.61	1.57	1.54	1.51	1.47	1.42	1.38
60	2.79	2.39	2.18	2.04	1.95	1.87	1.82	1.77	1.74	1.71	1.66	1.60	1.54	1.51	1.48	1.44	1.40	1.35	1.29
120	2.75	2.35	2.13	1.99	1.90	1.82	1.77	1.72	1.68	1.65	1.60	1.55	1.48	1.45	1.41	1.37	1.32	1.26	1.19
∞	2.71	2.30	2.08	1.94	1.85	1.77	1.72	1.67	1.63	1.60	1.55	1.49	1.42	1.38	1.34	1.30	1.24	1.17	1.00

附表 5（续）

$\alpha=0.05$

n_2 \ n_1	1	2	3	4	5	6	7	8	9	10	12	15	20	24	30	40	60	120	∞
1	161.4	199.5	215.7	224.6	230.2	234.0	236.8	238.9	240.5	241.9	243.9	245.9	248.0	249.1	250.1	251.1	252.2	253.3	254.3
2	18.51	19.00	19.16	19.25	19.30	19.33	19.35	19.37	19.38	19.40	19.41	19.43	19.45	19.45	19.46	19.47	19.48	19.49	19.50
3	10.13	9.55	9.28	9.12	9.01	8.94	8.89	8.85	8.81	8.79	8.74	8.70	8.66	8.64	8.62	8.59	8.57	8.55	8.53
4	7.71	6.94	6.59	6.39	6.26	6.16	6.09	6.04	6.00	5.96	5.91	5.86	5.80	5.77	5.75	5.72	5.69	5.66	5.63
5	6.61	5.79	5.41	5.19	5.05	4.95	4.88	4.82	4.77	4.74	4.68	4.62	4.56	4.53	4.50	4.46	4.43	4.40	4.36
6	5.99	5.14	4.76	4.53	4.39	4.28	4.21	4.15	4.10	4.06	4.00	3.94	3.87	3.84	3.81	3.77	3.74	3.70	3.67
7	5.59	4.74	4.35	4.12	3.97	3.87	3.79	3.73	3.68	3.64	3.57	3.51	3.44	3.41	3.38	3.34	3.30	3.27	3.23
8	5.32	4.46	4.07	3.84	3.69	3.58	3.50	3.44	3.39	3.35	3.28	3.22	3.15	3.12	3.08	3.04	3.01	2.97	2.93
9	5.12	4.26	3.86	3.63	3.48	3.37	3.29	3.23	3.18	3.14	3.07	3.01	2.94	2.90	2.86	2.83	2.79	2.75	2.71
10	4.96	4.10	3.71	3.48	3.33	3.22	3.14	3.07	3.02	2.98	2.91	2.85	2.77	2.74	2.70	2.66	2.62	2.58	2.54
11	4.84	3.98	3.59	3.36	3.20	3.09	3.01	2.95	2.90	2.85	2.79	2.72	2.65	2.61	2.57	2.53	2.49	2.45	2.40
12	4.75	3.89	3.49	3.26	3.11	3.00	2.91	2.85	2.80	2.75	2.69	2.62	2.54	2.51	2.47	2.43	2.38	2.34	2.30
13	4.67	3.81	3.41	3.18	3.03	2.92	2.83	2.77	2.71	2.67	2.60	2.53	2.46	2.42	2.38	2.34	2.30	2.25	2.21
14	4.60	3.74	3.34	3.11	2.96	2.85	2.76	2.70	2.65	2.60	2.53	2.46	2.39	2.35	2.31	2.27	2.22	2.18	2.13
15	4.54	3.68	3.29	3.06	2.90	2.79	2.71	2.64	2.59	2.54	2.48	2.40	2.33	2.29	2.25	2.20	2.16	2.11	2.07
16	4.49	3.63	3.24	3.01	2.85	2.74	2.66	2.59	2.54	2.49	2.42	2.35	2.28	2.24	2.19	2.15	2.11	2.06	2.01
17	4.45	3.59	3.20	2.96	2.81	2.70	2.61	2.55	2.49	2.45	2.38	2.31	2.23	2.19	2.15	2.10	2.06	2.01	1.96
18	4.41	3.55	3.16	2.93	2.77	2.66	2.58	2.51	2.46	2.41	2.34	2.27	2.19	2.15	2.11	2.06	2.02	1.97	1.92
19	4.38	3.52	3.13	2.90	2.74	2.63	2.54	2.48	2.42	2.38	2.31	2.23	2.16	2.11	2.07	2.03	1.98	1.93	1.88
20	4.35	3.49	3.10	2.87	2.71	2.60	2.51	2.45	2.39	2.35	2.28	2.20	2.12	2.08	2.04	1.99	1.95	1.90	1.84
21	4.32	3.47	3.07	2.84	2.68	2.57	2.49	2.42	2.37	2.32	2.25	2.18	2.10	2.05	2.01	1.96	1.92	1.87	1.81
22	4.30	3.44	3.05	2.82	2.66	2.55	2.46	2.40	2.34	2.30	2.23	2.15	2.07	2.03	1.98	1.94	1.89	1.84	1.78
23	4.28	3.42	3.03	2.80	2.64	2.53	2.44	2.37	2.32	2.27	2.20	2.13	2.05	2.01	1.96	1.91	1.86	1.81	1.76
24	4.26	3.40	3.01	2.78	2.62	2.51	2.42	2.36	2.30	2.25	2.18	2.11	2.03	1.98	1.94	1.89	1.84	1.79	1.73
25	4.24	3.39	2.99	2.76	2.60	2.49	2.40	2.34	2.28	2.24	2.16	2.09	2.01	1.96	1.92	1.87	1.82	1.77	1.71
26	4.23	3.37	2.98	2.74	2.59	2.47	2.39	2.32	2.27	2.22	2.15	2.07	1.99	1.95	1.90	1.85	1.80	1.75	1.69
27	4.21	3.35	2.96	2.73	2.57	2.46	2.37	2.31	2.25	2.20	2.13	2.06	1.97	1.93	1.88	1.84	1.79	1.73	1.67
28	4.20	3.34	2.95	2.71	2.56	2.45	2.36	2.29	2.24	2.19	2.12	2.04	1.96	1.91	1.87	1.82	1.77	1.71	1.65
29	4.18	3.33	2.93	2.70	2.55	2.43	2.35	2.28	2.22	2.18	2.10	2.03	1.94	1.90	1.85	1.81	1.75	1.70	1.64
30	4.17	3.32	2.92	2.69	2.53	2.42	2.33	2.27	2.21	2.16	2.09	2.01	1.93	1.89	1.84	1.79	1.74	1.68	1.62
40	4.08	3.23	2.84	2.61	2.45	2.34	2.25	2.18	2.12	2.08	2.00	1.92	1.84	1.79	1.74	1.69	1.64	1.58	1.51
60	4.00	3.15	2.76	2.53	2.37	2.25	2.17	2.10	2.04	1.99	1.92	1.84	1.75	1.70	1.65	1.59	1.53	1.47	1.39
120	3.92	3.07	2.68	2.45	2.29	2.17	2.09	2.02	1.96	1.91	1.83	1.75	1.66	1.61	1.55	1.50	1.43	1.35	1.25
∞	3.84	3.00	2.60	2.37	2.21	2.10	2.01	1.94	1.88	1.83	1.75	1.67	1.57	1.52	1.46	1.39	1.32	1.22	1.00

附表 5（续）

$\alpha=0.025$

n_2 \ n_1	1	2	3	4	5	6	7	8	9	10	12	15	20	24	30	40	60	120	∞
1	647.8	799.5	864.2	899.6	921.8	937.1	948.2	956.7	963.3	968.6	976.7	984.9	993.1	997.2	1001	1006	1010	1014	1018
2	38.51	39.00	39.17	39.25	39.30	39.33	39.36	39.37	39.39	39.40	39.41	39.43	39.45	39.46	39.46	39.47	39.48	39.40	39.50
3	17.44	16.04	15.44	15.10	14.88	14.73	14.62	14.54	14.47	14.42	14.34	14.25	14.17	14.12	14.08	14.04	13.99	13.95	13.90
4	12.22	10.65	9.98	9.60	9.36	9.20	9.07	8.98	8.90	8.84	8.75	8.66	8.56	8.51	8.46	8.41	8.36	8.31	8.26
5	10.01	8.43	7.76	7.39	7.15	6.98	6.85	6.76	6.68	6.62	6.52	6.43	6.33	6.28	6.23	6.18	6.12	6.07	6.02
6	8.81	7.26	6.60	6.23	5.99	5.82	5.70	5.60	5.52	5.46	5.37	5.27	5.17	5.12	5.07	5.01	4.96	4.90	4.85
7	8.07	6.54	5.89	5.52	5.29	5.12	4.99	4.90	4.82	4.76	4.67	4.57	4.47	4.42	4.36	4.31	4.25	4.20	4.14
8	7.57	6.06	5.42	5.05	4.82	4.65	4.53	4.43	4.36	4.30	4.20	4.10	4.00	3.95	3.89	3.84	3.78	3.73	3.67
9	7.21	5.71	5.08	4.72	4.48	4.23	4.20	4.10	4.03	3.96	3.87	3.77	3.67	3.61	3.56	3.51	3.45	3.39	3.33
10	6.94	5.46	4.83	4.47	4.24	4.07	3.95	3.85	3.78	3.72	3.62	3.52	3.42	3.37	3.31	3.26	3.20	3.14	3.08
11	6.72	5.26	4.63	4.28	4.04	3.88	3.76	3.66	3.59	3.53	3.43	3.33	3.23	3.17	3.12	3.06	3.00	2.94	2.88
12	6.55	5.10	4.47	4.12	3.89	3.73	3.61	3.51	3.44	3.37	3.28	3.18	3.07	3.02	2.96	2.91	2.85	2.79	2.72
13	6.41	4.97	4.35	4.00	3.77	3.60	3.48	3.39	3.31	3.25	3.15	3.05	2.95	2.89	2.84	2.78	2.72	2.66	2.60
14	6.30	4.86	4.24	3.89	3.66	3.50	3.38	3.29	3.21	3.15	3.05	2.95	2.84	2.79	2.73	2.67	2.61	2.55	2.49
15	6.20	4.77	4.15	3.80	3.58	3.41	3.29	3.20	3.12	3.06	2.96	2.86	2.76	2.70	2.64	2.59	2.52	2.46	2.40
16	6.12	4.69	4.08	3.73	3.50	3.34	3.22	3.12	3.05	2.99	2.89	2.79	2.68	2.63	2.57	2.51	2.45	2.38	2.32
17	6.04	4.62	4.01	3.66	3.44	3.28	3.26	3.06	2.98	2.92	2.82	2.72	2.62	2.56	2.50	2.44	2.38	2.32	2.25
18	5.98	4.56	3.95	3.61	3.38	3.22	3.10	3.01	2.93	2.87	2.77	2.67	2.56	2.50	2.44	2.38	2.32	2.26	2.19
19	5.92	4.51	3.90	3.56	3.33	3.17	3.05	2.96	2.88	2.82	2.72	2.62	2.51	2.45	2.39	2.33	2.27	2.20	2.13
20	5.87	4.46	3.86	3.51	3.29	3.13	3.01	2.91	2.84	2.77	2.68	2.57	2.46	2.41	2.35	2.29	2.22	2.16	2.09
21	5.83	4.42	3.82	3.48	3.25	3.09	2.97	2.87	2.80	2.73	2.64	2.53	2.42	2.37	2.31	2.25	2.18	2.11	2.04
22	5.79	4.38	3.78	3.44	3.22	3.05	2.73	2.84	2.76	2.70	2.60	2.50	2.39	2.33	2.27	2.21	2.14	2.08	2.00
23	5.75	4.35	3.75	3.41	3.18	3.02	2.90	2.81	2.73	2.67	2.57	2.47	2.36	2.30	2.24	2.18	2.11	2.04	1.97
24	5.72	4.32	3.72	3.38	3.15	2.99	2.87	2.78	2.70	2.64	2.54	2.44	2.33	2.27	2.21	2.15	2.08	2.01	1.94
25	5.69	4.29	3.69	3.35	3.13	2.97	2.85	2.75	2.68	2.61	2.51	2.41	2.30	2.24	2.18	2.12	2.05	1.98	1.91
26	5.66	4.27	3.67	3.33	3.10	2.94	2.82	2.73	2.65	2.59	2.49	2.39	2.28	2.22	2.16	2.09	2.03	1.95	1.88
27	5.63	4.24	3.65	3.31	3.08	2.92	2.80	2.71	2.63	2.57	2.47	2.36	2.25	2.19	2.13	2.07	2.00	1.93	1.85
28	5.61	4.22	3.63	3.29	3.06	2.90	2.78	2.69	2.61	2.55	2.45	2.34	2.23	2.17	2.11	2.05	1.98	1.91	1.83
29	5.59	4.20	3.61	3.27	3.04	2.88	2.76	2.67	2.59	2.53	2.43	2.32	2.21	2.15	2.09	2.03	1.96	1.89	1.81
30	5.57	4.18	3.59	3.25	3.03	2.87	2.75	2.65	2.57	2.51	2.41	2.31	2.20	2.14	2.07	2.01	1.94	1.87	1.79
40	5.42	4.05	3.46	3.13	3.90	2.74	2.62	2.53	2.45	2.39	2.29	2.18	2.07	2.01	1.94	1.88	1.80	1.72	1.64
60	5.29	3.93	3.34	3.01	2.79	2.63	2.51	2.41	2.33	2.27	3.17	2.06	1.94	1.88	1.82	1.74	1.67	1.58	1.48
120	5.15	3.80	3.23	2.89	2.67	2.52	2.39	2.30	2.22	2.16	2.05	1.94	1.82	1.76	1.69	1.61	1.53	1.43	1.31
∞	5.02	3.69	3.12	2.79	2.57	2.41	2.29	2.19	2.11	2.05	1.94	1.83	1.71	1.64	1.57	1.48	1.39	1.27	1.00

附表 5（续）

$\alpha=0.01$

n_2 \ n_1	1	2	3	4	5	6	7	8	9	10	12	15	20	24	30	40	60	120	∞
1	4052	4999.5	5403	5625	5764	5859	5928	5982	6022	6056	6106	6157	6209	6235	6261	6287	6313	6339	6366
2	98.50	99.00	99.17	99.25	99.30	99.33	99.36	99.37	99.39	99.40	99 .42	99.43	99.45	99.46	99.47	99.47	99.48	99.49	99.50
3	34.12	30.82	29.46	28.71	28.24	27.91	27.67	27.49	27.35	27.23	27.05	26.87	26.69	26.60	26.50	26.41	26.32	26.22	26.13
4	21.20	18.00	16.69	15.98	15.52	15.21	14.98	14.80	14.66	14.55	14.37	24.20	14.02	13.93	13.84	13.75	13.65	13.56	13.46
5	16.26	13.27	12.06	11.39	10.97	10.67	10.46	10.29	10.16	10.05	9.89	9.72	9.55	9.47	9.38	9.29	9.20	9.11	9.02
6	13.75	10.93	9.78	9.15	8.75	8.47	8.26	8.10	7.98	7.87	7.72	7.56	7.40	7.31	7.23	7.14	7.06	6.97	6.88
7	12.25	9.55	8.45	7.85	7.46	7.19	6.99	6.84	6.72	6.62	6.47	6.31	6.16	6.07	5.99	5.91	5.82	5.74	5.65
8	11.26	8.65	7.59	7.01	6.63	6.37	6.18	6.03	5.91	5.81	5.67	5.52	5.36	5.28	5.20	5.12	5.03	4.95	4.86
9	10.56	8.02	6.99	6.42	6.06	5.80	5.61	5.47	5.35	5.26	5.11	4.96	4.81	4.73	4.65	4.57	4.48	4.40	4.31
10	10.04	7.56	6.55	5.99	5.64	5.39	5.20	5.06	4.94	4.85	4.71	4.56	4.41	4.33	4.25	4.17	4.08	4.00	3.91
11	9.65	7.21	6.22	5.67	5.32	5.07	4.89	4.74	4.63	4.54	4.40	4.25	4.10	4.02	3.94	3.86	3.78	3.69	3.60
12	9.33	6.93	5.95	5.41	5.06	4.82	4.64	4.50	4.39	4.30	4.16	4.01	3.86	3.78	3.70	3.62	3.54	3.45	3.36
13	9.07	6.70	5.74	5.21	4.86	4.62	4.44	4.30	4.19	4.10	3.96	3.82	3.66	3.59	3.51	3.43	3.34	3.25	3.17
14	8.86	6.51	5.56	5.04	4.69	4.46	4.28	4.14	4.03	3.94	3.80	3.66	3.51	3.43	3.35	3.27	3.18	3.09	3.00
15	8.68	6.36	5.42	4.89	4.56	4.32	4.14	4.00	3.89	3.80	3.67	3.52	3.37	3.29	3.21	3.13	3.05	2.96	2.87
16	8.53	6.23	5.29	4.77	4.44	4.20	4.03	3.89	3.78	3.69	3.55	3.41	3.26	3.18	3.10	3.02	2.93	2.84	2.75
17	8.40	6.11	5.18	4.67	4.34	4.10	3.93	3.79	3.68	3.59	3.46	3.31	3.16	3.08	3.00	2.92	2.83	2.75	2.65
18	8.29	6.01	5.09	4.58	4.25	4.01	3.94	3.71	3.60	3.51	3.37	3.23	3.08	3.00	2.92	2.84	2.75	2.66	2.57
19	8.18	5.93	5.01	4.50	4.17	3.94	3.77	3.63	3.52	3.43	3.30	3.15	3.00	2.92	2.84	2.76	2.67	2.58	2.49
20	8.10	5.85	4.94	4.43	4.10	3.87	3.70	3.56	3.46	3.37	3.23	3.09	2.94	2.86	2.78	2.69	2.61	2.52	2.42
21	8.02	5.78	4.87	4.37	4.04	3.81	3.64	3.51	3.40	3.31	3.17	3.03	2.88	2.80	2.72	2.64	2.55	2.46	2.36
22	7.95	5.72	4.82	4.31	3.99	3.76	3.59	3.45	3.35	3.26	3.12	2.98	2.83	2.75	2.67	2.58	2.50	2.40	2.31
23	7.88	5.66	4.76	4.26	3.94	3.71	3.54	3.41	3.30	3.21	3.07	2.93	2.78	2.70	2.62	2.54	2.45	2.35	2.26
24	7.82	5.61	4.72	4.22	3.90	3.67	3.50	3.36	3.26	3.17	3.03	2.89	2.74	2.66	2.58	2.49	2.40	2.31	2.21
25	7.77	5.57	4.68	4.18	3.85	3.63	3.46	3.32	3.22	3.13	2.99	2.85	2.70	2.62	2.54	2.45	2.36	2.27	2.17
26	7.72	5.53	4.64	4.14	3.82	3.59	3.42	3.29	3.18	3.09	2.96	2.81	2.66	2.58	2.50	2.42	2.33	2.23	2.13
27	7.68	5.49	4.60	4.11	3.78	3.56	3.39	3.26	3.15	3.06	2.93	2.78	2.63	2.55	2.47	2.38	2.29	2.20	2.10
28	7.64	5.45	4.57	4.07	3.75	3.53	3.36	3.23	3.12	3.03	2.90	2.75	2.60	2.52	2.44	2.35	2.26	2.17	2.06
29	7.60	5.42	4.54	4.04	3.73	3.50	3.33	3.20	3.09	3.00	2.87	2.73	2.57	2.49	2.41	2.33	2.23	2.14	2.03
30	7.56	5.39	4.51	4.02	3.70	3.47	3.30	3.17	3.07	2.98	2.84	2.70	2.55	2.47	2.39	2.30	2.21	2.11	2.01
40	7.31	5.18	4.31	3.83	3.51	3.29	3.12	2.99	2.89	2.80	2.66	2.52	2.37	2.29	2.20	2.11	2.02	1.92	1.80
60	7.08	4.98	4.13	3.65	3.34	3.12	2.95	2.82	2.72	2.63	2.50	2.35	2.20	2.12	2.03	1.94	1.84	1.73	1.60
120	6.85	4.79	3.95	3.48	3.17	2.96	2.79	2.66	2.56	2.47	2.34	2.19	2.03	1.95	1.86	1.76	1.66	1.53	1.38
∞	6.63	4.61	3.78	3.32	3.02	2.80	2.64	2.51	2.41	2.32	2.18	2.04	1.88	1.79	1.70	1.59	1.47	1.32	1.00

附表 5（续）

$\alpha=0.005$

n_2 \ n_1	1	2	3	4	5	6	7	8	9	10	12	15	20	24	30	40	60	120	∞
1	16211	20000	21615	22500	23056	23437	23715	23925	24091	24224	24426	24630	24836	24940	25044	25148	35253	25359	25465
2	198.5	199.0	199.2	199.2	199.3	199.3	199.4	199.4	199.4	199.4	199.4	199.4	199.4	199.5	199.5	199.5	199.5	199.5	199.5
3	55.55	49.80	47.47	46.19	45.39	44.84	44.43	44.13	43.88	43.69	43.39	43.08	42.78	42.62	42.47	42.31	42.15	41.99	41.83
4	31.33	26.28	24.26	23.15	22.46	21.97	21.62	21.35	21.14	20.97	20.70	20.44	20.17	20.03	19.89	19.75	19.61	19.47	19.32
5	22.78	18.31	16.53	15.56	14.94	14.51	14.20	13.96	13.77	13.62	13.38	13.15	12.90	12.78	12.66	12.53	12.40	12.27	12.14
6	18.63	14.54	12.92	12.03	11.46	11.07	10.79	10.57	10.39	10.25	10.03	9.81	9.59	9.47	9.36	9.24	9.12	9.00	8.88
7	16.24	12.40	10.88	10.05	9.52	9.16	8.89	8.68	8.51	8.38	8.18	7.97	7.75	7.65	7.53	7.42	7.31	7.19	7.08
8	14.69	11.04	9.60	8.81	8.30	7.95	7.69	7.50	7.34	7.21	7.01	6.81	6.61	6.50	6.40	6.29	6.18	6.06	5.95
9	13.61	10.11	8.72	7.96	7.47	7.13	6.88	6.69	6.54	6.42	6.23	6.03	5.83	5.73	5.62	5.52	5.41	5.30	5.19
10	12.83	9.43	8.08	7.34	6.87	6.54	6.30	6.12	5.97	5.85	5.66	5.47	5.27	5.17	5.07	4.97	4.86	4.75	4.64
11	12.23	8.91	7.60	6.88	6.42	6.10	5.86	5.68	5.54	5.42	5.24	5.05	4.86	4.76	4.65	4.55	4.44	4.34	4.23
12	11.75	8.51	7.23	6.52	6.07	5.76	5.52	5.35	5.20	5.09	4.91	4.72	4.53	4.43	4.33	4.23	4.12	4.01	3.90
13	11.37	8.19	6.93	6.23	5.79	5.48	5.25	5.08	4.94	4.82	4.64	4.46	4.27	4.17	4.07	3.97	3.87	3.76	3.65
14	11.06	7.92	6.68	6.00	5.56	5.26	5.03	4.86	4.72	4.60	4.43	4.25	4.06	3.96	3.86	3.76	3.66	3.55	3.44
15	10.80	7.70	6.48	5.80	5.37	5.07	4.85	4.67	4.54	4.42	4.25	4.07	3.88	3.79	3.69	3.58	3.48	3.37	3.26
16	10.58	7.51	6.30	5.64	5.21	4.91	4.69	4.52	4.38	4.27	4.10	3.92	3.73	3.64	3.54	3.44	3.33	3.22	3.11
17	10.38	7.35	6.16	5.50	5.07	4.78	4.56	4.39	4.25	4.14	3.97	3.79	3.61	3.51	3.41	3.31	3.21	3.10	2.98
18	10.22	7.21	6.03	5.37	4.96	4.66	4.44	4.28	4.14	4.03	3.86	3.68	3.50	3.40	3.30	3.20	3.10	2.99	2.87
19	10.07	7.09	5.92	5.27	7.85	4.56	4.34	4.18	4.04	3.93	3.76	3.59	3.40	3.31	3.21	3.11	3.00	2.89	2.78
20	9.94	6.99	5.82	5.17	4.76	4.47	4.26	4.09	3.96	3.85	3.68	3.50	3.32	3.22	3.12	3.02	2.92	2.81	2.69
21	9.83	6.89	5.73	5.09	4.68	4.39	4.18	4.01	3.88	3.77	3.60	3.43	3.24	3.15	3.05	2.95	2.84	2.73	2.61
22	9.73	6.81	5.65	5.02	4.61	4.32	4.11	3.94	3.81	3.70	3.54	3.36	3.18	3.08	2.98	2.88	2.77	2.66	2.55
23	9.63	6.73	5.58	4.95	4.54	4.26	4.05	3.88	3.75	3.64	3.47	3.30	3.12	3.02	2.92	2.82	2.71	2.60	2.48
24	9.55	6.66	5.52	4.89	4.49	4.20	3.99	3.83	3.69	3.59	3.42	3.25	3.06	2.97	2.87	2.77	2.66	2.55	2.43
25	9.48	6.60	5.46	4.84	4.43	4.15	3.94	3.78	3.64	3.54	3.37	3.20	3.01	2.92	2.82	2.72	2.61	2.50	2.38
26	9.41	6.54	5.41	4.79	4.38	4.10	3.89	3.73	3.60	3.49	3.33	3.15	2.97	2.87	2.77	2.67	2.56	2.45	2.33
27	9.34	6.49	5.36	4.74	4.34	4.06	3.85	3.69	3.56	3.45	3.28	3.11	2.93	2.83	2.73	2.63	2.52	2.41	2.29
28	9.28	6.44	5.32	4.70	4.30	4.02	3.81	3.65	3.52	3.41	3.25	3.07	2.89	2.79	2.69	2.59	2.48	2.37	2.25
29	9.23	6.40	5.28	4.66	4.26	3.98	3.77	3.61	3.48	3.38	3.21	3.04	2.86	2.76	2.66	2.56	2.45	2.33	2.21
30	9.18	6.35	5.24	4.62	4.23	3.95	3.74	3.58	3.45	3.34	3.18	3.01	2.82	2.73	2.63	2.52	2.42	2.30	2.18
40	8.83	6.07	4.98	4.37	3.99	3.71	3.51	3.35	3.22	3.12	2.95	2.78	2.60	2.50	2.40	2.30	2.18	2.06	1.93
60	8.49	5.79	4.73	4.14	3.76	3.49	3.29	3.13	3.01	2.90	2.74	2.57	2.39	2.29	2.19	2.08	1.96	1.83	1.69
120	8.18	5.54	4.50	3.92	3.55	3.28	3.09	2.93	2.81	2.71	2.54	2.37	2.19	2.09	1.98	1.87	1.75	1.61	1.43
∞	7.88	5.30	4.28	3.72	3.35	3.09	2.90	2.74	2.62	2.52	2.36	2.19	2.00	1.90	1.79	1.67	1.53	1.36	1.00

附表 5（续）

$\alpha=0.001$

n_2 \ n_1	1	2	3	4	5	6	7	8	9	10	12	15	20	24	30	40	60	120	∞
1	4053+	5000+	5404+	5625+	5764+	5859+	5929+	5981+	6023+	6056+	6107+	6158+	6209+	6235+	6261+	6287+	6313+	6340+	6366+
2	998.5	999.0	999.2	999.2	999.3	999.3	999.4	999.4	999.4	999.4	999.4	999.4	999.4	999.5	999.5	999.5	999.5	999.5	999.5
3	167.0	148.5	141.1	137.1	134.6	132.8	131.6	130.6	129.9	129.2	128.3	127.4	126.4	125.9	125.4	125.0	124.5	124.0	123.5
4	74.14	61.25	56.18	53.44	51.71	50.53	49.66	49.00	48.47	48.05	47.41	46.76	46.10	45.77	45.43	45.09	44.75	44.40	44.05
5	47.18	37.12	33.20	31.09	27.75	28.84	28.16	27.64	27.24	26.92	26.42	25.91	25.39	25.14	24.87	24.60	24.33	24.06	23.79
6	35.51	27.00	23.70	21.92	20.81	20.03	19.46	19.03	18.69	18.41	17.99	17.56	17.12	16.89	16.67	16.44	16.21	15.99	15.75
7	29.25	21.69	18.77	17.19	16.21	15.52	15.02	14.63	14.33	14.08	13.71	13.32	12.93	12.73	12.53	12.33	12.12	11.91	11.70
8	25.42	18.49	15.83	14.39	13.49	12.86	12.40	12.04	11.77	11.54	11.19	10.84	10.48	10.30	10.11	9.92	9.73	9.53	9.33
9	22.86	16.39	13.90	12.56	11.71	11.13	10.70	10.37	10.11	9.89	9.57	9.24	8.90	8.72	8.55	8.37	8.19	8.00	7.80
10	21.04	14.91	12.55	11.28	10.48	9.92	9.52	9.20	8.96	8.75	8.45	8.13	7.80	7.64	7.47	7.30	7.12	6.94	6.76
11	19.69	13.81	11.56	10.35	9.58	9.05	8.66	8.35	8.12	7.92	7.63	7.32	7.01	6.85	6.68	6.52	6.35	6.17	6.00
12	18.64	12.97	10.80	9.63	8.89	8.38	8.00	7.71	7.48	7.29	7.00	6.71	6.40	6.25	6.09	5.93	5.76	5.59	5.42
13	17.81	12.31	10.21	9.07	8.35	7.86	7.49	7.21	6.98	6.80	6.52	6.23	5.93	6.78	5.63	5.47	5.30	5.14	4.97
14	17.14	11.78	9.73	8.62	7.92	7.43	7.08	6.80	6.58	6.40	6.13	5.85	5.56	5.41	5.25	5.10	4.94	4.77	4.60
15	16.59	11.34	9.34	8.25	7.57	7.09	6.74	6.47	6.26	6.08	5.81	5.54	5.25	5.10	4.95	4.80	4.64	4.47	4.31
16	16.12	10.97	9.00	7.94	7.27	6.81	6.46	6.19	5.98	5.81	5.55	5.27	4.99	4.85	4.70	4.54	4.39	4.23	4.06
17	15.72	10.36	8.73	7.68	7.02	6.56	6.22	5.96	5.75	5.58	5.32	5.05	4.78	4.63	4.48	4.33	4.18	4.02	3.85
18	15.38	10.39	8.49	7.46	6.81	6.35	6.02	5.76	5.56	5.39	5.13	4.87	4.59	4.45	4.30	4.15	4.00	3.84	3.67
19	15.08	10.16	8.28	7.26	6.62	6.18	5.85	5.59	5.39	5.22	4.97	4.70	4.43	4.29	4.14	3.99	3.84	3.68	3.51
20	14.82	9.95	8.10	7.10	6.46	6.02	5.69	5.44	5.24	5.08	4.82	4.56	4.29	4.15	4.00	3.86	3.70	3.54	3.38
21	14.59	9.77	7.94	6.95	6.32	5.88	5.56	5.31	5.11	4.95	4.70	4.44	4.17	4.03	3.88	3.74	3.58	3.42	3.26
22	14.38	9.61	7.80	6.81	6.19	5.76	5.44	5.19	4.98	4.83	4.58	4.33	4.06	3.92	3.78	3.63	3.48	3.32	3.15
23	14.19	9.47	7.67	6.69	6.08	5.65	5.33	5.09	4.89	4.73	4.48	4.23	3.96	3.82	3.68	3.53	3.38	3.22	3.05
24	14.03	9.34	7.55	6.59	5.98	5.55	5.23	4.99	4.80	4.64	4.39	4.14	3.87	3.74	3.59	3.45	3.29	3.14	2.97
25	13.88	9.22	7.45	6.49	5.88	5.46	5.15	4.91	4.71	4.56	4.31	4.06	3.79	3.66	3.52	3.37	3.22	3.06	2.89
26	13.74	9.12	7.36	6.41	5.80	5.38	5.07	4.83	4.64	4.48	4.24	3.99	3.72	3.59	3.44	3.30	3.15	2.99	2.82
27	13.61	9.02	7.27	6.33	5.73	5.31	5.00	4.76	4.57	4.41	4.17	3.92	3.66	3.52	3.38	3.23	3.08	2.92	2.75
28	13.50	8.93	7.19	6.25	5.66	5.24	4.93	4.69	4.50	4.35	4.11	3.86	3.60	3.46	3.32	3.18	3.02	2.86	2.69
29	13.39	8.85	7.12	6.19	5.59	5.18	4.87	4.64	4.45	4.29	4.05	3.80	3.54	3.41	3.27	3.12	2.97	2.81	2.64
30	13.29	8.77	7.05	6.12	5.53	5.12	4.82	4.58	4.39	14.24	4.00	3.75	3.49	3.36	3.22	3.07	2.92	2.76	2.59
40	12.61	8.25	6.60	5.70	5.13	4.73	4.44	4.21	4.02	3.87	3.64	3.40	3.15	3.01	2.87	2.73	2.57	2.41	2.23
60	11.97	7.76	6.17	5.31	4.76	4.37	4.09	3.87	3.69	3.54	3.31	3.08	2.83	2.69	2.55	2.41	2.25	2.08	1.89
120	11.38	7.32	5.79	4.95	4.42	4.04	3.77	3.55	3.38	3.24	3.02	2.78	2.53	2.40	2.26	2.11	1.95	1.76	1.54
∞	10.83	6.91	5.42	4.62	4.10	3.74	3.47	3.27	3.10	2.96	2.74	2.51	2.27	2.13	1.99	1.84	1.66	1.45	1.00

注＋：表示要将所列数乘以 100。

附表 6　相关系数检验表

表中列出了 $P(|r|>r_\alpha)=\alpha$ 的 r_α 值

自由度 $(n-2)$	$\alpha=0.05$			$\alpha=0.01$			自由度 $(n-2)$
	自变量个数			自变量个数			
	1	2	3	1	2	3	
1	0.997	0.999	0.999	1.000	1.000	1.000	1
2	0.950	0.975	0.983	0.990	0.995	0.937	2
3	0.878	0.930	0.950	0.959	0.976	0.983	3
4	0.811	0.881	0.912	0.917	0.949	0.962	4
5	0.754	0.836	0.874	0.874	0.917	0.937	5
6	0.707	0.795	0.839	0.834	0.886	0.991	6
7	0.666	0.758	0.807	0.798	0.855	0.865	7
8	0.632	0.726	0.777	0.765	0.827	0.860	8
9	0.602	0.697	0.750	0.735	0.800	0.836	9
10	0.576	0.671	0.726	0.708	0.776	0.814	10
11	0.553	0.648	0.703	0.684	0.753	0.793	11
12	0.532	0.627	0.683	0.661	0.732	0.773	12
13	0.514	0.608	0.664	0.641	0.712	0.755	13
14	0.497	0.590	0.646	0.623	0.694	0.737	14
15	0.482	0.574	0.630	0.606	0.677	0.721	15
16	0.468	0.559	0.615	0.590	0.662	0.706	16
17	0.456	0.545	0.601	0.575	0.647	0.691	17
18	0.444	0.532	0.587	0.561	0.633	0.678	18
19	0.433	0.520	0.575	0.549	0.620	0.665	19
20	0.423	0.509	0.563	0.537	0.608	0.652	20
21	0.413	0.498	0.552	0.526	0.596	0.641	21
22	0.404	0.488	0.542	0.515	0.585	0.630	22
23	0.396	0.479	0.532	0.505	0.574	0.619	23
24	0.388	0.470	0.523	0.496	0.565	0.609	24
25	0.381	0.462	0.514	0.487	0.555	0.600	25
26	0.374	0.454	0.506	0.478	0.546	0.590	26
27	0.367	0.446	0.498	0.470	0.538	0.582	27
28	0.361	0.439	0.490	0.463	0.530	0.573	28
29	0.355	0.432	0.482	0.456	0.522	0.565	29
30	0.349	0.426	0.476	0.449	0.514	0.558	30
35	0.325	0.397	0.445	0.418	0.481	0.523	35
40	0.304	0.373	0.419	0.393	0.454	0.494	40
45	0.288	0.353	0.397	0.372	0.430	0.470	45
50	0.273	0.336	0.379	0.354	0.410	0.449	50
60	0.250	0.308	0.348	0.325	0.377	0.414	60
70	0.232	0.286	0.324	0.302	0.351	0.386	70
80	0.217	0.269	0.304	0.283	0.330	0.362	80
90	0.205	0.254	0.288	0.267	0.312	0.343	90
100	0.195	0.214	0.274	0.254	0.297	0.327	100

部分习题参考答案

习题一

1. （1）$\Omega=\{\frac{i}{n}\mid i=0,1,\cdots,100n\}$,其中 n 为班级人数；（2）$\Omega=\{3,4,\cdots,18\}$；（3）$\Omega=\{10,11,\cdots\}$；（4）$\Omega=\{00,100,0100,0101,0110,1100,1010,1011,0111,1101,0111,1111\}$，其中0表示次品，1表示正品；（5）$\Omega=\{(x,y)\mid 0<x<1,0<y<1\}$；（6）$\Omega=\{t\mid t\geqslant 0\}$.

2. （1）$A\overline{B}\overline{C}$；（2）$AB\overline{C}$；（3）$A+B+C$；（4）$ABC$；（5）$\overline{A}\,\overline{B}\overline{C}$；
（6）$\overline{A}\,\overline{B}+\overline{A}\,\overline{C}+\overline{B}\,\overline{C}$或$A\,\overline{B}\overline{C}+\overline{A}B\,\overline{C}+\overline{A}\,\overline{B}C+\overline{A}\,\overline{B}\overline{C}$；
（7）$\overline{A}+\overline{B}+\overline{C}$；（8）$AB+AC+BC$.

3. （1）成立；（2）不成立；（3）成立；（4）成立；（5）不成立；（6）成立.

4. （1）$B+AC$；（2）A；（3）AB.　　5. $\frac{5}{8}$.

6. （1）0.6；（2）0.2；（3）0.4；（4）0.55.　　7. $\frac{252}{2431}$.

8. （1）$\frac{C_{500}^{90}\cdot C_{1200}^{110}}{C_{1700}^{200}}$；（2）$1-\frac{C_{500}^{1}\cdot C_{1200}^{199}+C_{1200}^{200}}{C_{1700}^{200}}$.　　9. 0.067.　　10. $\frac{13}{21}$.

11. 记 ξ 为最大个数，$P\{\xi=1\}=\frac{12}{25}$，$P\{\xi=2\}=\frac{12}{25}$，$P\{\xi=3\}=\frac{1}{25}$.　　12. 0.25.

13. 0.879.　　14. $\frac{1}{6}$；$\frac{1}{3}$.　　15. （1）$\frac{28}{45}$；（2）$\frac{1}{45}$；（3）$\frac{16}{45}$；（4）$\frac{9}{45}$.

16. 0.9406，不能.　　17. 0.3，0.6.

18. 设 $A_i=\{$第 i 个人取到红球$\}$，$P(A_i)=0.25$.　　19. 0.2.　　20. 0.57.　　21. $\frac{1}{3}$.

22. （1）0.045；（2）0.605.　　23. $\frac{mN+n(N+1)}{(N+M+1)(n+m)}$.　　24. 0.146.　　25. $\frac{196}{197}$.

26. $\frac{7}{11}$.　　27. （1）0.4；（2）0.4856.　　30. 0.9984，3只开关.　　31. 0.458.

32. 0.3375.　　33. 0.384.　　34. （1）0.433；（2）0.6.

35. 6.　　36. 0.311.　　37. 0.9984.

习题二

1. 不能.　　2.

X	3	4	5	6	7
p_i	$\frac{1}{35}$	$\frac{3}{35}$	$\frac{6}{35}$	$\frac{10}{35}$	$\frac{15}{35}$

3. 在有放回抽取下，X 服从 $n=4$，$p=\frac{2}{3}$ 为参数的二项分布，其分布列为

$$P\{X=m\}=C_4^m\left(\frac{2}{3}\right)^m\left(\frac{1}{3}\right)^{4-m},\ m=0,1,2,3,4.$$

分布函数为 $F(x)=P\{X\leqslant x\}=\begin{cases}0, & x<0,\\ \frac{1}{81}, & 0\leqslant x<1,\\ \frac{1}{9}, & 1\leqslant x<2,\\ \frac{11}{27}, & 2\leqslant x<3,\\ \frac{65}{81}, & 3\leqslant x<4,\\ 1, & x\geqslant 4.\end{cases}$ （图像略）

无放回抽取下，X 服从 $N=6$，$M=4$，$n=4$ 为参数的超几何分布，其分布列为

$$P\{X=m\}=\frac{C_4^m C_2^{4-m}}{C_6^4},\quad m=2,3,4；\text{分布函数为}$$

$F(x)=P\{X\leqslant x\}=\begin{cases}0, & x<2,\\ \frac{6}{15}, & 2\leqslant x<3,\\ \frac{14}{15}, & 3\leqslant x<4,\\ 1, & x\geqslant 4.\end{cases}$ （图像略）　4. $F(x)=\begin{cases}0, & x<0,\\ 1-p, & 0\leqslant x<1,\\ 1, & x\geqslant 1.\end{cases}$ （图像略）

5.（1）

X	2	3	4	5	6	7	8	9	10	11	12
p_i	$\frac{1}{36}$	$\frac{2}{36}$	$\frac{3}{36}$	$\frac{4}{36}$	$\frac{5}{36}$	$\frac{6}{36}$	$\frac{5}{36}$	$\frac{4}{36}$	$\frac{3}{36}$	$\frac{2}{36}$	$\frac{1}{36}$

（2）

Y	1	2	3	4	5	6
p_i	$\frac{11}{36}$	$\frac{9}{36}$	$\frac{7}{36}$	$\frac{5}{36}$	$\frac{3}{36}$	$\frac{1}{36}$

6.（1）$-6/11$；（2）0.5；（3）$e^{-\lambda}$.

7.（1）$P\{X=k\}=p(1-p)^{k-1}$，$k=1,2,\cdots$；

（2）$P\{X=k\}=C_{r-1}^{k-1}p^r(1-p)^{k-r}$，$k=r,r+1,\cdots$；

（3）$P\{X=k\}=0.45(0.55)^{k-1}$，$k=1,2,\cdots$，$\sum_{k=1}^{\infty}P\{X=2k\}=11/31$.

8.

X	0	1	2	3
p_i	$\frac{1}{25}$	$\frac{10}{25}$	$\frac{12}{25}$	$\frac{2}{25}$

9. 0.0902.　　10.（1）0.0729；（2）0.00856；（3）0.99954；（4）0.40951.

11.（1）$\frac{1}{70}$；（2）猜对的概率仅为万分之三，此概率极小，按实际推断原理，认为它确有区分能力.

12. 0.9972.　　13. 对弱队有利.

14.（1）0.2684；（2）21.　　15.（1）0.2389；（2）0.00588.

16.（1）0.0595；（2）0.00284.　　17. 至少13件.

18. (1) $a=\frac{3}{4}$, $F(x)=\begin{cases}0, & x<-1,\\ \frac{2+3x-x^3}{4}, & -1\leqslant x<1,\\ 1 & x\geqslant 1.\end{cases}$ (2) $a=\frac{1}{2}$, $F(x)=\begin{cases}\frac{1}{2}e^x, & x<0,\\ 1-\frac{1}{2}e^{-x}, & x\geqslant 0.\end{cases}$

19. (1) ln2, 1, $1-\ln\frac{3}{2}$; (2) $f(x)=\begin{cases}\frac{1}{x}, & 1\leqslant x<e,\\ 0, & 其它.\end{cases}$

21. (1) $F(x)=\begin{cases}0, & x<-1,\\ \frac{x}{\pi}\sqrt{1-x^2}+\frac{1}{\pi}\arcsin x+\frac{1}{2}, & -1\leqslant x<1,\\ 1, & x\geqslant 1.\end{cases}$

(2) $F(x)=\begin{cases}0, & x<0,\\ \frac{x^2}{2}, & 0\leqslant x<1,\\ -1+2x-\frac{x^2}{2}, & 1\leqslant x<2\\ 1, & x\geqslant 2.\end{cases}$

22. 0.6.　　23. $P\{Y=k\}=C_5^k e^{-2k}(1-e^{-2})^{5-k}$, $k=0,1,\cdots,5$; 0.1385.

24. (1) 0.5328; (2) 0.9710; (3) $C=3$.

25. (1) $P\{X\leqslant 105\}=0.3384$, $P\{100<X\leqslant 120\}=0.5952$; (2) 129.74.

26. 可以录取　27. (1)

X	3	4	5	6	7
p_i	$\frac{1}{20}$	$\frac{6}{20}$	$\frac{6}{20}$	$\frac{6}{20}$	$\frac{1}{20}$

(2) 0.001447;

(3)

Y	6	8	10	12	14
p_i	$\frac{1}{20}$	$\frac{6}{20}$	$\frac{6}{20}$	$\frac{6}{20}$	$\frac{1}{20}$

28.

Y	0	1	4
p_i	$\frac{1}{5}$	$\frac{7}{30}$	$\frac{17}{30}$

29. (1) $f_Y(y)=\begin{cases}\frac{1}{y}, & 1<y<e,\\ 0, & 其它.\end{cases}$ (2) $f_Y(y)=\begin{cases}\frac{1}{2}e^{-y/2}, & y>0,\\ 0, & 其它.\end{cases}$

30. (1) $f_Y(y)=\frac{1}{3}\cdot\frac{1}{\sqrt[3]{y^2}}f(\sqrt[3]{y})$, $-\infty<y<+\infty$; (2) $f_Y(y)=\begin{cases}\frac{1}{2\sqrt{y}}e^{-\sqrt{y}}, & y>0,\\ 0, & 其它.\end{cases}$

31. (1) $f_Y(y)=\begin{cases}\frac{1}{2\sqrt{\pi(y-1)}}e^{-(y-1)/4}, & y>1,\\ 0, & y\leqslant 1.\end{cases}$ (2) $f_Y(y)=\begin{cases}\sqrt{\frac{2}{\pi}}e^{-y^2/2}, & y>0,\\ 0, & y\leqslant 0.\end{cases}$

习题三

1.

X \ Y	0	1	5
−1	0.5	0	0.2
0	0	0.4	0
3	0	0	0.3

2.

X \ Y	1	2
1	0	1/3
2	1/3	1/3

3.

X \ Y	0	1	2
1	1/10	0	0
2	0	4/10	0
3	0	2/10	0
4	0	1/10	2/10

4. (1) 1/8；(2) 3/8，27/32，2/3.

5. (1) $f(x,y)=\begin{cases}\ln^2 3\cdot 3^{-x-y}, & x>0, y>0,\\ 0, & \text{其它}.\end{cases}$ (2) $\frac{4}{9}$.

6.

X \ Y	1	2	3
1	0	1/6	1/12
2	1/6	1/6	1/6
3	1/12	1/6	0

7. (1)

X \ Y	0	1	2	3	$p_{i\cdot}$
0	0	0	10/56	10/56	20/56
1	0	10/56	20/56	0	30/56
2	1/56	5/56	0	0	6/56
$p_{\cdot j}$	1/56	15/56	30/56	10/56	1

(2) X,Y 边缘分布律见上表；　(3) $\frac{40}{56}$；1，0.

8. (1) $c=\sqrt{2}+1$；

(2) $f_X(x)=\begin{cases}(\sqrt{2}+1)\left[\sqrt{2-\sqrt{2}}\sin\left(x+\frac{\pi}{8}\right)\right], & 0\leqslant x\leqslant\frac{\pi}{4},\\ 0, & \text{其它}.\end{cases}$

$f_Y(x)=\begin{cases}(\sqrt{2}+1)\left[\sqrt{2-\sqrt{2}}\sin\left(y+\frac{\pi}{8}\right)\right], & 0\leqslant y\leqslant\frac{\pi}{4},\\ 0, & \text{其它}.\end{cases}$

9. $f(x,y)=\begin{cases}6, & (x,y)\in G,\\ 0, & \text{其它}.\end{cases}$ $f_X(x)=\begin{cases}6(x-x^2), & 0\leqslant x\leqslant 1,\\ 0, & \text{其它}.\end{cases}$

$f_Y(y)=\begin{cases}6(\sqrt{y}-y), & 0\leqslant y\leqslant 1,\\ 0, & \text{其它}.\end{cases}$.

10.

X \ Y	1	2	3
0	0.1	0.2	0.1
2	0.3	0.1	0.2

当 $Y\neq 1$ 时

X	0	1
p_i	0.5	0.5

11. 不独立；$P\{Y=1\mid X=1\}=0$，$P\{Y=2\mid X=1\}=1$.

12. (1) $f_{X\mid Y}(x\mid y)=\begin{cases}\dfrac{3(y+1)^3}{(x+y+1)^4}, & x\geqslant 0,\ y\geqslant 0,\\ 0, & x<0.\end{cases}$

(2) $f(x\mid 1)=\begin{cases}\dfrac{24}{(x+2)^4}, & x\geqslant 0,\\ 0, & x<0.\end{cases}$ $P\{0\leqslant X\leqslant 1\mid Y=1\}=\dfrac{19}{27}$.

13. 当 $0\leqslant y\leqslant 2$ 时，$f_{X|Y}(x|y)=\begin{cases}\dfrac{6x^2+2xy}{2+y}, & 0\leqslant x\leqslant 1,\\ 0, & \text{其它}.\end{cases}$

当 $0<x\leqslant 1$ 时，$f_{Y|X}(y|x)=\begin{cases}\dfrac{3x+y}{6x+2}, & 0\leqslant y\leqslant 2,\\ 0, & \text{其它}.\end{cases}$ $P\{Y<\dfrac{1}{2}\mid X<\dfrac{1}{2}\}=\dfrac{5}{32}$.

14. (1)

X \ Y	0	1	2	3
0	0.28	0.14	0.07	0.21
1	0.12	0.06	0.03	0.09

(2)

$X+Y$	0	1	2	3	4
p_i	0.28	0.26	0.23	0.24	0.09

15. (1) 不独立；(2) $f_Z(z)=\begin{cases}\dfrac{1}{2}z^2\mathrm{e}^{-z}, & z>0,\\ 0, & z\leqslant 0.\end{cases}$

16. (1) $k=\dfrac{1}{\pi^2}$；

(2) $f_X(x)=\dfrac{1}{\pi(1+x^2)}\ (-\infty<x<+\infty)$，$f_Y(y)=\dfrac{1}{\pi(1+y^2)}\ (-\infty<y<+\infty)$；

(3) X,Y 相互独立.

17. $\alpha=\dfrac{2}{9}$，$\beta=\dfrac{1}{9}$.

18. (1)

$X+Y$	-3	-2	-1	$-3/2$	$-1/2$	1	3
p_i	1/12	1/12	3/12	2/12	1/12	2/12	2/12

(2)

$X-Y$	-1	0	1	3/2	5/2	3	5
p_i	3/12	1/12	1/12	1/12	2/12	2/12	2/12

(3)

X^2+Y-2	$-15/4$	-3	$-11/4$	-2	-1	5	7
p_i	2/12	1/12	1/12	1/12	3/12	2/12	2/12

19.

Z	0	1
p_i	$\frac{\beta}{\alpha+\beta}$	$\frac{\alpha}{\alpha+\beta}$

20.

Z	0	1
p_i	0.25	0.75

21. $a=\frac{6}{11}$, $b=\frac{36}{49}$.

X \ Y	-1	-2	-3
1	β	$\beta/4$	$\beta/9$
2	$\beta/2$	$\beta/8$	$\beta/18$
3	$\beta/3$	$\beta/12$	$\beta/27$

(其中$\beta=216/539$)

$X+Y$	-2	-1	0	1	2
p_i	24α	66α	251α	126α	72α

(其中$\alpha=1/539$)

22. (1) $A=2$;(2) $e^{-5}\approx 0.0067$;(3) $F_Z(z)=\begin{cases}(1-e^{-z})^2, & z>0,\\ 0, & z\leqslant 0.\end{cases}$

23. $f_Z(z)=\begin{cases}1-e^{-z}, & 0<z\leqslant 1,\\ e^{-z}(e-1), & z>1,\\ 0, & z\leqslant 0.\end{cases}$ 24. $f_Z(z)=\begin{cases}ze^{-\frac{z^2}{2}}, & z>0,\\ 0, & z\leqslant 0.\end{cases}$

25. $(0.1587)^4=0.000634$.

26. (1) $F_{Y_1}(z)=\begin{cases}(1-e^{-\frac{z^2}{8}})^5, & z\geqslant 0,\\ 0, & z<0.\end{cases}$ (2) $F_{Y_2}(z)=\begin{cases}1-e^{-\frac{5z^2}{8}}, & z\geqslant 0,\\ 0, & z<0.\end{cases}$

(3) 0.5167.

27. $F(x,y)=\begin{cases}0, & x\leqslant 1/2 \text{ 或 } y\leqslant 0,\\ 4xy-y^2+2y, & -1/2<x\leqslant 0,\ 0<y\leqslant 2x+1,\\ (2x+1)^2, & -1/2<x\leqslant 0,\ y>2x+1,\\ 2y-y^2, & x>0,0<y\leqslant 1,\\ 1 & x>0,y>1.\end{cases}$

28. $f_Z(z)=\begin{cases}\dfrac{1}{a^2}\ln\dfrac{a^2}{z}, & 0\leqslant z\leqslant a^2,\\ 0\quad, & \text{其它}.\end{cases}$　　29. $f_Z(z)=\begin{cases}\dfrac{1}{(1+z)^2}, & z>0,\\ 0\quad, & \text{其它}.\end{cases}$

习题四

1. 甲优．　2. $k=3$；$a=2$.

3. $EX=\dfrac{11}{8}$，$E(3X-2)=\dfrac{17}{8}$，$EX^2=\dfrac{31}{8}$，$E(1-X)^2=\dfrac{17}{8}$.　4. (1) 0；(2) 2.

5. (1) $\dfrac{1}{\sigma^2}$；(2) $e^{-\frac{\pi}{4}}$.　6. 16.5；65.34.　7. 1.　8. 8.784（次）.

9. $\dfrac{\pi}{12}(a^2+ab+b^2)$；　$\dfrac{\pi^2}{720}(b-a)^2(4a^2+7ab+4b^2)$.　10. 1；7/6.　11. 2.

12. $a=12$，$b=-12$；$c=3$.　13. $\dfrac{2}{\lambda}+1$；$\dfrac{16}{\lambda^2}$.

15. $D(XY)=EX^2EY^2-(EX)^2(EY)^2$.　16. 0.9.　17. $EX=\sqrt{\dfrac{\pi}{2}}\sigma$；$DY=\dfrac{4-\pi}{2}\sigma^2$.

18. 29；106.　19. $\rho_{XY}=0$，X 与 Y 不独立．　21. $EX=\dfrac{2}{3}$；$EY=0$；$\operatorname{cov}(X,Y)=0$.

22. $D(X+Y)=85$；$D(X-Y)=37$.　24. 1/2.　25. 0.1425.　26. $\dfrac{4}{225}$，$\dfrac{1}{9}$.

28. $\rho_{Y_1Y_2}=\dfrac{\alpha^2-\beta^2}{\alpha^2+\beta^2}$.　29. $\dfrac{k!}{\lambda^k}$.　*30. (1) $\varphi(t)=\dfrac{pe^{it}}{1-(1-p)e^{it}}$；(2) $\varphi(t)=e^{(i\mu-\lambda)t}$.

*31. $\varphi(t)=\prod\limits_{k=1}^{n}\dfrac{\lambda}{(\lambda-it)}=\dfrac{\lambda^n}{(\lambda-it)^n}$.

习题五

1. 不超过$\dfrac{1}{22.5}$.　2. $n\geqslant\dfrac{4}{1-p}$.　3. $n\geqslant 16641$.　4. $n=1791$.　5. $n\geqslant 20$；$n\geqslant 6$.

6. 0.92.　7. 0.9874　8. 0.9586.　9. (1) 0.8944；(2) 0.1379.　10. 22.

11. (1) 0.7242；(2) 至少供电 83kW・h.

习题六

1. (1) $p^{\sum\limits_{i=1}^{n}x_i}(1-p)^{n-\sum\limits_{i=1}^{n}x_i}$, $x_1,\cdots,x_n=0,1$；(2) $\begin{cases}\lambda^n e^{-\lambda\sum\limits_{i=1}^{n}x_i}, & x_1,\cdots,x_n>0,\\ 0, & \text{其它}.\end{cases}$

(3) $\begin{cases}\theta^{-n}, & 0<x_1,\cdots,x_n<\theta,\\ 0, & \text{其它}.\end{cases}$.

2. (1) $\dfrac{1}{(\sqrt{2\pi}\sigma)^3}e^{-\frac{1}{2\sigma^2}\sum\limits_{i=1}^{3}(x_i-\mu)^2}$，　$\dfrac{\sqrt{3}}{\sqrt{2\pi}\sigma}e^{-\frac{3(\bar{x}-\mu)^2}{2\sigma^2}}$；

(2)$X_1+X_2+X_3$，$\max\{X_1,X_2,X_3\}$，$X_2+2\mu$，$\dfrac{X_3-X_1}{2}$是统计量；$\sum\limits_{i=1}^{3}\dfrac{X_i^2}{\sigma^2}$不是统计量．

3. $\overline{Y}=a\overline{X}+b$，$S_Y^2=a^2S_X^2$.

4. (1) $E\overline{X}=p$，$D\overline{X}=\dfrac{p(1-p)}{n}$，$ES^2=p(1-p)$；

(2) $E\overline{X}=\dfrac{1}{\lambda}$，$D\overline{X}=\dfrac{1}{n\lambda^2}$，$ES^2=\dfrac{1}{\lambda^2}$；(3) $E\overline{X}=\dfrac{\theta}{2}$，$D\overline{X}=\dfrac{\theta^2}{12n}$，$ES^2=\dfrac{\theta^2}{12}$.

5. 3.39，2.9677，1.7227，14.163，2.6709.　6. 0.10.　8. $\chi^2(2)$　10. 441.

11. 1.28，2.33，3.0.　12. 2.156，15.987，23.209，67.22.

13. (1) -2.6810，2.6810；(2) $c=t_{0.95}(10)=-t_{0.05}(10)=-1.8125$.

14. (1) 3.64，0.40，0.1675；(2) $c=F_{0.05}(10,10)=2.98$.

习题七

1. $\hat{n}=\left[\dfrac{\overline{X}^2}{\overline{X}-\dfrac{1}{n}\sum\limits_{i=1}^{n}(X_i-\overline{X})^2}\right]=\left[\dfrac{\overline{X}^2}{\overline{X}-B_2}\right]$；$\hat{P}=\dfrac{\overline{X}-\dfrac{1}{n}\sum\limits_{i=1}^{n}(X_i-\overline{X})^2}{\overline{X}}=\dfrac{\overline{X}-B_2}{\overline{X}}$. $[x]$表示不超过 x 的最大整数．

2. $\begin{cases}\hat{\theta}=\overline{X}-\sqrt{B_2},\\ \hat{\lambda}=\dfrac{1}{\sqrt{B_2}}.\end{cases}$　3. $\dfrac{1}{n}\sum\limits_{i=1}^{n}(x_i-\mu)^2$，$\dfrac{1}{n}\sum\limits_{i=1}^{n}(x_i-\mu)^2$.

4. $\overline{X}$*，$\overline{X}$.

*若用样本二阶中心矩 B_2 等于总体方差 DX 来求 λ 的估计量，可得 λ 的另一矩估计量 B_2，这也可知未知参数的矩估计量有时是不唯一的．

5. $\dfrac{2\overline{X}-1}{1-\overline{X}}$，$-1-\dfrac{n}{\sum\limits_{i=1}^{n}\ln X_i}$.　6. $\dfrac{1}{n}\sum\limits_{i=1}^{n}\ln x_i$，　$\dfrac{1}{n}\sum\limits_{i=1}^{n}(\ln x_i-\dfrac{1}{n}\sum\limits_{i=1}^{n}\ln x_i)^2$.　7. $\hat{\lambda}=n/\sum\limits_{i=1}^{n}x_i^{a}$.

8. 533h.　9. (1) $\hat{\theta}=2\overline{X}-1$；(2) $\hat{\theta}$ 是 θ 的无偏估计．　11. $D(\hat{\mu}_3)$ 最小．

12. $\dfrac{1}{2(n-1)}$.　13. (144.720,149.946)．14. (4.742,4.964)．

15. (1485.7,1514.3)，(13.8,36.5)．16. (7.428,21.073)．17. $(-0.8986, 0.0186)$．

18. (0.548,2.852)．19. (0.282,2.848)．20. (0.336,3.947)．　21. $n\geqslant(2\sigma L^{-1}\cdot z_{\alpha/2})^2$.

22. (1) (21.137,21.663)；(2) (20.336,22.465)；(3) 22.217,20.583.23. (0.203,0.255)．

24. $(\overline{X}-\sqrt{\overline{X}/n}z_{\alpha/2},\ \overline{X}+\sqrt{\overline{X}/n}z_{\alpha/2})$.

习题八

1. 可以认为． 2. 包装机工作不正常．

3. 当 $\alpha_1=0.05$ 时，该批零件的长度不符合产品组合要求；当 $\alpha_2=0.01$ 时，该批零件的长度符合产品组合要求．

4. 不可以． 5. 无变化． 6. 有显著差异． 7. 能相信． 8. 可以认为． 9. 不能认为．

10. 达到了预计效果． 11. 有显著的变化． 12. 不可以认为． 13. 有显著差异．

14. 有显著差异． 15. 不可以认为． 16. 可以认为． 17. 不显著地小于原有的水平．

18. 乙厂铸件重量的方差比甲厂的小． 19. 不能认为． 20. 可以认为服从泊松分布．

21. 可以认为服从正态分布．

习题九

1. 有明显影响．　　2. 有显著差异．　　3. 粮食的含水率的影响不显著．

4. 不同饲料对猪的生长无显著影响；品种的差异对猪的生长有显著影响．

5. 不同浓度对产品的得率有显著影响；而温度以及温度、浓度交互作用对产品的得率没有显著影响．

6. $\hat{y}=-2.73935+0.48303x$；回归效果显著；(55.30,59.98)．

7. $\hat{y}=14.7602+0.31563x$；回归效果显著；5.419.　　8. 可以证实．

9. $\hat{y}=3514.26e^{-0.29768x}$；　　10. $\hat{y}=71.6482+12.556x_1+0.4161x_2-0.2365x_3$.

11. $\hat{y}=18.484-0.8205x-0.009301x^2$.

参 考 文 献

[1] 施庆生，陈晓龙，邓晓卫．概率论与数理统计．第2版．北京：化学工业出版社，2011.

[2] 盛骤，谢式千，潘承毅．概率论与数理统计．第3版．北京：高等教育出版社，2003.

[3] 华东师范大学数学系．概率论与数理统计．北京：高等教育出版社，1985.

[4] 中山大学数学力学系．概率论与数理统计．北京：高等教育出版社，1980.

[5] 中国科学院数学所统计组编．常用数理统计方法．北京：科学出版社，1974.

[6] 陈希孺，王松桂．近代回归分析——原理及应用．合肥：安徽教育出版社，1987.

[7] 高惠璇等编译．SAS系统Base SAS软件使用手册．北京：中国统计出版社，1997.

[8] 高惠璇等编译．SAS系统SAS/STAT软件使用手册．北京：中国统计出版社，1997.

[9] 岳朝龙，黄永兴，严忠编著．SAS系统与经济统计分析．安徽：中国科学技术大学出版社，2003.

[10] 金炳陶．概率论与数理统计．北京：高等教育出版社，2000.

[11] 金炳陶，张祖骥，陈晓龙．概率论与数理统计训练教程．北京：高等教育出版社，2001.

[12] 同济大学概率统计教研组．概率统计．第2版．上海：同济大学出版社，2000.